4차 산업혁명과 첨단 방위산업

신흥권력 경쟁의 세계정치

이 저서는 2019년 서울대학교 미래전연구센터의 지원을 받아 수행된 연구임; 이 저서는 2016년 대한민국 교육부와 한국연구재단의 지원을 받아 수행된 연구임(NRF-2016S1A3A2924409).

서울대학교 미래전연구센터 총서 2

4차 산업혁명과
첨단 방위산업

신흥권력 경쟁의 세계정치

김상배 엮음

김상배·박종희·성기은·양종민·엄정식·이동민·이승주·이정환·
전재성·조동준·조한승·최정훈·한상현 지음

**The 4th Industrial Revolution and
High-tech Defense Industries**

World Politics of Emerging Power Competition

한울

차례

제4장

4차 산업혁명과 한국의 우주산업 변화 요인

엄정식

제2부 주요국의 첨단 방위산업 전략

제5장

미국의 방위산업체 현황과 미국의 동아시아 전략

전재성

제6장

미중 경쟁 시대의 중국의 최첨단 방위산업 정책

이동민

제3부 첨단 방위산업의 네트워크와 규범

| 책머리에 |

이 책은 2020년 4월 출판된 서울대학교 미래전연구센터 총서 1 『4차 산업혁명과 신흥 군사안보: 미래전의 진화와 국제정치의 변환』에 이어서 총서 2로 기획되었다. 총서 1이 무기체계와 전쟁 양식 및 세계정치의 변환에 대한 4차 산업혁명의 영향을 분석하는 데에 주력했다면, 이번 책은 미래의 전쟁 수행 능력에 영향을 미치는 4차 산업혁명의 변수를 파헤쳤다. 이를 위해서 선정된 주제는 첨단 방위산업이다. 역사적으로도 그러했던 것처럼 4차 산업혁명 시대의 방위산업도 부국강병으로 대변되는 국력의 상징이다. 기술발달이 산업과 경제뿐만 아니라 안보와 정치, 외교에 미치는 영향이 지대해지면서 첨단 방위산업 분야에서 벌어지는 경쟁은 미래 디지털 국력 경쟁을 극명하게 보여주는 대표적 사례로 자리 잡아가고 있다.

서울대학교 미래전연구센터는 2019년부터 육군본부의 후원으로 '미래전 연구 세미나: 교육-연구-교류 복합 프로그램'을 운영해 오고 있다. 이 프로그램은 기존의 통상적인 강의 형식이 아니라 담당 교수와 수강생이 함께 능동적으로 참여하는 새로운 모델을 지향한다. 수강생들은 기술안보, 군사안보, 외교안보, 안보사상, 안보이론, 안보역사, 방위산업, 정부제도, 지역안보 등의 세부 주제를 중심으로 개인별 또는 팀별 연구를 진행하고, 연구 결과 자체 발표회, 공개 컨퍼런스, 국내외 학회 발표, 논문집 또는 학술지 게재 등 다양한 경로로 연구

성과를 대내외적으로 발표하기 위한 지적 훈련을 받는다.

이 책에 실린 연구들은 '미래전 연구 세미나'의 자매 프로그램으로 진행된 전문가 연구 프로젝트의 두 번째 결과물이다. 국내외 학계에 미래전 연구와 관련된 기초 기반이 제대로 형성되어 있지 않은 현실에서 향후 미래전 연구의 기본 방향을 설정하는 동시에 세미나 프로그램에 참여한 수강생들에게 '읽을거리'를 마련해 주자는 취지로 진행된 연구로, 이번에는 '첨단 방위산업'의 사례에 주목했다. '4차 산업혁명'과 '방위산업'이라는 제목을 내걸었지만, 이 책에 담긴 글들은 세계정치의 신흥권력 경쟁과 이에 대응하기 위한 미래 국가전략의 모색이라는 국제정치학의 주요 관심사를 바탕으로 하고 있다. 주로 군 조직에 몸담고 있는 수강생들의 시야와 안목을 넓히려는 취지가 그 밑바탕에 깔려 있음은 물론이다.

이 책의 연구가 진행되는 과정에서 다양한 교류 프로그램도 아울러 실시했다. 2019년 9~11월에 다섯 차례 열린 중간 연구 발표회는 수강생들도 참여하여 토론을 벌이는 집담회 형식을 취했다. 이 책에 실린 각 장 원고의 최종 버전은 2020년 5월 29일 서울대학교 미래전연구센터와 정보세계정치학회가 공동으로 개최한 학술대회 '정보세계정치와 첨단 방위산업'에서 세 개 패널을 구성하여 발표하고, 전문가와 학계 대중에게 피드백을 받았다.

이런 과정을 거쳐 발간되는 이 책은 크게 세 부분으로 구성되어 있다. 제1부 '4차 산업혁명과 첨단 방위산업'은 이 책이 딛고 서 있는 이론적 전제라고 할 수 있는 신흥권력 경쟁의 이론적 논의와 드론과 같은 무인무기체계 산업, 우주 산업의 사례를 다루었다.

제1장 "4차 산업혁명과 첨단 방위산업: 신흥권력 경쟁의 세계정치"(김상배)는 최근 4차 산업혁명 시대를 맞이하여 가속화되고 있는 첨단 방위산업 경쟁을 신흥권력 경쟁이라는 이론적 시각에서 분석했다. 부국강병을 목표로 한 방위산업 경쟁은 근대 국제정치의 가장 큰 특징 중 하나였다. 그러나 최근 4차 산업혁명 시대의 첨단 방위산업 경쟁은 세 가지 차원에서 새로운 변화의 조짐을 보

여준다. 첫째, 권력경쟁의 성격이라는 점에서, 최근 세계 주요국들이 벌이는 첨단 방위산업 경쟁은 디지털 부국강병 경쟁의 성격 이외에도 표준 경쟁이나 플랫폼 경쟁, 더 나아가 미래전의 수행 방식을 주도하려는 담론 경쟁의 성격도 띠고 있다. 둘째, 참여 주체의 성격도 변화하여, 오늘날 군사기술 혁신 과정에서 국가의 역할이 상대적으로 감소하고 있다. 첨단 방위산업 경쟁에 참여하는 기업들의 성격도 변화하고 있는데, 전통 방산기업들의 성격 변환뿐만 아니라 4차 산업혁명 분야의 신흥기업들의 참여가 새로이 이루어지고 있다. 셋째, 세계정치의 질서 변환 차원에서도, 강대국들 간의 세력 분포 변화뿐만 아니라 비강대국 또는 비국가 행위자들의 위상 변화도 발생하고 있으며, 세계질서의 기저에 깔린 국제 규범과 윤리관념 및 정체성의 변화도 야기할 조짐을 보이고 있다.

제2장 "4차 산업혁명과 무인무기체계 산업: 이중 용도 기술개발과 군-산-학 네트워크"(조한승)는 초연결성, 초지능성, 초현실성 등을 특징으로 하는 4차 산업혁명 관련 과학기술의 영향을 받아 전개 중인 무기체계의 무인화와 자율화를 살펴보았다. 로봇무기, 드론 등 무인무기산업의 시장규모 증가 속도는 기존의 대형 플랫폼 중심의 유인무기체계를 크게 앞서고 있다. 무인무기체계의 장점은 경제적 비용 절감뿐만 아니라 위험하고 반복적인 임무를 무인무기가 맡음으로써 인명 손실을 최소화하는 데에서도 찾을 수 있다. 인공지능과 사물인터넷의 발달로 무인무기 기술은 자율화의 범위를 확대해 전투 효율을 극대화하는 방향으로 발전하고 있으며, 초소형 군집드론으로부터 대형 무인잠수정에 이르기까지 다양한 기능과 규모의 무인무기가 속속 개발되고 있다. 무인화 및 자율화 기술은 군사적 용도와 민간 용도의 구분을 점점 더 모호하게 만들고 있다. 특정 용도의 제품을 제작하기 위한 제품지향적 기술개발보다는 신기술개발 자체를 목적으로 하는 과정지향적 기술개발이 이루어지면 기술의 다중용도 활용 가능성을 높일 수 있기 때문에 기술 선진국들은 무인자율화 기술의 연구, 개발, 생산, 마케팅, 환류의 전 과정에서 민간과 군이 협력하도록 하여 기술혁신의 시

너지 효과를 높이고 있다. 이러한 노력은 미래 신흥권력 경쟁에서 우위를 차지하는 데에도 기여한다. 그 대표적 사례가 이스라엘의 혁신국가 전략이다. 이스라엘의 방위산업은 세계적 수준이며, 이스라엘의 국력 신장에 지대한 영향을 미친다. 이것이 가능할 수 있었던 것은 군, 대학, 산업 부문이 상호 연계되어 젊은 기술 인재를 발굴·양성하고 이들이 창의적으로 첨단기술을 개발하고 창업할 수 있도록 지원하는 유기적 네트워크를 갖추었기 때문이다. 한국의 방위산업도 무인화 및 자율화 기술개발에서 큰 발전을 이루고 있으나 제도적 차원에서 개선되어야 할 여지가 있으며, 특히 정부, 군, 기업, 대학의 군-산-학 연계를 통한 무인 기술개발의 선순환 구조를 발전시키는 노력이 요구된다.

제3장 "드론산업의 정치경제: 중국의 '드론 굴기'와 미중 경쟁"(이승주)은 미중 경쟁을 상징하는 대표적인 산업 가운데 하나라고 할 수 있는 드론 산업에 주목했다. 중국은 민간용 드론 부문의 압도적인 시장점유율을 바탕으로 혁신을 선도하는 위치를 구축했다. '드론 굴기'라고 할 수 있다. 미국과 중국 드론 산업의 발전 경로는 매우 상이하다. 급속하게 성장한 중국의 드론 산업은 민간용 드론 부문에서 압도적인 시장점유율을 확보하고, 이를 바탕으로 군사용 드론 부문으로 진출하는 전략을 추구하고 있다. 중국 드론 산업이 급속하게 성장할 수 있었던 배경에는 DJI를 필두로 한 기업 차원의 전략, 중앙 정부의 산업정책, 선전深圳의 생태계 등이 유기적으로 결합되어 시너지 효과를 창출한 결과이다. 반면, 미국의 드론 산업은 중국과 차별화된 생태계를 형성하고 있다. 미국은 드론 군사용 부문에서 경쟁 우위를 보이고, 민간용 부문에서도 세계 최대의 소비 시장이라는 이점과 드론 서비스 산업의 성장 등 중국 드론 산업과는 상이한 비교우위를 바탕으로 성장하고 있다. 미국은 중국 군사용 드론의 수입을 제한하고, 자국의 생산 능력을 향상하기 위한 노력을 다각적으로 전개하고 있다. 미국의 견제 전략에 대응해 중국은 바세나르 협약 비(非)참가국의 위치를 적극 활용하여 군사용 드론 수출을 확대하고 있다. 드론 산업이 첨단산업뿐 아니라 미래전에 미치는 영향이 큰 만큼, 드론 산업의 경쟁력 강화와 상대국 견제를

동시에 추구하는 미중 경쟁은 향후 한층 치열해질 전망이다.

　제4장 "4차 산업혁명과 한국의 우주산업 변화 요인"(엄정식)은 '4차 산업혁명 시대 한국의 우주산업은 기술 요인이 주도할 것인가, 첨단 방위산업인 한국의 우주산업 변화는 어떤 요인에 기인하는가?'라는 질문을 던진다. 제4장은 이러한 질문에 답하고자 방위산업의 변화 요인(국방비의 투자와 지출, 신기술 기반의 혁신, 국제협력과 경쟁의 세계화)을 분석틀로 4차 산업혁명 시대 한국의 우주산업을 분석하여 다음과 같은 결론을 얻었다. 첫째, 한국의 우주산업 변화는 강대국을 중심으로 진행 중인 우주 공간의 군사화와 북한과 주변국의 우주위협이 증대되는 안보 환경을 반영한다. 한국의 우주산업은 국가안보와 밀접히 연관된 산업으로 우주안보의 중시는 국방예산 증가에도 반영되어 방위산업 발전에도 긍정적인 영향을 끼치고 있다. 둘째, 한국의 우주산업 변화는 기술 요인에 의해 선도될 것이라는 일반적인 인식과 달리 4차 산업혁명 기술은 아직 우주산업을 변화시킬 만큼 적용되지 않았다. 한국의 우주산업은 기반 기술에 대한 인식이 낮고, 인력과 기술력 부족, 군사보안 등 규제가 지속되고 있다. 셋째, 한국의 우주산업 변화는 국제협력과 경쟁이 강화되는 상황에 영향을 받고 있으나, 국제협력의 경우 우주안보의 다자협력은 미진한 상황이고 대부분 양자협력을 중심으로 이루어지고 있다. 다자협력의 경우, 국가 우주산업에 직접적인 영향을 미치는 수준에서 활성화된 것은 아니기 때문에 한국의 우주산업에 미치는 영향도 제한적이다. 양자협력의 경우 한국은 아직까지 한미 양국에 상호이익이 되는 수준의 우주자산을 갖추지 못했다.

　제2부 '주요국의 첨단 방위산업 전략'은 미국과 중국, 일본 등 강대국들의 사례와 함께 스웨덴, 이스라엘, 한국, 터키 등과 같은 중견국의 방위산업 전략의 사례를 검토했다.

　제5장 "미국의 방위산업체 현황과 미국의 동아시아 전략"(전재성)은 미국 방위산업 분야의 현황을 점검해 보고 미국의 대중 군사전략의 변화에 따라 방위산업이 어떠한 역할을 하고 있는지를 살펴보았다. 또한 세계 1위의 방위산업체

인 록히드마틴을 사례로 들어 어떠한 군사기술 개발 방향을 보이고 있는지 검토했다. 미국의 방위산업은 현재 세계 기업 중 5위를 석권하고 있고, 세계 100대 기업에도 다수가 포함되고 있다. 최근에는 중국에 대한 군사적 견제 전략을 위해 필요한 군사기술 개발에 앞장서고 있다. 4차 산업혁명의 기술의 주축인 무인전투 기술, 인공지능, 양자컴퓨팅, 극초음속 비행기 등의 기술이 향후 군사기술의 패러다임을 바꿀 게임체인저이며, 이 분야에서 미국의 방위산업들이 어떠한 약진을 보일 수 있을지가 관심사이다. 한편 중국은 서태평양과 동아시아, 더 나아가 인도태평양 지역에서 미국의 군사전개를 최대한 약화시키는 이른바 반접근/지역거부A2/AD전략을 펴면서 경제력을 바탕으로 아시아 국가들과 연대를 맺어가고 있다. 일대일로의 참여국가들은 주로 경제적 동기에서 중국과 관계를 맺지만 중국은 주요 항만 및 시설 등에 대한 군사적 접근을 통해 지역에서 군사적 우위를 차지하고자 노력하고 있다. 미중 간 전략 경쟁이 지속되면 아시아의 주요 분쟁 지역인 남중국해, 양안, 동중국해, 한반도 등에서 군사충돌 가능성도 배제할 수 없다.

제6장 "미중 경쟁 시대의 중국의 최첨단 방위산업 정책"(이동민)은 중국의 사례에 초점을 맞추었다. 미국과 중국의 전략적 경쟁은 심화되어 가고 있으며 첨예하게 대립하고 있는 실정이다. 미국의 트럼프 행정부는 약탈적인 중국 공산당 지도부가 문제이며 구조적인 변화가 추진되어야 한다고 주장한다. 중국 정부는 미국의 헤게모니즘에 의해 국제사회는 불안정의 시대로 접어들게 되었으며 군비경쟁의 시대로 돌입하고 있다고 주장하고 있다. 중국은 2019년 10월에 개최된 국경절 기념 열병식에서 최첨단 무기들을 대내외에 선보였고, 국제사회는 혁혁하게 발전하는 중국의 방위산업 기술 수준 제고에 적지 않은 충격을 받았다. 이러한 경험적 발전은 두 가지 질문을 던지게 한다. 첫째는 중국의 첨단 방위산업기술을 발전시키는 과정에서 인민해방군의 역할은 무엇인가 하는 것이며, 둘째는 중국 지도부의 방위산업에 대한 인식은 무엇이며 어떠한 정책들이 추진되고 있는가이다. 중국의 인민해방군은 시대의 변천에 따라, 그 역할

도 변화하면서 진화해 가는데 개혁개방 초기에는 경제활동을 군의 핵심적 역할로 인식했고, 미중 군사경쟁 시기에는 최첨단 방위산업 발전을 위해 일조하는 것으로 인식하고 있다. 이는 중국 특색의 민군관계 차원에서 이해할 수 있는 부분이라고 하겠다.

제7장 "일본 아베 정권의 방위산업 전략 딜레마"(이정환)가 제기하는 주제는 현대 일본이 안고 있는 방위산업 분야의 딜레마이다. 제2기 아베 정권은 전후 일본 외교안보정책의 근본적인 대변화를 추구하면서, 동시에 방위산업정책의 변화를 시도했다. 대표적으로 아베 정권은 2014년 요시다 노선의 중요한 부분이었던 '무기 수출 3원칙'을 폐지하고, 이를 '방위장비이전3원칙'으로 대체했다. '무기 수출 3원칙'이 무기 수출의 원칙적 제한과 예외적 허용에 입각해 있다면, '방위장비이전3원칙'은 무기 수출의 원칙적 허용과 예외적 제한을 기본적 내용으로 한다. 이러한 제도 변화가 일본 방위산업의 해외수출 증가로 연결될 것이라는 전망이 당초 컸다. 하지만, 지난 6년 동안 일본 방산업체의 해외수출은 지체되어 있다. 아베 정권 방위산업 정책 변경의 의도가 현실화되는 것을 지체시키는 제약 요인으로는 일본 방위산업의 이른바 '갈라파고스화'가 두드러진다. 실질적으로 폐쇄된 일본 국내 시장 속에서 자위대에 대한 방위장비 조달에 맞추어져 있던 일본의 방위산업체가 해외 시장에 적응할 능력과 준비가 부족하다는 것에 초점을 둔 설명이다. 이와 더불어 주의 깊게 살펴봐야 하는 점은 일본의 외교안보정책의 중점 목표를 위한 방위력 증강의 구체적 계획 내용이 일본 방위산업의 성장과 딜레마적 관계에 있는 점이다. 일본의 증가하는 방위예산이 미국으로부터의 무기 수입 증가로 귀결되고 일본의 방산업체에 대한 발주 증가로 연결되지 않은 핵심적 이유는 일본이 2010년대 직면한 안보적 문제 대응에 필요한 방위 장비가 미국으로부터 수입할 필요성이 컸기 때문이다. '방위장비이전3원칙'의 도입에서 일본 방위산업체들은 정부로부터의 보호 지속 속에서 새로운 기회 제공을 기대했지만, 일본 정부는 일본 방위산업체들에게 기존에 제공하던 보호를 줄이면서 새로운 수요 발굴을 그들에게 요구하고 있

는 것이다. 하지만 이에 대한 일본 방위산업체들의 도전적 자세는 부족한 상황이다.

제8장 "중견국의 군사혁신과 방위산업: 스웨덴, 이스라엘, 한국, 터키 비교 연구"(최정훈)는 한국과 이스라엘, 스웨덴, 터키 등 방위산업 수출국 중 중견국으로 통칭할 수 있는 국가들을 연구의 대상으로 삼았다. 이 국가들이 구체적으로 어떤 분야에서 강점을 보이고 있으며, 중견국의 군사혁신이 봉착할 수밖에 없는 한계를 어떻게 극복하는지 살펴보았다. 군사혁신에 관한 기존 이론들은 비강대국의 군사혁신 역량에 대해 회의적이다. 냉전 이후 여러 비강대국의 방위산업이 위기에 봉착하고, 미국의 군사혁신은 걸프전을 통해 그 성과를 드러내면서 이러한 관점은 힘을 얻는 듯했다. 그러나 냉전 후 30여 년이 지난 지금, 몇몇 중견국이 나름의 경쟁력을 유지한 채, 강대국 주도 군사혁신을 추격하는 한편, 국제방위산업 시장에서도 자신의 입지를 넓혀나가고 있는 추세를 확인할 수 있다. 이 장에서는 직접 첨단기술을 개발하는 데 한계가 있는 중견국들이 새로운 군사기술을 자신의 안보 수요에 맞는 방향으로 응용함으로써 혁신의 추세를 따라가고자 하며, 그렇게 할 수 있는 역량을 갖추기 위해 중견국의 방위산업은 선택과 집중을 통해 상이한 방향성을 보이게 된다고 주장한다. 특히, 불확실한 안보 환경에 처한 중견국은 원하는 군사적 효과를 얻기 위해 틈새를 공략하는 무기체계 위주의 방위산업 전략을 추진하고, 반대로 동맹이나 다른 집단안보체제를 통해 상대적으로 안정적인 안보 환경에 놓인 경우, 보다 높은 자율성을 획득하기 위해 강대국의 군사혁신을 자기화하는 플랫폼 위주의 방위산업 전략이 나타난다는 것이다.

제9장 "한국의 드론 전력 강화와 방위산업 발전 방안: 이스라엘 방위산업 사례의 함의를 중심으로"(성기은)는 대한민국 방위역량의 제고를 위해 '어떻게 하면 드론 전력의 강화와 관련 방위산업의 발전을 동시에 추구할 수 있을까?'에 대한 해답을 제시했다. 드론 산업은 군수용으로 시작되었지만 민간 분야로 활용도가 확대되면서 국가적 차원의 첨단산업으로 발전하고 있다. 현재 한국의

육·해·공군 모두 드론 전력의 도입을 추진하고 있으며, 경쟁적으로 무인항공 전투체계의 운용 개념과 작전효과에 대한 연구를 발전시키고 있다. 드론 전력의 도입을 통한 국가 방위력 개선을 위해서는 드론과 관련된 방위산업의 발전이 선행되어야 한다. 이를 위해 이스라엘 방위산업의 발전이 주는 함의를 기반으로 방위산업에 적용되는 특수한 시장구조와 방위산업 분야의 제도화된 규제에 초점을 맞추었다. 방위산업 시장은 수요 독점적 형태monopsony의 독특한 시장구조로 되어 있다. 수요 독점시장은 공급 독점시장monopoly과 마찬가지로 독특한 시장구조로 인해 다양한 종류의 시장 왜곡 현상이 발생한다. 공급 독점시장에서 발생하는 시장 왜곡 현상과 같이 수요 독점시장에서 발생하는 시장 왜곡현상은 수요자와 공급자 모두에게 최선의 결과를 가져다주지 못한다. 방위사업관리규정에 제시된 군수품 조달 원칙은 군사용 드론 시장의 수요 독점적 특성을 강화할 수 있다. 방위산업 관련 제도의 개선을 통해 수요 독점시장의 형태를 보다 경쟁적인 시장으로 발전시킬 수 있으며, 드론 관련 방위산업의 발전과 국가안보 확충에도 기여할 수 있을 것이다.

제3부 '첨단 방위산업의 네트워크와 규범'은 첨단 방위산업 분야에서 발견되는 네트워크, 즉 군-산-대학-연구소 네트워크나 국가와 시장의 네트워크 등을 분석하고, 이 분야에서 거론되고 있는 국제 규범의 현황을 살펴보았다.

제10장 "군-산-대학-연구소 네트워크: 게임의 밀리테인먼트"(양종민)는 미국 군-산-학-연 복합체를 분석하여 탈냉전 이후 전통안보와 신흥안보의 문제가 혼재하는 환경에 어떻게 대응하고 있는지를 살펴보았다. 또한 문화산업과 연계하여 만드는 군사/안보 관련 상품이 가지는 경제적·사회적 의미를 도출하는 데 목적을 두었다. 문화 부문과 군사/안보 부문의 연계로서 나타나는 MIME 네트워크 혹은 밀리테인먼트는 미국 기술혁신 시스템에서 독특하게 나타났던 패러다임의 전환과 맥을 같이하며, 미국의 군사적·경제적·문화적 패권을 생산·재생산하는 데에 이용되고 있다. 밀리테인먼트의 군-산-학-연 복합체는 그동안 군산학복합체가 받았던 안보의 경제화에 대한 비판과 무관하지 않으며, 민간

시장에 투입되는 문화물 또는 문화상품에 군사/안보 부문의 관점이 교묘히 섞여들어 사회적으로 영향을 미친다는 안보의 사회화로까지 확장되고 있다는 것이 이 장이 던지는 주장의 골자이다.

제11장 "방위산업 세계화의 정치경제: 국가와 시장, 그리고 네트워크"(박종희)는 방위산업과 방위산업품의 수출입 네트워크의 구조적 특징과 역사적 변화를 살펴보았다. 방위산업이 다른 산업에 비해 갖는 근본적인 차이는 크게 세 가지로 정리할 수 있다. 첫째, 방위산업에 대한 국가개입은 방위산업의 특성상 사라지지 않을 것이며 방위산업이 고도화(자본과 기술의 집약, 산업의 집중)되면서 더욱 증가할 것이다. 둘째, 방위산업의 국제교역이나 전략적 제휴는 '시장'에 의해서가 아니라 '국가'에 의해 결정되거나 근본적으로 제약된다. 셋째, 방위산업은 정부개입과 정치적 제약 때문에 생산과 유통, 판매에서의 비효율성을 지속적으로 노출할 것이다. 이러한 설명을 기반으로 제11장은 방위산업의 구조적 변화를 살펴보았다. 방위산업의 세계화에 대한 주장은 현실주의와 자유주의의 입장으로 구분되며 이 둘은 방위산업의 산업적 특징과 국가와의 관계, 국제관계에 미치는 영향에 대해 상이한 예측을 제시한다. 또한 제11장은 방위산업의 세계화 과정을 1940년부터 2018년까지 전 세계 무기 수출입 네트워크를 통해 분석했다. 분석의 초점은 무기 수출입 네트워크의 구조적 특징을 기술description하는 것으로 하되, 이 과정에서 커뮤니티 구조, 시간적 변화, 네트워크 권력의 배분과 같은 구조적 속성에 주목할 것이다. 분석에 사용된 자료는 스톡홀름국제평화연구소Stockholm International Peace Research Institute: SIPRI에서 확보했다. 기술분석 뒤에는 F-35 3군 통합 전투기Joint Strike Fighter: JSF(이하 F-35로 약칭)를 사례로 선택해 방위산업의 세계화에 대한 현실주의와 자유주의 시각을 비교 분석했다. 마지막으로 방위산업의 세계화가 직면한 도전과 변화 방향을 살펴보는 것으로 글을 맺었다.

제12장 "이중 용도 품목 수출통제 정책을 활용한 미중 기술 경쟁: 바세나르협정을 중심으로"(한상현)는 군용과 민간용도로 모두 활용될 수 있는 이중 용도

품목에 대한 수출통제export control를 관리하는 국제 규범인 바세나르 협정과 국가 단위의 수출통제정책을 통해 기술패권 경쟁을 살펴보았다. 이를 위해서 기존 논의의 연장선이 아닌, 네트워크 권력과 네트워크 국가의 개념을 차용했다. 바세나르 협정의 역사적 배경과 조직에 대한 설명을 통해, 자국의 표준을 협정에 반영하거나 협정의 표준을 자국에 반영하는 경우를 미국과 한국의 사례를 통해 살펴보았다. 하지만 바세나르 협정이 내재하고 있는 한계를 극복하기 위해, 협정 차원에서 구체적으로는 양자내성암호와 운영체제와 같은 신흥기술들을 규정하고 통제하려 노력 중이다. 또한 국가 단위에서도 수출통제정책을 통해 이러한 한계를 보완하고자 한다. 미국은 특히 트럼프 행정부에 들어와서 시행된 수출통제개혁법을 통해, 중국은 수출통제체제에 대한 개편을 통해 신흥기술과 협정이 가지고 있는 한계를 보완하고자 노력하고 있다. 하지만 미국의 첨단기술무역 통계를 살펴보면, 최근 중국과의 첨단기술교역 추세가 둔화되고 있음을 확인할 수 있다. 이러한 추세가 지속될 경우, 자국의 핵심 기술에는 높은 장벽을 치고, 동지 국가들을 활용한 냉전 사고의 기술 네트워크가 형성될 가능성이 높다. 따라서 누구도 예상할 수 없는 결과를 가져올, 미국과 중국을 필두로 하는 신냉전에 유의해야 할 것이다.

제13장 "첨단 방위산업의 국제 규범"(조동준)은 사람의 통제 밖에 있는 자율무기를 금지하는 규범 창발을 분석하고 향후 예상되는 궤적을 정리했다. 먼저 AI 기반 자율무기를 금지하려는 사회운동이 1990년대 대인지뢰금지운동과 밀접하게 관련되어 있음을 살펴보았다. 1990년대 인도적 군축운동이 대인지뢰금지를 빠르게 국제협약으로까지 발전시킨 후, 군축운동의 주방향을 두고 핵무기, 인구밀집지역을 공격하는 무기, AI 기반 자율무기로 분화되었다. AI 무기화에 반대하는 군축운동 세력이 AI와 로봇 전문가 집단과 만나면서, AI 기반 '살인 로봇killer robot' 금지운동으로 구체화되었다. 인도적 군축운동세력은 AI의 무기화와 로봇을 엮어 '살인 로봇'이라는 용어를 고안함으로써 대중의 관심을 얻는 데 성공했다. 아직 구현되지 않은 '살인 로봇'이라는 용어를 사용함으로써

긴박성을 다소 떨어뜨리는 효과를 피할 수 없었지만, 익숙하지 않은 AI 기반 자율무기를 대중에게 익숙한 로봇으로 소개함으로써 대중에게 다가갈 수 있었다. AI의 무기화를 '살인 로봇'으로 의제화하는 데 성공한 것이다. 더 나아가 인도적 군축운동 세력은 AI의 무기화 반대 운동에 국가를 끌어들였다. AI의 무기화 반대 담론은 국제 규범으로 진화되기 직전 상황에 놓여 있다. AI 무기화 반대운동의 향방이 어떻게 될까? 현재 인도적 군축운동은 전통적인 다자외교를 통하여 AI 무기화 반대 담론을 국제협약으로 발전시키고자 한다. 하지만, AI의 여러 가능성을 사전에 사장시키길 원하지 않는 국가가 다수 존재하고 다자외교가 합의를 기반으로 할 수밖에 없기에, 다자외교를 통하여 AI 무기화 반대담론이 국제협약으로 발전될 가능성이 낮아 보인다. 반면, 1990년대 대인지뢰금지운동의 궤적과 비슷하게 인도적 군축운동이 다자외교의 틀에서 벗어나 AI 무기화 반대담론에 찬성하는 일부 국가와 함께 국제협약을 만들 가능성이 커 보인다. 이럴 경우 AI의 무기화를 금지하는 협약이 가지는 구속력은 제한될 것으로 예상된다.

이 책이 나오기까지 많은 분들의 도움을 받았다. 특히 12분의 공동 저자들께 각별한 감사의 마음을 전하고 싶다. 현재 미래전연구센터는 '우주경쟁의 복합지정학', '디지털 안보의 세계정치', '미래 군사혁신 모델' 등에 대한 연구를 진행하고 있다. 이 연구들은 서울대학교 미래전연구센터 홈페이지(http://www.futurewarfare.re.kr)에 워킹페이퍼로 게재될 것이며, 미래전연구센터의 총서 시리즈로 출판될 것이다.

이 책이 나오기까지 육군 관계자 여러분의 헌신적 지원은 큰 힘이 되었다. 국방부의 서욱 장관(전 육군참모총장), 어창준 국방보좌관(전 참모총장 비서실장), 육군본부의 정진팔 정책실장, 양윤철 정책기획과장, 박준홍 중령께 감사의 마음을 전한다. 한미동맹 재단의 신경수 위원, 한화디펜스의 문상균 전무께서도 많은 도움을 주셨다. 이 책의 연구 결과를 발표하는 최종 컨퍼런스에 사회자와 토론자로 참여해 주신 분들(직함 생략, 가나다순)께도 감사드린다. 배태민(육군미래혁신센터), 부형욱(국방연구원), 손한별(국방대학교), 신범식(서울대학교), 신성호(서울대학교), 유준구(국립외교원), 이나경(서울대학교), 이상현(세종연구소), 이옥연(서울대학교), 이장욱(국방연구원), 정헌주(연세대학교), 차정미(연세대학교), 이 외에도 못다 기억하는 많은 분들께 감사의 말씀을 전한다.

이 밖에 미래전연구센터 프로그램의 총괄을 맡아준 양종민 박사와 최정훈 조교를 비롯한 미래전 연구 세미나 프로그램의 조교들(김성준, 변성호, 이민서, 전재은)의 도움도 고맙다. 또한 서울대학교 국제문제연구소의 안태현 박사와 표광민 박사, 하가영 주임께도 감사드린다. 이 책의 작업이 진행되는 동안 아직은 넉넉지 못했던 미래전연구센터의 살림을 보완하는 데 한국연구재단 한국사회기반연구사Social Science Korea: SSK에서 지원했음을 밝힌다. 끝으로 출판을 맡아주신 한울엠플러스(주) 관계자들께도 감사의 말씀을 전한다.

2021년 2월
서울대학교 미래전연구센터장
김상배

1

4차 산업혁명과 첨단 방위산업*

신흥권력 경쟁의 세계정치

김상배 | 서울대학교

1. 서론

역사적으로 새로운 기술발달을 바탕으로 한 혁신적인 무기체계의 등장은 전쟁에서 승자와 패자를 가른 중요한 변수였다. 현대전에서도 새로운 기술에 기반을 둔 무기체계의 우월성은 전쟁의 승패에 중요한 영향을 미쳤다. 이러한 연속선상에서 보면, 최근 주목을 받고 있는 이른바 '4차 산업혁명'도 미래전의 향배를 크게 바꾸어놓을 것으로 예견된다. 무인로봇, 인공지능AI, 빅데이터, 사물인터넷IoT, 가상현실VR, 3D 프린팅 등으로 대변되는 첨단기술이 국방 부문에 도입되면서 무기체계뿐만 아니라 작전 운용과 전쟁 양식까지도 변화시킬 가능성이 커졌다. 더 나아가 인간병사가 아닌 전투로봇들이 벌이는 로봇전쟁의 시

---

* 이 글은 서울대학교 국제문제연구소 미래전연구센터에서 지원한 '4차 산업혁명과 첨단 방위산업: 신흥권력 경쟁의 세계정치' 프로젝트의 총론으로 집필되었으며, 진행 과정에서 연구 내용을 학계에 홍보하기 위해서 ≪국제정치논총≫, 제60권 2호(2020), 1~45쪽에 실린 바 있음을 밝힌다.

대가 다가올 것이라는 전망마저 나오고 있다. 이러한 맥락에서 주요국들은 첨단기술을 개발하여 더 좋은 무기체계를 확보하기 위한 새로운 차원의 군비 경쟁에 박차를 가하고 있다.

근대 산업혁명 이후 무기체계의 개발을 둘러싼 군비 경쟁은 해당 국가의 방위산업 역량과 밀접히 연관되어 있었다. "전쟁의 산업화"라는 말이 나오는 것은 바로 이러한 맥락이다. 특히 이러한 과정에서 획득된 혁신적 군사기술은 단순히 무기를 생산하는 기술 역량의 차원을 넘어서 민간산업의 경쟁력뿐만 아니라 국력 전반에도 영향을 미치는 핵심 요소로 이해되었다. 냉전기에도 이른바 '민군겸용기술dual-use technology'을 둘러싼 방위산업 경쟁은 강대국 군비 경쟁, 그리고 좀 더 넓은 의미에서 본 패권 경쟁의 핵심이었다. 이러한 관점에서 보면 4차 산업혁명 시대의 무기체계 군비 경쟁의 결과도 첨단 방위산업 부문에서 벌어지는 기술 경쟁에 의해 크게 좌우될 것으로 보인다. 특히 군사기술과 민간기술을 명확히 구분하는 것이 어려운 4차 산업혁명 부문의 특성을 고려할 때 이러한 전망은 더욱 설득력을 얻는다.

오늘날 첨단 방위산업 경쟁은 복합적인 권력 경쟁의 성격을 띠고 있다. 실제 전쟁의 수행이라는 군사적 차원을 넘어서 무기판매나 기술 이전과 같은 경제와 기술의 경쟁이 진행 중이다. 이러한 첨단 방위산업 경쟁의 이면에는 표준 경쟁 또는 플랫폼 경쟁도 벌어지고 있으며, 더 나아가 미래전의 수행방식을 주도하려는 담론 경쟁의 면모도 보인다. 이러한 복합적인 권력 경쟁의 이면에서 첨단 방위산업을 제도적으로 지원하는 군사기술 혁신모델이 변화하고 있음도 놓치지 말아야 한다. 이러한 과정에서 기성 및 신흥 방산기업들 간의 경쟁이 치열해지면서 산업구조의 변동이 발생하며, 강대국들 간의 세력분포 변화뿐만 아니라 비강대국 또는 비국가 행위자들의 위상 변화도 발생하고 있다. 포괄적인 의미에서 볼 때, 첨단 방위산업 경쟁은 세계 질서의 기저에 깔린 국제 규범과 윤리규범 및 정체성의 변화도 야기할 조짐을 보이고 있다.

4차 산업혁명 시대의 첨단 방위산업 경쟁에 대한 국제정치학적 연구는 아직 부진하다. 냉전기 방위산업 연구가 붐을 이루었던 것에 비하면 첨단 방위산업에 대한 연구는 초라하기 그지없다. 1990년대와 2000년대에 탈냉전과 지구화 및 초기 정보화를 배경으로 하여 소수의 연구가 진행되고 있는 정도이다. 최근 4차 산업혁명의 붐을 타고 관련 연구가 조금씩 진행되고 있기는 하다. 그러나 그 대부분의 연구들은 인공지능, 전투로봇, 드론기술 등과 같은 단편적인 사례에 초점을 맞추어 자율무기체계의 도입이 전투와 전쟁의 양태를 변화시키는 현황에 대한 보고서 성격에 머물고 있다.[1] 주로 '미래연구'의 성향을 띠는 이 연구들은 다소 기술결정론적인 관점에서 새로운 무기체계의 도입이 국방 부문에 미치는 영향을 다루고 있어, 그러한 무기체계가 형성되는 과정의 국제정치적 동학을 탐구하는 데까지는 문제의식이 미치지 못하고 있다.

　최근에는 새로운 무기체계의 개발에 뛰어든 주요국들의 첨단 방위산업 현황과 그 연속선상에서 본 군사전략의 전개를 다룬 연구들이 속속 등장하고 있다. 이런 종류의 기존 연구 대부분은, 중견국 방위산업의 사례를 다룬 연구들이 예외적으로 존재하기는 하지만, 글로벌 패권 경쟁을 벌이는 강대국, 특히 미국과 중국의 산업 현황과 군사전략에 주목한다. 이와 더불어 나타나는 기존 연구의 또 다른 특징은, 자율무기체계, 이른바 킬러로봇이 미래전의 주체가 될 가능성에 대해서 윤리규범론적 경종을 울리려는 연구들의 범람이다. 이 연구들은 당위론적 차원에서 인간을 대체하는 탈인간post-human 행위자의 부상을 경계하는 목소리를 높이는 반면, 정작 첨단 군비 경쟁을 멈추지 않고 있는 강대국 국제정치의 냉혹한 현실을 파헤치는 데는 소홀하다. 요컨대, 군사전략론과 윤리규범론의 양 스펙트럼 사이에서 첨단 방위산업 경쟁의 권력정치적 단면을, 그것

1　이 기존 연구들에 대한 소개와 인용은 지면 관계상 머리말에서 따로 하지 않고, 이 글의 전반에 걸쳐서 해당 주제와 관련된 부분에서 다루었다. 4차 산업혁명 시대의 첨단 방위산업 경쟁에 대한 연구가 아직 본격적으로 이루어지지 않고 있다는 점에서 이 글은 연구 현황에 대한 정리와 함께 연구 어젠다의 제시를 겸하고 있다.

도 중견국의 시각에서 분석하는 연구가 필요한 실정이다.

이 글은 4차 산업혁명 시대의 첨단 방위산업 경쟁이 야기하는 세계정치의 변화를 국제정치학의 시각에서 살펴보고자 한다. 새로운 이론적 지평을 여는 차원에서 이 글이 주목하는 것은 '신흥권력emerging power'의 부상에 대한 이론적 논의이다. 신흥권력의 개념은 20세기 후반 이래 국제정치학에서 진행된 권력 변환에 대한 논의를 응축하려는 의도를 담았다. 신흥권력은 단순히 '새롭게 부상하는 권력'이라는 뜻을 넘어서, 권력의 성격과 주체 및 질서가 복합적으로 변화하는 메커니즘에 주목한다. 권력 성격의 변환이라는 점에서 오늘날 세계정치는 전통적인 자원권력 게임의 양상을 넘어서 좀 더 구조적인 권력게임의 양상을 보여주고 있으며, 권력 주체의 변환이라는 점에서도 국가 주도의 경쟁 모델을 넘어서 다양한 행위자들이 참여하는 네트워크 모델이 부상하고 있다. 또한 권력 질서의 변환이라는 점에서도 세계정치의 패권 구조와 레짐의 변화뿐만 아니라 근대 국제정치의 전제를 넘어서는 질적 변환의 면모를 보여준다.

신흥권력의 부상을 논하는 과정에서 이 글이 특히 강조하는 것은 4차 산업혁명으로 대변되는 기술변수와 세계정치의 변환 사이에서 발견되는 상관성의 탐구이다. 이를 위해서 단순한 기술결정론이나 사회결정론(또는 전략결정론이나 윤리규범론)의 가설설정을 넘어서는 이른바 '구성적 변환론'의 시각을 원용하고자 한다. 다시 말해, 기존에 경험했던 기술발달이라는 변수와는 달리, 4차 산업혁명의 어떠한 기술적 특성이 오늘날 목도하고 있는 신흥권력의 부상과 상호작용하고 있는지를 탐구하고자 한다. 1990년대와 2000년대의 초기 정보화(또는 3차 산업혁명)의 국면에서 나타났던 것과는 달리, 4차 산업혁명 시대의 군사혁신과 제도변화 및 세계정치 변환은 새로운 양상으로 전개되고 있다. 이러한 시각에서 보면, 초기 정보화 시대의 방위산업이 초국적이며 다국화된 '대규모 시스템'을 지향한 반면, 융복합 기술혁명으로 대변되는 4차 산업혁명 시대의 방위산업에서는 좀 더 복합적인 '메타 시스템'이 출현할 것으로 예견할 수 있다.

실제로 오늘날 첨단 방위산업 경쟁은 전통적인 디지털 자원권력 경쟁과 무기체계의 플랫폼 및 미래전의 수행 담론을 장악하려는 경쟁이 얽혀서 전개되고 있다. 군사기술 혁신모델도 국가 주도의 스핀오프spin-off 모델로부터 민간 주도의 스핀온spin-on 모델로 변화하고 있으며, 이러한 과정에서 새로운 방산기업과 혁신 주체들이 참여하는 개방 네트워크 모델이 모색되고 있다. 최근 방위산업 부문에서도 지구화의 추세에 저항하는 기술민족주의 경향이 강해지면서 국가의 역할이 다시 강조되고 있지만, 이러한 국가 역할의 강조는 기존의 국민국가 모델로의 회귀를 넘어, 새로운 국가 모델의 부상으로 이어지고 있다. 오히려 국가 주도 모델과 민간 주도 모델 그리고 기술민족주의와 기술지구주의를 엮어내는 '메타 거버넌스 모델'의 모습을 보여주고 있는 것이다. 이러한 와중에 근대 국제 질서가, 탈근대성postmodernity과 탈인간성posthumanity의 부상으로 대변되는, 새로운 질적 변환을 겪고 있음도 놓치지 말아야 한다. 중견국의 시각에서 볼 때, 이러한 첨단 방위산업 경쟁과 세계정치 변환에 대응하는 미래 전략의 모색은 시급한 과제가 아닐 수 없다.

이 글은 크게 네 부분으로 구성되었다. 제2절은 첨단 방위산업 경쟁의 분석 틀을 모색하는 차원에서 4차 산업혁명의 성격과 신흥권력의 개념을 살펴보았다. 제3절은 첨단 방위산업 경쟁이 야기하는 권력 성격의 변환을 보여주는 사례로서 디지털 부국강병 경쟁의 전개와 무기체계 플랫폼 경쟁의 부상, 그리고 미래전 수행 담론 경쟁의 양상을 살펴보았다. 제4절은 첨단 방위산업 경쟁의 과정에서 발생하는 권력 주체의 분산을 파악하기 위해서, 군사기술 혁신모델의 변화와 방산기업의 변모 및 산업구조의 변동을 살펴보았다. 제5절은 첨단 방위산업 경쟁에서 파생되는 권력 질서의 변동을 강대국들의 패권 구조 변동, 수출통제 레짐의 변화, 첨단 방위산업의 윤리규범 논쟁 등의 사례를 통해서 살펴보았다. 끝으로, 맺음말은 이 글의 주장을 종합·요약하고 첨단 방위산업 경쟁에 임하는 한국의 과제를 간략히 지적했다.

2. 첨단 방위산업 경쟁의 분석틀

1) 4차 산업혁명과 첨단 방위산업

4차 산업혁명은 인공지능, 빅데이터, 사물인터넷, 가상현실, 3D 프린팅 등과 같은 신기술들이 다양한 산업과 융합되는 현상을 바탕으로 진행된다. 4차 산업혁명의 핵심은 인간과 기계의 잠재력을 획기적으로 향상시키는 '사이버-물리 시스템Cyber-Physical System: CPS'의 부상에 있다. 사이버-물리 시스템은 모든 것이 초연결된 환경을 바탕으로 데이터의 수집과 처리 및 분석 과정이 고도화되고, 이를 바탕으로 기계가 인공지능을 장착하고 스스로 학습하면서 새로운 가치를 창출하는 시스템이다. 이러한 사이버-물리 시스템의 도입으로 새로운 형태의 제품과 서비스가 창출되고 사회 전반의 변화가 발생한다. 4차 산업혁명은 이미 개발된 핵심 원천기술들을 다양하게 융합하거나 광범위하게 적용하여 속도와 범위 및 깊이의 측면에서 유례없는 사회적 파급효과, 즉 '시스템 충격'을 야기한다(Schwab, 2016).

4차 산업혁명의 전개는 방위산업에도 큰 영향을 미치고 있다(Winkler et al., 2019; 김윤정, 2019.5.8). 무엇보다도 4차 산업혁명 부문의 첨단기술들을 적용하여 새로운 무기체계의 개발이 이루어지고 있다. 그러나 기술의 융복합을 핵심으로 하는 4차 산업혁명의 특성상, 개별 무기체계의 개발과 도입을 넘어서 사이버-물리 시스템 전반의 구축이 방위산업 전반에 미치는 영향에 주목해야 한다. 이러한 관점에서 볼 때, 4차 산업혁명이 첨단 방위산업에 미치는 영향은 무기체계의 스마트화, 디지털 플랫폼의 구축, 제조-서비스 융합 등과 같이 서로 밀접히 연관된 세 가지 현상에서 나타난다(장원준 외, 2017).

첫째, 4차 산업혁명의 신기술, 특히 인공지능이 기존의 무기체계와 융합하여 스마트화가 촉진되고 있다. 기존 무기체계에 스마트 기술을 접목하는 수준을 넘어서 인간을 대체할 정도의 무인무기체계 또는 자율무기체계가 출현할 가능성도 없지 않다. 이러한 스마트화는 '단순 제품'이 아니라 초연결된 환경을 배경으로 한 '시스템 전체'에서 진행된다. 예컨대, 스마트 빌딩이나 스마트 시티처럼 스마트 국방 시스템의 구축을 지향하는 식이다. 다시 말해, 사물인터넷으로 구성된 초연결 환경을 배경으로 하여 인공지능을 활용한 지휘통제체계의 스마트화를 통해 국방 부문의 사이버-물리 시스템을 구축하는 것이다.

둘째, 국방 부문에서도 클라우드 환경을 기반으로 생성되는 각종 데이터를 수집·처리·분석하는 디지털 플랫폼의 구축이 모색되고 있다. 인공지능이 전장의 각종 정보와 데이터를 수집·분석하고, 클라우드 서버에 축적·저장하여, 필요시 실시간으로 인간 지휘관의 지휘 결심을 지원하는 '지능형 데이터 통합체계'를 구축한다. 훈련 데이터를 축적하여 전투력 증강을 위한 계량 데이터를 축적할 수도 있고, 사이버 위협을 탐지하는 채널을 통해 악성코드를 찾고 이에 대한 대응책을 마련할 수 있다. 이러한 디지털 플랫폼을 기반으로 해서 작동하는 무기체계 자체가 새로운 전투 플랫폼으로도 기능할 수 있을 것이다.

끝으로, 스마트화와 디지털 플랫폼 구축을 바탕으로 한 제품-서비스 융합을 통해서 가치를 창출하는 변화가 발생하고 있다. 제품 자체의 가치창출 이외에도 유지·보수·관리 등과 같은 서비스가 새로운 가치를 창출하는 영역으로 새로이 자리 잡고 있다. 기존 재래식 무기체계의 엔진계통에 센서를 부착하여 축적된 데이터를 분석함으로써 고장 여부를 사전에 진단하고 예방하며, 부품을 적기에 조달하는 '스마트 군수 서비스'의 비전이 제기되고 있다(강동석, 2019.12.19). 이러한 디지털 공급사슬에 대한 투자는 시장접근성을 제고하고 생산비를 절감하며 협업 혁신을 촉진하는 데 기여함으로써 방위산업 부문에서 시스템 변화를 야기할 것으로 기대된다.

이러한 4차 산업혁명의 전개는 방위산업의 성격 전반을 변화시키고 있다. 근대 무기체계의 복잡성과 그에 내재한 '규모의 경제'라는 특성은 방위산업의 독과점화를 창출했으며, 방위산업의 공급사슬이 몇몇 거대 방산기업들의 시스템 통합에 의해서 지배되는 결과를 낳았다(Caverley, 2007: 613). 전통적으로 방위산업은 대규모 연구개발이 필요한 거대 장치산업으로서 '규모의 경제'를 이루는 것이 경쟁력 확보의 요체였다. 정보의 비대칭성이 존재하는 방산시장에서 수요자인 군과 공급자인 거대 방산기업이 쌍방 독점하는 산업구조를 지녔다. 또한 최첨단 소재와 다수의 부품 결합을 통해 제품화되는 조립산업으로서의 특징은 위계 구조로 대변되는 '수직적 통합 모델'을 출현케 했다. 탈냉전과 초기 정보화(또는 3차 산업혁명)의 진전은 거대 시스템의 도입을 통해서 이러한 방위산업의 특성을 강화했다.

이러한 기존 방위산업의 특성은 4차 산업혁명이 창출한 기술 환경하에서 새로운 변화를 맞고 있다. 스마트화, 디지털 플랫폼의 구축, 제조-서비스 융합으로 대변되는 빠른 기술변화 속에서 국가가 대규모 기술혁신을 주도하고 수요를 보장했던 기존의 방위산업 모델은 민간 부문이 주도하는 새로운 모델에 자리를 내주고 있다. 대규모 장치산업으로서의 성격도 변화하여 다양한 방식의 인수 합병을 통해서 산업 전체에 수평적·분산적 성격이 가미되고 있다. 이러한 과정에서 최종 조립자가 가치사슬을 위계적으로 통제하는 '수직적 통합 모델'을 갈음하며, 인공지능, 빅데이터, 특정 서비스 등을 장악한 생산자가 가치사슬 전체에 영향을 미치는 '수평적 통합 모델'의 부상도 예견되고 있다. 요컨대, 4차 산업혁명 시대의 첨단 방위산업은 '거대산업mega-industry' 모델에서 '메타산업meta-industry' 모델로의 변환을 겪고 있다.

2) 신흥권력론으로 본 세계정치의 변환

이 글은 복합적 변환을 겪고 있는 첨단 방위산업 부문의 국가 간 또는 기업 간 경쟁이 세계정치에 미치는 영향을 분석하기 위해서 신흥권력의 개념을 원용했다.[2] 여기서 신흥권력이라는 말은 '예전에는 없었는데 최근 새롭게 등장한 권력'이라는 의미를 넘어서는 좀 더 복잡한 뜻을 담고 있다. '신흥新興'은 복잡계 이론에서 말하는 창발創發, emergence의 번역어인데, 미시적 단계에서는 카오스chaos

상태였던 현상이 자기조직화self-organization의 복잡한 상호작용을 거치면서 질서 order가 창발하여 거시적 단계에 이르면 일정한 패턴pattern과 규칙성regularities을 드러내는 과정을 의미한다(김상배, 2016: 75~102). 이러한 신흥권력의 개념에 비추어볼 때, 4차 산업혁명 시대의 첨단 방위산업 경쟁은 권력의 성격·주체·질서라는 측면에서 파악된 세계정치의 변환을 잘 보여준다.

첫째, 4차 산업혁명 시대의 첨단 방위산업 경쟁은 권력게임의 성격 변환이라는 차원에서 이러한 신흥권력의 부상을 보여준다. 미래 권력게임은 기존의 군사력과 경제력과 같은 전통적인 자원권력을 놓고 벌이는 양상을 넘어서 진행될 것으로 전망된다. 기술·정보·데이터 등과 같은 디지털 자원을 둘러싸고 진행되고 있으며, 더 나아가 행위자들이 참여하는 게임의 규칙과 표준 및 플랫폼을 장악하려는 '네트워크 권력' 경쟁의 양상을 보인다. 이러한 권력 변환의 현상은 빅데이터, 인공지능, 사이버 안보 등과 같은 디지털 영역에서 더욱 두드러지게 나타나고 있다. 이러한 맥락에서 볼 때, 오늘날 첨단 방위산업 경쟁은 디지털 부국강병을 위한 자원 경쟁이지만 이와 동시에 다차원적인 표준 경쟁이자 플랫폼 경쟁의 성격을 띠고 있다.

둘째, 4차 산업혁명 시대의 첨단 방위산업 경쟁은 권력 주체의 변환이라는 차원에서 이해한 신흥권력의 부상을 보여준다. 오늘날 세계정치에서는 국가 행위자 이외에도 다양한 비국가 행위자들이 부상하는, 이른바 권력 주체의 분산이 발생하고 있다. 4차 산업혁명 부문에서도 인공지능, 빅데이터, 무인로봇 등의 기술혁신은 민간 부문을 중심으로 지정학적 경계를 넘어서 초국적으로 이루어지고 있으며, 그 이후에 군사 부문으로 확산되는 양상을 보인다. 냉전기와 비교하면 반대의 상황이라고 할 수 있다. 그렇지만 이러한 변화가 국가 행위자의 쇠락을 의미하는 것은 아니다. 오히려 첨단 방위산업 부문에서는 다변

2 21세기 세계 질서의 질적 변화와 신흥권력에 대한 이론적·개념적 논의는 김상배(2014: 제1부)를 참조.

화되는 행위 주체들을 네트워킹하는 새로운 국가 모델, 이른바 '네트워크 국가' 모델이 모색되고 있다.

끝으로, 4차 산업혁명 시대의 첨단 방위산업 경쟁은 권력 질서의 변환이라는 차원에서 이해한 신흥권력의 부상을 보여준다. 여기서 신흥권력의 부상은 일차적으로 기성 패권국에 맞서는 도전국의 국력이 상승하면서 발생하는 세계 질서의 권력 분포, 특히 패권 구조의 변화를 의미한다. 21세기 세계정치에서 이러한 권력 구조의 변화 가능성을 엿보게 하는 가장 대표적인 현상은 중국의 부상과 이에 따른 미국과 중국의 글로벌 패권 경쟁이다. 이와 더불어 국제 레짐이나 국제 규범의 변화, 담론과 정체성의 변화도 세계 질서의 질적 변환을 엿보게 하는 중요한 단면을 이룬다. 이러한 관점에서 볼 때 첨단 방위산업 경쟁은 사실상 권력 질서와 법률상 규범 질서 및 담론과 정체성의 질서가 변화하는 새로운 계기를 마련하고 있는 것으로 파악된다.

요컨대, 4차 산업혁명 시대 첨단 방위산업 부문의 경쟁은 군수제품 판매와 군사기술 이전 등과 같은 단순한 자원권력 경쟁의 차원을 넘어서 좀 더 복합적인 권력 경쟁의 면모를 보여준다. 특히 첨단 방위산업 부문에서 디지털 기술 자원의 중요성이 커지는 현상과 더불어, 이 부문의 표준 경쟁 또는 플랫폼 경쟁의 비중이 커지고 있다. 게다가 이러한 경쟁의 이면에 첨단 방위산업을 주도하는 주체의 다변화가 자리 잡고 있으며, 이러한 과정에서 방위산업의 구조 변동이 발생한다. 더 나아가 첨단 방위산업 경쟁을 통한 세계정치의 물질적·제도적·관념적 변화 가능성도 제기되는데, 이는 사실상 권력 경쟁인 동시에 법률상 제도 경쟁이며, 관념과 담론의 경쟁을 통해서 세계 질서가 질적으로 변화하는 양상을 엿보게 한다.

3. 첨단 방위산업 경쟁과 권력 성격의 변환

1) 디지털 부국강병 경쟁의 전개

근대 국제정치에서 방위산업의 육성은 국가 이익을 도모하고 국가안보를 확보함으로써 부국강병을 달성하는 방편으로 인식되었다. 특히 해당 시기의 첨단무기체계를 자체적으로 생산하는 기술 역량의 확보는 국력의 핵심으로 인식되었다. 사실 이러한 인식은 방위산업에만 국한된 것은 아니었고 선도 부문에 해당되는 철강, 조선, 자동차, 항공우주, 전기전자 산업 등에서 나타났다. 이 부문들의 산업 역량 개발은 대외적으로 보호주의 정책과 연계되면서 기술민족주의의 형태로 나타났다. 동아시아 국가들의 근대화와 산업화 과정에서도 방위산업 육성은 부국강병의 상징으로서 국가적 위상을 드높이는 방책으로 이해되었다. 그 과정에서 수입무기의 토착화를 넘어서 무기생산의 자급자족 능력을 보유하는 기술민족주의의 목표가 설정되었다(Bitzinger, 2015: 457).

4차 산업혁명 시대에도 첨단 방위산업의 역량은 군사력과 경제력의 상징이다. 이러한 역량의 보유는 실제 전쟁의 수행이라는 군사적 차원을 넘어서 무기 판매나 기술 이전 등과 같은 경제적 차원의 경쟁력을 의미한다. 특히 이 과정에서 기술력을 확보하는 것은 국가전략의 요체로 인식된다. 방위산업은 외부의 위협으로부터 국가안보를 지키는 전략산업임과 동시에 첨단기술의 테스트베드로서 인식되었으며, 이렇게 생산된 기술을 활용하여 민간산업의 성장도 꾀할 수 있는 원천으로 여겨졌다. 이런 점에서 첨단무기체계의 생산력 확보 경쟁은 단순한 기술력 경쟁이나 이를 바탕으로 한 군사력 경쟁이라는 의미를 넘어서 포괄적인 의미에서 본 스마트 자원권력을 확보하기 위해서 벌이는 복합적인 '디지털 부국강병 경쟁'을 의미한다.

첨단 방위산업 중에서도 군사 및 민간 부문에서 겸용되는 기술이 각별한 주목을 끌었다. 선도 부문의 민군겸용기술을 확보하는 나라가 미래전의 승기를 잡는 것은 물론, 더 나아가 글로벌 패권까지 장악할 것으로 예견된다. 그러한 국가는 군사력뿐만 아니라 민간산업 부문에서도 경쟁력을 확보하는 것이 가능하다. 첨단무기체계와 신기술개발에서 성과를 낸다면 경제 부문에서도 혁신성장의 견인차를 얻을 수 있기 때문이다. 최근 지구화와 정보화의 진전에 따라서 군수와 민수 부문의 경계는 허물어지고 있으며, 군과 민에서 주목하는 핵심 기술들도 크게 다르지 않다. 4차 산업혁명 시대를 맞이해서도 군사기술과 민간기술의 경계를 허문 '하이브리드 기술'을 확보하는 전략의 의미가 부각되는 이유이다(DeVore, 2013: 535).

결국 첨단 방위산업 역량은 미래 신흥권력의 중요한 요소이며, 이러한 이유에서 세계 주요국들은 4차 산업혁명 기술을 활용한 첨단무기 개발 경쟁에 나서고 있다(Haner and Garcia, 2019: 331~332). 첨단 방위산업이 새로운 자원권력의 원천이라는 점을 인식하고 이 부문에 대한 투자를 늘리고 있으며, 민간기술을 군사 부문에 도입하고, 군사기술을 상업화하는 등의 행보를 적극적으로 펼치고 있다. 특히 첨단화하는 군사기술 추세에 대응하기 위해서 민간 부문의 4차 산업혁명 관련 기술성과를 적극 원용하고 있다. 사이버 안보, 인공지능, 로보틱스, 양자 컴퓨팅, 5G 네트웍스, 나노소재 등과 같은 기술이 대표적인 사례들이다. 이러한 기술에 대한 투자는 국방 부문을 4차 산업혁명 부문 기술의 테스트베드로 삼아 첨단 민간기술의 혁신을 도모하는 효과도 있다(김민석, 2020.2.28).

예를 들어, 미국은 중국과 러시아의 추격으로 군사력 격차가 좁아지는 상황에 대처하기 위해서 이른바 '제3차 상쇄전략'을 추진하고 있다. 일찍이 무인무기체계의 중요성을 인식하고 연구개발을 추진하여 다양한 무인무기를 개발·배치함으로써 현재 미국은 전 세계 군용무인기의 60%를 보유하고 있다. 한편, 중국도 4차 산업혁명 부문의 첨단기술을 활용한 군현대화에 적극 나서고 있다. 후발주자인 중국은 미국을 모방한 최신형 무인기를 생산·공개하고, 저가의 군용·민용 무인기 수출을 확대하는 등 기술적 측면에서 미국의 뒤를 바짝 쫓고 있다(杨仕平, 2019). 이러한 양국의 경쟁은 방위산업 부문에서도 보호무역주의와 기술민족주의가 부활하는 모습을 방불케 한다. 향후 드론과 같은 무인무기체계 개발 경쟁은 미국과 중국이 벌이는 글로벌 패권 경쟁과 연계되어 더욱 가속화될 것으로 예견된다(Weiss, 2017: 187~210).

2) 무기체계 플랫폼 경쟁의 부상

4차 산업혁명 시대의 첨단 방위산업 경쟁은, 단순히 어느 한 무기체계의 우월성을 놓고 벌이는 제품과 기술의 경쟁만이 아니라, 무기체계 전반의 표준 장악과 관련되는 일종의 플랫폼 경쟁의 성격을 지닌다. 여기서 플랫폼 경쟁은 기술이나 제품의 양과 질을 놓고 벌이는 경쟁이 아니라, 판을 만들고 그 위에 다른 행위자들을 불러서 활동하게 하고 거기서 발생하는 규모의 변수를 활용하여 이익을 취하는 경쟁을 의미한다. 주로 컴퓨팅이나 인터넷, 그리고 좀 더 넓은 의미에서 본 네트워크 부문에서 원용된 개념으로 ICT의 발달로 대변되는 기술변화 속에서 변환을 겪고 있는 세계정치 부문에도 적용될 수 있다. 특히 이 글은 이러한 플랫폼 경쟁의 개념을 방위산업 부문에서 나타나고 있는 무기체계 경쟁의 성격 변화에 적용했다.

무기체계 플랫폼 경쟁의 의미는 최근 많이 거론되는 '게임 체인저Game Changer'라는 말에서도 드러난다. 게임 체인저란 현재의 작전 수행 패러다임이나 전쟁 양상을 뒤집어 놓을 만큼 새로운 군사 과학기술이 적용된 첨단무기체계를 의미한다. 군사전략의 측면에서 볼 때, 게임 체인저로 거론되는 첨단무기체계의 도입은 전장의 판도를 바꿔 결정적 승리를 달성하는 것을 의미한다. 게다가 이러한 게임 체인저를 생산하는 기술 역량의 향배는 방위산업 경쟁의 판도를 바꿀 수도 있다. 세계 주요국들이 모두 게임 체인저급 무기체계 개발에 관심을 두는 이유이다. 어쩌면 성능이 우수한 무기체계를 다수 생산하는 것보다 이러한 게임 체인저급의 무기체계 하나를 생산하는 것이 더 효과적일 수도 있기 때문이다. 이러한 점에서 게임 체인저의 개념은 그 자체로 무기체계 플랫폼 경쟁의 의미를 담고 있다.

　세계 최대 무기 수출국인 미국의 행보를 보면, 단순히 첨단무기만 파는 것이 아니라 그 '운영체계'를 함께 팔고 있음을 알 수 있다. 다시 말해, 제품수출을 넘어서 표준 전파와 플랫폼 구축을 지향한다. 방위산업은 승자독식의 논리가 통하는 부문이다. 소비자는 우선 '전쟁에서 이기는 무기'를 구입하려 하고, 한 번 구입한 무기는 호환성 유지 등의 이유로 계속 사용할 수밖에 없게 된다. 앞서 언급한 바와 같이, 4차 산업혁명 관련 기술을 탑재한 무기체계의 작동 과정에서 디지털 플랫폼 구축의 중요성이 더 커지면서 이러한 표준권력의 논리는 더욱 강화된다. 미국이 글로벌 방위산업을 주도하는 근간에는, 이렇듯 무기와 표준을 동시에 제공함으로써, 자국에 유리한 플랫폼을 구축하려는 전략이 자리 잡고 있다. 결국 무기체계 플랫폼 경쟁의 궁극적 승패는 누가 더 많이 자국이 생산한 무기체계를 수용하느냐에 달려 있기 때문이다.

　이러한 플랫폼 경쟁은 무기체계 부문을 넘어서 방위산업 또는 미래산업 전반의 플랫폼 경쟁으로도 확산된다. 최근 이러한 확산 가능성을 보여주는 사례가 드론이다. 드론은 민군겸용기술의 대표적인 사례인데, 다양한 부문에 활용되는 군용 및 민간기술들이 만나는 접점에서 발전해 왔다. 게다가 드론 경쟁은 단순히 드론을 제조하는 기술 경쟁의 의미를 넘어서 드론을 운용하는 데 필요한 소프트웨어와 서비스의 표준을 장악하는 경쟁이기도 하다. 사실 드론의 개발과 운용 과정을 보면, 제품-표준-플랫폼-서비스 등을 연동시키는 것이 중요함을 알 수 있다. 군사적인 관점에서 볼 때, 이러한 드론 표준이 내포하고 있는 것은 미래 무기의 표준인 동시에 미래 전쟁의 표준일 수 있다는 점이다. 실제로 드론을 중심으로 미래전의 무기체계와 작전 운용방식이 변화하고 전쟁 수행 주체와 전쟁 개념 자체도 변화할 조짐을 보이고 있다.

　무기체계 플랫폼으로서의 군용 드론 산업에서는 미국이 선두를 점하고 있으며, 세계시장에서도 보잉Boeing, 제너럴 다이내믹스General Dynamics, 제너럴 아토믹스General Atomics, 록히드마틴Lockheed Martin 등과 같은 미국의 전통 방산기업들이 우위를 차지하고 있다. 미국은 미래전의 게임 체인저로 불리는 군집 드론의 개발에도 박차를 가하고 있다. 중국은 미국 다음으로 가장 활발하게 군용 드론을 연구하고 있는 국가이다. 그러나 중국의 강점은 오히려 민용 드론산업에 있다. 중국 업체인 DJI가 민간 드론 부문에서 압도적인 시장점유율을 차지하는 가운데 세계 최대의 드론기업으로서 위상을 공고히 하고 있다. 현재 전체 드론 시장에서 민용 드론의 비중은 군용 드론에 비해 적으나, 그 증가 속도는 더 빠르기 때문에 장차 미중의 격차는 축소될 것으로 전망된다. 이러한 과정에서 드론산업의 발전은 넓은 의미에서 본 4차 산업혁명 부문의 민군 겸용 플랫폼 경쟁의 새로운 지평을 열 것으로 전망된다(유용원, 2019.3.22).

3) 미래전 수행 담론 경쟁의 양상

첨단 방위산업 경쟁은 기술 경쟁과 표준 경쟁의 차원을 넘어서 전쟁 수행방식의 개념을 장악하려는 경쟁의 성격도 지닌다. 가장 추상적인 차원에서 첨단 방위산업 경쟁은 미래전의 수행 담론을 주도하는 문제로 귀결되기 때문이다. 무기체계를 제조하는 방위산업은 관련 서비스의 제공으로 연결되고, 더 나아가 그 무기나 서비스의 존재를 합리화하는 전쟁 수행 담론을 전파한다. 역사적으로도 미국은 방위산업 지구화를 통해서 우방국들에 자국 무기체계를 전파·확산하는 입장을 취해왔다. 이러한 방위산업 지구화의 이면에는 전쟁 수행방식의 원리와 개념 등의 전파를 통해서 자국의 무기를 파는 데 유리한 환경을 조성함으로써 미국의 영향력을 증대시키려는, 이른바 '신자유주의적 통제'의 속셈이 있었던 것으로 평가된다(Caverley, 2007: 613).

실제로 미국은 서유럽의 동맹국들에 미국과 나토의 전쟁 수행 담론과 표준을 따르는 무기체계를 수용하도록 했다. 미국이 동북아 동맹전략에서 한국과 일본에 원했던 것도 이와 다르지 않았다. 다시 말해, 미국 무기체계의 기술표준을 수용하고 미국 군사작전의 담론 표준을 따르게 하는 것이었다. 최근 4차 산업혁명 시대 미래전의 개념을 수용하는 문제에 있어서도 한국은 미국발 작전 개념을 원용하는 경향이 있다. 미국은 자국의 무기체계를 팔기 위해서 작전 개념을 개발하는데, 그 작전 개념을 구현하기 위해서는 거기에 호환되는 무기체계의 도입이 필요하다. 게다가 한 번 도입된 무기체계와의 호환성을 유지하기 위해서는 지속적으로 미국의 무기체계를 수입할 수밖에 없다. 군사담론의 전파와 무기체계의 도입이 함께 가는 모습이다.

이러한 시각에서 보면, 최근 미국이 제기하고 있는 군사작전 담론에는 나름대로 미국 방위산업의 속내가 깔려 있다. 2000년대 이래로 제기되었던 미국발 작전 운용 개념들은 미국의 무기체계를 바탕으로 해야 구현될 수 있는 구상들이다. 특히 미국발 네트워크 중심전Network Centric War: NCW의 담론은 정보 우위를 바탕으로 첨단 정보시스템으로 통합된 미국의 무기체계 운용과 밀접한 관련이 있다. 정보화 시대 초기부터 미국은 첨단 정보통신기술을 바탕으로, 정보·감시·정찰ISR과 정밀타격무기PGM를 지휘통제통신체계C4I로 연결하는 복합 시스템을 구축했다. 현대 군사작전에서 모든 전장 환경요소들을 네트워크화하는 방향으로 변환되고 있다는 인식하에 지리적으로 분산된 모든 전투력의 요소를 연결한다는 구상이었다(Koch and Golling, 2015: 169~184).

4차 산업혁명은 새로운 데이터 환경에서 인공지능과 무인로봇을 활용한 작전 개념의 출현을 가능케 했다. 첨단기술을 적용한 자율무기체계가 도입됨에 따라서 기존에 제기되었거나 혹은 새로이 구상되는 군사작전의 개념들이 실제로 구현될 가능성을 높여가고 있다. 스워밍swarming은 드론기술의 발전을 배경으로 하여 실제 적용할 가능성을 높인 작전 개념이다. 군집 드론을 통해서 구현된 스워밍 작전의 개념적 핵심은 전투 단위들이 하나의 대형을 이루기보다는 소규모로 분산되어 있다가 유사시에 통합되어 운용된다는 데 있다. 여기서 관건은 개별 단위체들이 독립적으로 작동하면서도 이들 사이에 유기적인 소통과 행동의 조율이 가능한 정밀 시스템의 구축인데, 인공지능 알고리즘이 이를 가능케 했다(Ilachinski, 2017).

최근 제시된 모자이크전Mosaic Warfare의 개념도 4차 산업혁명 부문의 새로운 분산 네트워크 기술의 성과를 반영한 작전 개념으로 평가할 수 있다. 모자이크 전은 네트워크 중심전과 같이 한 번의 타격으로 시스템 전체가 마비될 수 있는 통합된 시스템을 전제로 한 작전 개념의 한계를 극복하기 위해서 출현한 전쟁 수행방식 개념이다. 모자이크전의 개념은 기술 부문에서 ISR와 C4I 및 타격체 계의 분산을 추구하고 이를 준독립적으로 운용함으로써 중앙의 지휘통제체계 가 파괴된다 할지라도 지속적인 작전 능력을 확보할 뿐만 아니라 새로이 전투 조직을 구성해 낸다는 내용을 골자로 한다. 이러한 모자이크전의 수행에 있어 서 분산 네트워크와 인공지능과 관련된 기술은 핵심적인 역할을 담당할 수밖 에 없다(설인효, 2019).

이러한 연속선상에서 보면, 최근 미국이 제기한 '다영역 작전multi domain operation' 의 개념도 미국산 자율무기체계 도입이 전투 공간 개념의 변환에 영향을 미친 사례로 이해할 수 있다. 특히 다영역 작전 개념은 사이버·우주 공간이 육·해· 공 작전 운용의 필수적인 기반이 되었다는 '5차원 전쟁'의 개념을 바탕으로 한 다. 사이버·우주 공간에서 구축된 미국의 기술력과 군사력을 떠올리지 않을 수 없는 전투 공간 개념의 변환이다. 또한 인간 중심으로 이해되었던 기존의 전투 공간의 개념이 비인간 행위자인 자율무기체계의 참여를 통해서 변화될 가능성을 시사한다. 이런 상황에서 4차 산업혁명의 진전으로 인해 부상하는 자 율로봇과 인공지능은 전투 공간의 경계를 허물고 상호 복합되는 새로운 물적· 지적 토대를 마련할 것으로 예견된다(Reily, 2016: 61~73).

여기서 주목할 점은 이러한 무기체계와 작전 개념들을 생산하는 주체가 주 로 미국 정부이거나 미국의 거대 방산기업들이라는 사실이다. 그러나 이에 대 해서 대항 담론의 생성 차원에서 중국이 벌이고 있는 미래전 수행 담론 경쟁에 도 주목할 필요가 있다. 예를 들어, 중국이 제기하는 반접근/지역거부A2/AD는 자신보다 우월한 미국의 해군력이 동아시아의 주요 해역에 들어오는 것을 저 지하는 목적의 작전 개념이다. A2/AD는 미국만이 구사하던 네트워크 중심전을 중국 역시 구사하게 됨으로써 출현했다. 전장의 모든 구성요소를 네트워크화하여 ASBMAnti-Ship Ballistic Missile 등의 첨단무기체계를 활용한 장거리 정밀타격이 가능해지면서 제기된 작전 개념으로 평가된다.

4. 첨단 방위산업 경쟁과 권력 주체의 변환

1) 스핀오프 모델에서 스핀온 모델로

20세기 후반의 첨단 방위산업은 국가, 특히 군이 주도하여 군사적 목적으로 시장의 위험을 감수하며 미래가 불확실했던 기술에 대한 투자를 주도했던 역사를 가지고 있다. 그 대표적인 사례가 미국의 방위고등연구기획국Defense Advanced Research Projects Agency: DARPA이 민군겸용기술의 혁신 과정에서 담당했던 역할이었다. DARPA가 연구개발을 주도한 군사기술은 시험·평가의 과정을 거쳐서 양산 제품화의 길로 나아갔다. 연구개발을 군이 주도했기 때문에 그 기술이 전장에서 사용될 가능성이 높았을 뿐만 아니라 시장의 불확실성 때문에 민간에서는 엄두도 내지 못했을 연구개발의 성과들이 군사 부문에서 민간 부문으로 이전되었다. 정보통신 및 인터넷과 관련한 많은 기술적 성과가 그 연구개발 단계부터 군의 막대한 자금 지원을 받았으며, 이를 기반으로 훗날 상업적으로 막대한 수익을 창출하는 계기를 마련했다. 이른바 스핀오프 모델은 이렇게 작동했다.

최근 첨단 방위산업의 기술혁신 과정을 보면, 민군의 경계가 없어졌을 뿐만 아니라 예전과는 반대로 민간기술이 군사 부문으로 유입되는 이른바 스핀온 현상이 나타나고 있다. 과거에는 미사일, 항공모함, 핵무기 등이 이른바 게임 체인저였고 그 중심에 군이 있었다면, 4차 산업혁명 시대에는 인공지능, 3D 프린팅, 사물인터넷, 빅데이터 등과 같이 민간에 기원을 둔 기술들이 게임 체인저의 자리를 노리고 있다. 오늘날 민간 부문의 기술개발이 훨씬 더 빠르게 진행되고 있어 새로운 군사기술이 개발되는 경우에도 민군 양쪽의 용도를 모두 충족시키려고 한다. 과거 군사기술이 군사적 목적으로만 개발되어 이용됐다면, 지금은 좋은 민간기술을 빨리 채택해서 군사 부문에 접목시키고 민간 부문에도 활용하는 접근이 이루어지고 있다.

오늘날 무기체계가 점점 더 정교화됨에 따라 그 개발비는 더욱더 늘어나고 있지만, 탈냉전 이후 대규모 군사예산을 확보하는 것이 크게 어려워진 현실도, 군사기술의 혁신 과정에 민간 부문의 참여가 활성화된 배경 요인이다. 게다가 명확한 군사적 안보 위협이 존재하지 않는 상황에서 많은 비용을 들여 개발한 첨단기술을 군사용으로만 사용하는 것에 대한 정치적 정당성을 확보하는 것도 어려워졌다. 오늘날 기술개발자들은 예전처럼 고정적인 군 수요자 층만을 대상으로 하는 것이 아니라, 전 세계 수십억의 민간 수요자 층을 대상으로 기술을 개발하게 되었다. 이런 맥락에서 민간 부문의 상업적 연구개발이 군사 부문의 중요한 기술혁신 기반으로서 무기개발과 생산에도 활용되는 '군사 R&D의 상업화' 현상이 발생했다(Ikegami, 2013: 438).

그 대표적 사례들이 자율주행차, 인공지능 등의 부문에서 발견된다. 예를들어, DARPA가 지원한 2004년 그랜드 챌린지에서 시제품을 냈던 자율주행차 관련 기술 부문은, 현재 테슬라Tesla, 우버Uber, 구글Google 등과 같은 민간업체들이 주도한다. 인공지능 머신러닝의 경우에도 아마존Amazon의 알렉사나 애플의 시리에서부터 페이스북Facebook이나 구글이 사용하는 데이터 집산 기법에 이르기까지 민간 부문이 주도하고 있다. 미 국방부가 로봇의 미래 사용을 검토하며 머뭇거리는 동안 아마존은 수만 개의 로봇을 주문 처리 센터에 도입해서 사용했다. 첨단제품 수요의 원천으로서 군의 위상도 크게 하락하여, 2014년에 로봇청소기 제조사인 아이로봇은 팽창하는 가정용 수요에 주력하기 위해서 폭탄제거 로봇과 같은 군납 비즈니스를 종료하기도 했다(FitzGerald and Parziale, 2017: 103).

미 국방부도 이러한 변화를 인식하고, 민간 부문의 4차 산업혁명 신기술을 군사 부문에 적용·확대하기 위해서 노력하고 있다(FitzGerald and Parziale, 2017: 102~103). 미국은 매년 DARPA 챌린지를 개최하여 자율주행(2004~2007), 로봇(2015), 인공지능 활용 사이버 보안(2016) 등과 같은 군용기술에 대한 민간의 기술개발을 유도해 왔다. 또한 미 국방부는 실리콘밸리의 스타트업과 같은 혁신적 민간업체로부터 기술 솔루션을 습득하기 위한 노력을 공세적으로 벌이고 있다. 예를 들어, 2015년 8월 애슈턴 카터 미 국방장관은 실리콘밸리 내에 국방혁신센터Defense Innovation Unit: DIU를 설립하여 초소형 드론, 초소형 정찰위성 등을 개발케 했으며, 2016년에는 DDSDefense Digital Service를 만들어 버그바운티bug bounties라는 해킹 프로그램을 군에도 도입했다. 한편 2018년 6월 미 국방부 내에 설립된 '합동인공지능센터Joint Artificial Intelligence Center: JAIC'는 인공지능을 국방 부문에서 적극 활용하겠다는 의지를 보여주는 사례로 평가된다.

이러한 미국의 변화와 대비해 주목할 필요가 있는 것이 중국의 군사기술 혁신 관련 행보이다. 중국은 '중국제조 2025' 정책으로 4차 산업혁명을 준비하는 한편, 군현대화를 목표로 군사비 지출을 지속적으로 늘리면서 민군겸용기술 혁신에 박차를 가하고 있다. 2017년 19차 당대회에서도 시진핑 주석은 민군 융합의 중요성을 강조한 바 있다(谢地·荣莹, 2019). 이러한 과정에서 발견되는 중국의 '민군 융합 모델'은 과거 미국 DARPA의 스핀오프 모델과 대비된다. 미국 DARPA 모델이 군이 주도하는 모델이었다면, 중국은 당과 정부가 컨트롤타워의 역할을 하며 군의 기술혁신 성과를 활용해서 국가기술 전반에서 미국을 추격하려는 모델이다. 따라서 원래는 민용기술이지만 군용기술로서 쓰임새가 있는 기술을 중국의 방산기업들이 적극적으로 도입해서 개발한다. 이러한 과정에서 중국이 지향하는 본연의 목적이 군사 부문 자체보다는 국가적 차원의 산업육성과 기술개발이라는 인상마저 준다. '민군 융합 모델'이기는 하지만 미국발 스핀온 모델과는 그 성격과 내용을 달리하고 있는 점에도 유의할 필요가 있다(毕京京, 2014; 李升泉·刘志辉, 2015).

2) 거대 다국적 방산기업의 부상과 변환

이상에서 살펴본 국가주도 모델에서 민간주도 모델로의 이동은 방위산업 부문 민간 행위자들의 성격 변화와 연동된다. 특히 탈냉전과 지구화의 전개는 방위산업의 주체와 무기생산방식의 변화를 야기했다(Kurç and Bitzinger, 2018: 255). 기술발달로 인해서 무기개발에 필요한 비용이 막대하게 증대함에 따라 국가재정에 대한 부담이 커졌다. 첨단무기체계 하나의 가격이 웬만한 개도국 국방비와 맞먹는 상황이 발생하기도 했다. 국가나 기업 차원에서도 실패에 따른 위험비용도 커질 수밖에 없었다. 이러한 변화를 감당하기 위해서 방산기업들은 '규모의 경제'를 달성하고 해외시장에 용이하게 접근하기 위해서 공동 생산과 개발, 파트너십, 인수 합병, 조인트벤처 등의 형태로 협력의 지평을 늘려나갔다. 그 결과로 출현한 다국적 방산기업들은 수많은 인력과 막대한 재력을 지닌 '거대 업체'가 되었다. 이러한 과정을 통해서 방위산업 지구화가 전개되었으며, 국내 차원에서 무기생산을 자급하려는 국가들의 능력을 잠식했다(DeVore, 2013: 534~535).

외부환경의 변화에 대응하는 방산기업들의 인수 합병은 냉전기부터 계속되었지만, 탈냉전기에 이르러 전례 없는 수준으로 이루어졌다. 1993년과 1997년 사이 미국에서는 15개나 되던 방산업체의 수가 4개로 줄어들면서 공고화되었다. 유럽에서 이러한 인수 합병의 과정은 다소 점진적으로 진행되었다. EADS(에어버스와 유로콥터의 모기업), BAE 시스템즈BAE Systems, 탈레스, 아우구스타웨스트랜드 등과 같은 유럽의 대기업들도 다국적 사업을 벌여나갔다. 그 결과 2018년 국방기술품질원에서 발간한 『세계 방산시장 연감』에 따르면, 세계 100대 무기 생산기업 중 상위 10개 업체는 모두 미국과 서유럽 회사로, 록히드마틴(미국), 보잉(미국), 레이시언Raytheon(미국), BAE 시스템즈(영국), 노스럽 그러먼Northrop Grumman(미국), 제너럴 다이내믹스(미국), 에어버스(범유럽), L-3 커뮤니케이션즈(미국), 레오나르도(이탈리아), 탈레스(프랑스) 등이 나란히 랭크되었다.

이러한 거대 다국적 방산기업의 부상은 정부와 방산기업의 관계를 변화시켰다. 다국적 방산기업은 순수한 일국 기업에 비해서 정부의 간섭으로부터 자유로웠다. 또한 이 다국적 방산기업들은 일반적인 중소국 국방부서의 예산보다도 많은 재정적·인력적 자원을 보유하고 있는 경우가 많았다. 예를 들어, 세계 5대 방산기업들은 세계 11위의 군사비 지출 국가인 한국의 방위비보다도 많은 예산규모를 자랑했다. 방산기업들 간의 새로운 협력 관계는 주로 서유럽 지역을 중심으로 해서 기존의 정부 간 국방 협력 관계를 대체하기 시작했다. 다시 말해, 무기거래의 형태가 국가 간 거래에서 기업 간 거래로 변화하게 되었으며, 공동 무기생산을 위한 정부 간 협정이 산업 간 협정으로 대체되었다. 이 밖에 기술 이전, 데이터 교환, 산업 협업 등이 활발해짐으로써 무기생산은 더욱더 다국적화의 길을 가게 되었다.

이들 거대 다국적 방산기업들은 방위산업 부문의 핵심 군사기술을 활용해 민수 영역으로의 확장을 꾀했다. 방위산업 부문의 기업이라도 기존 고객의 수요는 물론 미래 고객의 요구를 충족시키기 위해 끊임없이 제품과 서비스의 포트폴리오를 강화해야 생존이 가능하다는 인식 때문이다. 빠르게 변화하는 시장에서 매출의 대부분을 무기판매에 의존하는 기업보다는 다양한 포트폴리오를 펼치는 기업이 시장에서 더 유리한 입지를 차지할 것이라는 전망 때문이기도 하다. 그 결과 이 방산기업들은 매출처의 다변화를 위해 주력 부문 이외의 부문으로 업무를 확대했다. 예를 들어, 록히드마틴, 제너럴 다이내믹스 등 세계 최대의 방산기업들은 최근 의료 지원이나 사이버 보안 등과 같은 ICT 서비스 시장으로 진출하고 있다. 이러한 변화는 기존의 '거대합병mega-merger'과는 구별된다는 의미에서 '메타합병meta-merger'이라고 부를 수 있을 것이다.

4차 산업혁명 시대를 맞이해서도 방산기업들 간의 인수 합병이 진행되고 있다. 최근에는 완제품 생산업체와 서비스업체 간 인수 합병이 확대되는 추세이다. 2017년에는 미국의 항공기 부품·자재 생산업체인 유나이티드 테크놀로지스United Technologies Corporation: UTC가 항공전자 시스템과 객실설비 제조업체인 록웰 콜린스Rockwell Collins를 300억 달러에 인수 합병했다. 유나이티드 테크놀로지스는 2019년에 대형 방산기업인 레이시언을 합병해서 새로이 매출액 740억 달러 규모의 레이시언 테크놀로지스를 출범시켰다. 노스럽 그러먼과 제너럴 다이내믹스는 2018년 수십억 달러에 달하는 인수 합병 계약을 체결했다. 이러한 인수 합병의 추세에 글로벌 ICT 기업들이 참여하는 현상에도 주목할 필요가 있다. 2013년 구글은 로봇회사인 보스턴 다이내믹스를 인수했고, 구글은 4년 만에 보스턴 다이내믹스를 일본의 소프트뱅크에 매각하기도 했다. 장차 록히드마틴의 경쟁자가 보잉이나 레이시언이 아니라 구글, 애플, 화웨이 등과 같은 ICT 기업이 될 것이라는 전망이 나오고 있다.

거대 다국적 방산기업들은 독립적인 연구개발 활동 이외에도 파트너십과 공동 개발, 기업 분할, 사내 구조조정 등에도 활발히 나서고 있다. 대규모의 방산기업들도 스타트업처럼 조직 DNA를 바꾸고 준비해야 하는 상황이라는 인식 때문이다. 스타트업처럼 빠르게 결정을 내리도록 조직체계를 바꾸는 한편, 스타트업을 직접 인수하거나 육성하는 행보도 보였다. 이러한 새로운 모델의 출현은 스타트업의 기술을 모두 수용하는 일종의 '라이선스 인 전략'의 출현에서도 나타났다. 이탈리아 방산기업인 레오나르도의 '오픈 이노베이션 이니셔티브'의 사례를 보면, 2017년 한 해에만 200건 이상의 산학연 협업을 실시했다. 구조적으로 보자면, 90개 이상의 주요 대학과 협력해 프로젝트 및 리서치 이니셔티브를 실시하거나, 회사 내부적으로 제품 및 역량 강화를 위한 미래 트렌드 기술 파악과 기술 로드맵 구축을 위해 특정 역량을 보유한 연구기관, 스타트업, 중소기업 등과 협업했다(매일경제 국민보고대회팀, 2019: 139).

3) 군사혁신 네트워크와 메타 거버넌스

이상에서 살펴본 민군 관계나 방산기업의 변환에 대한 논의는 좀 더 넓은 의미에서 본 군사혁신 네트워크의 변화에 대한 논의로 연결된다. 이는 기존의 군산복합체military-industrial complex 모델보다는 그 내포와 외연이 넓은 이른바 '군-산-학-연 네트워크'의 부상에 대한 논의와도 관련된다. 군산복합체는 군과 방위산업의 밀접한 이해관계의 구도를 서술하기 위해서 1960년대 초부터 원용된 개념이었다. 이러한 군산복합체의 모델은 냉전기의 방위산업의 작동을 설명하는 데 유용성이 있었는데, 탈냉전과 지구화라는 환경변화를 겪으면서 참여 주체나 협력 부문 등에 있어서 변화를 겪어왔다(Smart, 2016: 457). 예를 들어, 2000년대 정보화 초기에도 군산복합체의 변화에 주목하는 연구들이 있었는데, 제임스 데어 데리언James Der Derian이 말하는, MIME 네트워크Military, Industrial, Media, Entertainment Network가 그 사례 중 하나이다(Der Derian, 2001). MIME 네트워크의 개념은 디지털 이미지, 전쟁 영화, 다큐멘터리 영화, 리얼리티 TV, 컴퓨터 시뮬레이션, 비디오 게임 등이 군사기술과 연계되는 할리우드와 펜타곤, 그리고 실리콘밸리의 밀리테인먼트Militainment와 관련한 기술혁신 네트워크의 부상을 다룬다(Kaempf, 2019: 542).

군사혁신 네트워크의 기능적 변화와 더불어 주목해야 할 것은 지리적 차원의 네트워크라고 할 수 있는 방위산업 클러스터 모델의 변화이다(장원준 외, 2018). 미국은 제2차 세계대전 이후부터 현재까지 클러스터 육성에 매진해 온 결과 전체 50개 주 중에서 20여 개의 주에 방위 및 항공우주, MROMaintenance, Repair and Operation 클러스터가 집적되어 있다. 텍사스(방위·항공), 오클라호마(MRO), 애리조나(방위·항공), 캘리포니아 샌디에이고(함정) 등 연간 4080억 달러의 국방예산이 주 정부의 클러스터 육성에 쓰이고 있다. 이러한 방위산업 클러스터가 갖는 특징은 군 기지와 시설, 군 연구소 등 군사체계를 중심으로 산업생산, 과학기술 및 기업지원 체계가 긴밀하게 연계되어 있다는 데 있다. 다시 말해, 스핀오프 모델의 기능적 연계가 공간적 집적 모델에 구현된 형태라고 할 수 있다. 이러한 방위산업 클러스터 모델이 4차 산업혁명과 스핀온의 시대를 맞이하여 어떻게 변화할 것인지의 문제는 앞으로 큰 관건이 될 것이다.

이와 관련하여 중국 드론산업의 토양이 되는 중국 선전深圳 지역의 혁신 클

러스터 모델에 주목할 필요가 있다. '아시아의 실리콘밸리' 또는 '세계의 공장'
으로 불리는 선전 지역은 과학기술 부문 인재들의 집합소로 기술혁신의 발원
지일 뿐만 아니라 시제품을 신속하게 제작할 수 있는 생산 능력을 가지고 있으
며, 인건비와 부품조달 측면에서 가격 경쟁력까지 갖춘 생태계를 형성했다. 선
전 지역 생태계의 이러한 특징은 중국 드론산업 발전에도 효과적으로 작용하여
드론 개발에 필수적인 반도체 칩, 가속센서, 소형 고품질 센서, 모터, 배터리 전
자 부품 등을 그 어느 지역보다도 용이하고 상대적으로 저렴한 가격으로 조달
하는 기술 인프라를 구축했다. 민간 드론 세계 1위 기업인 DJI는 이러한 선전
지역 생태계의 이점을 효과적으로 활용하여 성장한 대표적인 혁신 기업이다.

이렇게 기능적·지역적 차원에서 본 군사혁신 네트워크의 변화 과정에서 국
가는 어떠한 역할을 담당할 것인가? 스핀온의 시대가 되었지만 국가의 역할이
사라질 것으로 볼 수는 없다. 오히려 최근 미중 기술 패권 경쟁에서 보는 바와
같이, 보호무역주의와 기술민족주의 경향이 득세하면서 지정학적 시각에서 본
국가의 역할이 재조명을 받고 있다. 그렇다고 스핀오프 모델이나 과거의 군산
복합체 모델로의 회귀를 논할 것은 아니다. 오히려 이전부터 이어져 온 방위산
업 지구화와 최근 재부상한 기술민족주의의 경향이 겹치는 지점에서 국가의 역
할이 재설정될 가능성이 크다. 이러한 맥락에서 새로운 국가모델로서 '네트워
크 국가network state'의 모델에 기반을 둔 새로운 거버넌스 모델, 즉 '메타 거버넌
스meta-governance'에 대한 논의를 첨단 방위산업 부문에 원용해 볼 필요가 있다.

크리스티안손은 메타 거버넌스의 시각에서 미국의 '제3차 상쇄전략'의 사례
를 살펴보고 있다(Christiansson, 2018: 263). 미국의 제3차 상쇄전략은 2014년에
제시되었는데, 그 이면에서 두 가지의 주요 동인이 작동했다. 그 하나는 미국
의 기술적 우위가 중국이나 러시아와 같은 국가들에 의해서 도전받는다는 인
식이었으며, 다른 하나는 감축되고 있는 국방예산의 압박에 대해 국방 부문의
혁신으로 대응해야 한다는 인식이었다. 제3차 상쇄전략은 냉전기에 동구권에
대한 군사적 열세를 보충하기 위해서 시도했던 1950년대(전략핵무기로 귀결)와

1970년대(스텔스 기술, 정찰위성, GPS 등으로 귀결)의 상쇄전략 시리즈의 현대 버전이었다. 크리스티안손은 이러한 3차 상쇄전략을 "거버넌스가 규칙과 절차로서 형성되고 촉진되는 상급 질서 거버넌스"로서 메타 거버넌스가 조직화된 것으로 해석한다. 제3차 상쇄전략은 '합리적 기획rational planning'의 관점에서 이해되는 기존의 기획절차에 도전하는 국방조직 거버넌스의 새로운 양식이라는 것이다(Christiansson, 2018: 269).

구체적으로 살펴보면, 제3차 상쇄전략은 로보틱스, 첨단컴퓨팅, 소형화, 3D 프린팅 등과 같이, 정부와 민간의 상호 네트워킹을 필요로 하지만, 전통 방위산업과는 특별한 연관이 없었던 신흥기술 부문을 대상으로 제기되었다. 이 신흥기술 부문들은 기성 기술 부문과는 달리 심의와 컨설팅의 반복적인 과정이 중요하며, 그렇기 때문에 무기체계 그 자체만큼이나 그 개발 과정의 구축이 중요하다. 이러한 점에서 제3차 상쇄전략은 합리적 목표를 정해놓고 공략하는 기존의 군사혁신 시스템의 '합리적 기획'과는 구별되며, 오히려 애매모호성, 복잡성, 불확실성 등을 내재한 기획 과정 그 자체에 대한 부단한 피드백으로 추구하는 모델이라고 할 수 있다. 제3차 상쇄전략은 민간기업들뿐만 아니라 전통적으로 국방 부문의 반경 밖에 존재하는 산업, 무역그룹, 싱크탱크, 의회, 학술기관 등과의 협업도 강조한다. 이러한 대내외적 메커니즘의 작동은 크리스티안손이 제3차 상쇄전략을 메타 거버넌스의 시각에서 이해하는 근거이다(Christiansson, 2018: 269~270).

5. 첨단 방위산업 경쟁과 권력 질서의 변환

1) 첨단 방위산업의 글로벌 패권 구조 변환

첨단 방위산업 경쟁이 권력 질서의 변환에 미치는 영향은, 우선 현실주의 시각에서 본 권력 분포의 변화, 즉 첨단 방위산업의 글로벌 패권 구조 변환에서 찾아볼 수 있다. 현재 글로벌 방위산업의 패권은 미국이 장악하고 있다. 세계 10위권 국가들의 국방비 지출을 보면, 2017년 기준으로 미국(6100억 달러), 중국(2280억 달러), 사우디아라비아(690억 달러), 러시아(660억 달러), 인도(640억 달러), 프랑스(580억 달러), 영국(470억 달러), 일본(450억 달러), 독일(440억 달러), 한국(390억 달러)의 순서이다(SIPRI, 2018). 국가별 무기 수출 비중을 보면, 2014~2018년 기준으로 미국(35.9%), 러시아(20.6%), 프랑스(6.8%), 독일(6.4%), 중국(5.2%), 영국(4.2%), 스페인(3.2%), 이스라엘(3.1%), 이탈리아(2.3%), 네덜란드(2.1%)의 순서이며 한국은 1.8%로 11위를 차지했다. 이 11개 국가의 무기 수출 비중이 전 세계 수출량의 91.6%를 차지한다.

국가별로 방산기업의 매출액을 보면, 미국 방산기업들은 2017년 대비 7.2% 증가한 2460억 달러의 매출액을 2018년에 기록하며 업계 1위를 차지했으며, 거래 규모로는 전 세계의 59%를 차지했다. 한편 2002년 이후 처음으로 미국 방산기업들이 상위 5위를 독식했는데, 록히드마틴, 보잉, 노스럽 그러먼, 레이시언, 제너럴 다이내믹스 등 5개 기업의 매출규모는 1480억 달러로서 시장의 35%를 차지했다. 미국을 대표하는 방산기업인 록히드마틴은 473억 달러의 매출액을 기록하며 세계 1위 자리를 지켰다. 이렇게 미국이 독주하는 이유로는 2017년 트럼프 대통령이 발표한 새로운 무기 현대화 프로그램을 들 수 있다. 미국의 거대 방산기업들은 최대 고객인 미국 정부로부터 계약을 따내는 것이 주요 관심사일 수밖에 없었다(최진영, 2019.12.12).

글로벌 방위산업 패권 구조의 변동 요인으로는 중국의 도전에 주목해야 한다. 역사적으로 중국은 러시아, 프랑스, 영국, 미국 등으로부터 무기를 수입했다(Meijer et al., 2018: 850~886). 중국의 국방비 지출 규모는 세계 2위이지만 무기 수출 비중은 5% 정도의 수준이었다. 그러나 최근 중국의 무기 수출은 크게 성장하여 글로벌 방위산업의 수평적 구조 변동의 가능성을 보여준다. 중국이 일류 방위산업국이 되었다는 데는 이견이 있겠지만, 무기생산의 역량이라는 점에서 그 기술 역량의 스펙트럼이 넓어진 것은 사실이다. 중국의 역량과 경쟁력의 증대는 수출 실적에서 드러나는데, 2000년부터 2015년 사이에 중국은 6.5배의 무기 수출 성장을 달성했으며, 무기 수출 순위에서 2015년 현재 중국은 세계 5위로 미국, 러시아, 독일, 프랑스의 뒤를 이었다(Li and Matthews, 2017: 175).

2015년 기준으로 중국의 무기 수출 비중은 6.9%로, 36.6%를 차지한 미국의 비중에 비해서 크게 낮지만, 그럼에도 중국의 무기 수출 비중이 2001년도에 비해서 2.5배나 성장했다는 사실에 주목할 필요가 있다. 시스템 통합과 전투 시스템 부문에서 중국은 일류국가를 향한 행보를 보이기 시작한 것으로 평가된다. 그러나 아직 중국은 아프리카 등지의 저소득 국가에 B급 무기를 파는 이류 국가라는 인상을 지우지 못하고 있다. 그러나 최근에는 중국 나름의 고유 브랜드를 구축했다는 평가도 있다. 초창기에는 정치적 목적으로 '로테크low-tech' 무기체계를 판매하는 전략을 채택했으나, 최근에는 상업적 차원에서 '하이테크' 무기체계를 공략하기 시작했다. 또한 무기 수출과 에너지·천연자원 확보를 연계하는 경제적 고려나 무기 수입국의 국내정치에 대한 비개입 원칙 준수와 같은 외교적 고려를 일종의 브랜드로 내세우고 있다(Yang, 2020: 156~174; Li and Matthews, 2017).

미국 주도로 패권 구조가 형성되어 있는 글로벌 방위산업에서 중국의 도전은 최근 요르단의 중국산 드론 수입 사례에서도 나타났다. 2015년 요르단에 군사용 드론을 판매하려는 미국 기업의 요청을 미국 정부가 거부했던 적이 있다. 미국이 무장 드론 역량을 보유한 유일한 국가였던 시절에는 이렇게 판매를 거부함으로써 요르단의 군사용 드론 획득을 봉쇄하는 효과가 있었다. 그러나 끝내 요르단은 중국으로부터 유사한 군사용 드론을 구입하는 데 성공했다. 결국 미국은 요르단에 대한 군사용 드론의 확산을 저지하지도 못했을 뿐만 아니라 드론 사용과 관련한 교육과 훈련을 제공할 기회도 잃었고, 궁극적으로 요르단에 대한 정치적 영향력도 상실했다. 게다가 이러한 사태는 요르단뿐만 아니라 테러단체들이 미국산이 아닌 드론을 활용하여 미국을 공격할 기회마저도 높였다(FitzGerald and Parziale, 2017: 103~104).

이러한 글로벌 방위산업의 구조 변환은 중견국들에도 새로운 기회를 제공할 가능성이 있다(Ikegami, 2013: 436). 무기를 생산·판매하는 방산기업의 숫자 증가는 중견국들이 자국의 방위산업화를 위해서 필요한 기술을 이전받기에 좋은 환경을 창출했다. 다국적 방산기업들과의 협력을 통해 이 중견국들은 글로벌 방위산업 시장에 진출할 수 있게 되었다. 특히 지구화의 전개와 다국적 방산기업의 부상은 이 중견국들이 기업 간 거래의 초국적 네트워크에 참여할 수 있는 기회를 더 많이 제공하며, 글로벌 공급망에 통합될 가능성을 높였다. 이러한 맥락에서 최근 강대국뿐만 아니라 중견국들도 글로벌 방위산업의 가치사슬 내에서 차지하는 위상을 활용하여 글로벌 방위산업의 수직적 구조 변동을 야기할 주체로 거론되기도 한다(Kurç and Neuman, 2017: 219~220).

2) 첨단 방위산업의 수출통제 레짐 변환

첨단 방위산업 경쟁이 세계정치의 질서 변환에 미치는 영향은 자유주의 시각에서 보는 제도 변화, 특히 국제 레짐의 변화에서도 찾아볼 수 있다. 첨단무기체계 관련 전략물자와 민군겸용기술의 수출통제 레짐의 변환이 관건이다. 군사적 유용의 가능성이 있는 전략물자, 특히 첨단기술의 수출통제는 냉전 시대의 코콤Coordinating Committee for Multilateral Export Control: CoCom에서 시작되었다. 특히 코콤 회원국들이 자발적으로 협의하고 조정하는 다자간 수출통제 체제가 작동해 왔는데, 이 체제는 냉전 종식 후 2000년대에 들어와 무형의 기술을 중시하며 이에 대한 각종 통제규정을 구체화하고 강화하는 방향으로 변화했다. 유엔 안보리나 각종 다자 수출통제 체제 등을 통해서 개별 국가 차원에서도 기술 이전에 대한 법제도를 재정비하고 강화하라는 요구들이 부과되었다. 이러한 배경에는 국가 간 교역의 발달과 산업의 전반적 발전으로 누구나 전략물자를 손쉽게 구할 수 있게 된 환경변화가 작용했다(김현지, 2008: 352~353).

1990년대 말부터 기술통제의 제도화 방안에 대한 협의는, 코콤 해체 후 1996년 7월에 출범한 바세나르 협정을 통해서 이루어졌다. 바세나르 협정은 재래식 무기와 민군겸용기술의 투명성을 제고하고 책임성을 강화하는 성격을 띠었다. 바세나르 협정은 법적 구속력이 있는 조약이 아니었을 뿐만 아니라 코콤보다 덜 엄격했다. 협약국의 수출통제의 투명성을 높이는 데 초점이 맞춰져 있었으며, 협약국 간 비토도 허용하지 않았다. 특히 국가안보를 위협하는 재래식 무기의 과잉 축적을 방지하고 이러한 물자들의 국외 이전에 책임을 부여함으로써 국제 질서의 안정성을 확보하는 것을 목적으로 했다. 바세나르 협정에서는 수출통제의 대상이 되는 물품과 기술을 어느 정도 특정하고 있었는데, 무기 자체는 물론 무기제조 기술과 원재료뿐만 아니라 기술적 활용에 따라 무기에 사용될 수 있는 민군겸용 물품에 대해서도 통제를 가했다(유준구·김석우·김종숙, 2015: 87).

이러한 수출통제 레짐에 대한 논의는 4차 산업혁명 시대를 맞아 더욱 강화되고 정교화될 가능성이 있다. 자율살상무기 중에서도 특히 드론 관련 기술을 통제할 필요성이 제기되고 있다. 군사드론을 둘러싼 논쟁은 기존 드론뿐만 아니라 미래의 변종에 대한 규제, 그리고 특정 시장에의 판매 금지 등의 문제를 담고 있다. 현재 각국은 살상용 드론을 투명성과 신뢰성의 특별한 장치 없이 일방적으로 사용하고 있는데, 이를 규제할 국제 레짐의 필요성에 대한 학계나 NGO, 정책서클 등의 지적이 제기되고 있다(Buchanan and Keohane, 2015: 15~37). 그러나 국내외의 안보 기능, 인도주의적 노력, 민간의 상업적 사용 등과 같이 비군사적인 용도로 사용되는 드론의 특성을 고려하지 않으면 이러한 규제 노력은 성공할 수 없을 것이다. 드론의 비군사적 성격은 기존의 대량살상무기나 미사일과 관련된 논의와는 달리, 엄격한 규제와 통제장치를 담은 국제 거버넌스의 틀을 마련하는 데 걸림돌로 작동할 가능성이 크다(Schulzke, 2019: 497~517).

최근 이러한 드론기술 수출통제 체제의 수립에 대한 논의 과정은 중국에 대한 첨단무기체계의 기술 이전에 대한 경계심과 연결되는 양상을 보이고 있다.

지난 20여 년 동안 중국의 국방과학기술 및 혁신 시스템은 크게 발전했는데, 방위산업의 역량 개선도 이러한 발전 과정에서 중요한 역할을 했다. 중국은 기술수입을 위한 대량 투자, 공동 협업에의 참여, 산업 스파이와 해킹 등 다양한 수단을 활용하여 군용 및 민군겸용기술을 획득하기 위해 집중적인 노력을 벌여왔다(Cheung et al, 2019). 최근 미국은 이에 대해 경계하기 시작했는데, 특히 미국의 국가안보에 영향을 미치는 신흥 및 기반기술, 그리고 군사적·상업적으로 개발의 초기단계에 있는 기술에 대한 통제를 강화하기 시작했다. 이 기술들은 아직 국가안보에 미치는 영향이 밝혀지지 않아서 다자 레짐에 의해서 통제 조치가 취해지지 않은 기술들이었다(Lewis, 2019).

2018년 8월 트럼프 행정부가 '수출통제개혁법Export Control Reform Act: ECRA'을 발표한 것도 바로 이러한 맥락에서 이해될 수 있다. '수출통제개혁법'은 특히 신흥기술의 최종 사용자 및 목적지에 대한 더 체계적인 제한에 초점을 맞추고 있다. 이러한 행보의 바탕에는 첨단기술의 수출통제가 기술 경쟁력의 보호 차원을 넘어서 국가안보의 문제로 인식되는 상황 전개가 깔려 있었다. 이러한 법제 개혁의 행보는 최근 중국 기업인 화웨이의 5G 네트워크 장비에 대한 미국 정부의 수입규제 문제와 연결되는 것이기도 했다. 이러한 과정에서 미국은 첨단 방위산업 제품의 수출 또는 수입을 통제하는 동맹외교를 활발하게 벌이기도 했다. 좀 더 넓은 시각에서 보면, 미국이 인도태평양 전략을, 중국이 일대일로 구상을 각각 내세워 경합을 벌이고 있는 미중 글로벌 패권 경쟁이 그 바탕에 깔려 있다(김상배, 2019b: 125~156).

3) 첨단 방위산업과 세계 질서의 질적 변환

첨단 방위산업 경쟁이 권력 질서 변환에 미치는 영향은 구성주의 시각에서 보는 규범적·관념적 세계 질서의 질적 변환에서도 나타난다. 무엇보다도 민간이 주도하는 첨단 방위산업의 발전과 그 산물인 민군겸용기술의 민간 영역으로의 확산은 국가 중심 질서의 기본 전제를 와해시키고 비국가 행위자들의 위상을 제고할 가능성이 있다. 특히 자율살상무기의 확산은 국제정치에서 불안정과 갈등을 유발하고 기존에 국가 행위자들을 중심으로 합리적으로 통제되던 국제 질서의 기본 골격에 도전할 가능성이 있다. 다시 말해, 자율살상무기가 비국가 행위자의 손에 들어갈 경우, 단순한 주체 분산의 문제를 넘어서, 각국이 디지털 부국강병 경쟁의 차원에서 자율무기체계를 개발하려는 역량 증대의 노력이 역설적으로 자국의 안보를 위협할 뿐만 아니라 현 국제 질서의 취약성을 드러내는 방향으로 귀결될 가능성이 있다(Schneider, 2019: 842).

사실 자율살상무기 관련 기술의 발달과 비용의 감소는 비국가 행위자들이 비대칭 전쟁의 수행 과정에서 민군겸용기술을 자신들의 전력 수단으로 활용할 가능성을 높였다. 이 무기들은 이미 민간군사기업PMC에 의해서 상업적으로뿐만 아니라 군사적으로도 활용되고 있으며, 이러한 과정에 참여하는 폭력전문가들의 손에 의해서 또 다른 의미의 '스핀오프 현상'이 야기될 가능성이 크다(Stitchfield, 2020: 106). 이러한 현상은 온라인 암시장인 이른바 '다크웹dark web'에서의 불법적인 무기거래를 통해서 더욱 강화될 가능성이 있다. 다크웹은 통상적인 검색엔진으로는 검색이 되지 않는 인터넷 영역으로, 익명 소프트웨어의 이면에 은닉되어 있고 주로 암살이나 테러용의 무기거래가 이루어지는 공간이다. 이렇게 음성적인 통로를 통해서 자율살상무기가 확산된다면 어떤 피해가 발생할지 예견하기 어려워진다(Paoli, 2018).

최근 우려되고 있는 것은 급속히 확산되고 있는 드론기술이다(Fuhrmann and Horowitz, 2017: 397~418; Gilli and Gilli, 2016: 50~84). 글로벌 차원으로 확산된 상업용 드론이 비국가 행위자들에 의해서 군사용 드론으로 변용되어 활용될 가능성이 커졌기 때문이다(Jackman, 2019: 362~383). 이미 예멘의 후티 반군은 무기화된 드론을 사용했으며, ISIS와 보코하람도 개량된 폭발물과 결합하여 드론을 공격무기로 사용하고 있다. 이와 더불어 4차 산업혁명 부문에서 최근 주목받는 또 다른 기술은 3D 프린팅이다. 지난 수년 동안 3D 프린팅 기술은 무기제작을 포함한 모든 것을 만드는 방식을 혁명적으로 바꿈으로써 그 확산이 예기치 않은 효과를 낳을 가능성을 제기하고 있다. 3D 프린팅 기술을 활용한 제트 엔진, 미사일, 인공위성, 핵무기 등의 부품제조는 국제 질서의 안정성을 크게 해칠 것으로 우려된다(Volpe, 2019: 815).

자율무기체계에 대한 우려가 증폭되는 또 다른 이유는 인공지능 기반 살상 무기 시스템이 사이버 보안, 특히 프로그램의 바이어스, 해킹, 컴퓨터 오작동 등에 취약하기 때문이다. 인공지능을 활용하여 자동으로 프로그래밍된 해킹 공격이 시스템의 취약점을 공략케 하는 기술들이 날로 발달하고 있다. 인공지능 프로그램이 설정한 바이어스는 특정 그룹에 차별적으로 작용할 수 있는데, 최근 안면인식 시스템이 무기체계로 통합되면서 비인권적이고 비인도적인 피해를 발생시킬 가능성에 대한 우려도 커지고 있다. 프로그램의 바이어스 이외에도 인공지능 시스템은 항시 해킹 위협에 노출되어 있으며, 프로그래머의 의도가 아니더라도 전혀 예상치 못했던 코딩 실수를 범할 수도 있다. 이러한 바이어스와 오류의 결과는 인공지능이 점차 무기체계에 탑재됨에 따라 더욱더 악화될 것이다(Haner and Garcia, 2019: 332).

이러한 통제 불가능성과 비의도성의 문제는 킬러로봇에 대한 윤리적·규범적 통제 및 여기서 파생되는 인간 정체성에 대한 논의로 연결된다. 이는 자율살상무기의 확산이 인류 전체를 위험에 빠트릴 수도 있다는 문제의식과 연결된다(Butcher and Beridze, 2019: 88~96; Koppelman, 2019: 98~109). 이러한 우려에 기반을 두고 기존의 국제법을 원용하여 인공지능의 거버넌스와 킬러로봇의 금지를 촉구하는 시민사회 운동이 글로벌 차원에서 진행되었다. 2009년 로봇 군비통제 국제위원회가 출범했으며, 2012년 말에는 국제인권감시기구Human Rights Watch가 완전자율무기의 개발을 반대하는 보고서를 발간했고, 2013년 4월에는 국제 NGO인 '킬러로봇 중단운동'이 발족했다. 이러한 운동은 결실을 거두어 2013년 제23차 유엔총회 인권이사회에서 보고서를 발표했고, 유엔 차원에서 자율무기의 개발과 배치에 관한 토의가 시작되었으며, 그 결과로 자율살상

무기에 대한 유엔 정부 전문가 그룹Group of Governmental Experts: GGE이 출범했다.

그러나 지난 5년여 동안 유엔 회원국들 사이에서 자율살상무기에 대한 논의가 큰 진전을 보지 못하고 있다. 20개 이상의 나라에서 행해진 여론조사에 의하면, 61% 이상의 시민들이 자율살상무기의 개발을 반대하지만, 각국은 여전히 매년 수십억 달러를 자율살상무기 개발에 투자하고 있다. 프랑스, 독일은 현재의 국제법에 부합하는 방향으로 자율무기체계 개발을 규제할 것을 옹호한다. 이외에도 28개 국가들은 킬러로봇의 금지를 요구해 왔으며, 더 나아가 비동맹운동과 아프리카 국가들의 그룹은 살상로봇을 제한하기 위한 새로운 국제조약의 필요성을 주창한다. 미국이 아직 명시적인 입장을 표명하지 않고 있는 가운데, 유럽 국가들은 자율살상무기를 금지하는 국제 규범 수립을 위한 노력을 지속하고 있다. 중국도 2018년 자율살상무기의 전장 사용을 금지하는 데 동의했으며, 자국의 자율살상무기 개발과 생산을 멈출 용의가 있다고 밝히기도 했다(Haner and Garcia, 2019: 335).

이러한 윤리규범적 문제제기의 이면에는 인공지능을 탑재한 자율로봇으로 대변되는 탈인간 행위자의 부상이 인간 정체성에 근본적인 문제를 제기한다는 고민이 존재한다. 다시 말해, 4차 산업혁명의 진전은 인간이 아닌 행위자들이 벌이는 전쟁의 가능성을 우려케 한다. 이러한 과정에서 인간 중심의 지평을 넘어서는 탈인간 세계정치의 부상이 거론된다. 아직은 '먼 미래'의 일이겠지만, 비인간non-human 또는 탈인간 행위자로서 인공지능 기반의 자율로봇은 인류의 물질적 조건을 변화시킬 뿐만 아니라, 인간을 중심으로 짜였던 근대 전쟁의 기본 전제와 공식을 완전히 바꾸고, 근대 국제정치의 기본 전제들에 의문을 제기할 수도 있다(Hoffman, 2017/18: 19~31; Dimitriu, 2018). 이러한 과정에서 자율무기체계로 대변되는 기술 변수는 단순한 환경이나 도구 변수가 아니라 주체 변수로서, 미래전과 방위산업의 형식과 내용을 결정하고 더 나아가 미래 세계정치의 조건을 새로이 규정할 가능성이 있다(김상배, 2019a: 106).

6. 결론

　최근 4차 산업혁명 부문의 기술을 원용한 첨단 방위산업 부문의 국가 간 경쟁이 가속화되고 있다. 군사력과 산업력이 연계된 방위산업 부문의 경쟁은 근대 국제정치에서 나타난 가장 큰 특징 중 하나였다. 근대 국민국가들이 벌이는 부국강병 게임의 핵심이 방위산업 부문에서 생산되는 기술력에 있었다고 해도 과언이 아니었다. 이런 점에서 보면 4차 산업혁명 시대의 첨단 방위산업 부문에서도 치열한 경쟁이 벌어지는 것은 새로운 일은 아니다. 그러나 그 내용을 자세히 들여다보면, 최근 이 부문에서 벌어지고 있는 경쟁은 기존의 면모와는 다른 새로운 질적 변화의 단면을 보여준다. 이 글은 바로 그 부분에 착안하여 4차 산업혁명에 기반을 둔 첨단 방위산업 경쟁이 야기하는 세계정치의 다차원적 변환을 새로운 이론적 시각에서 살펴보고자 했다.

　이 글이 원용한 신흥권력론의 시각에서 본 첨단 방위산업 경쟁은 세 가지 차원에서 세계정치의 변환을 보여준다. 기술변수의 권력적 함의가 커지면서 각국은 기술민족주의에 입각한 디지털 부국강병의 경쟁을 벌이고 있지만, 그 권력 경쟁은 전통적인 자원권력 경쟁 이외에도 플랫폼 경쟁과 미래담론 경쟁의 성격도 띠고 있다. 이러한 경쟁에 참여하는 주체의 성격도 변화하여, 오늘날 군사기술 혁신 과정에서는 국가의 주도적 역할이 상대적으로 감소하고 있다. 또한 첨단 방위산업 부문에 참여하는 기업의 성격도 변화하고 있어, 전통 방산기업들의 성격 변환뿐만 아니라 4차 산업혁명 부문의 신흥기업들이 새로이 참여하는 현상이 벌어지고 있다. 이 외에도 첨단 방위산업 부문에서 권력 분포의 구조 변동이나 수출통제 레짐의 강화, 그리고 새로운 윤리규범과 정체성의 출현 등과 같은 세계 질서의 변화도 발생하고 있다.

　이렇게 첨단 방위산업 부문에서 발생하는 세계정치의 변환은 오늘날 여타 비군사안보 부문에서 나타나는 변환에 비하면, 여전히 전통 국제정치의 그림자가 많이 드리워져 있는 것이 사실이다. 그럼에도 오늘날 첨단 방위산업 경쟁은 전통 국제정치와 겹치는 신흥 세계정치의 모습을 많이 담은 새로운 복합 질서의 부상을 보여준다. 이러한 복합 질서의 부상은 4차 산업혁명이 지닌 융합기술 시스템으로서의 복합적 성격과 관련이 크다는 것이 이 글의 인식이다. 다시 말해, 기술과 사회 또는 시스템과 세계 질서가 공진화co-evolution하는 '구성적 변환'의 과정이 4차 산업혁명 시대의 첨단 방위산업 부문에서 발생하고 있다. 이러한 변화상은 1990년대와 2000년대 지구화와 초기 정보화의 과정에서 전망되었던 '탈국가 세계 질서'의 부상에 대한 논의를 넘어서는 것으로, 이 글에서는 기성 국가 모델과 새로운 거버넌스 모델이 만나는 지점에서 제기되는 '네트워크 국가의 메타 거버넌스'에 대한 논의를 살펴보았다.

현재 이러한 첨단 방위산업 경쟁은 미국, 중국, 러시아 등으로 대변되는 강대국들을 중심으로 진행되고 있다. 그러나 탈냉전기 이후의 상황을 보면, 한국을 포함한 다수의 중견국들이 일정한 역할을 담당할 여지가 보인다. 한국은 최근 수십 년간 다각적 노력을 통해 글로벌 방위산업에서 세계 10위권에 진입한 것으로 평가된다. 이러한 상황에서 미래 첨단 방위산업 부문의 경쟁은 중견국 한국의 큰 관심사가 아닐 수 없다. 그러나 여타 방산 강국들의 경우에 비교하면, 아직 한국 군사 부문의 4차 산업혁명 수용 정도는 다소 미흡해 보인다. 그나마 민간기업들과 대학들이 몇몇 부문에서 선도적인 연구개발을 주도해 가면서 군사 부문의 부족한 점을 메워주고 있다. 이러한 점에서 첨단 방위산업 부문에서 진행되고 있는 세계정치 변환에 적극 부응하는 전략 마련과 시스템 개혁이 시급한 과제로 제기된다.

무엇보다도, 방위산업 경쟁에서조차도 권력게임의 성격이 변화하고 있음을 적시해야 한다. 자원권력 게임과 더불어 표준 경쟁과 플랫폼 경쟁의 형태로 새로운 권력 경쟁이 벌어지고 있다. 그렇다고 이러한 강대국들의 행보를 그대로 따라가는 것이 아니라 중견국의 위상과 현실에 맞는 경쟁전략을 모색해야 함은 물론이다. 또한 이 부문에서 권력 주체의 변환이 진행되고 있음을 직시하고 국내적으로 민군 관계를 재정비하는 노력을 벌여야 한다. 벌써 세계는 스핀오프 모델에서 스핀온 모델로, 그리고 더 나아가 양자복합의 모델로 변화하고 있다. 방위산업 개혁의 성패는 결국 스마트한 민군 융합(즉 정부와 민간의 역할 분담)에 달려 있다. 끝으로, 좀 더 넓은 시각에서 권력 질서의 변환 양상을 이해하고, 사실상의 권력 구조 변동 과정뿐만 아니라 이를 지원하는 국제 레짐과 윤리규범의 형성 과정에도 적극 참여해야 할 것이다.

요컨대, 전형적인 전통 권력게임의 장이었던 방위산업 부문에서도 변화의 바람이 불고 있다. 기존의 시각으로만 봐서는 포착되지 않는 양적·질적 변화가 발생하고 있다. 사실 냉전기 이래 한국은 경제발전뿐만 아니라 방위산업 부문에서도 기술민족주의적 접근을 펼쳐왔다. 그러한 과정에서 군사안보 위주의 전통적 시각이 지배해 왔고 지금도 그 시각에서 완전히 자유롭다고 할 수는 없다. 그런데 세계정치는 지금 탈냉전과 지구화의 추세를 넘어서 탈근대와 탈인간의 부상을 논하는 방향으로 변화하고 있다. 이러한 상황에서 미래 안보에 대한 논의를 펼치기 위해서는 좁은 의미의 군사안보 시각을 넘어서는, 넓은 의미의 신흥 안보 현상에 주목해야 한다. 이러한 문제의식을 바탕으로 이 글은 첨단 방위산업 경쟁의 사례를 통해서 세계정치의 새로운 변화를 보는 이론적 논의의 지평을 넓혀보고자 했다.

강동석. 2019.12.19. "4차 산업혁명 시대, 방위산업에서 AI의 역할". ≪스타트업투데이≫.

김민석. 2020.2.28. "성큼 다가온 인간과 전투로봇의 전쟁". ≪중앙일보≫.

김상배. 2014. 『아라크네의 국제정치학: 네트워크 세계정치이론의 도전』. 한울엠플러스.

_____. 2016. 「신흥안보와 메타 거버넌스: 새로운 안보 패러다임의 이론적 이해」. ≪한국정치학회보≫, 제50권 1호, 75~102쪽.

_____. 2019a. 「미래전의 진화와 국제정치의 변환: 자율무기체계의 복합지정학」. ≪국방연구≫, 제62권 3호, 93~118쪽.

_____. 2019b. 「화웨이 사태와 미중 기술패권 경쟁: 선도부문과 사이버 안보의 복합지정학」. ≪국제·지역연구≫, 제28권 3호, 125~156쪽.

김윤정. 2019.5.8. "군, 4차 혁명 시대의 군사혁신 가동". ≪내외신문≫.

김현지. 2008. 「전략물자의 국제 수출통제와 경쟁력 제고방안에 관한 연구」. ≪통상정보연구≫, 제10권 1호, 349~371쪽.

매일경제 국민보고대회팀. 2019. 『밀리테크 4.0: 기술전쟁시대, 첨단 군사과학기술을 통한 경제혁신의 전략』. 매일경제신문사.

설인효. 2019. 「군사혁신의 구조적 맥락: 미중 군사혁신 경쟁 분석과 전망」. 한국국제정치학회·정보세계정치학회 공동주최 추계학술대회 발표 논문(2019.10.25).

유용원. 2019.3.22. "방위산업에 몰아치는 4차 산업혁명". ≪조선일보≫.

유준구·김석우·김종숙. 2015. 「미국 수출통제 법제의 특성과 시사점」. ≪미국헌법연구≫, 제26집 3호, 81~117쪽.

장원준·이원빈·정만태·송재필·김미정. 2018. 「주요국 방위산업 관련 클러스터 육성제도 분석과 시사점」. 산업연구원 연구보고서 2018-883.

장원준·정만태·심완섭·김미정·송재필. 2017. 「4차 산업혁명에 대응한 방위산업의 경쟁력 강화 전략」. 산업연구원 연구보고서 2017-856.

최진영. 2019.12.12. "세계 방산산업 장악한 '미국의 위엄'". ≪데일리비즈온≫.

李升泉·刘志辉 主编. 2015. 『说说国防和军队改革新趋势』. 北京: 长征出版社.

谢地·荣莹. 2019. "新中国70年军民融合思想演进与实践轨迹". ≪学习与探索≫, 2019年 06期.

杨仕平. 2019. "5G在军用通信系统中的应用前景". ≪信息通信≫, 2019年 06期.

毕京京 主编. 2014. 『中国军民融合发展报告 2014』. 北京: 国防大学出版社.

Bitzinger, Richard A. 2015. "Defense Industries in Asia and the Technonationalist Impulse." *Contemporary Security Policy*, Vol.36, No.3, pp.453~472.

Buchanan, Allen and Robert O. Keohane. 2015. "Toward a Drone Accountability Regime." *Ethics & International Affairs*, Vol.29, No.1, pp.15~37.

Butcher, James and Irakli Beridze. 2019. "What is the State of Artificial Intelligence Governance Globally?" *The RUSI Journal*, Vol.164, No.5/6, pp.88~96.

Caverley, Jonathan D. 2007. "United States Hegemony and the New Economics of Defense." *Security Studies*, Vol.16, No.4, pp.598~614.

Cheung, Tai Ming, William Lucyshyn, and John Rigilano. 2019. "The Role of Technology Transfers in China's Defense Technological and Industrial Development and the Implications for the United States." *Naval Postgraduate School: Acquisition Research Program Sponsored Report Series*. UCSD-AM-19-028.

Christiansson, Magnus. 2018. "Defense Planning Beyond Rationalism: The Third Offset Strategy as a Case of Metagovernance." *Defence Studies*, Vol.18, No.3, pp.262~278.

Der Derian, James. 2001. *Virtuous War: Mapping the Military-Industrial-Media- Entertainment in Network*. Boulder, CO: Westview Press.

DeVore, Marc R. 2013. "Arms Production in the Global Village: Options for Adapting to Defense-Industrial Globalization." *Security Studies*, Vol. 22, No. 3, pp. 532~572.

Dimitriu, George. 2018. "Clausewitz and the Politics of War: A Contemporary Theory." *Journal of Strategic Studies*, DOI: 10.1080/01402390.2018.1529567

FitzGerald, Ben and Jacqueline Parziale. 2017. "As Technology Goes Democratic, Nations Lose Military Control." *Bulletin of the Atomic Scientists*, Vol. 73, No. 2, pp. 102~107.

Fuhrmann, Matthew and Michael C. Horowitz. 2017. "Droning On: Explaining the Proliferation of Unmanned Aerial Vehicles." *International Organization*, Vol. 71, No. 2, pp. 397~418.

Gilli, Andrea and Mauro Gilli. 2016. "The Diffusion of Drone Warfare? Industrial, Organizational, and Infrastructural Constraints." *Security Studies*, Vol. 25, No. 1, pp. 50~84.

Haner, Justin and Denise Garcia. 2019. "The Artificial Intelligence Arms Race: Trends and World Leaders in Autonomous Weapons Development." *Global Policy*, Vol. 10, No. 3, pp. 331~337.

Hoffman. F. G. 2017/18. "Will War's Nature Change in the Seventh Military Revolution?" *Parameters*, Vol. 47, No. 4, pp. 19~31.

Ikegami, Masako. 2013. "The End of a 'National' Defence Industry?: Impacts of Globalization on the Swedish Defence Industry." *Scandinavian Journal of History*, Vol. 38, No. 4, pp. 436~457.

Ilachinski, Andrew. 2017. *AI, Robots, and Swarms: Issues, Questions, and Recommended Studies*. CNA Analysis & Solutions.

Jackman, Anna. 2019. "Consumer Drone Evolutions: Trends, Spaces, Temporalities, Threats." *Defense & Security Analysis*, Vol. 35, No. 4, pp. 362~383.

Kaempf, Sebastian. 2019. "'A Relationship of Mutual Exploitation': The Evolving Ties between the Pentagon, Hollywood, and the Commercial Gaming Sector." *Social Identities*, Vol. 25, No. 4, pp. 542~558.

Koch, Robert and Mario Golling. 2015. "Blackout and Now? Network Centric Warfare in an Anti-Access Area Denial Theatre." in M. Maybaum, A. -M. Osula and L. Lindström(eds.). *Architectures in Cyberspace*. Tallinn: NATO CCD COE Publications. pp. 169~184.

Koppelman, Ben. 2019. "How Would Future Autonomous Weapon Systems Challenge Current Governance Norms?" *The RUSI Journal*, Vol. 164, No. 5/6, pp. 98~109.

Kurç, Çağlar and Richard A. Bitzinger. 2018. "Defense Industries in the 21st Century: A Comparative Analysis-The Second E-Workshop." *Comparative Strategy*, Vol. 37, No. 4, pp. 255~259.

Kurç, Çağlar and Stephanie G. Neuman. 2017. "Defence Industries in the 21st Century: A Comparative Analysis." *Defence Studies*, Vol. 17, No. 3, pp. 219~227.

Lewis, James Andrew. 2019. "Emerging Technologies and Managing the Risk of Tech Transfer to China." *CSIS Technology Policy Program Report*. Center for Strategic & International Studies.

Li, Ling and Ron Matthews. 2017. "'Made in China': An Emerging Brand in the Global Arms Market." *Defense & Security Analysis*, Vol. 33, No. 2, pp. 174~189.

Meijer, Hugo, Lucie Béraud-Sudreau, Paul Holtom and Matthew Uttley. 2018. "Arming China:

Major Powers' Arms Transfers to the People's Republic of China." *Journal of Strategic Studies*, Vol.41, No.6, pp.850~886.

Paoli, Giacomo Persi. 2018. "The Trade in Small Arms and Light Weapons on the Dark Web: A Study." *UNODA Occasional Papers* No.32.

Reily, Jeffrey M. 2016. "Multidomain Operations: A Subtle but Significant Transition in Military Thought." *Air & Space Power Journal*, Vol.30, No.1, pp.61~73.

Schneider, Jacquelyn. 2019. "The Capability/Vulnerability Paradox and Military Revolutions: Implications for Computing, Cyber, and the Onset of War." *Journal of Strategic Studies*, Vol.42, No.6, pp.841~863.

Schulzke, Marcus. 2019. "Drone Proliferation and the Challenge of Regulating Dual-Use Technologies." *International Studies Review*, No.21, pp.497~517.

Schwab, Klaus. 2016. *The Fourth Industrial Revolution.* World Economic Forum.

SIPRI. 2018. "SIPRI Arms Industry Database." https://www.sipri.org/databases/armsindustry

Smart, Barry. 2016. "Military-Industrial Complexities, University Research and Neoliberal Economy." *Journal of Sociology*, Vol.52, No.3, pp.455~581.

Stitchfield, Bryan T. 2020. "Small Groups of Investors and Their Private Armies: the Ascendance of Private Equity Firms and Their Control over Private Military Companies as Further Evidence of Epochal Change Theory." *Small Wars & Insurgencies*, Vol.31, No.1, pp.106~130.

Volpe, Tristan A. 2019. "Dual-use Distinguishability: How 3D-Printing Shapes the Security Dilemma for Nuclear Programs." *Journal of Strategic Studies,* Vol.42, No.6, pp.814~840.

Weiss, Moritz. 2017. "How to Become a First Mover? Mechanisms of Military Innovation and the Development of Drones." *European Journal of International Security*, Vol.3, No.2, pp.187~210.

Winkler, John D., Timothy Marler, Marek N. Posard, Raphael S. Cohen, and Meagan L. Smith. 2019. "Reflections on the Future of Warfare and Implications for Personnel Policies of the U. S. Department of Defense." RAND.

Yang, Chih-Hai. 2020. "Determinants of China's Arms Exports: A Political Economy Perspective." *Journal of the Asia Pacific Economy*, Vol.25, No.1, pp.156~174.

2 4차 산업혁명과 무인무기체계 산업
이중 용도 기술개발과 군-산-학 네트워크

조한승 | 단국대학교

1. 서론

인류의 역사는 전쟁의 역사인 동시에 무기 개발의 역사이기도 하다. 흥미로운 사실은 파괴를 위한 무기의 개발이 창조를 위한 기회를 제공하기도 한다는 것이다. 전쟁 승리를 위해 개발된 신무기 기술은 새로운 상품의 개발에 적용되어 인간의 삶을 더욱 편리하게 만들 수 있다. 역으로 생활의 편리함을 위해 개발된 기술이 무기에 적용되어 전투방식을 바꾸어놓기도 한다. 누구나 사용하는 내비게이션이 전자의 사례라면, 자율주행 장갑차는 후자의 사례이다. 특히 4차 산업혁명의 발전으로 등장한 인공지능을 활용한 무인 자율무기체계는 미래 전쟁의 양상을 획기적으로 바꾸어놓을 것으로 예상되기 때문에 관련 기술을 선점하고 적용하기 위한 기술 선진국들 사이의 경쟁이 치열하다.

여기서 주목할 것은 군사 부문의 기술과 민간 부문의 기술이 처음부터 구분되는 것이 아니며 어떤 부문에서든 새로운 기술의 발전은 다른 부문에 영향을 미친다는 점이다. 기술의 등장과 사용은 그것의 최초 목적이 군사용이든 민간

용이든 궁극적으로 산업 전반에 영향을 미치고 더 앞선 기술을 가진 국가는 군사력뿐만 아니라 민간산업 부문에서도 더 큰 영향력을 행사할 수 있다. 따라서 상대적으로 작은 규모의 영토와 자원을 가진 나라라고 할지라도 앞선 기술력을 가진 나라는 국제무대에서 적지 않은 영향력을 발휘할 수 있다. 즉, 첨단 방위산업 역량은 미래 신흥권력의 중요한 요소이며, 각국은 무인 및 자율 무기를 포함한 첨단무기 기술을 연구·개발하는 데 많은 노력을 기울이며 무한 경쟁에 나서고 있다(매일경제 국민보고회팀, 2019).

첨단무기 기술개발 경쟁의 대표적인 사례가 무인무기산업이다. 오늘날 많은 나라들은 무인무기산업을 단순히 전쟁 승리를 위한 신무기 개발과 군사력 증강의 목적으로만 접근하는 것이 아니라 21세기 종합 국력 게임에서 더 유리한 입지를 차지하기 위한 신흥권력 경쟁의 차원에서 접근하고 있다. 즉, 새로운 무인무기를 개발하고 이를 보유하는 것은 군사적 비용 절감과 아군 인명피해 최소화 등의 측면에서 많은 이점을 가지고 있을 뿐만 아니라 4차 산업혁명 시대를 주도하는 기술권력 증진의 핵심 자원으로 무인화 기술을 활용할 수 있다는 것이다. 이러한 맥락에서 이 글은 4차 산업혁명 시대에 무인무기체계를 위한 기술개발이 가지는 의미가 무엇인지 설명하고, 무인화 및 자율화 기술의 이중 용도dual use에 대해 논의한다. 아울러 민간기술과 군사기술의 경계를 허물고 민과 군 사이의 시너지 효과를 통해 혁신적인 기술개발이 이루어질 수 있는 환경을 만들고자 노력하는 대표적 사례로서 이스라엘의 군-산-학 연계 프로그램을 소개하고 한국에 대한 함의를 도출한다.

2. 4차 산업혁명과 무인무기

신기술이 특정한 목적을 가지고 개발되었다고 하더라도 일단 그 기술이 만들어지면 반드시 원래의 목적에만 국한되어 사용되는 것은 아니다. 전쟁의 모든 부문은 과학기술과 접촉하고 있고, 과학기술의 모든 부문은 전쟁에 영향을 미친다(반 클레벨트, 2006: 372). 신무기 개발을 위한 기술이 전쟁과 상관없이 다른 부문에 활용되는 경우가 비일비재하며, 반대로 민간 용도의 기술이 전쟁 수행에 활용되어 새로운 무기를 등장시키기도 한다. 따라서 새로운 기술을 먼저 개발하는 나라는 신무기를 만들어 전쟁의 승리 가능성을 높일 수 있을 뿐만 아니라 그러한 기술을 제조업, 상업, 운송, 에너지, 식량, 보건의료, 매스 미디어 등 산업의 모든 부문에 적용하여 세계를 주도하는 나라로 도약할 수 있다. 예를 들어 핵기술은 태평양 전쟁을 종식시킬 가공할 폭탄을 만들기 위한 목적으로 개발되었지만, 오늘날에 이르러서는 무기라는 본 목적 외에도 가장 효율성 높은 에너지원으로 활용되어 국가의 산업 발전에 꼭 필요한 것이 되었다. 또 다른 예로 적의 군사시설을 감시하기 위한 군사용 인공위성의 고성능 카메라 및 지상과의 통신 기술은 내시경용 캡슐 카메라 기술의 토대가 되어 질병을 예방하고 치료하는 데 크게 기여하고 있다.

이런 맥락에서 오늘날 방위산업은 비록 1차적 목적이 군사적 용도와 기능에 초점이 맞춰져 있지만 민간에서 개발된 새로운 기술을 수용하여 군사적 용도로 전환하거나spin-on, 혹은 군사용 기술이 민간산업에 적용되어 새로운 부가가치를 창출하는 데 기여하기도 한다spin-off. 때로는 동일한 개념의 첨단기술을 가지고 군에서 사용하는 신무기를 제작하기도 하고 동시에 민간용 제품을 만들기도 한다spin-out. 아울러 첨단기술을 사용하여 개발된 군사용 물자는 그 자체로서 국가의 중요한 수출품이 되어 국가경제에 기여할 뿐만 아니라 고급기술인력 고용창출과 교육효과도 불러일으킬 수 있다. 이와 같이 오늘날 무기개발을 위한 새로운 기술과 첨단 방위산업은 궁극적으로 국가안보 강화와 국부國富의 창출을 가능하게 만든다는 점에서 종합 국력을 반영한다.

'제3의 물결'을 주창한 앨빈 토플러Alvin Toffler는 인간의 경제활동과 그에 따른 사회구조의 변화를 반영하여 전쟁 양상도 함께 변화한다고 주장했다. 농업혁명(제1의 물결)이 이루어지면서 집단 거주가 가능해지고 전쟁도 농경 공동체

그림 2-1 1~4차 산업혁명

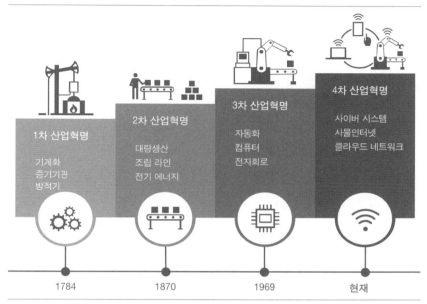

자료: Institute of Systems Science(NUS)(2017.10.11).

사이의 집단적 무력 사용의 형태로 이루어졌다. 산업혁명(제2의 물결) 이후 노
동집약적 대량생산방식은 주권국가와 대규모 상비군이 대량생산된 무기를 사
용하는 전쟁 양상의 등장을 가져왔다. 그리고 20세기 이후 지금까지 계속되는
정보화(지식) 혁명(제3의 물결)은 기존의 대규모 군대의 화력 중심의 전쟁에서
벗어나 정보혁명을 주도하는 컴퓨터와 첨단기술에 의해 이루어지는 전쟁 양상
으로 전환시킨다는 것이 그의 설명이다(Toffler and Toffler, 1993).

그렇다면 오늘날 4차 산업혁명은 전쟁 양상을 어떻게 변화시키고 있는가?
먼저 4차 산업혁명의 의미를 살펴볼 필요가 있다. 1차 산업혁명은 18세기 증기
기관의 사용으로 비롯되었고, 2차 산업혁명은 19세기 말~20세기 초 전기가 중
요 에너지로 등장하면서 시작되었다. 3차 산업혁명은 20세기 후반 컴퓨터 제
어 자동화와 인터넷 기반 산업으로 묘사되며, 4차 산업혁명은 21세기 초 클라

우드, 인공지능, 사물인터넷, 빅데이터, 모바일 등 첨단 정보통신기술이 사회와 경제 전반의 변화를 일으키는 것이다. 세계경제포럼World Economic Forum: WEF의 클라우스 슈바프Klaus Schwab에 의하면 초연결성hyper-connectivity, 초지능성hyper-intelligence, 초현실성hyper-reality을 특징으로 하는 이러한 변화가 네트워크, 스마트 기술로부터 유전자, 재생에너지, 나노기술까지 포함하는 광범위한 산업 부문에서의 혁신적 변혁을 불러일으킨다(슈바프, 2016).

전쟁 양상은 경제사회적 변화를 반영한다는 토플러의 주장을 따른다면 오늘날의 4차 산업혁명의 변화는 미래의 전쟁 양상의 변화에도 영향을 미칠 것이다. 첫째, 초연결성 측면에서 실시간 네트워크를 통해 전쟁에 사용되는 기기와 인간이 필요한 정보를 상호 교환하는 수평적 연결망의 범위가 기하급수적으로 확산될 수 있다. 감시정찰, 전투장비, 전투원, 지휘통제, 근무지원 등 전쟁 수행의 모든 단위가 실시간, 수평적 연결이 가능해진다. 둘째, 초지능성의 측면에서 사물인터넷을 통해 사물인 무기와 각종 군사장비가 상호 정보를 교환하고 그 정보를 분석하는 능력을 가지게 된다. 또한 인간의 능력을 초월하는 정확성, 정밀성, 신속성을 가진 무기체계가 빅데이터와 인공지능 기술을 통해 정보를 스스로 분석하여 대응하는 능력을 가지게 된다. 셋째, 초현실성의 측면에서 가상현실, 증강현실 기술이 발달함에 따라 인간은 체력의 한계뿐만 아니라 시간과 공간의 제약을 덜 받으며 행동할 수 있는 능력을 가질 수 있다. 예를 들어 전투가 벌어지는 현장에 있지 않더라도 원격로봇제어 슈트를 입은 인간이 원격으로 로봇을 작동하여 현장을 파악하고 임무를 수행하는 이른바 증강인간augmented human에 의한 전쟁이 가능할 것이다(Papagiannis, 2017).

이 내용을 종합하면 4차 산업혁명 시대의 전쟁 양상은 군사과학기술의 발전을 통해 인간이 직접 전투 현장에 있지 않으면서도 정밀타격이 가능한 무기를 가지고 불필요한 파괴를 최소화하는 동시에 적의 핵심시설과 기능을 마비시키는 형태가 될 것이라고 할 수 있다(오원진, 2018: 80~91). 이러한 전쟁 양상에서는 무인무기가 주요 무기체계의 하나가 될 것이다. 무인화의 가장 큰 장점은 기계가 인간을 대신함으로써 해당 시스템 운용을 위한 인력을 최소화할 수 있다는 점이다. 최근 음식점이나 영화관에서 널리 사용되는 무인 키오스크kiosk 주문장비는 노동에 투입되는 비용을 크게 줄이고 있다. 이는 군사 부문에서도 마찬가지이다. 예를 들어 이스라엘에서 운용되고 있는 연안감시용 무인고속정 프로텍터Protector는 유인함정인 슈퍼 드보라Super Dvora급 고속정 임무를 대체 수행할 수 있다. 슈퍼 드보라의 승조원은 10명 안팎이지만 무인 프로텍터의 경우 원격조종을 위한 1~2명이면 충분하다. 또한 미국의 대잠전 연속추적 무인함 ACTUV 시헌터Sea Hunter 한 척의 하루 운용비는 1만 5000~2만 달러에 불과하다. 유사한 임무를 수행하는 유인 구축함 한 척의 하루 운용비가 70만 달러에 육박하는 것과 비교하면 군사 부문에서 무인화가 가져오는 비용절감 효과는 상당하다.

하지만 군사적 의미의 무인화는 단순히 무인체계 운영에 따른 병력 및 군사비 감축만을 목적으로 하는 것은 아니다. 군사용 무인장비 사용으로 전투, 지뢰제거, 오염 지역 작전과 같은 위험 요인에 아군 병사를 덜 노출시켜 그만큼 인명손실을 최소화하는 것 역시 매우 중요한 장점이다. 또한 기계는 인간과 달리 휴식이 필요 없고 같은 작업을 무수히 반복할 수 있다. 전방감시와 같은 지루한 임무를 무인체계로 전환함으로써 인간이 저지를 수 있는 실수나 착각에 따른 작전 실패를 방지할 수 있다. 따라서 군사 부문, 특히 정보·감시·정찰ISR 임무에서 군사용 무인시스템 사용은 빠르게 확산되고 있으며, 무인항공기 Unmanned Aerial Vehicle: UAV에 대한 수요는 폭발적으로 증가하고 있다. 2019년 9월 사우디아라비아의 정유시설에 대한 드론 테러공격 사례에서처럼 무인무기의 활용 범위가 기존의 정보·감시·정찰 범위를 넘어 주요 시설에 대한 공격과 테러까지 포함하면서 드론을 포함한 무인무기에 대한 관심뿐만 아니라 우려도 커지고 있다.

무인화는 특정 임무를 수행함에 있어 인간이 현장에서 직접 무기 혹은 장비를 조작하지 않아도 되는 상황을 의미한다. 하지만 무인기기의 작동 방식이 인간이 원격으로 조종하느냐 아니면 무인기기 스스로 상황을 인식하고 정보를 분석하여 인간의 간섭 없이도 특정 임무를 수행하느냐에 따라 원격조종무기와 자율무기로 구분될 수 있다. 지금까지 대부분의 무인무기체계는 작전 현장에서 일정 정도 떨어진 위치에서 조종수가 통제장치를 가지고 조종하는 원격조종무기 방식이었다. 예를 들어 이라크전에서 위력을 발휘한 미국의 무인정찰기 MQ-1 프레데터Predator는 수천 km 떨어진 지상통제소에서 원격으로 조종하여 감시정찰 및 타격임무를 수행한 원격조종 무인무기이다.

반면 자율무기는 인간이 원격으로 조종하지 않아도 작동한다. 물론 원격조종 없이 움직인다고 해서 모두 자율무기는 아니다. 왜냐하면 자율성autonomy은 자동화된 체계automated system와는 구분되는 개념이기 때문이다. 자동화는 '변경을 허용하지 않는 지정된 규칙에 의한 작동'을 강조하는 개념인 반면, 자율성은 '사물이 스스로의 지식과 상황에 대한 이해를 바탕으로 목표달성을 위한 서로 다른 행동 방식을 독립적으로 개발하고 선택할 수 있는 능력을 가지는 것'으로 정의된다(Department of Defense, 2018: 17). 따라서 자동화와 달리 자율성의 광범위한 규칙들은 특정 기준에 얽매여 있지 않는 것을 특징으로 한다. 그런 점에서 초기의 무인무기와 로봇들은 단순히 자동화 능력만을 가지고 있었지만, 인공지능과 머신러닝 기술의 발전에 따라 무인무기가 점차 자율성을 가지게 되었다.

3. 무인무기산업의 발전 추세

1) 무인무기산업의 시장과 행위자

미래전에서 무인무기체계의 비중이 더욱 높아질 것이라는 전망에 따라 무인무기체계의 시장이 폭발적으로 확대되고 있다. 무인살상무기에 대한 법적·도

그림 2-2 주요 무기체계별 시장 성장 전망(2018~2026 연평균 성장률 전망치)

(단위: %)

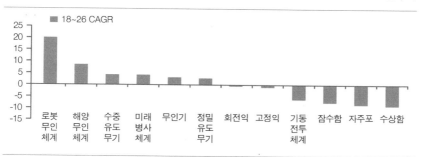

자료: 한화투자증권(2018).

덕적·정책적 문제가 남아 있음에도 불구하고 전투력 측면에서 무인무기의 이점이 워낙 크기 때문에 각국은 무인무기체계의 도입에 열을 올리고 있다. 로봇무인체계 생산 규모는 2017년 1억 2000달러에서 2026년 6억 6000달러 규모까지 시장이 확대될 것으로 전망되며, 해양무인체계 역시 2017년 5억 달러 규모에서 2026년 15억 5000달러로 커질 것으로 예상된다. **그림 2-2**는 2018~2026년 무기체계 시장의 연평균 성장률$_{CAGR}$ 예상을 보여준다. 그림에서와 같이 시장 전문가들은 무인무기체계(로봇무기, 해양무인체계, 무인기 등)에 대한 시장규모가 꾸준히 확대될 것으로 전망하고 있으나 잠수함, 자주포, 수상함 등 많은 비용이 투입되는 대형 플랫폼 중심의 유인무기체계에 대한 시장수요는 앞으로 크게 감소할 것으로 예상하고 있다(한화투자증권, 2018).

지상무인체계의 경우 최근 무인지상차량$_{UGV}$은 모듈형으로 제작되어 전투, 정보·감시·정찰, 폭발물 제거 등 다양한 목적에 맞추어 필요한 장비를 적재하고 임무를 수행할 수 있기 때문에 각국은 군사용 무인지상차량 구매를 계속 확대하고 있다. 세계적으로 무인지상차량의 시장규모는 2019년부터 2024년까지 5년간 연평균 14.54%씩 빠르게 성장할 것으로 예상되며, 지금까지는 주로 폭발물 제거 부문을 중심으로 무인지상무기가 성장해 왔으나 앞으로는 데이터

획득과 목표물 인식을 위한 수요가 증가하면서 정보·감시·정찰 부문이 빠르게 성장할 전망이다(Mordor Intelligence, 2019.5). 대부분의 국가에서 무인지상무기에 대한 관심이 커지고 있으며, 특히 각종 분쟁이 계속되고 있는 중동과 아프리카 지역에서 이러한 무기에 대한 수요가 높다.

미국은 이라크, 아프가니스탄 등에서의 전투 경험을 폭발물 감지 및 처리 등 무인지상무기의 개발에 적용하여 이 부문에서 다른 나라에 비해 훨씬 앞선 수준의 기술을 보유하고 있다. 최근에는 미국 방위고등연구기획국 주도로 짐승, 새, 곤충의 움직임에서 착안한 생체모방기술을 사용한 초소형 나노무인장비를 개발하는 데 주력하고 있다. 중국과 러시아는 새로운 무인무기의 연구·개발뿐만 아니라 기존의 낡은 전차와 장갑차를 저렴하게 무인무기로 전환하는 기술개발에도 투자를 확대하고 있다. 자동차산업이 발달된 독일은 레이저 스캔으로 지표면의 물체와 크기 및 배치까지 정확하게 감지하는 라이더Light Detection and Ranging: LiDAR 기술에서 앞서 있으며 이를 야전상황에서의 군사용 자율무인차량에 적용하는 기술로 발전시키는 데 주력하고 있다. 지상무인무기 시장에서 주요 생산자로는 키네티크Qinetiq(영국), 이스라엘 항공우주산업Israel Aerospace Industries: IAI(이스라엘), L3해리스L3Harris(미국), 제너럴 다이내믹스General Dynamics(미국), 라인메탈Reinmetall(독일) 등 세계적 방산기업들이 잘 알려져 있다. 이러한 방산기업 사이에 치열한 기술 경쟁이 벌어지고 있으며, 대기업과 중소기업 사이의 합병, 기술구매 등이 매우 빈번하게 이루어지고 있다.

해양무인체계는 무인 지상시스템에 비해 운용상의 제약이 많아서 그동안 군사적 목적으로의 기술개발이 상대적으로 더뎠다. 특히 먼 바다나 수중에서는 지상 혹은 모선에서의 통제가 어렵고, 높은 파도, 빠른 해류, 강한 수압 등으로 무인장비의 안정적인 임무수행에 많은 어려움이 있다. 하지만 최근 각종 센서 정보를 빠르게 처리할 수 있는 지능형 알고리즘 기술이 발전함에 따라 방향과 속도의 오차를 스스로 줄여나가는 자율형 항법장치가 개발되어 무인 해양시스템의 발전 속도가 가속화되고 있다. 해양무인무기의 시장규모는 2019년에서

2024년까지 5년 동안 연평균 10%씩 증가할 것으로 예상되며, 특히 해양자율무기의 시장규모가 크게 확대될 것으로 예상된다(Mordor Intelligence, 2019.7). 지상무인무기에 비해 해양무인무기 제작을 위해서는 다양한 기술이 복합적으로 결합되어야 하기 때문에 기업환경이 좀 더 분절적fragmented이다. 따라서 해양무인장비 시장에서 여러 기업들은 서로 기술 협력체계를 수립하여 협력하거나 관련 부문 스타트업 기업을 인수 합병하는 모습이 두드러진다.

해양무인체계는 크게 무인수상정과 무인잠수정으로 구분되는데, 무인수상정의 경우 선체 자체는 기존의 소형선박 건조와 큰 차이가 없기 때문에 아시아와 중동의 여러 나라들도 적극적으로 나서고 있다. 예를 들어 이스라엘의 라파엘Rafael이 개발한 연안감시용 소형무인고속정 프로텍터는 고무보트에 워터제트 추진기가 장착된 장비로서 이스라엘과 싱가포르가 도입하여 운용하고 있다. 반면 무인잠수정의 경우는 수중에서의 유도와 조종을 위한 첨단기술이 요구되기 때문에 미국과 유럽의 기술 선진국들이 주도하고 있다. 해양무인체계 부문에서 대표적인 기업들인 보잉(미국), L3해리스(미국), 록히드마틴(미국), 제너럴 다이내믹스(미국), 사브Saab(스웨덴) 등이 높은 시장점유율을 보이고 있다.

항공무인체계 시장은 2019년부터 2024년까지 5년 동안 연평균 10%의 성장세를 보일 것으로 전망된다(Mordor Intelligence, 2019.4). 특히 무인항공기, 즉 드론은 정찰, 공격 등 군사적 목적부터 화물운송, 농약살포, 항공촬영, 자원탐사, 취미·오락에 이르기까지 매우 다양한 용도로 사용되기 때문에 최근 민간 용도의 드론시장이 빠르게 커지고 있다. 하지만 아직까지 무인항공기의 수요는 대부분 군사용이며, 군사용 드론은 대부분 정보·감시·정찰, 전자전, 목표확인 등의 목적으로 사용된다.

무인항공기의 기술력은 흔히 얼마나 높은 고도까지 올라가 얼마나 오랫동안 체공하면서 임무를 수행할 수 있느냐에 따라 평가되는데 글로벌 호크Global Hawk와 같은 고고도 장기체공HALE 무인기 제작은 미국 등 기술 선진국이 주도하고 있으나, 저고도 무인항공기는 한국, 터키, 파키스탄 등 아시아 여러 나라들도 생산하고 있다. 해양무인체계와 마찬가지로 항공무인체계 기술력에서도 기체 제작뿐만 아니라 탑재되는 장비의 수준이 매우 중요하다. 따라서 각국은 높은 고도에서 운용될 수 있는 무인항공기 제작뿐만 아니라 여기에 탑재되는 감시·정찰·정보 장비 또는 무장탑재임무 장비를 발전시키는 노력도 병행하고 있다. 보잉(미국), 노스럽 그러먼(미국), IAI(이스라엘), 엘빗 시스템즈Elbit Systems(이스라엘), 제너럴 아토믹스(미국), BAE 시스템즈(영국) 등이 군사용 무인장비를 제작하는 주요 회사들이다. 민간용 드론 생산의 90%가량은 중국에서 이루어지고 있으며, 특히 중국의 DJI大疆는 세계 민간 드론시장의 약 70%를 점유하고 있다. 그 밖에 패럿Parrot(프랑스), 3D 로보틱스3D Robotics(미국) 등이 민간 드론제작 기업으로 널리 알려져 있다.

2) 무인무기산업 기술 추세

(1) 자율화와 지능화

무인무기체계에서 가장 특징적인 발전 양상은 자율화이다. 물론 위에서 언급한 것처럼 정밀 센서로 표적을 인식하고 인공지능으로 적 여부를 판단한 후 살상무기로 타격하는 자율살상무기, 즉 킬러로봇의 등장에 대한 우려도 있지만, 여러 나라의 군에서 자율화 기술이 적용되는 부문은 아직까지는 주로 무인차량이나 무인선박의 자율운행에 관련된 것이다. 차량이나 선박에 장착된 다양한 종류의 센서와 위성정보를 가지고 주변의 위치정보를 수집하여 이를 인공지능을 사용하여 빠른 속도로 처리하고 주변 환경과 상황을 무기체계 스스로가 인식할 수 있도록 만드는 것이 자율화의 시작이다.

자율화의 핵심은 기계가 수많은 정보들을 빠르게 처리하고 이를 정확하게 분석해서 어떻게 움직여야 하는지를 결정하고 신속하게 행동에 옮기는 것이다. 이것은 단순히 더 민감한 센서를 얼마나 더 장착하느냐 혹은 지리정보를 얼마나 더 정확하게 제작하느냐와 같은 하드웨어의 문제를 해결하는 것만으로는 부족하다. 주어진 정보를 빠르고 정확하게 처리하여 상황을 판단하고 최적의 대응을 수행하며 이를 통해 학습하고 개선할 수 있는 능력, 즉 인간의 두뇌 판단과 유사한 지능형 알고리즘이 필요하다. 최근 인간의 중추신경계를 모방한 인간신경망의 발달은 기계가 스스로 학습할 수 있는 머신러닝의 등장을 가져왔고 인간의 사고 능력을 닮은 인공지능의 시대가 열렸다. 이러한 지능형 무인화 기술을 사용하여 복잡한 전투현장에서 상황을 정확하게 인식하는 능력과 더불어 부여된 임무 수행을 위해 적절한 임무계획을 생성하는 능력을 갖춘 자율무인무기를 개발하려는 노력이 계속되고 있다.

이처럼 기술발전의 속도가 더욱 빨라지고 있기는 하지만 아직까지 완전자율화는 결코 쉬운 일이 아니다. 자율주행 기술개발로 잘 알려진 테슬라, 우버 등의 시험용 자율주행 차량들의 사고 발생 소식이 종종 언론에 보도되고 있다. 많은 기술이 발전했지만 아직도 완전한 자율주행을 위해서는 해결해야 할 과제가 많다(Haberman, 2019.7.14).

현재 민간용으로 개발되는 자율주행차량은 정밀하게 제작된 지도를 바탕으로 차선과 교통신호를 쉽게 인식할 수 있는 포장도로 환경에서의 주행을 전제로 하여 개발되고 있는데도 종종 오작동이 발생한다. 하물며 도시의 포장도로가 아닌 산악지형이나 폭격 등으로 파괴된 지형지물 환경에서 위치를 판단하고 적과 아군을 구분하며 적에게 노출되지 않고 은밀하고 정확하게 작동하는 자율무기를 제작하는 것은 민간용 자율차량을 만드는 것보다 훨씬 더 어려운 일이다.

(2) 전투효율 극대화

각국이 무인무기를 개발하는 중요한 이유 가운데 하나는 무기운영에 필요한 비용을 줄이면서 더 큰 전투 효과를 추구하기 위해서이다. 이러한 효율성의 핵심은 인력 부담을 최소화하는 것이다. 이것은 단순히 인간의 노동에 대한 물리적 비용 지출 감소만을 의미하는 것이 아니다. 무인무기를 사용하면 무기 사용에 수반되는 병사의 사망, 사고, 전투피로 누적 가능성을 최소화하거나 아예 배제할 수 있기 때문에 병력 손실에 따른 사기저하, 전쟁 수행에 대한 지지 여론 악화 등으로 인한 전투력 손실을 막을 수 있다. 오히려 무인무기는 피로하지 않으며 위험한 작업도 할 수 있고 높은 수준의 정확성을 유지할 수 있기 때문에 인간이 작동하는 무기보다 더 높은 수준의 전투 효과를 거둘 수 있다. 따라서 인구급감, 군비절감 등의 이유로 군병력 감축을 목표로 하는 나라에서는 무인무기체계의 도입을 더욱 서두르고 있다.

하지만 무인무기를 통한 전투효율성 제고는 단순히 로봇과 같은 첨단기술을 개발하고 적용하는 차원에서만 논의되는 것이 아니다. 무인작동과 유인통제를 혼합하여 효과성을 높일 수 있는 운용체계와 교리를 개발하고 이를 잘 적용할 수 있는 기획 및 관리 측면에서의 논의도 함께 이루어져야 하며, 특히 무인살상무기의 경우에 인간과 무인로봇 사이의 역할 경계를 어떻게 구분할 것인지는 매우 중요하다. OODA 순환 논리를 개발한 존 보이드John Boyd도 "전쟁을 치르는 것은 기계가 아니라 사람"(Richards, 2001: 36~37)[1]이라고 지적한 것처럼 무인무기의 시대가 도래한다고 해도 전쟁에서 인간의 책임과 역할이 사라지는 것은 아니며 첨단기술이 전쟁의 승리를 보장해 주는 것도 아니다. 이라크전 당시 미군의 첨단무기운용에 가장 위협적인 존재는 사담 후세인의 페다인Fedayeen 전사가 아니라 컴퓨터 서버와 라우터를 마비시키는 사막의 뜨거운 모래먼지와 아부그라이브 포로수용소에서 미군에게 학대받는 이라크 포로가 찍힌 사진이었다.

무인무기 사용의 효과에 문제가 되는 중요한 요인 가운데 하나는 그것이 '무

---

1 한편 OODA란 관찰(Observe) → 판단(Orient) → 결심(Decide) → 행동(Action) 순환을 의미한다. 현대전에서는 신속한 상황판단, 상황 및 정보의 완전한 통제, 빠르고 정확한 결정, 신속한 행동으로 연결되는 일련의 과정이 전투의 승패를 결정하기 때문에 이를 가능하게 만드는 첨단기술과 네트워크의 중요성을 강조하는 네트워크 전쟁론(Network Warfare) 논리의 근거로 OODA가 흔히 언급된다(조한승, 2003).

인'이라는 사실이다. 특히 자율살상무기 사용에 대해서는 많은 거부감이 있으며 도덕적·법률적 문제가 해결되지 않고 있다. 이 때문에 감시정찰 혹은 군수지원 부문과 달리 살상이 가능한 전투용 무인무기에 대해서는 연구개발과 제작에 법적인 제약을 둔 나라가 많다. 미국의 경우 유무인 지상전 체계MUM-T를 유지하고 있는데, '국방부 명령Directive 3000.09'에 따라 살상력을 가진 무기체계는 반드시 인간이 최종 결정을 내리는 방식으로만 제작되어야 한다. 이 명령의 유효기간은 2022년으로서 그 이후에도 자율살상무기 개발 제한이 지속될 것인지는 아직 결정된 바 없다. 하지만 중국을 포함한 일부 국가는 미국과 같은 유무인 지상전 체계를 생략하고 바로 무인화 체계로 전환을 시도하고 있다. 자율무기에 대한 도덕적·법률적 제한은 고려하지 않고 오로지 전투효율의 극대화를 모색하겠다는 의미이다. 중국의 군사력 증강을 우려하는 미국에 이러한 접근은 심각한 도전이 된다. 따라서 미국은 첨단무기 기술력으로 중국의 군사적 팽창에 맞선다는 3차 상쇄전략을 추구하고 있으며, 그런 맥락에서 살상무기 사용에서 인간의 최종결정 방식을 2022년 이후에도 계속 유지하기는 어려울 것이라는 예측이 적지 않다.

(3) 초소형 군집화와 대형화

무인무기의 크기가 변화하고 있다. 기술의 발달에 따라 각종 센서, 안테나, 배터리, 모터 등의 크기는 더 작아졌지만 그 능력은 기존과 같거나 심지어 더 강력해지고 있다. 특히 감시정찰 목적의 지상무기의 경우에는 적에게 발각되지 않고 임무를 수행하기 위해서 소형화, 저소음화, 경량화가 필수적이다. 전투용 무인무기의 경우에도 더 작고 가벼우며 신속하게 움직이는 무인공격무기를 다량으로 동시에 운용함으로써 이른바 군집swarm 공격을 전개하는 것이 더 효과적이고 효율적인 경우가 많다. 저렴한 소형 무인무기를 군집으로 운용하여 적의 항공기나 수상함을 공격할 경우 비용 대비 효과도 극대화할 수 있다. 미군은 2016년 이러한 자율 군집드론 페르딕스Perdix를 개발하여 적 항공기를 추적하고 포위해 공격하는 시뮬레이션을 선보였다. 항공기에 의해 대량 투하된 소형 드론 군집이 마치 벌떼처럼 자율 비행하다가 표적인 적 항공기를 향해 포위해 달려들게 설정되어 있다. 만약 군집을 이룬 수많은 드론 가운데 하나라도 적 항공기와 충돌하거나 엔진에 빨려 들어가면 적 항공기는 추락할 것이다. 같은 원리를 적용하여 중국 해군은 무인자율보트를 개발하고 있다. 2018년 중국은 56척의 무인보트가 바다 위에서 다양한 대형을 자유자재로 만들며 움직이는 영상을 공개한 바 있다(Beckhusen, 2019). 이처럼 국가들은 서로 무인무기의 군집화 경쟁을 벌이고 있으며, 이는 무인무기의 자율화와 소형화 기술을 더욱 발전시키는 배경이 되고 있다.

반대로 일부에서는 무인무기의 대형화 현상도 나타나고 있다. 특히 해양무인무기에서 대형 무인무기 개발이 두드러지게 나타나고 있다. 바다에서 거센 파도와 조류, 강력한 수압을 극복하면서 작전을 전개하기에 소형 무인수상함과 무인잠수정은 활동에 많은 제약이 있을 수밖에 없다. 따라서 이러한 악조건의 환경에서 작전을 수행하기 위해서는 규모가 크고 추진력이 강한 대형 무인무기가 적합하다. 또한 넓고 깊은 바다에서 작전을 펼치는 해양무기의 작전 범위는 지상무기의 작전 범위보다 더 넓은 것이 일반적이다. 초수평선에서 적 함정 혹은 잠수함을 추적하거나 공격하기 위해서는 오랫동안 해양에서 작전을 펼칠 수 있는 연료, 배터리, 무기, 통신 및 항법장치가 적재될 수 있는 공간이 필요하므로 선체의 대형화가 필요하며, 또한 고속 순항을 위해서는 특수선형으로 설계되어야 한다. 아울러 적의 탐지를 피할 수 있도록 스텔스 능력도 갖추어야 한다.

4. 무인화 기술과 민군 이중 용도 개발

1) 첨단 무인기술의 민군기술 경계 극복

일반적으로 방위산업기술과 민간산업기술 사이에는 각 부문의 특성에서 비롯되는 차이가 존재한다. 방위산업 부문의 기술적 요구는 민간산업 부문에서처럼 단순히 더 편리하고 더 빨리 작동하는 신상품을 개발하는 것이 아니라 실제 전투현장에서 승리를 가져올 수 있는 구체적이고 명확한 조건을 수반하며, 그러한 조건을 충족하지 못하는 경우 해당 기술은 폐기될 가능성이 크다. 즉, 방산기술개발은 민간산업 기술개발과 비교하여 실패의 위험성이 더 크고 기술적 진입장벽도 높다. 예를 들어 항공모함에서 항공기 이륙에 사용되는 증기 사출 시스템steam catapult의 문제점을 해결하기 위해 미국은 전자기를 이용한 사출 시스템EMALS을 개발하여 2010년 성능 실험을 마쳤으나 전자기탄EMP의 공격에 취약하다는 이유로 오랫동안 실전에 적용하지 못했다(Ziezulewicz, 2018.2.16). 방산 부문은 단순히 기술을 개발하는 것에만 그치는 것이 아니라 전투 적합성, 생존성 등 전투현장에서의 다양하고 복잡한 환경과 조건을 동시에 고려해야 하므로 민간산업 부문에 비해 훨씬 오랜 시간과 투자를 필요로 하는 장기적·통합적 접근이 요구된다.

그러나 오늘날 첨단과학기술의 발전은 군사 부문과 민간 부문의 구분을 점점 모호하게 만든다. 냉전 종식 이후 국가 간 전쟁 빈도가 줄어들고 위험으로부터 인간의 생명을 우선적으로 보호해야 한다는 규범이 확대되면서 군사기술의 발전 양상은 적을 얼마나 더 파괴하느냐의 측면에서 벗어나 아군 병사가 얼마나 더 안전하고 편리하게 작전을 수행하느냐의 측면으로 전환하기 시작했다. 군사적 측면에서의 무인화 기술은 더 많은 파괴력을 가지기 위한 목적이 아니라 병사들의 인명피해를 최소화하면서 좀 더 저렴하고 편리하게 작전을 수행하기 위한 성격이 강하다. 다시 말해, 민간산업에서 요구하는 목적과 합치되는 부분이 더 많아진 것이다.

　사용자의 편리함을 높이고 안전을 지키기 위한 목적으로 개발된 기술이 군사적 용도로 전환되는 동시에 시장성을 가진 민수용 상품으로 개발되는 현상이 빈번하게 이루어지게 되었다. 예를 들어 1990년 MIT 인공지능연구팀이 설립한 아이로봇iRobot은 여러 개의 센서를 가지고 각각의 다리가 자율적으로 움직이는 곤충형상 로봇 징기스Genghis를 개발했고, 이 기술은 미국 항공우주국 NASA의 화성탐사로봇 제작에 활용되었다. 이어 아이로봇은 탐사로봇 개발에 본격적으로 나서 9·11 테러 당시 건물 잔해 속에서 인명탐지 임무를 수행한 팩봇PackBot을 개발했다. 뒤이어 이라크전에서 급조폭발물IED로 많은 피해를 입은 미군은 팩봇을 폭발물 탐지·제거 작전에 투입하여 큰 성과를 거뒀다. 이 과정에서 아이로봇은 로봇기술을 민수용으로 발전시켜 세계적인 로봇청소기 제작 기업으로 탈바꿈했다.

　아이로봇 사례와 같이 무인화 기술, 특히 사물인터넷과 인공지능을 활용한 무인자율로봇 기술은 해당 기술이 적용되는 모든 부문에서의 변화를 가져온다. 군사적 측면에서뿐만 아니라 무인화 기술에 관한 상품시장, 고용시장, 자본시장에 새로운 기회의 창이 열릴 뿐만 아니라 신기술개발을 위한 교육 및 연구 증진, 벤처투자 확대, 신규시장 개척 등 부가적 효과도 수반한다. 이러한 노력은 결과적으로 방위산업, 민간산업, 대학연구기관 사이의 시너지를 가져와 국가의 전반적 기술수준을 높이고 국제무대에서 국가의 위상을 높인다. 이러한 이유에서 많은 나라들은 무인화 기술을 포함한 방위산업 부문에서 선도적 위치에 올라서기 위한 노력을 벌이고 있다(Drent, Homan and Zandee, 2013).

2) 무인화 기술의 이중 용도 개발을 위한 군산-학 상호 협력

　일반적으로 군사적 목적의 기술은 특정한 용도에서 특정한 능력을 갖춘 무기를 제작하기 위해 연구되고 개발되는 경향이 있다. 하지만 최근 빠르게 발전

그림 2-3 제품지향적 기술개발과 과정지향적 기술개발의 이중 용도 잠재성

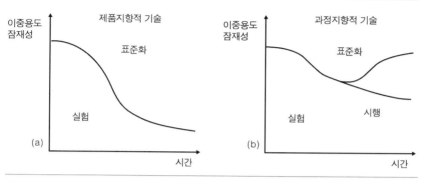

자료: Cowan and Foray(1995: 858).

하고 있는 사물인식 인공지능 기술은 특정 제품을 제작하기 위해서가 아니라 인간의 판단 능력에 더 가깝게 다가가기 위한 목적으로 개발되고 있으며, 이 기술은 무인 자율주행차량에서부터 바둑 인공지능 알파고에 이르기까지 다양한 용도로 활용될 수 있다. 이처럼 최근의 무인화 및 자율화 기술은 특정 목적을 수행하기 위한 제품을 제작하기 위한 의도를 가지면서 개발되기보다는 기술발전을 통해 사용자의 편리함과 안전이 보장되도록 만드는 과정지향적 방향으로 연구개발이 이루어지는 경향이 있다. 특정한 용도의 제품을 만들기 위한 기술의 연구개발보다는 기술개발 그 자체의 과정을 지향하는 연구개발이 이루어지는 경우에 다중 용도의 기회가 훨씬 더 많아진다(Cowan and Foray, 1995).

그림 2-3과 같이 실험, 표준화, 시행 단계로 이어지는 기술개발이 특정 용도를 위한 제품생산에 그치는 것이 아니라 그보다 더 새로운 기술이 등장하도록 만드는 일련의 과정으로 여겨지는 경우 이중 용도의 잠재성이 높아진다. 그동안 군사용 또는 민수용으로 먼저 개발된 기술이 일정 시간이 지난 후에 상대 부문으로 파생되는 방식으로 민군겸용기술 발전이 이루어져 왔지만, 최근에는 기술개발의 초기단계에서부터 군사 부문과 민간 부문이 공동으로 무인화 기술

의 연구·개발을 진행함으로써 새로운 기술이 동시에 군사 부문과 민간 부문에 적용되어 상호 시너지 효과를 이룰 수 있는 협력전략이 여러 기술 선진국에서 모색되고 있다(Kulve and Smit, 2003: 955~970).

무인화 기술의 연구와 발전을 위해 군사 부문과 민간 부문 사이의 협력을 통한 시너지 효과를 높이기 위해서는 초기 아이디어의 개발과 연구에서부터 최종 제품의 생산과 소비자의 사용에 이르기까지 거의 모든 부분에서의 유기적인 상호 관계가 필요하다. **그림 2-4**는 민군 겸용으로 적용될 수 있는 기술을 개발하기 위한 시스템이 어떻게 구축되어야 하는지를 보여준다. 그림에서와 같이 무인자율기술과 같은 혁신적 기술을 개발하고 이를 민간 및 군사 부문 사이의 호환이 가능하도록 함으로써 민간산업과 방위산업이 동시에 발전하는 시너지 효과를 거두기 위해서는 기술 연구자들이 창의적인 아이디어를 제시하고 연구하여 새로운 기술을 개발하고 혁신적 제품을 생산하여 시장 상품성을 높이기 위한 마케팅으로 이어지는 일련의 과정이 민간 부문과 군사 부문 사이의 상호작용 시스템 속에서 전개되어야 한다. 이러한 기술혁신의 연계 속에서 상호작용은 민간과 군사 어느 한 부문에서만 나타나는 것이 아니라 두 부문 모두를 대상으로 이루어지며, 피드백 역시 두 부문 사이에서 모두 이루어져야 한다(Meunier, 2019).

무인화 기술이 이러한 민군 상호작용 시스템 속에서 연구되고 개발되어 새로운 무인무기에 적용되는 한편 민간산업 부문에서 혁신적 신제품 개발로 이루어지게끔 만들기 위해 기술 선진국들은 대학, 연구기관, 산업 부문, 군 사이의 상호작용 시스템 내의 핵심 행위자들 사이의 유기적 네트워크를 구축하는 노력을 벌이고 있다. 2018년 미 육군은 2만 4000명 규모의 미래사령부Army Futures Command를 텍사스 오스틴 대학교University of Texas-Austin에 설립했다. 텍사스의 오스틴, 댈러스 등은 캘리포니아의 실리콘밸리에 비해 물가가 훨씬 저렴하면서도 실력 있는 대학들이 위치하고 있어 최근 미국 내 스타트업의 메카로 부상하고 있다. 이에 따라 델Dell, 아마존, 구글 등과 같이 IT, 인공지능, 사물인터넷

그림 2-4 민군 이중 용도 기술혁신 시스템

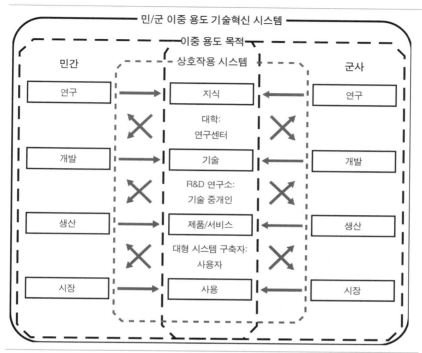

자료: Meunier(2019: 172).

업계의 거대기업들이 이 지역에 연구센터를 확대하고 있다(Pofeldt, 2016.8.11).
미군은 이러한 환경하에서 대학, 연구기관, 기업들과의 협력 네트워크를 통해
미래 전쟁에 필요한 무기를 연구·개발하고자 한 것이다. 대학과 민간기업의
입장에서도 군이 제공하는 자본과 시장 수요를 바탕으로 젊은 인재들을 불러
모아 교육하고, 이들의 혁신적 아이디어를 불러일으켜 새로운 기술을 접목한
신상품을 개발할 수 있다는 장점이 있다. 텍사스 오스틴 대학교뿐만 아니라 미
국에서 새로운 기술을 개발하여 군사적 용도 및 민간 용도로 발전시키기 위한
대학-기업-군 사이의 상호 연계 네트워크는 다른 지역의 대학들에서도 이
루어지고 있다. 대표적인 네트워크로서 매사추세츠의 MIT 링컨연구소Lincoln

Laboratory, 메릴랜드의 존스홉킨스 대학교 응용물리학연구소APL, 펜실베이니아의 카네기멜론 대학교 소프트웨어공학연구소SEI 등이 있다.[2]

5. 군-산-학 네트워크: 이스라엘의 혁신국가 전략

군, 산업계, 대학, 연구기관 사이의 유기적 네트워크는 4차 산업혁명의 핵심인 무인화 기술, 자율화 기술의 발전을 가속화하여 군사력 증대에 기여하고 무인화산업 부문의 발전을 불러일으킬 뿐만 아니라 고용의 증대, 투자의 확대, 시장 경쟁력 강화, 관련 법제도의 제정 및 정비, 수출시장 확대, 국가기술수준 제고, 국가 이미지 개선 등을 포함한 국가의 전반적인 국력과 위상을 높이는 데크게 기여한다. 따라서 여러 기술 선진국들은 국가의 혁신전략의 발판으로서 군-산-학 연계 네트워크를 활용하고 있다. 대표적 사례인 이스라엘의 혁신국가전략은 거인 골리앗을 물리친 양치기 다윗의 후손으로서 실패를 성공의 과정으로 인식하고 도전을 두려워하지 않는 '후츠파Chutzpah' 정신과 더불어 방산기술과 민간기술의 결합으로 안보와 경제적 이익을 동시에 증대하는 군-산-학 연계 시스템에 바탕을 두고 있다.

1) 이스라엘의 무인무기산업

이스라엘은 비록 한국의 전라남북도 면적과 비슷한 작은 나라이지만 군사용 무인화 기술을 포함한 첨단무기 기술에서는 최고 수준이다. 이스라엘의 GDP

---

2 MIT 링컨연구소는 레이더, 미사일 방어, 우주기술, 생의학 등에 관련된 기술을 연구하고 있으며, 존스홉킨스 APL은 미사일 방어, 해양 및 우주 기술 등에 관한 연구를 진행하고 있다. SEI는 인공지능, 사이버 안보, 시스템 엔지니어링, 소프트웨어 공학 등에 관련된 연구로 잘 알려져 있다.

대비 R&D 투자 비율은 2017년 기준 4.545%로서 OECD 국가 평균 2.368%를 훨씬 능가하며 한국의 4.553%와 더불어 세계 최고 수준이다. 이처럼 높은 수준의 R&D 예산 비율 가운데 약 30%는 방위산업에 투입되며, 방산 부문 매출액의 5%는 무인무기를 포함한 첨단무기 기술개발에 투자되고 있다(Roth, 2019. 1.15). 따라서 이스라엘 전체 경제에서 방위산업, 특히 첨단무기 개발이 차지하는 비중은 다른 나라와 비교하여 매우 높다.

이스라엘에는 약 150개의 방산업체가 무기를 제작하고 있으며, 특히 IAI, 엘빗 시스템스, 라파엘 등이 이스라엘의 방위산업을 주도하고 있다. 세계적인 방산기업으로 널리 알려져 있는 이스라엘 국영 IAI는 드론부터 인공위성에 이르기까지 첨단 항공우주장비를 제작하고 있으며, 직원 1만 6000여 명과 연 수익 36억 달러를 기록하고 있다. 2018년 말 국영 이스라엘 국방산업Israel Military Industries: IMI을 인수함으로써 국영 IAI를 능가하는 거대 기업이 된 민영 방산기업 엘빗 시스템스는 감시정찰용 중형 무인기 헤르메스 900Hermes 900 등과 같은 전자전 무기 개발에서 명성을 가지고 있으며, 1만 2000여 명의 직원을 거느리고 36억 달러의 연 수익을 거두고 있다. 아이언돔Iron Dome으로 유명한 라파엘은 무인 수상정 프로텍터를 제작했으며, 직원 7000명, 연 수익 26억 달러의 국영 방산기업이다(Defense News, 2019.7. 22).

이스라엘 방위산업은 이스라엘 제조업의 전체 생산액 10.5%, 전체 고용인력 14.3%를 담당할 만큼 규모가 상당하다(이세형, 2018.1.20). 하지만 이들의 소비자인 이스라엘군은 병력 17만 명(현역 기준), 국방예산 185억 달러 규모로서 한국과 비교하여 병력은 28%, 예산은 43% 수준에 불과하다. 이처럼 내수시장이 작기 때문에 이스라엘 방산기업은 생산되는 무기의 80%를 수출하고 있다. 이스라엘은 2014~2018년 세계 무기 수출시장 점유율 8.1%로서 세계 7위의 무기 수출국이며, 2017년 기준 이스라엘 방위산업 수출은 92억 달러로 전년 대비 41.5% 증가세를 보였다. 이스라엘 무기의 주요 고객은 인도(46%), 아제르바이잔(17%), 베트남(8.5%) 등이고, 한국, 터키, 중국, 미국, 싱가포르 등도 이스라엘

그림 2-5 이스라엘의 항목별 무기 수출(2018)

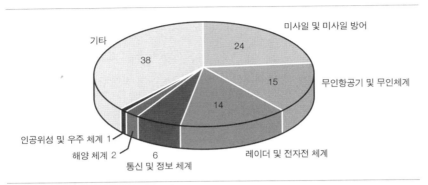

자료: Jane's Defence Weekly(2019.4.17).

무기를 다수 구매하고 있다(Wezeman et al., 2019). 내수보다 수출이 더 큰 비중을 차지하기 때문에 이스라엘 방산기업들은 국제 무기시장에서의 경쟁력을 높이기 위해 질적 우수성을 높이는 전략을 펼치고 있으며, 특히 무인항공기 등 첨단기술에 대한 투자를 계속 확대하고 있다. 이스라엘의 무기 수출에서 가장 큰 비중을 차지하는 항목은 아이언돔과 같은 미사일 및 미사일 방어체계이지만 무인무기체계가 차지하는 비중도 계속 커지고 있다.

특히 항공무인무기 부문에서 이스라엘은 세계 최고 수준이다. 아프가니스탄 전쟁에 참전한 북대서양 조약 기구NATO의 5개 국가들이 이스라엘이 제작한 드론에 의존했다는 점에서 이것이 입증된다. 야코프 카츠Yaakov Katz 등 이스라엘의 일부 군사학자들은 1969년 이스라엘군이 취미용 소형 무선조종 비행기에 카메라를 부착하여 수에즈 운하 상공에 띄워 이집트 군사시설을 촬영한 것이 세계 최초의 군사목적 드론 사용 사례였다고 주장한다(Katz and Bohbot, 2017). 물론 이런 민족주의적 주장에 대한 과장 논란이 있지만,[3] 이스라엘이 일찍부터

---

3 무인항공기는 이미 20세기 초부터 니콜라 테슬라(Nikola Tesla) 등의 전기물리학자들에 의해 개발되

무인항공기에 관심을 가지고 무인화 기술에 적극적으로 나섰음은 틀림없다. 주변 아랍 세력과 오랜 군사적 갈등을 벌이고 있는 이스라엘에 주변 아랍국가들의 이동식 대공미사일SAM은 이스라엘 안보에 심각한 위협으로 여겨졌기 때문에 원거리 관측을 위해 일찍부터 무인항공기에 관심을 가졌던 것이다. 1981년 이스라엘의 국영 방산기업 IAI는 소형 무인정찰기 스카우트Scout를 제작했고 이를 통해 이스라엘은 주변 국가의 대공미사일 배치와 규모를 파악하여 무력화할 수 있었다. 이후 이스라엘은 드론기술을 적극적으로 개발하기 시작했고, 1980년대 말 이스라엘의 IAI와 미국의 AAI가 합작으로 개발한 무인정찰기 RQ-2 파이오니어Pioneer는 걸프전에서 크게 활약했다. 그 밖에도 IAI가 제작한 중고도 무인정찰기 헤론Heron은 24시간 이상 체공이 가능하며, 이를 바탕으로 제작된 고고도 체공 무인기 에이탄Eithan은 지상을 공격할 수 있는 미사일 무장이 가능하다.

지상 무인무기체계 부문에서도 이스라엘은 선도적이다. 이스라엘군은 기습 공격 위험성이 높은 가자지구Gaza Strip 접경지역에서의 작전을 위해 지상용 무인무기를 개발해 왔다. IAI와 엘빗 시스템스의 조인트벤처 사업 G-nius가 개발한 무인지상차량 가디엄Guardium은 다목적 버기카를 플랫폼으로 하여 각종 센서와 카메라를 장착한 수색·감시 목적의 원격조종 무인차량으로서 자율모드도 가능하다. 2016년 이스라엘군은 프로토타입인 가디엄 사업을 종료하고 개선된 성능의 지상무인차량 개발 사업을 시작했다. 그 결과 2019년 8월 이스라엘군은 카르멜Carmel이라 명명된 미래형 장갑전투차량AFV 시제품 테스트를 진행했다. 이스라엘의 3대 방산기업인 IAI, 엘빗 시스템스, 라파엘이 경합을 벌이고 있는 이 사업의 목표는 인공지능, 자율화, 자동화 능력을 갖춘 지상용 전쟁

어 왔으며, 1950~1960년대 베트남 전쟁 당시 미국은 군사용 무인감시기 파이어비(Firebee)를 운용한 바 있다. 이후 전기자동차와 무인자동차를 상용화한 일론 머스크(Elon Musk)는 니콜라 테슬라의 이름을 따서 기업 이름을 지었다.

머신을 개발하는 것이다. 2명의 병사가 탑승하도록 설계되지만 카르멜과 함께 운용되는 감시·정찰 드론 및 첨단 센서, 인공위성 내비게이션, 사물인터넷을 활용하여 주행 및 전투의 상당 부분이 자율적으로 작동하게끔 되어 있다. 한편 IAI가 개발한 렉스REX는 400kg의 장비를 적재하고 12시간 연속으로 분대급 규모의 부대를 따라다닐 수 있도록 개발된 소형 무인수송차량(견마로봇)이다. 가상의 전자 '채찍'(리모컨)을 사용하여 일정한 거리를 두고 원격조종장치를 가진 병사를 따라다닐 수 있으며, 자율모드를 사용하면 사전에 설정된 경로를 스스로 주행할 수 있다.

2) 이스라엘의 군-산-학 연계 프로그램

군사용 기술뿐만 아니라 USB 플래시 드라이브처럼 널리 상용되는 첨단기술들 가운데 이스라엘에서 처음 개발된 것이 많다. 캡슐 내시경 기술, 자율주행 차량용 위치정보 기술, 사이버 보안 기술, 3D 시뮬레이션 프로그램 등 첨단기술도 이스라엘 스타트업에 의해 개발되었으며, 주목할 만한 것은 이러한 기술을 개발한 연구자들 상당수가 대학에서 연구를 하면서도 의무 군복무를 할 수 있는 특별 병역제도를 거쳤다는 사실이다. 또한 사이버 첩보전을 담당하는 8200 부대Unit 8200와 지리정보 및 화상정보를 전문적으로 취급하는 9900 부대Unit 9900 출신들이 군에서의 경험을 바탕으로 첨단기술 스타트업을 설립하는 경우도 많다. 이스라엘의 독특한 군-산-학 연계 네트워크는 이스라엘의 군사력 증강과 방위산업 발전에 크게 기여했을 뿐만 아니라 이스라엘 대학과 연구기관의 수준을 제고하고 더 많은 기술투자를 끌어들여 젊은 연구자들을 대상으로 하는 고용창출 및 해외진출의 기회를 높였다.

이스라엘의 유기적인 군-산-학 연계 프로그램은 청년들에게 높은 수준의 교육을 제공하고 이들이 학습한 능력을 국가를 위해 사용하도록 유도함으로써 가용 자원이 취약한 이스라엘이 높은 수준의 인적 자원을 최대한으로 활용할

그림 2-6 이스라엘 군의 대학연계 인재양성 프로그램

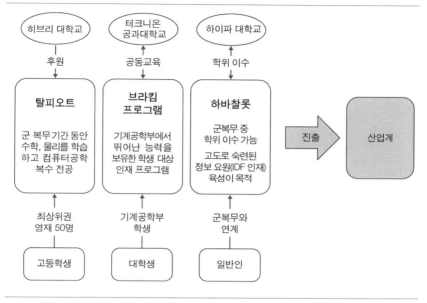

자료: 송은지(2016: 8).

수 있는 방법이다. 병력 충원을 징병제에 의존하는 이스라엘군은 ICT, 인공지능, 무인화 기술 등 첨단기술 부문에서의 유능한 청년들을 선발하여 사이버첩보, 전자전, 지형정보mapping, 정밀관측 등의 업무에 투입하여 관련 기술을 교육·훈련시켜 군사작전에 활용한다. 이러한 프로그램에 선발된 청년들은 군복무와 대학 과정을 병행하며 복무 중에 형성된 도전정신과 동료애를 바탕으로 전역 후 의기투합하여 실용적인 신기술을 개발하고 스타트업을 시작한다. 정부와 기업은 이 스타트업들이 세계시장에서 경쟁력을 갖도록 지원하고 궁극적으로는 이스라엘의 기술력과 경제적 이익 및 국제적 지위 향상을 위한 자원으로 활용한다. 대학-군 연계 인력 양성 프로그램으로는 과학기술 엘리트 장교 양성 프로그램 탈피오트Talpiot, 기계공학 전문가 양성 프로그램 브라킴 프로그램Brakim Excellence Program, 정보전문요원 양성 프로그램 하바찰롯Havatzalot 등이
대표적이다.

　탈피오트는 이스라엘군과 히브리 대학교Hebrew University 사이의 제휴를 통해
영재들에게 군복무와 대학교육을 병행시키는 인재 양성 프로그램이다. 매년
1만 명 이상의 고등학생이 이 프로그램에 지원하지만 최종 선발 인원은 50명에
불과하다. 선발된 영재는 탈피온Talpion이라 불리며 군인 신분으로서 히브리 대
학교에서 3년간의 특별 학사 과정 커리큘럼을 이수한 후 군사기술 관련 부대에
서 6년간 장교로 복무한다. 이들은 일반적으로 의무복무를 마친 후 계속해서
군에서 근무하거나 전역하여 동료들끼리 벤처기업을 창업한다. 탈피오트를 전
역한 인력이 창업한 벤처기업으로 보안전문기업 체크포인트Check Point, 게놈해
독전문기업 컴퓨젠Compugen, 플래시메모리기업 아노빗Anobit, 데이터스토리지
기업 XIV 등이 세계적 명성을 가지고 있다(Gewirtz, 2016). 또한 히브리 대학교
는 기술지주회사TTO 이쑴Yissum을 운영하며 대학의 연구팀이 개발한 기술과 특
허를 통해 연간 20억 달러의 기술 이전 수입을 창출하여 이를 연구 인력과 시
설에 재투자하고 있다.

　브라킴 프로그램은 이스라엘 군과 테크니온 공대Technion IIT 기계공학과 사이
의 공동 교육 프로그램으로서 아투다Atuda 제도의 하나이다. 아투다는 고등학
교 졸업 후에 바로 입대하는 일반적인 경우와 달리 대학에 먼저 진학하여 공학,
물리학, 법학 등 군에서 요구하는 학문을 전공하고 대학 졸업 후 입대해 전공
에 연관된 부문에서 장교로 5~6년간 복무하는 제도이다. 브라킴 프로그램에
선발된 우수 학생들은 군인 신분으로 전환되어 대학에서는 군사용 드론, 전투
로봇 등 첨단기술을 이용한 군수용품을 개발하며, 군에 입대해서는 이러한 시
스템을 운용하는 임무를 수행한다. 이 과정 이수생들은 전역 후 방산기업에 특
별 채용되거나 벤처기업을 창업하는 경우가 많다. 실제로 테크니온 공대의 T3
Technion, Technology, Transfer 프로그램은 지난 20년 동안 1600개에 달하는 재학생
및 졸업생의 첨단기술 벤처기업 설립을 지원하여 10만 명 이상의 일자리를 창

출하는 등 이스라엘 기술산업에 크게 기여했다.

하바찰롯은 이스라엘 국방부가 정보요원을 양성하기 위한 목적으로 만든 프로그램이다. 엄격한 심사를 거쳐 매년 40명이 선발되고 이들은 하이파 대학교 University of Haifa에서 정치학 등 사회과학 주전공 및 수학, 컴퓨터, 심리학 등 부전공 과정을 3년에 걸쳐 이수한다. 이들은 대학 과정을 마친 후 군의 정보 관련 부서에서 장교로서 6년간 복무한다. 최근 하바찰롯 복무를 마친 인재들이 복무 중 대테러 작전을 통해 터득한 정보분석 기법을 활용하여 안면인식 소프트웨어 등 정보 관련 기술을 개발했고, 구글, 페이스북 등이 이들의 기술을 구매했다(Halon, 2018.9.13)

기술 인재 육성을 위한 군과 대학 사이의 연계 프로그램으로 인해 이스라엘은 인구 대비 과학기술 연구자 수가 세계 최고 수준이다. 이들 젊은 기술 인재들은 신기술을 개발하여 스타트업을 설립한다. 이스라엘은 1인당 스타트업 비율이 세계 1위로 매년 600~800개의 신규 스타트업이 설립되고 있다. 특히 무인화 기술을 포함한 첨단기술 부문에서 이스라엘 스타트업은 세계적인 투자자들의 관심 대상이 되고 있다. 2019년 4월 현재 미국 나스닥Nasdaq 상장 외국계 벤처기업들 가운데 이스라엘 기업의 숫자는 중국 다음으로 두 번째로 많다. 이스라엘에 대한 투자 대부분은 사이버보안, 인공지능, 핀테크FinTech 등 무인화 기술과 관련된 IT, 소프트웨어 부문에 집중되고 있다.

젊은 인재의 기술 창업과 시장 경쟁력 확보를 위한 이스라엘 정부와 이스라엘 산업 부문의 역할도 적지 않다. 1993년 정부 주도의 벤처캐피털 요즈마 펀드Yozma Fund는 이스라엘에 기술벤처 창업 붐을 불러일으켰다. 요즈마 펀드가 민영화된 이후에도 이스라엘 혁신청Israel Innovation Authority과 산업계는 첨단기술 스타트업을 지원하는 다양한 제도를 운영하여 이를 뒷받침하고 있다. 예를 들어 이스라엘 혁신청의 트누파Tnufa 프로그램은 1년 미만의 스타트업을 대상으로 프로토타입 개발, 사업기획, 특허 출원 등 초기자금을 지원해 주고 매출이 발생할 경우에만 7년에 걸쳐 3~5%의 기술료를 상환하도록 한다. 만약 창업에 실패할 경우 상환 의무는 면제된다. 트누파 자금을 지원받아 생존에 성공한 신생기업은 이스라엘 정부로부터 인큐베이터 인센티브incubators incentive를 지원받을 수 있다. 이 프로그램은 최첨단기술 부문과 같이 투자 위험성이 높아서 민간이 투자를 꺼리는 부문에 진입한 신생기업에 대해 국가가 주도한 벤처 캐피털 컨소시엄을 통해 지원을 제공하는 특징이 있다. 민간의 산업계 역시 유사한 프로그램을 운영하고 있다. 정부 주도의 인큐베이터와 달리 민간자본 중심의 액셀러레이터accelerator 프로그램은 상업성이 높은 스타트업에 대해 단기 자금을 투자하는 방식이다. 최근에는 마이크로소프트Microsoft, 구글, 삼성 등 글로벌 기업들도 이스라엘에 R&D 센터와 액셀러레이터 센터를 설립하여 이스라엘 스타트업에 대한 투자 및 기술지원을 확대하고 있다.

이와 같이 이스라엘의 군-산-학 연계 프로그램은 이스라엘이 무인화 기술을 포함하여 다양한 첨단기술 부문에서 앞서나가도록 만드는 요인이다. 유능한 기술 인재를 발굴하여 교육하는 역할과 기능을 대학만이 담당하는 것이 아니라, 군이 앞장서서 그러한 인재를 받아들여 국방에 활용하고 현실 경험을 쌓게 함으로써 그들이 사회에 나가 진취적으로 기술 창업에 나설 수 있도록 후원하고 있다. 또한 정부는 이 기술 인재들이 스타트업을 창업하고 세계시장에서 경쟁력을 가질 수 있도록 자금을 지원하고 제도를 구축하는 역할을 담당하며, 산업 부문은 젊은 기술자들이 실패를 두려워하지 않고 새로운 기술을 연구하여 시제품을 계속해서 만들어낼 수 있는 환경을 만들어준다. 이러한 상호 연계는 결과적으로 이스라엘의 무인화기술이 군사 부문에서뿐만 아니라 민간산업 부문에서도 세계적인 수준으로 발전할 수 있도록 만들었다.

6. 결론: 한국에의 함의

무인무기, 자율무기, 우주개발, 사이버 안보 등 첨단기술이 적용되는 방위산업은 4차 산업혁명 시대에 국가 간 신흥권력 경쟁의 대표적인 부문이다. 특히 인공지능, 사물인터넷, 5G 통신, 자율자동차 등 무인화 및 자율화 기술은 사용자에게 편리함을 가져다줄 뿐만 아니라 각종 부대비용을 절감하고 인간의 신체적 한계에 따른 오류의 가능성을 낮출 수 있다는 점에서 방위산업에서뿐만 아니라 민간산업 부문에서 점점 더 많이 사용되고 있다. 이러한 첨단기술이 가져오는 부가가치가 점점 더 커지기 때문에 이러한 기술을 가진 행위자와 그렇지 못한 행위자 사이의 영향력 격차도 더욱 커질 전망이다. 따라서 기술 선진국들은 앞선 기술을 먼저 개발하여 이를 표준화하고 상용화함으로써 미래의 신흥권력 경쟁에서 우위를 점하기 위해 노력하고 있다.

많은 기술 선진국들은 무인화 및 자율화 기술을 발전시키기 위해 군-산-학 협력을 통한 시너지 효과를 높이는 정책을 펼치고 있다. 군이든 민간이든 기술 연구자들이 특정 제품을 개발하기 위한 목적보다는 기술 그 자체의 발전을 목적으로 서로 지식을 공유하고 혁신적인 아이디어를 실험함으로써 기술 발전의 속도를 높일 수 있고 다양한 용도로 기술을 활용할 수 있다. 이러한 취지에서 미국 등 강대국들은 군, 대학, 연구기관, 산업계를 서로 연계하여 교육, 연구, 국방, 창업, 투자가 선순환하는 구조를 구축해 왔다. 이러한 정책을 통해 기술 혁신을 가속화하고 시장경쟁력을 높이며 더 나아가 군사 역량까지 증대시킨다면 비록 상대적으로 규모가 작은 중견국가라 할지라도 미래 신흥권력게임에서의 경쟁력을 높일 수 있다. 그러한 대표적 사례가 앞에서 살펴본 이스라엘의 혁신국가 전략이다.

한국에도 무기체계의 무인화는 시급한 문제이다. 저출산 여파로 병력자원 감소가 현실로 다가오고 있기 때문에 군사력 수준을 유지하기 위해서는 더 많은 무인무기체계의 도입이 필수이다. 현재 약 60만 명의 병력 규모가 2023년경에는 50만 명까지 크게 줄어들 것으로 예상된다. 따라서 한국군은 유무인 혼성부대에 대한 개념을 개발하고 있다. 이에 따르면 무인 수색차량을 도입하여 유무인 혼성 임무를 수행하게 되면 수색 및 정찰에 투입되는 500~600명의 인원

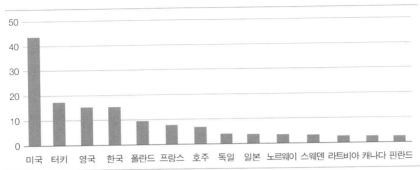

그림 2-7 OECD 주요국가의 정부 R&D 예산 대비 국방 R&D 비율(2017)

(단위: %)

주: 그래프에 이스라엘은 포함되어 있지 않으나 30% 수준으로 알려져 있다.
자료: Congressional Research Service(CRS) Report(2020: 3).

을 절감할 수 있을 것이고, 무인 포탑체계가 개발되면 육군 및 해병대 병력 2000명의 절감 효과를 거둘 수 있을 것으로 예상된다. 또한 무인전차가 도입되면 기갑부대 병력 1600명이 절감되고, 드론봇 체계는 3000~4000명의 전투병 절감을 가능하게 할 것이다(김태현·공광석, 2019).

무기체계의 무인화를 이루기 위해서는 기술력이 뒷받침되어야 한다. 한국은 그동안 꾸준하게 국방 부문 연구개발 비중을 확대하면서 기술개발에 많은 투자를 해왔으며, 2017년 국가 R&D 대비 국방 R&D 비중은 15% 수준으로 OECD 국가들 가운데 높은 수준을 보이고 있다(그림 2-7 참조). 그 결과 한국은 1991년 세계에서 10번째로 군사용 드론을 개발했고, 2014년 세계 2번째로 틸트로터형 무인기를 개발하는 데 성공하는 등 무인무기체계 기술력이 결코 낮은 편이 아니다. 전방 비무장지대에서 삼성 테크윈이 개발한 자율형 센트리건sentry gun SGR-A1을 운용하고 있으며, 도담시스템스가 개발한 자율형 센트리건 슈퍼 이지스 IISuper aEgis II는 아랍에미리트에 수출하고 있다. 이 무기들은 이른바 킬러 로봇으로 불리는 자율살상무기이지만, 현재 최종 발사는 인간이 결정하는 반자율 방식으로 운용되고 있다.

한국도 이스라엘, 미국 등의 사례를 참고하여 군-산-학 연계를 발전시켜 왔다. 2018년 해외의 일부 로봇 연구자들이 카이스트KAIST(한국과학기술원)의 자율무인무기 개발에 대해 윤리적 문제를 제기하여 논란이 되었을 정도로 한국에서도 무인무기를 포함한 첨단무기 기술개발을 위한 군-산-학 연계는 높은 수준이다. 그럼에도 불구하고 아직 미국, 이스라엘 등 무인무기산업 선도국들과의 무인무기기술 격차는 쉽게 좁혀지지 못하고 있다(국방기술품질원, 2018). 그 이유 중 하나로 실험 실패를 노하우 축적보다는 예산 손실로 평가하는 관행과 창의적 발상을 가로막는 규제 중심 관행이 문제로 지적된다. 실패를 인정하지 않는 환경에서 기술 인재들이 창의적인 도전을 통해 신기술을 개발하기는 매우 어렵다.

2016년 국방과학연구소ADD 연구원들이 67억 원에 달하는 중고도 무인정찰기 시제품 실험을 벌이던 중 조작오류로 시제품을 추락시켰을 때 방위사업감독관실은 5명의 연구원에게 손해배상을 청구하여 1인당 13억 4000만 원을 배상할 것을 요구했다. 여론이 악화되자 이 결정은 취소되었으나 프로젝트는 표류하기 시작했고, 연구원들은 과감한 도전과 실험을 벌이는 것을 꺼리게 되었다. 2018년에는 LIG넥스원이 개발한 다대역다기능 무전기TMMR 개발이 2년 지연되었다는 이유로 부과금 666억 원이 고지된 경우도 있었다. 방위사업 비리는 용납될 수 없지만 현장을 도외시한 획일적인 규제 적용은 자칫 연구기관 및 연구원들의 선의의 기술 협력과 교류를 가로막는 부작용을 초래할 수 있다. 관련 기관 사이의 불협화음도 종종 논란이 된다. 무인무기 개발을 위해 국방과학연구원, 과학기술정보통신부, 방위사업청 등이 연구·개발을 진행하고 있으나, 이들 사이에 상호 견제와 이견이 적지 않은 것으로 알려졌다(조승한, 2019.6. 21). 민간과 군 사이의 다중 용도 무인 기술개발의 선순환 구조 수립을 위해 이러한 문제점은 개선되어야 한다.

최근 무인화 및 자율화 기술의 상당 부분은 민간 부문이 주도하면서 발전하고 있다. 구글을 포함하여 무인자율기술을 개발하고 있는 민간 연구소와 기업에서는 연구자들 사이의 수평적 관계를 통해 혁신적 아이디어와 지식을 서로 공유하고 협업을 통한 연구와 실험을 장려하며, 실패를 질책하기보다는 함께 문제점을 개선해 나가는 연구개발 분위기를 강조하고 있다. 4차 산업혁명 시대에 중요한 것은 기술만이 아니다. 군, 연구기관, 대학, 기업을 유기적으로 연계하여 서로에게 유익한 선순환적 구조를 구축하기 위한 환경을 만들기 위해서는 고정관념에서 벗어나 서로 다른 접근방식을 융합할 수 있는 혁신적 사고가 장려되어야 한다. 그런 의미에서 한국은 이스라엘 사례로부터 군-산-학 연계의 선순환 구조뿐만 아니라 그들의 후츠파 정신도 함께 배워야 할 것이다.

국방기술품질원. 2018. 「국가별 국방과학기술 수준조사서」. 국방기술품질원.

김태현·공광석. 2019. 「「국방개혁 2.0」 구현을 위한 병력절감형 무인전투체계 연구」. ≪국방과 기술≫, 제481권, 98~105쪽.

매일경제 국민보고대회팀. 2019. 『밀리테크4.0: 기술전쟁시대, 첨단 군사과학기술을 통한 경제혁신의 전략』. 매일경제신문사.

반 클레벨트, 마틴(Martin Van Creveld). 2006. 『과학기술과 전쟁: B. C. 2000부터 오늘날까지』. 이동욱 옮김. 황금알. 372쪽.

송은지. 2016. 「이스라엘의 사이버보안 정책 및 시사점」. ≪정보통신방송정책≫, 제28권, 18호.

슈바프, 클라우식슈밥, 클라우스(Klaus Schwab)]. 2016. 『클라우스 슈밥의 4차 산업혁명』. 송경진 옮김. 새로운현재.

오원진. 2018. 「4차 산업혁명기술을 적용한 스마트 전장의 모습」. ≪국방과 기술≫, 제471권 (2018.5), 80~91쪽.

이세형. 2018.1.20. "'방산 강국' 이스라엘… 제조업 생산액의 10.5% 차지". ≪동아일보≫.

조승한. 2019.6.21. "7년간 9100억 원 들여 미래국방 기술 확보한다면서 시작부터 선긋기". ≪동아사이언스≫.

조한승. 2003. 「21세기 전쟁 양상의 변화와 실제-NCW 전쟁: 이라크자유 작전(2003)」. ≪안보학술논집≫, 제23집 上(2012), 123~187쪽.

한화투자증권. 2018. ≪항공·방위산업 Weekly≫.

Beckhusen, Robert. 2019.6.3. "The Next South China Sea Nightmare: Chinese Robo-Boat Swarms." *The National Interest.*

Congressional Research Service(CRS) Report. 2020.1.28. "Government Expenditures on Defense Research and Development by the United States and Other OECD Countries: Fact Sheet."

Cowan, Robin and Dominique Foray. 1995. "Quandaries in the Economics of Dual Technologies and Spillovers from Military to Civilian Research and Development." *Research Policy*, Vol.24, No.6, pp.851~868.

Defense News. 2019.7.22. "Top 100 for 2019."

Department of Defense(US). 2018.8.28. "Unmanned Systems Integrated Roadmap 2017-2042." p.17

Drent, Margriet, Kees Homan and Dick Zandee. 2013. "Civil-Military Capacities for European Security." Clingendael Report. Clinendael Institute: The Hague.

Halon, Eytan. 2018.9.13. "Israeli Start-up Ensures Privacy in Growing World of Facial Recognition." *The Jerusalem Post.*

Gewirtz, Jason. 2016. *Israel's Edge: The Story of IDF's Most Elite Unit - Tapiot.* Jerusalem: Gefen Publishing House.

Haberman, Clyde. 2019.7.14. "Driverless Cars Are Taking Longer Than We Expected. Here's Why." *The New York Times.*

Institute of Systems Science(NUS). 2017.10.11. "Critical Skills in the 4th Industrial Revolution." https:// www.iss.nus.edu.sg/(검색일: 2019.10.1).

Jane's Defence Weekly. 2019.4.17. "Israel Reports Lower 2018 Defence Exports."

Katz, Yaakov and Amir Bohbot. 2017. *The Weapon Wizards: How Israel Became a High-tech Military Superpower.* New York: St. Martin's Press.

Kulve, Haico te and Wim A. Smit. 2003. "Civilian-Military Co-operation Strategies in Developing New Technologies." *Research Policy*, Vol.32, No.6, pp.955~970.

Meunier, François-Xavier. 2019. "Construction of an Operational Concept of Technological Military/Civilian Duality." *Journal of Innovation Economics & Management*, No.29, pp.159~182.

Mordor Intelligence. 2019.4. "Unmanned Aerial Vehicle Market - Growth, Trends, and Forecast (2019-2024)." https://www.mordorintelligence.com/industry-reports/uav-market(검색일: 2019.9.20).

_____. 2019.5. "Military Unmanned Ground Vehicle Market - Growth, Trends, and Forecast (2019-2024)." https://www.mordorintelligence.com/industry-reports/military-unmanned-ground-vehicle-market(검색일: 2019.9.20).

_____. 2019.7. "Unmanned Sea Systems Market - Growth, Trends, and Forecast(2019-2024)." https://www.mordorintelligence.com/industry-reports/unmanned-sea-systems-market(검색일: 2019.9.20).

Papagiannis, Helen. 2017. *Augmented Human: How Technology Shaping the New Reality.* Sebastopol, CA : O'Reilly Media.

Pofeldt, Elaine. 2016.8.11. "The top start-up mecca in America is far from Silicon Valley." *CNBC*.

Richards, Chester W. 2001. *A Swift Elusive Sword: What If Sun Tzu and John Boyd Did a National Defense Review?* Washington D. C.: Center for Defense Information.

Roth, Marcus. 2019.1.15. "AI at the Top 4 Israeli Military Defense Contractors." Emerj Artificial Intelligence Research homepage. https://emerj.com

Toffler, Alvin and Heidi Toffler. 1993. *War and Anti-War: Survival at the Dawn at the 21st Century*. Boston: Lottle, Brown & Company.

Wezeman, Pieter D., Aude Fleurant, Alexandra Kuimova, Nan Tian and Siemon T. Wezeman. 2019. "Trends in International Arms Transfers, 2018." SIPRI Fact Sheet(March 2019).

Ziezulewicz, Geoff. 2018.2.16. "Report: EMALS Might Not Be Ready for the Fight." *Navy Times*.

3

드론산업의 정치경제
중국의 '드론 굴기'와 미중 경쟁

이승주 ｜ 중앙대학교

1. 서론

미중 경쟁은 무역, 기술, 군사 등 다방면에서 전방위적으로 이루어지고 있지만, 미래 경쟁력의 선제적 확보를 위한 경쟁이라는 점에서 첨단산업을 중심으로 한 경쟁은 향후 더욱 치열해질 것으로 전망된다(Segal, 2019.12.18; Schoff and Ito, 2019.10.10). 그런 면에서 드론산업은 미중 경쟁을 상징하는 대표적인 산업 가운데 하나이다. 중국은 민간용 드론 부문의 압도적인 시장점유율을 바탕으로 혁신을 선도하는 위치를 구축했다. '드론 굴기'라고 할 수 있다. 중국의 드론 굴기는 어떻게 가능했는가? 중국의 드론 굴기에 대응하는 미국의 전략은 무엇인가? 드론산업에서 미중 경쟁은 향후 어떻게 전개될 것인가? 이 글은 이러한 질문들에 답하기 위해 다음 두 가지 사항들을 중점적으로 검토하고자 한다. 첫째, 드론산업의 형성 과정에서 나타난 미국과 중국 드론산업의 상이한 발전 경로, 특히 중국 드론산업의 성장 과정에서 형성된 주요 특징들을 기업전략, 산업정책, 드론산업 관련 생태계 등을 중심으로 검토하고자 한다. 둘째, 중국의 드론 굴기에 직면한 미국의 대응전략과 그로 인해 초래된 결과를 검토하고, 드론 산업에서 전개되는 미중 경쟁의 양상을 고찰한다.

이 글은 다음과 같이 구성된다. 제2절에서는 드론산업의 특징을 시장규모, 부문별 비중, 기업별 비중 등을 중심으로 개괄적으로 검토한다. 제3절에서는 중국의 드론 굴기를 가능하게 한 요인들을 기업 수준과 산업 수준으로 나누어 고찰한다. 기업 수준에서는 중국의 대표적인 드론기업인 DJI가 압도적인 시장 점유율을 확보하는 과정에서 추구한 사업전략을 중점적으로 검토한다. 산업 수준에서는 드론산업의 육성을 위한 중국 정부의 산업정책 및 규제정책을 살펴보고, 이와 함께 선전深圳의 생태계가 중국 드론산업의 성장에 미친 영향을 검토한다. 제4절에서는 드론산업을 중심으로 전개되는 미중 경쟁을 고찰한다. 이를 위해 특히, 중국의 드론 굴기에 직면한 미국 정부의 중국 견제 정책의 주요 특징과 이에 대한 중국 드론기업들의 대응전략을 소개한다. 마지막으로 결론에서는 이 글로부터 도출되는 시사점을 논의하고 드론산업에서 펼쳐질 향후 미중 경쟁을 전망한다.

2. 드론산업의 특징

1) 산업 동향

드론은 좁은 의미에서는 무인항공기UAV의 한 종류로 볼 수 있다. 하지만 보다 넓은 의미에서 드론은 조종사가 탑승하지 않고 원격 조종 또는 사전에 입력된 프로그램에 따라 반자동 또는 자동으로 비행하는 비행체와 지상 또는 우주의 통제 시스템, 통신 시스템, 지원 장비 등을 포함한다. 드론은 유형과 용도에 따라 다양하게 구분된다. 군사용 드론은 유형별로는 고정익fixed wing과 회전익 rotary wing으로, 용도별로는 수색구조용search and rescue, 군사용national defense, 군

그림 3-1 부문별 세계 드론시장 성장 전망

(단위: 억 달러)

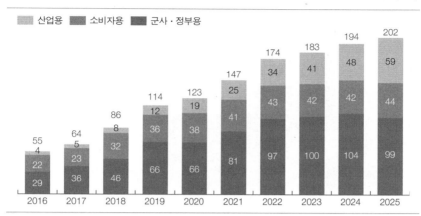

주: 글로벌 드론 시장은 연평균 16% 성장할 것으로 예상된다.
자료: 과학기술일자리진흥원(2019).

사 훈련용military exercises 등으로 나뉜다. 상업용 드론 역시 유형을 기준으로 하면 고정익 드론, 로터리 배이드rotary bade 드론, 하이브리드 드론으로, 용도별로는 일반 소비자용 드론과 전문가용 드론이 농업/환경, 미디어/엔터테인먼트, 에너지, 정부, 건설 등 광범위한 부문에 활용되고 있다.

군사용 드론시장의 규모는 2020년 111억 달러 수준에서 빠르게 증가해 2029년에는 143억 달러 수준에 달할 것으로 전망된다(Harper, 2020). 상업용 드론시장은 2019년 26억 4000달러에서 2025년 162억 달러 규모까지 증가할 것으로 예상된다(Grand View Research, 2019). 상업용 드론시장의 성장 추세가 지속되는 가운데, 특히 농업 등 1차 산업과 운송 부문의 규모가 빠르게 확대되어 2020년대 중반 이후 전체 상업용 드론시장의 70% 이상을 차지할 것으로 예상된다.

한편, 일반 소비자용 드론시장의 규모는 2024년 90억 달러 규모까지 증가할 것으로 예상되고(Ankita and Wadhwani, 2019.9.16), 이후 다소 완만한 성장률을 기록할 것으로 예상된다. 지역을 기준으로 할 때, 2018년 북미 지역이 최대의 드론시장이며, 미국과 캐나다가 국경(육상, 해상) 정찰 활동에 드론을 활용하는

그림 3-2 기업별 드론시장 점유율

(단위: %)

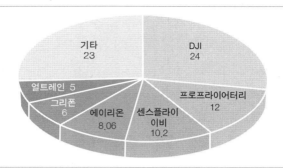

자료: Envision Inteligence Analysis & Expert Insights(2018).

등 민간용과 군사용 드론이 광범위하게 활용되고 있다.

2018년 기준 군사용과 민간용을 포함한 전체 드론시장의 업체별 시장점유율은 다음과 같다(그림 3-2 참조). 중국의 DJI가 전체 시장의 24%를 점유하고 있고, 프로프라이어터리Proprietary와 센스플라이 이비Sensefly Ebee가 각각 12%, 10.2%의 시장점유율로 2위와 3위를 기록하고 있다. 에이리온Aeryon(8.0%), 그리폰Gryphon(6%), 얼트레인Altrain(5%) 등이 4위, 5위, 6위 드론 생산업체이다.

2) 부문별 동향

(1) 군사용 드론

군사용 드론은 전체 드론시장의 약 70% 이상을 차지하고 있으며, 2025년까지 연평균 6.6%의 성장률을 기록할 것으로 예상된다. 미국이 2001년 최초로 드론을 전투에 사용한 이래 29개국이 전투용 드론을 도입한 상태이며, 이 가운데 10개국(미국, 이스라엘, 영국, 파키스탄, 이라크, 나이지리아, 이란, 터키, 아제르바이잔, 아랍에미리트)은 군사작전에 드론을 실제로 활용하는 단계에 이르렀다. 군사용 드론산업은 미국 기업들이 주도하고 있는데, 군사용 드론 부문 주요 기업은 다음과 같다.

- 제너럴 아토믹스(미국)
- 록히드마틴(미국)
- AAI-텍스트론AAI Corporation – Textron Systems(미국)
- 아메리칸 다이내믹스American Dynamics(미국)
- BAE 시스템스(영국)
- 에어로바이런먼트AeroVironment Inc.(미국)
- 이스라엘 항공우주산업IAI(이스라엘)
- 노스럽 그러먼(미국)
- 에이리온(캐나다)
- 보잉(미국)

보잉이 2014년 수소연료 추진 드론인 팬텀아이Phantom Eye 등 차세대 드론의 개발에 성공한 것을 필두로 미국의 전통적인 방산기업들이 경쟁 우위를 확보하고 있는 가운데, 중국의 방산기업인 중국항공공업中国航空工业集团公司: AVIC이 군사용 드론시장에 진출함에 따라 이 부문에서 미중 경쟁이 본격화되고 있다. 중국항공공업은 특히 중국의 방대한 군수시장을 선점하여 가격 경쟁력을 확보하고, LIEOE, MAVMicro-Air Vehicle, 스카이아이Sky Eye, 스카이드래곤Sky Dragon 등 여러 부문에서 경쟁력을 갖춘 제품을 생산하고 있다. 향후 중국항공공업이 세계시장 점유율을 높여나감에 따라 군사용 드론산업에서 미중 경쟁이 가속화될 것으로 예상된다.

(2) 민간용 드론

2019년 기준 민간용 부문의 주요 드론기업은 DJI, 패럿Parrot, 유닉Yuneec, 케스프라이Kespry, 오텔 로보틱스Autel Robotics, 인시투Insitu(농업, 에너지), 드레어

Delair, 이항EHANG(Beijing Yi-Hang Creation Science & Technology Co.), 에이리온, 사이파이CyPhy 등이다. 미국 기업들이 군사용 드론에서 우위를 보이는 반면, 중국 기업들은 민간용 드론에서 지배적인 위치를 구축하고 있다. 보잉, 제너럴 아토믹스, 록히드마틴 등 전통적인 방위 기업들이 군사용 드론시장에서 우위를 유지하고 있는 가운데, DJI로 대표되는 중국 기업들이 민간용 드론시장에서 압도적인 시장점유율을 차지하고 있다.

DJI는 2016년 세계시장 1위로 부상한 이래 압도적인 시장점유율을 차지하고 있다. 2010년대 중반 DJI, 패럿, 3D 로보틱스의 3강 체제가 형성되었으나, 2016년 3D 로보틱스가 생산 중단을 선언함으로써 3각 구도가 붕괴되었다. 이후 DJI가 세계 최대의 드론기업으로서 위상을 공고히 하게 되었다. DJI는 취미, 촬영용 드론 제품을 기반으로 감시, 농업 부문 등 상업용 시장으로 부문을 확대하고 있을 뿐 아니라, 최근에는 미국 기업들이 주도하는 군사용 드론시장에도 진입하고 있다. 다만, 드론 서비스 부문에서는 미국이 경쟁력의 우위를 유지하고 있다. 전 세계에 200개 이상의 드론 서비스업체가 있는데, 상위 50개 업체 가운데 집라인Zipline, 메저Measure, 플러티Flirtey 등 40%가 미국 기업이다.

전체 드론시장에서 민간용 드론의 비중은 군사용 드론에 비해 작으나, 그 성장 속도는 상대적으로 더 빠르기 때문에 격차가 축소될 것으로 전망된다. 민간용 드론은 일반 소비자용 드론 중심으로 성장해 왔으나, 2020년대 이후 상업용 드론시장이 빠른 속도로 확대될 것으로 예상되고 있다. 드론산업은 군사용에서 시작하여 민간용 드론시장이 빠르게 확대되는 추세이며, 민간용 드론의 수요 측면에서 상당한 변화가 발생하고 있다. 농업 등 1차 산업에서 수요가 빠르게 증가하고 있고, 인프라, 운송, 보안, 미디어/엔터테인먼트, 보험, 통신 부문에서도 드론 수요가 증가하고 있다. 향후에도 드론 서비스 산업의 수요가 급격하게 증가하는 가운데, 부문별로 상당한 부침이 발생할 것으로 예상된다.

한편, 전통 방산업체와 드론에 특화한 기업 사이의 이합집산이 진행됨에 따라, 세계 드론산업의 지각 변동이 매우 빠르게 진행되고 있다. 거대 기술 기업인 아마존이 드론을 이용한 차세대 배송 시스템인 아마존 프라임 에어Amazon Prime Air를 구축하고 구글의 모기업인 알파벳Alphabet 역시 태양열 기반의 드론 제작업체인 타이탄 에어로스페이스Titan Aerospace를 인수하는 등(Statt, 2014. 4. 14) 기술 기업들의 드론시장 진출이 활발해지고 있다.[1]

3. 중국 드론산업의 정치경제

중국의 드론산업은 미국과 마찬가지로 군사용 드론산업에서 시작했기 때문에, 상당 기간 군수용 드론기업이 드론 개발을 주도했다. 그러나 2007년 3D 로보틱스(당시 DIY Drones)가 최초로 민간용 드론을 출시한 이후, 민간용 드론시장이 본격적으로 형성되는 변화가 발생했다. 중국 드론산업이 비약적으로 성장할 수 있었던 요인은 기업 수준과 정부 정책의 두 차원으로 나누어 검토할 필요가 있다.

1) 기업 수준: DJI

(1) 기업 현황

중국 드론기업들은 중저가 제품을 출시하여 거대한 중국 내수시장에서 점유율을 발 빠르게 확대함으로써 가격 경쟁력을 갖출 수 있는 기반을 마련했다. 중국 업체들의 가격 경쟁력은 기술력 향상의 결과이기도 하다. 중국 드론기업들이 취득한 특허 수가 2010년 이후 급격하게 증가한 것이 이를 간접적으로 입증한다. 드론 관련 특허 출원 건수는 2010년 184건에서 2014년 1561건, 2015년

---

1 구글은 2017년 이 사업을 포기했다(Kovach, 2017).

4203건, 2016년 9281건, 2017년 1만 1915건으로 급증했다. 한 가지 특징은 특허 출원이 상업화와 직접적으로 관련된 부문에 집중되어 있다는 점이다. 특허 출원의 대부분이 발명 특허와 실용 특허라는 점은 중국 드론기업들이 기초 과학 연구개발보다는 상업화를 목표로 한 전략적 기술개발에 초점을 맞춘 것임을 알 수 있다.

중국 드론산업의 성장을 설명하는 데 있어서 DJI를 빼놓을 수 없다. DJI는 2006년 설립되어 2013년 팬텀Phantom 출시를 계기로 드론산업의 최강자의 입지를 구축하고 있다. 2018년 종업원 수가 거의 6000명에 육박하는 규모의 기업으로 성장한 DJI는 2018년 20억 달러의 매출을 기록했다. ≪포브스Forbes≫에 따르면 DJI는 전 세계 유니콘 기업 중 14위이며, 기업 가치는 150억 달러에 달하는 것으로 평가되고 있다.

DJI의 성공 요인으로는 혁신성, R&D 투자에 기반한 기술개발 역량, 빠른 신제품 출시 사이클, 다품종 생산체제 구축, 시장형성 초기단계부터 글로벌화 지향, 가치사슬 생태계 형성 등이 제시된다(MBN 중국보고서팀·최은수, 2018).[2] '드론산업의 애플'로 불리기도 하는 DJI는 '대강大疆'의 발음과 혁신을 뜻하는 '창신創新'의 의미'를 혼합해서 만든 이름이다. 이는 DJI가 혁신에 우선순위를 부여하고 있음을 의미하며 DJI는 짐벌, 레이더 센서, 소프트웨어, 카메라 등 드론의 모든 부품을 직접 설계하고 개발하는 것으로 유명하다(Chen and Ogan, 2017).

기업전략 면에서 군사용에 치중했던 기존 드론기업들과 달리 DJI는 시장규모는 작으나 빠르게 성장하는 민간 드론에 집중하는 차별화 전략을 추구했다. DJI는 2011년 일반 소비자용 드론을 출시하면서 본격적인 성장 궤도에 진입했

---

2 DJI의 비약적 성장을 설명하는 데 창업자 왕타오汪滔의 역할을 빼놓을 수 없다. '드론 업계의 스티브 잡스(Steve Jobs)'라는 별칭을 가진 왕타오는 홍콩 과학기술대학교 로봇학과를 졸업하고, 2006년 DJI를 창립했다. DJI 주식의 40%를 보유하고 있으며, 48억 달러의 재산을 갖고 있는 그는 중국 부호 순위 62위, 전 세계 부호 순위 325위를 차지하고 있다(Forbes, 2020).

는데, 당시로서는 획기적으로 가격을 200만 원대로 책정하여 자사의 시장점유율을 높이는 것은 물론 드론시장의 규모 자체를 확대하는 데 기여했다(MBN 중국보고서팀·최은수, 2018). DJI는 2013년 '팬텀' 시리즈를 679달러에 판매하면서 다시 한번 시장점유율을 확대함으로써 경쟁자들과 격차를 더욱 벌렸다(Chen and Ogan, 2017). DJI의 선제적이고 차별화된 전략은 시장의 변화 상황에 효과적으로 대응한 것으로 평가받고 있다. 그 결과 DJI는 '패스트 팔로어fast follower'에서 탈피하여 시장을 선도하는 '퍼스트 무버first mover'로서 입지를 공고히 하고 있다.

(2) 연구개발에 기반한 기술 혁신 역량

DJI가 민간용 드론산업에서 높은 시장점유율을 차지할 수 있었던 것은 R&D에 기반해 빠르게 기술을 혁신하는 능력과 이에 기반해 다품종 생산 능력을 갖추게 된 결과이다. DJI는 총매출의 7% 이상을 연구개발에 투자하고, 연구 인력도 전체 근로자의 4분의 1 이상으로 유지하는 등 자체적인 기술 혁신 능력을 배양, 유지하고 있으며, DJI는 무인기 제작 기술, 비행 안전, 무선통신, 제어 시스템 등 민간 드론 방면에서 기술적 차원이 경쟁 기업에 비해 우월한 경쟁력을 갖춘 것으로 평가된다. DJI가 출원한 특허는 1500건 이상이며, 실제로 보유한 특허도 400개 이상에 달하고 있다. 또한 드론 제품은 물론 드론과 관련된 다양한 상품을 출시함으로써 시장지배력을 높이는 데 성공했다.

DJI는 기술력을 바탕으로 일반 소비자용 드론에서 산업용 드론, 소프트웨어, 솔루션으로 사업 영역을 더욱 확장하고 있다. 산업용 드론인 매트리스 600프로Matrice 600Pro는 영화 또는 항공사진 등 전문 부문에서 활용이 증가하고 있는데, 드론 자체의 성능뿐 아니라, 카메라 장착, 위성 데이터 활용 등의 면에서 'Ready to FlyRTF' 드론 가운데 가장 성능이 좋은 것으로 평가되고 있다.

(3) 제품 출시 주기 축소와 다품종 생산 체계

DJI는 축적된 기술 혁신 역량을 바탕으로 신제품 출시 주기를 6개월 이내로 획기적으로 압축함으로써 드론시장을 선도할 수 있게 되었다. DJI의 드론은 일반 소비자, 전문가, 기업용 제품으로 구분되는데, 각 부문별로 다수의 제품을 출시하고 있다. 일반 소비자용으로는 매빅Mavic 시리즈, 스파크Spark 시리즈, 팬텀Phantom 시리즈, 오즈모Osmo 시리즈(짐벌), FPV 시리즈, 로보마스터Robomaster 시리즈를 출시했다. 전문가용 제품으로는 인스파이어Inspire, 통합 시스템, 카메라 짐벌, 카메라 안정화 시스템 등이 있으며, 드론 솔루션, 페이로드, 소프트웨어와 같은 기업 솔루션도 출시하고 있다.

(4) 글로벌 전략

DJI는 시장형성 초기단계에서 세계시장 진출을 적극적으로 추진하는 글로벌 전략을 실행한 결과 현재 세계 100여 개국에 제품을 판매하고 있다. 이는 물론 수요 측면에서 북미시장이 최대의 시장으로 부상한 것과 관련이 없는 것은 아니나, 중국 전통 제조업의 경우, 정부의 보호, 육성정책을 활용하여 자국 수요를 우선 충당하고, 점진적으로 세계시장에 진출하는 전략을 추구했는데, DJI는 이와 다르게 차별적인 전략을 추진했다는 점에 주목할 필요가 있다. 글로벌 전략을 적극적으로 추진한 결과, DJI는 초기단계부터 전체 매출 가운데 해외 매출의 비중이 80%에 달하는 성과를 달성할 수 있었다.

2) 산업 수준

(1) 선전의 생태계

중국 드론산업은 '아시아의 실리콘밸리, 세계의 공장'으로 불리는 선전深圳의 산업 생태계를 활용할 수 있는 이점을 갖고 있다. 중국이 획득한 국제 특허의 40% 이상을 선전이 차지하는 데서 나타나듯이, 복제품의 대명사였던 선전이 혁신의 도시로 탈바꿈했다(The Economist, 2017.4.6). 2018년 기준 상장된 선전의 기업 수는 125개에 달하고, 그 시장 가치는 4000억 달러로 평가된다. 선전은 GDP의 4%를 연구개발에 지출하는데, 이는 중국 평균의 2배 이상이다. 선전의 장점으로는 스피드, 물류 관리logistics, 품질과 비용, 생태계, 사고방식mentality을 들 수 있다(GET IN THE RING, 2018.8.31). 선전이 이러한 장점을 갖게 된 것은 중앙 정부, 지방 정부, 국내 기업, 외국 기업들이 자신의 역할을 집합적으로 수행한 결과라고 할 수 있다(Yang, 2014).

선전 지역은 과학기술 부문 인재들의 집합소로 기술 혁신의 발원지일 뿐 아니라, 이를 신속하게 제작할 수 있는 생산 능력을 가지고 있으며, 인건비와 부품 조달 비용 면에서 가격 경쟁력까지 갖춘 생태계를 형성하고 있다. 실리콘밸리와 비교할 때, 기술 및 디자인 기업과 시제품 제작 기업 사이의 긴밀한 협력이 매우 빠른 속도로 이루어진다는 점에 선전 지역 생태계의 이점이 있다. 선전의 특징은 실리콘밸리의 기술 기업들이 연구개발, 디자인, 마케팅 등 핵심 역량을 보유하고 생산 공정의 대부분을 아웃소싱하는 데 반해, 선전의 기업들은 실리콘밸리와 같은 개방적 협력 관계에 기반해 연구개발에서 제조와 생산까지 해결한다는 점에서 차이가 있다. '개방적 혁신open innovation' 또는 '개방적 소싱open sourcing'이 선전 생태계의 특징인 셈이다(Fernandez, Puel and Renaud, 2016). 선전은 스타트업들의 메이커 스페이스makerspaces이자 촉진자accelerators이며 인큐베이터이기도 하다.[3] 스타트업들이 제품을 개발하는 데 필요한 부품과 서비스에 대한 접근성이 쉬울 뿐 아니라 신속하다는 것이 선전 생태계의 장점이다(GET IN THE RING, 2018.8.14). 선전 자체가 가히 혁신을 선도한다고 할 수 있다(Ehret, 2018.12.17).

선전 생태계의 이러한 특징은 중국 드론산업 발전에도 효과적으로 작용했다. 선전 지역은 2017년 기준 중국 드론 생산의 80% 이상을 담당하고 있으며,

---

[3] 선전의 대표적인 메이커 스페이스로는 x.factory, Troublemaker, SEGMaker, Shenzen Open Innovation Lab, SteamHead 등이 있다(GET IN THE RING. 2018.8.17).

2018년 60만 대 이상의 드론을 수출한 역량을 보유하고 있다. 선전 지역의 스마트폰 기업들을 포함한 기존 제조업체들이 드론산업에 참여한 사례가 많은데, 이는 스마트폰 생산 과정에서 구축한 가치사슬의 상당 부분을 드론 제조에 활용할 수 있기 때문이다. 대표적인 사례가 '미 드론Mi Drone'을 출시한 샤오미北京小米科技有限责任公司인데, 샤오미는 직접 드론을 제작하지는 않지만 기존 조달 네트워크를 활용하여 드론을 판매하고 있다.

300개 이상의 드론기업이 선전에 위치하고 있으며, 이는 중국 전체의 75% 이상을 차지할 정도로 타 지역에 비해 압도적으로 높은 비중이다. 이처럼 드론기업들이 선전에 집중된 이유는 위에서 설명한 것과 같이 드론 개발에 직간접적으로 필요한 기술 인프라가 잘 조성되어 있기 때문이다. 즉, 선전 지역에는 드론 개발에 필수적인 반도체 칩, 가속 센서, 소형 고품질 센서, 모터, 배터리 전자 부품 등을 그 어느 지역에서보다 용이하게, 그것도 상대적으로 저렴한 가격으로 조달할 수 있다는 장점이 있다.

DJI는 선전 지역의 생태계의 이점을 효과적으로 활용한 대표적인 혁신 기업이다. DJI가 선전의 생태계 속에서 출발하여 유니콘 기업이 되어, 다시 드론 부문의 새로운 창업을 촉진하는 선순환 구조가 형성되었다. 선전에는 DJI뿐 아니라, 이항, 하위Harwar, 워케라Walkera 등 드론 생산업체와 부품사들이 긴밀하게 협력하는 생태계를 형성하게 되었다. 최근에는 드론 제작을 넘어 우주 관광 등 드론 관련 서비스 기업들도 창업되는 추세이다.

(2) 외국 기업과의 전략적 관계

중국 드론기업들이 해외 자본을 적극 유치한 것도 중국 드론산업의 급속한 발전을 가능하게 한 요인 가운데 하나이다. DJI는 미국의 벤처 캐피털 악셀 파트너스Accel Partners로부터 7500만 달러의 투자를 유치했고, 세계 3위 업체인 유닉은 미국 인텔로부터 6000만 달러의 투자를 유치했는데, 유닉은 인텔과의 협력 관계를 통해 고부가가치 드론 개발을 추진 중이다. 드론을 이용한 항공 촬영 전문 기업인 제로텍Zerotech은 퀄컴 벤처Qualcomm Ventures가 중심이 된 투자자로부터 1억 5000만 달러의 자금을 유치했다.

중국 드론기업들은 세계시장의 약 70%를 차지하고 있다는 점에서 이미 글로벌 플레이어로 자리 잡았으며, 시스템 개발, 서비스 플랫폼의 활용, 중계방송, 판매와 홍보 등 광범위한 부문에서 국제 협력을 적극 추구하고 있다. 주목할 점은 중국 드론기업들이 오랜 기간에 걸쳐 형성된 국내 부품 및 관련 기업들과 협력을 유지하고 있는 것과 유사하게, 해외 기업과의 다양한 차원의 협력을 추구하는 데 있어서 과거 수년간 형성한 가치사슬을 통해 만들어진 네트워크를 효과적으로 활용하고 있다는 점이다.

3) 정부-기업 관계

(1) 산업정책

중국 드론산업 역시 다른 제조업과 마찬가지로 정부의 산업정책을 포함한 다양한 지원책에 힘입어 성장한 측면이 있다. '중국제조 2025Made in China 2025; 中國制造'에 항공우주산업aerospace and aviation equipment industry이 포함된 데서 알 수 있듯이, 중국 정부는 우주 및 항공 관련 산업을 미래 경쟁력의 핵심으로 보고 전략적인 육성계획을 수립했다. 드론산업도 항공우주산업의 일부로, 중국 정부는 2015년 5월 발간한 '중국제조 2025' 보고서에서 드론산업의 진흥 계획을 밝히고 있다. 중국 정부는 또한 2016년 전국표준화공작요점National Standardization Work Priorities (No.7)에서 이러한 방침을 재확인했을 뿐 아니라, 항공우주산업에서 '전략적 표준화strategic standardization'를 추진하는 데 우선순위를 부여했다. 이러한 방침에 따라, 산업 표준화가 급진전되었는데, 중국민용항공국Civil Aviation Administration of China: CAAC은 드론 작동과 관련한 규제를 2016년에 개정했다.

중국 정부의 산업정책도 드론기업들의 순차적 발전과 궤를 같이한다. 중국 정부는 세계적인 경쟁력을 확보한 드론산업에 국가 차원의 통합 관리를 통해 경쟁 우위를 강화하려는 전략을 공표했다. 중국 정부의 드론산업 육성전략의 핵심은 국무원이 2017년 발표한 '차세대 AI 개발 계획新一代人工智能发展规划'에 나타나 있다. 이 계획에 따르면, 중국은 2030년까지 드론산업을 인공지능산업 발전을 위한 역점 부문 가운데 하나로 선정했다(国务院, 2017). 이때 핵심은 소비자 및 상용 드론 부문의 발전을 우선 추구하고, 이후 전문가용 드론산업을 육성하는 것이다.

한편, 산업정책의 측면에서 볼 때, 중국 드론산업의 성장이 다른 산업과 차별화되는 점이 다수 발견된다. 전통 제조업의 발전이 기본적으로 선진국의 기업들을 따라잡는 추격전략을 활용한 것이었던 반면, 중국의 드론산업은 산업형성 초기단계부터 중국 기업들이 진출했기 때문에 기존의 추격전략과 차별화된 다양한 특징이 나타난다(Lee, Gao and Li, 2017). 첫째, 기존 산업을 대상으로 시행한 산업정책의 경우, 산업화 초기단계부터 중국 정부가 보호와 지원을 포함한 다양한 방식으로 특정 산업에 대한 타깃팅을 하는 이른바 '승자 선택picking winners'의 방식을 취했다. 반면, 드론산업의 경우, 산업정책의 수혜를 입기는 했으나 산업화 초기단계부터 산업정책이 광범위하게 실행되었다고 보기는 어렵다. 즉, 드론산업에서 정부 주도의 전략적 산업정책이 실행되었던 것은 사실이나, 산업화 초기단계는 (민간) 기업이 자체 기술력을 바탕으로 시장을 주도하고, 이 과정에서 가격 경쟁력을 활용하여 세계시장에서의 점유율을 높여나가는 전략을 추구했다. 이러한 측면에서 볼 때, 드론산업은 정부가 승자를 선택하는 방식의 산업정책을 초기단계부터 직접적이고 광범위하게 활용한 것이 아니라, 초기단계에서 (민간) 기업이 산업과 시장의 형성을 주도하고, 이후 시장의 확대 과정에서 산업정책이 본격화된 것이라고 할 수 있다. 중국 드론산업은 정부가 선제적으로 시장에 개입하여 산업을 육성한 사례라기보다는, 정부가 시장의 신호market signal에 시의적절하게 반응한 결과이다.

둘째, 산업 발전 과정에서 외국 기업의 역할, 중국 정부의 규제 정책, 경쟁환경의 조성 등에서도 드론산업의 특징이 발견된다. 중국 정부는 전통 제조업을 육성하는 추격단계에서는 자본 조달과 기술 습득의 필요성 때문에 외국 기업들을 적극적으로 유치하는 한편, 외국 기업과 국내 기업에 대한 차별화된 규제를 통해 자국 기업의 생존 공간을 확보해 주는 전략을 추구했다. 그러나 드론산업의 경우, 외국 기업의 유치를 통한 산업 발전이라는 기존 패러다임에서 탈피하여, 산업화 초기단계부터 국내 기업들이 주도적 역할을 담당했다. 그 결과, 중국 정부는 외국 기업에 대한 차별적 규제와 국내 기업에 대한 우대 정책을 통해 '관리된 경쟁controlled competition'에 우선순위를 부여했던 기존 산업화 전략과 달리, 산업화 초기단계부터 과감한 규제 완화를 통해 국내 기업들 사이의 경쟁 환경을 조성하는 전략을 추구하게 되었다.

셋째, 드론산업의 특징은 기술개발 측면에서 발견된다. 토착적인 기술 능력을 우선 배양하는 것을 기본으로 하고, 필요할 경우 라이선스 생산 방식을 제한적으로 활용하여 '역 엔지니어링reverse engineering' 방식으로 해외의 선진 기술을 습득했던 한국이나 일본과 달리, 중국은 추격단계 초기부터 외국 기업을 국내로 유치하여 선진 기술을 직접 이전받는 방식을 추구했다. 중국이 한국, 일본과 달리 이러한 전략을 실행할 수 있었던 이유는 글로벌 다국적 기업을 상대로 협상의 지렛대로 활용할 수 있는 방대한 국내시장의 규모 때문이다. 중국 정부는 이를 기반으로 때로는 외국 기업에 기술 이전을 사실상 강요하는 등의 정책을 취하기도 했다. 이러한 측면에서 중국 정부의 기술개발 전략은 '개입에 의한 혁신' 정책이라고 할 수 있다. 최근 미중 무역 전쟁이 발생한 이유 가운데 하나도 중국 정부가 외국 기업을 대상으로 기술 이전을 강제한다는 데 있다. 한편, 드론산업의 경우 중국 기업들이 산업 발전의 초기부터 적극적으로 진출했기 때문에, 정부가 매개된, 외국 기업으로부터 기술 이전에 기반한 기술 혁신이라는 기존 방식과 달리, 국내 기업의 자생적 기술개발이 선행되었다는 점에서 기존 기술개발 방식 및 기술 역량의 축적 방식과 상당한 차이가 있다.

한편, 드론산업이 전통 제조업에서 실행되었던 추격전략과 상이한 산업화 과정을 거쳤기 때문에, 중국 정부의 드론산업에 대한 규제정책 역시 이러한 현실을 반영하여 동태적 변화의 과정을 거쳤다. 규제정책의 핵심은 산업육성을 위한 규제 개혁이다. 중국 정부는 드론산업의 시장규모를 2025년 270억 달러까지 끌어올린다는 목표를 설정하고, 이 목표를 달성하기 위한 전략의 일환으로 대대적인 규제 개혁에 착수했다. 중국 정부는 첨단산업을 육성하는 데 있어서 '선실행, 후보완'의 규제를 실행하는 것으로 알려져 있는데, 드론산업에서도 이러한 원칙이 그대로 적용되고 있다. 중국 공업정보화부工業和信息化部가 연구, 생산, 응용, 안전 등 200개 이상에 달하는 민간 드론산업 관련 규제를 개혁한 것이 대표적이다(Peng, 2019.3.21).

　중국 정부의 드론 관련 규제 개혁은 미국 연방항공청Federal Aviation Administration: FAA이 공중과 지상 안전에 대한 우려 때문에 규제 완화를 지연한 것과 대조적이다. FAA는 안보와 프라이버시를 이유로 드론이 조작하는 사람의 시선에 항상 있어야 한다는 '시선line of sight' 규제를 완화하는 데 매우 신중한 입장을 견지했다. 이로 인해 '아마존 프라임 에어'의 드론 배송 시스템을 활용한 30분 이내 배송 서비스의 도입을 위한 시험 비행이 지연되기도 했다. 2015년 FAA가 뒤늦게 특정 드론 모델의 시험 비행을 허가했으나, 이때는 이미 캐나다에서 시험을 진행 중이었다. 아마존은 2016년 영국에서 드론 배송 시스템을 실험하기도 하는 등 규제 개혁의 지연은 드론 서비스 산업의 성장을 지체시키는 요인으로 작용했다(Nath, 2020.5.11). 반면, 중국 정부의 이러한 규제 정책은 다수의 기업들이 드론산업에 진출하도록 하는 촉매제 역할을 했고, 그 결과 국내 기업들 사이의 경쟁 환경이 조성되었다. 국내 기업들 사이의 경쟁과 협력의 관계는 중국 드론산업이 발전할 수 있는 생태계의 건전성을 유지하는 데 긍정적 요인으로 작용했다. 중국 및 주요국의 드론 관련 규제는 **표 3-1**과 같다.

표 3-1 주요국의 드론 규제 현황

	중국	일본	미국	프랑스
관리 기구	중국민용항공국	국토교통성	미국 연방항공청	프랑스 생태포용·전환부
규제 시작 연도	2015년 12월	2015년 12월 개정	2016년	2012년
무게	비행기 중량 116kg 이하 또는 이륙 중량 150kg 이하	2kg 이상	25kg 이하	2kg 이하 2~25kg 25~150kg 이상의 분류에 따라 차등 규제
내항 증명서	불필요	불필요	불필요	25kg 이하 비행기 불필요
운전면허	불필요	불필요	필요	필요
최고 고도	150m	150m	150m	150m
금지 구역	정치, 군사, 경제 지역 및 항공 관련 구역	공항 부근 등 항공기 운항의 안전에 영향을 미칠 수 있는 공중	공항 부근 및 워싱턴 D. C. 지역	공항 및 특별 보호 구역
주거 밀집 및 인구 밀집 지역	30초마다 데이터를 송신할 수 있는 클라우드 기반의 보고 시스템이 장착된 비행기에 한해 허용	불허	기본적으로 불허	비행기의 중량이 4kg 이하 또는 낙하산과 같은 안전 장비가 구비되어 있을 경우에 한해 허용
가시 지역 외곽 비행	허용(유인항공기 우선)	기본적으로 불허 (필요시 허용)	기본적으로 불허	무인 지역에서 허용
가시 지역 비행	낮 시간에만 허용	낮 시간에만 허용	낮 시간에만 허용	낮 시간에만 허용

자료: Yan(2016.12).

4. 드론산업과 미중 경쟁

미국과 중국의 드론산업은 발전 경로에 있어서 커다란 차이를 보이며 성장해 왔다. 중국 제조업체들은 자체적인 기술 혁신 능력에 기반해 성장을 지속하고, 서비스에서도 드론 배송에 유리한 조건을 갖추어 빠른 속도로 성장하고 있다. 도시와 농촌이 지리적으로 적절한 균형을 이루고 있는 것이 중국의 드론 서비스 산업 성장에 유리한 한 가지 이점이다. 드론 서비스는 기본적으로 '라스트 마일 배송last mile delivery'인데, 중국은 이러한 면에서 도시와 농촌 간 최적의 조합이 이루어져 있다는 것이다. 징둥닷컴JD.com이 2017년 100여 개 지방을 담당하는 드론 배송 네트워크를 구축하고, 드론 배송의 최강자인 SF 익스프레스SF Express가 해외 기업으로서는 최초로 중국에서 드론 배송 서비스를 제공하기 위해 드론 운용 면허를 획득한 것도 지리적 요인이 작용했다(Hersey, 2018.3.28).

미중 경쟁은 드론산업에도 커다란 영향을 미치고 있다. 미국 정부가 중국 기업 가운데 세계시장의 비중이 높은 기업을 제재하는 경향이 강화되고 있기 때문에, 중국 드론기업들이 미중 갈등의 대상이 될 가능성이 있다. 미국 정부가 중국 드론업체의 기술 탈취 문제를 예의주시하고 있다는 점에서 드론산업에서도 미중 갈등이 전개될 가능성을 배제할 수 없다. 트럼프 행정부는 DJI가 제조한 드론이 수집한 정보가 중국으로 전송될 우려를 표명하고, 정부 기관이 외국산 드론을 사용하는 것을 금지하는 것을 검토 중이다. 이러한 조치가 취해질 경우, 중국 기업에 대한 견제가 주목표임은 명확하다(Whittacker, 2020.3.12).

미중 경쟁이 격화되는 중에도 중국 드론기업들은 해외시장을 확대하고 외국 기업들과의 공동 개발을 위한 해외 투자를 적극적으로 탐색했다. 이항은 최근 유럽 최대의 통신 서비스 기업 가운데 하나인 보다폰Vodafone과 독일과 유럽에서 드론 이동을 위한 생태계를 개발하기 위해 전략적 파트너십을 발표하기도 했다(Lin, 2019.12.13). 특히, 북미시장이 세계 최대의 드론 소비처이기 때문에 현재와 같은 시장점유율을 유지하기 위해서는 미국시장을 확보하는 것이 매우 중요하다. 그림 3-3에 나타나듯이, 2025년까지 드론시장은 458억 달러 규모로 성장할 것으로 예상되는데, 아시아태평양 지역의 비중이 빠르게 증가하고 있지만 북미 지역이 여전히 최대 소비시장의 위치를 유지할 것으로 예상된다.

DJI는 트럼프 행정부가 제기하는 안보 우려를 불식시키기 위해 다각적인 노

그림 3-3 지역별 드론시장 규모

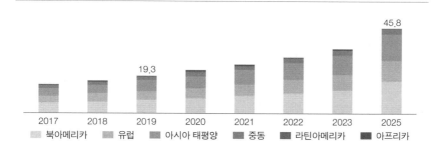

(단위: 10억 달러)

자료: Markets and Markets(2019).

력을 했다. 이 과정에서 DJI는 미국 내무부Department of Interior가 '매빅 프로Mavic Pro'와 '매트리스 600Matrice 600'에 대해 2년간 1000회, 500시간 이상의 비행 시험을 하는 데 협조하고, DJI 제품의 미국 내 생산을 결정했다(Banjo, 2019). 특히, DJI는 미국 연방 정부와 주 정부가 주로 사용하는 드론을 캘리포니아 세리토스Cerritos에서 조립·생산하기로 했다(Kang, 2019.6.24).

한편, 군사적 측면에서 볼 때, 드론은 전장의 최전선에서 운용될 수 있다는 점에서 군사전략의 혁명적 변화를 초래할 잠재력을 갖고 있는 것으로 평가되기도 한다(Tuang, 2018). 미 국방부는 2035년까지 무인기 혹은 선택적 무인기가 전체 공군 전력의 약 70%를 차지할 정도로 드론의 군사적 중요성이 증대되어, 장차 미 공군력에 혁명적인 변화를 초래할 것으로 예상하고 있다. 미국은 연구자, 생산자, 이용자 사이의 균형 있는 생태계를 형성하고 있으며, 무인기 관련 연구개발, 시험, 평가 지출에서 전 세계의 77%를 차지할 정도로 군사용 드론의 개발에 높은 우선순위를 부여하고 있다. 드론 개발 관련 미국의 예산은 연간 24억 달러로, 특히 공격용 드론인 MQ-9 리퍼MQ-9 Reaper 개발을 위해서 12억 달러를 배정했다. 그 결과 미국은 유럽과 아시아의 동맹국들을 대상으로 2008년 이후 군사용 드론 351대를 수출한 실적을 보유하고 있다.

중국 드론기업들은 최근 군사용 드론 개발을 가속화하고 있는데, 그 배경에는 여러 가지 요인이 복합적으로 작용하고 있다. 첫째, 중국이 군사용 드론시장에 진출하기 위해서는 시장점유율을 높일 필요가 있기 때문이다. 2026년까지 군사용 드론과 민간용 드론시장의 규모가 각각 217억 달러, 63억 달러로 성장할 것으로 예측되고 있다(Fortune Business Insights, 2020.2.13). 또한 국내적 차원에서 2013년 개혁으로 인해 민간 드론기업이 국영기업과 경쟁할 수 있는 경쟁 환경의 질적인 변화가 발생했고, 이에 따라 중국 업체들 사이의 경쟁이 치열해짐으로써 군사용 부문 진출의 필요성이 증대되었다. 중국 드론기업들은 또한 최근에는 인공지능 기술을 활용한 '지능형 드론 스웜intelligent drone swarm'과 현재까지 중국이 개발한 드론 가운데 최대 규모의 전투 드론 '차이홍-5Cai Hong-5' 등을 개발함으로써 제품의 다양화를 시도하고 있다.

둘째, 중국 드론업체들은 군사용 부문에서도 상당한 가격 경쟁력을 갖춘 것으로 평가받고 있다. 트럼프 행정부는 DJI 등 중국산 드론에 의한 안보 관련 데이터 유출의 위험성에 대해 유럽 국가들에도 우려를 전달했다. 네덜란드 등은 미국과 우려를 같이하고 있으나, 프랑스 등은 중국산 드론을 수입하고 있다. 미국산 드론과 중국산 드론의 가격 차이가 매우 크기 때문이다. 네덜란드 정부가 구매한 에어로바이런먼트의 군사용 드론 레이븐Raven의 가격이 26만 달러인 데 반해, DJI의 매빅의 가격은 2000달러에 불과하다(Saeed, 2019.9.10). 이러한 문제를 인식한 미 국방부는 정찰 비행에 사용되는 소형 드론을 프랑스 패럿 제품으로 구매하거나 국내 생산 능력을 확대하기 위해 박차를 가하고 있다(Seligman, 2019.8.27; Saeed, 2019.9.10).

셋째, 중국이 세계 드론시장을 빠르게 장악할 수 있었던 것은 역설적으로 미국 정부의 드론 수출 제한 정책의 결과이기도 하다. 트럼프 행정부가 드론 수출을 활성화하기 위한 규제 개혁을 실행했음에도, 미국의 드론 수출 실적에 별다른 변화가 없는 상황이다. 미 국방부는 물론 심지어 상무부도 첨단 드론을 수출하는 데 소극적인 입장을 고수하고 있기 때문이다(Seligman, 2018.12.6). 중국은 미국 정부의 수출 규제를 적극 활용하여 시장점유율을 신속하게 확대해 나갈 수 있었다. 중국 드론기업들의 군사용 드론 수출 확대는 중국 드론산업의 업그레이드를 촉진하는 요인으로 작용할 가능성이 있다(Herman, 2019.7.8). 수출시장을 확보할 수 있는 만큼, 중국 드론기업들이 군사용 드론의 개발을 가속화할 동기가 커진 것이다.

더 나아가 중국은 바세나르 협약 미가입국으로서 상대적으로 자유롭게 비회원국에 전략물자를 수출할 수 있다는 점에서 군사용 드론산업 진출이 용이한 측면이 있다. 2018년 트럼프 행정부가 드론 수출 규제를 완화하기는 했으나(Divis, 2019.7.11), 미국 정부가 여전히 상당수 국가들에 수출통제를 유지하고 있기 때문에, 중국 드론업체들은 그에 따른 반사 효과로 군사용 드론을 10여 개국에 수출할 수 있게 되었다. 특히, 일부 중동 국가들은 이스라엘로부터도 드론 구매를 꺼리고 있다.[4] 중국은 현재 차이홍 계열 무인기를 미얀마, 이라크, 사우디아라비아, 아랍에미리트, 이집트 등에 사실상 경쟁 없이 수출하고 있다. 2008년에서 2018년 사이 중국은 13개국에 대형 군사용 드론 163대를 수출한 것으로 파악된다(Waldron, 2019.6.14).[5] 중국은 윙롱 IIWing Loong II, 翼龙를 사우디아라비아와 터키에 각각 15대 수출하고, 이집트에도 수출했다. 제조사인 중국항공공업에 따르면, 윙롱 II는 정찰, 레이더 교란, 통신 감청, 정보 수집, 사진 기록, 통신 전달, 수색 등 다양한 기능을 수행할 수 있다(Waldron, 2019.6. 14).

---

4 이라크 국방부는 이라크 북부 지역에서 중국산 드론 CH-4B가 ISIS에 대한 정찰과 공격 임무를 수행하는 장면을 공개한 바 있는데, CH-4B는 260차례의 임무를 100% 성공한 것으로 알려졌다(Delalande, 2018.2.21).
5 반면 미국은 MQ-9을 15대 수출하는 데 그쳤다. 이스라엘도 헤르메스(Hermes)와 헤론(Heron) 등 167대의 정찰 및 수색용 드론을 수출한 것으로 알려졌다(Waldron, 2019.6.14).

5. 결론

지금까지 드론산업의 성장과 변화 과정을 미중 경쟁의 맥락에서 검토했다. 중국의 드론 굴기는 미중 경쟁을 상징적으로 보여주는 대표적 사례이다. 미국과 중국 드론산업의 발전 경로는 매우 상이하다. 급속하게 성장한 중국의 드론산업은 민간용 드론 부문에서 압도적인 시장점유율을 확보하고, 이를 바탕으로 군사용 드론 부문으로 진출하는 전략을 추구하고 있다. 중국 드론산업은 세계적인 경쟁력을 갖추고 민간용 드론 부문을 선도하고 있다. 중국 드론산업이 이처럼 급속하게 성장할 수 있었던 것은 DJI를 필두로 한 기업 차원의 전략, 중앙 정부의 산업정책, 선전의 생태계 등이 유기적으로 결합되어 시너지 효과를 창출했기 때문이다. 기업 수준에서는 DJI와 같이 국내시장을 선점하는 과정에서 가격 경쟁력을 확보하고, 이를 통해 연구와 기술 역량을 축적하여 혁신 능력을 갖추기 위한 기업들의 전략이 주효했다. 특히, DJI의 경우 시장 형성 초기에 저렴한 가격의 드론을 출시함으로써 시장점유율을 빠르게 증대시킴으로써 드론시장 규모를 확대하는 데 기여했다. DJI는 또한 혁신 능력을 축적하여 제품의 출시 주기를 단축하고 제품을 다양화하는 등 민간용 드론에서 압도적인 위치를 확보했다.

드론산업을 육성하기 위한 중국 정부의 산업 및 규제 정책과 선전의 생태계도 중국 드론산업의 성장에 긍정적으로 작용했다. 중국 정부는 드론산업을 인공지능산업 등 핵심 전략산업과 연계하여 육성하는 계획을 발표하고, 드론산업의 발전을 위한 규제 개혁을 과감하게 실행에 옮겼다. 선전의 생태계는 중국 드론기업과 관련 업체들이 개방적 협력을 위한 최적의 허브 역할을 했다. 드론 굴기의 배경에는 선전의 개방적 혁신 생태계가 있었다. 반면, 미국의 드론산업은 중국과 차별화된 생태계를 형성하고 있다. 미국의 드론산업은 군사용 부문에서도 경쟁 우위를 보이고, 민간용 부문에서도 미국이 세계 최대의 소비시장이라는 이점이 있어 중국 드론산업과는 상이한 비교 우위를 바탕으로 성장하고 있다.

미중 경쟁은 드론산업에서도 본격화되고 있다. 미국 정부는 중국산 드론이 수집한 데이터의 유출을 우려하여 군사용 드론은 물론 민간용 드론의 수입 제한을 검토하고 있는 반면, 중국은 미국이 비교 우위를 갖고 있는 군사용 드론 부문으로 빠르게 진입하고 있다. 상대국이 우위를 확보하고 있는 부문에 공세적 대응을 하고 있는 것이다. 미국과 중국은 군사용 드론 부문에서 경쟁이 격화될 것으로 예상된다. 미국은 중국 군사용 드론의 수입을 제한하고, 자국의 생산 능력을 향상시키기 위한 노력을 다각적으로 전개하는 가운데, 중국은 미국의 드론 수출 제한과 바세나르 협약 비참가국의 위치를 적극 활용하여 군사용 드론 수출을 확대하고 있다. 군사용 드론이 미래전에 미치는 영향이 큰 만큼, 군사용 드론산업의 경쟁력 강화와 상대국 견제를 동시에 추구하는 미중 경쟁은 향후 한층 치열해질 전망이다.

과학기술일자리진흥원. 2019. 「드론기술 및 시장동향 보고서」. ≪S&T Market Report≫, 제67권.
MBN 중국보고서팀·최은수. 2018. 『무엇이 중국을 1등으로 만드는가: 세계경제 뒤흔드는 智혁명이 온다』. 매일경제신문사.

国务院. 2017. "国务院关于印发新一代人工智能发展规划的通知". ≪国发≫, 35号(7月 20日). http://www.gov.cn/zhengce/content/2017-07/20/content_5211996.htm(검색일: 2019.10.20).

Ankita, Bhutani and Preeti Wadhwani. 2019.9.16. "Global Consumer UAV Market Size to exceed $9bn by 2024." Global Market Insights. https://www.gminsights.com/pressrelease/consumer-drone-market(검색일: 2019.10.20).
Banjo, Shelly. 2019. "China's DJI Broadens U. S. Operations to Quell Security Concerns." https://www.bloomberg.com/news/articles/2019-07-10/china-s-dji-broadens-u-s-operations-to-quell-security-concerns(검색일: 2019.10.20).
Chen, Xiangming and Taylor Lynch Ogan. 2017. "China's Emerging Silicon Valley: How and Why

Has Shenzhen Become a Global Innovation Centre." *European Financial Review*, 2017, No.1, pp. 55~62.

Divis, Dee Ann. 2019.7.11. "Enthusiasm Builds for U. S. Military Drone Exports After Rule Change." Inside Unmanned Systems. https://insideunmannedsystems.com/enthusiasm-builds -for-u-s-military-drone-exports-after-rule-change/ (검색일: 2019.10.20).

Ehret, Ludovic. 2018.12.17. "Shenzhen, China's reform pioneer, leads tech revolution." *Business Recorder*.

Fernandez, Valerie, Gilles Puel, and Clement Renaud. 2016. "The Open Innovation Paradigm: from Outsourcing to Open-sourcing in Shenzhen, China." *International Review for Spatial Planning and Sustainable Development*, Vol.4, No.4, pp.27~41.

Forbes. 2020. "Frank Wang: Founder and CEO, DJI Technology Co." Forbes Profile. https:// www.forbes.com/profile/frank-wang/#f7e5e8d4125f (검색일: 2019.10.20).

Fortune Business Insights. 2020.2.13. "Commercial Drones Market Size to Reach USD 6.30 Billion by 2026." https://www.globenewswire.com/news-release/2020/02/13/1984459/0/en/ Commercial-Drones-Market-Size-to-Reach-USD-6-30-Billion-by-2026-Increasing-R-D-Activities- by-Key-Players-to-Propel-Growth-Says-Fortune-Business-Insights.html (검색일: 2019.10.20).

GET IN THE RING. 2018.8.14. "Shenzhen: the land of opportunity for hardware startups." https:// getinthering.co/shenzhen-the-land-of-opportunity-for-hardware-startups/ (검색일: 2019.10.20).

_____. 2018.8.17. "6 Coolest Makerspaces of Shenzhen, China." https://getinthering.co/6-coolest -makerspaces-of-shenzhen-china/ (검색일: 2019.10.20).

_____. 2018.8.31. "5 Reasons Why You Should Manufacture in Shenzhen." https://getinthering. co/5-reasons-why-you-should-manufacture-in-shenzhen/ (검색일: 2019.10.20).

Grand View Research. 2019. "Commercial Drone Market Size, Share & Trends Analysis Report By Application (Filming & Photography, Inspection & Maintenance), By Product (Fixed-wing, Rotary Blade Hybrid), By End Use, And Segment Forecasts, 2019−2025." https://www. grandviewresearch.com/industry-analysis/global-commercial-drones-market (검색일: 2019.10.20).

Harper, Jon. 2020.1.6. "$98 Billion Expected for Military Drone Market." National Defense. https://www.nationaldefensemagazine.org/articles/2020/1/6/98-billion-expected-for-military- drone-market (검색일: 2019.10.20).

Herman, Arthur. 2019.7.8. "The Treaty Behind China's Drone: Beijing isn't a signatory of the 1987 pact, so it's been exporting UAVs to American allies." *Wall Street Journal*.

Hersey, Frank. 2018.3.28. "First licence for drone deliveries in China goes to SF Express." technode. https://technode.com/2018/03/28/first-licence-for-drone-deliveries-in-china-goes-to -sf-express/ (검색일: 2019.10.20).

Kang, Cecilia. 2019.6.24. "Chinese Drones Made in America: One Company's Plan to Win Over Trump." *The New York Times*.

Kovach, Steve. 2017.1.12. "Google's parent company killed its solar-powered internet-drone program." Business Insider. https://www.businessinsider.com/google-shuts-down-project-titan-drone-program-2017-1 (검색일: 2019.10.20).

Lee, Keun, Xudong Gao and Xibao Li. 2017. "Industrial catch-up in China: a sectoral systems of innovation perspective." Cambridge Journal of Regions, Economy and Society, Vol.10, pp.59~76.

Lin, Song. 2019.12.13. "Chinese drone company launches IPO amid China-US competition." Global Times. https://www.globaltimes.cn/content/1173378.shtml (검색일: 2019.10.20).

Markets and Markets. 2019. "Unmanned Aerial Vehicle (UAV) Market." https://www.marketsandmarkets.com/Market-Reports/unmanned-aeri al-vehicles-uav-market-662.html (검색일: 2019.10.20).

Nath, Trevir. 2020.5.11. "How Drones Are Changing the Business World." Investopedia. May 11. https://www.investopedia.com/articles/investing/010615/how-drones-are-changing-business-world.asp (검색일: 2019.10.20).

Peng, Leo. 2019.3.29. "The Drone Market Is Booming in China: Opportunities for Swiss Start-ups and SMEs." Swiss Business Hub China. https://www.s-ge.com/en/article/global-opportunities/20191-c6-china-booming-drone-market (검색일: 2019.10.20).

Saeed, Saim. 2019.9.10. "Europe buys Chinese drones, even as US expresses data concerns." Politico. https://www.politico.eu/article/europe-buys-chinese-drones-even-as-us-expresses-data-concerns/ (검색일: 2019.10.20).

Schoff, James L. and Asei Ito. 2019.10.10. "Competing With China on Technology and Innovation." Alliance Policy Coordination Brief. Carnegie Endowment for International Peace. https://carnegieendowment.org/2019/10/10/competing-with-china-on-technology-and-innovation-pub-80010 (검색일: 2019.10.20).

Segal, Adam. 2019.12.18. "Year in Review 2019: The U.S.-China Tech Cold War Deepens and Expands." Net Politics and Digital and Cyberspace Program. Council on Foreign Relations. https://www.cfr.org/blog/year-review-2019-us-china-tech-cold-war-deepens-and-expands (검색일: 2019.10.20).

Seligman, Lara. 2018.12.6. "Trump's Push to Boost Lethal Drone Exports Reaps Few Rewards." Foreign Policy. https://foreignpolicy.com/2018/12/06/trump-push-to-boost-lethal-drone-exports-reaps-few-rewards-uas-mtcr/ (검색일: 2019.10.20).

_____. 2019.8.27. "Pentagon Seeks to Counter China's Drone Edge." Foreign Affairs. https://foreignpolicy.com/2019/08/27/pentagon-seeks-to-counter-chinas-drone-edge/ (검색일: 2019.10.20).

Statt, Nick. 2014.4.14. "Google Buys Solar-powered Drone Company Titan Aerospace." CNet. https://www.cnet.com/news/google-buys-solar-powered-drone-company-titan-aerospace (검색일 2019.10.20).

The Economist. 2017.4.6. "Shenzhen is a hothouse of innovation." https://www.economist.com/

special-report/2017/04/06/shenzhen-is-a-hothouse-of-innovation(검색일: 2019.10.20).

Tuang, Nah Liang. 2018. "The Fourth Industrial Revolution's Impact on Smaller Militaries: Boon or Bane?" *RSIS Working Paper*, No.318.

Waldron, Greg. 2019.6.14. "China finds its UAV export sweet spot." Flight Global. https://www.flightglobal.com/military-uavs/china-finds-its-uav-export-sweet-spot/132557.article(검색일: 2019.10.20).

Whittacker, Zack. 2020.3.12. "US is preparing to ban foreign-made drones from government use." Techcrunch. https://techcrunch.com/2020/03/11/us-order-foreign-drones/(검색일: 2019.10.20).

Yan, Monica Mengzhu. 2016.12. "The Drone Industry in China and the Actions Taken by Japanese Companies to Enter the Market." Mizuho Bank.

Yang, Chun. 2014. "State-led technological innovation of domestic firms in Shenzhen, China: Evidence from liquid crystal display(LCD) industry." *Cities*, Vol.38, pp.1~10.

4 4차 산업혁명과 한국의 우주산업 변화 요인

1. 서론

1) 문제 제기

우주산업은 빠르게 변화하고 있다.[1] 최근 스페이스X는 소형 위성발사 서비스를 시작하면서 kg당 5000달러의 발사 비용을 제시했다. 이용자들은 홈페이지에서 원하는 궤도, 발사 예정시기, 위성 무게 등을 입력하여 구체적인 발사 금액을 산정할 수 있다(Foust, 2020.2.6). 4차 산업혁명 시대 새로운 기술은 과거보다 비교할 수 없을 정도로 빠르게 확산되고 있다.[2] 특히 초소형위성, 재활용

---

[1] 우주산업은 지구 대기 밖 외기권 탐사와 사용에 관한 과학기술 지식의 체계적 활용에 참여하는 모든 사업을 포함한다. 주로 위성체, 발사체 등 우주기기 제작부터 위성정보 활용 서비스를 포괄한다(IRS Global, 2018: 266; 과학기술정보통신부, 2018a).

[2] 4차 산업혁명의 정의는 2016년 세계경제포럼에서 클라우스 슈바프가 제시한 기술융합론과 독일에서 추진하고 있는 'Industry 4.0' 등에 따라 정의할 수 있다. 슈바프는 4차 산업혁명을 "물리적 세계, 디지

발사체 등 새로운 기술이 적용된 우주산업의 위상과 영향력은 더욱 증대될 것이다.

국방 우주 분야에서도 4차 산업혁명 기술을 적용하려는 노력이 진행 중이다(국방부, 2020.1.21: 2). 4차 산업혁명 시대 한국의 우주산업은 방위산업 육성으로 뒷받침되고 있다. 이미 주요 국가는 4차 산업혁명 시대 방위산업의 핵심 분야 중 하나로 인공지능, 자율주행, 병사체계, 정보통신과 함께 우주 분야에 주목하고 있다.[3] 실제로 우주산업은 4차 산업혁명 기술이 촉발한 방위산업의 새로운 시장으로 부상하고 있다. 프랑스 방산업체인 탈레스Thales 전략담당 고문 알랭 부캉Alain Boueqin은 "4차 산업혁명으로 촉발된 '밀리테크miliTECH 4.0'은 엄청난 규모의 신시장을 예고하고 있다"라고 강조했다.[4] 이런 점에서 방위산업은 대규모 투자와 첨단기술을 융복합함으로써 새로운 경쟁력의 원천이 될 수 있는 미래형 산업이며, 우주산업을 비롯해 드론, 로봇 등 새로운 산업의 테스트베드test bed가 될 것이다(장원준 외, 2017b).

4차 산업혁명 시대 한국 정부도 우주산업을 본격 육성하고 있다. 한국의 우주산업 투자는 유사한 방위산업 수준의 다른 국가들보다 적극적이다. 한국은 글로벌 방위산업 계층에서 아르헨티나, 브라질, 인도네시아, 이란, 이스라엘, 싱가포르, 남아프리카공화국, 대만, 터키 등과 함께 중하위층second tier으로 분류된다(Bitzinger, 2003: 6~7). 그런데 이스라엘, 인도네시아, 브라질, 터키의 우주개발투자는 지구관측위성 등 3개 영역, 대만, 이란이 2개 영역, 대부분의 개도국이 1개 영역에 투자하는 반면, 한국은 지구관측위성, 기반기술개발, 발사

텔 세계, 생물학적 세계의 경계가 사라지는 기술적 융합"이라고 정의한다.

3 우주산업은 발사체, 위성 등 우주기기의 제작 및 운용, 관련 정보를 활용한 제품 및 서비스의 개발, 공급과 관련된 모든 산업을 의미한다(과학기술정보통신부, 2018b).

4 밀리테크 4.0은 민군 겸용이 가능하고, 하나의 기술이 여러 기술과 융합돼 폭발적인 부가가치를 창출할 수 있는 하이브리드형 기술의 형태를 띨 것이다(황순민, 2019.3.27).

그림 4-1 방위산업의 4차 산업혁명 테스트베드 개념

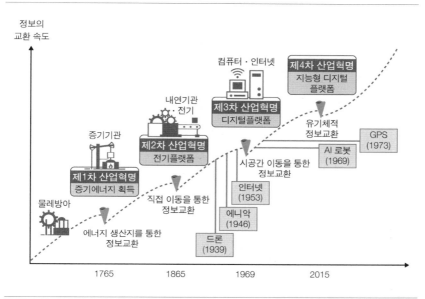

자료: 장원준 외(2017b).

체, 기상위성, 무인우주탐사 등 최소 5개 영역에 투자함으로써 유사한 방위산업 수준의 국가들보다 적극적이다.

그렇다면 방위산업의 일환으로서 한국의 우주산업 변화를 이끄는 요인은 무엇인가? 우주산업 변화는 4차 산업혁명의 신기술이 주도하고 있는가? 이러한 질문에 답하고자 이 글은 방위산업의 변화 요인을 분석틀로 4차 산업혁명 시대 한국의 우주산업 변화를 분석한다(장원준 외, 2017b).[5]

---

5 4차 산업혁명 시대 글로벌 방위산업의 변화 추세는 무기체계의 스마트화, 스핀온 확대, 디지털 플랫폼화, 서비스 융합화로 나타나고 있다. 무기체계의 스마트화는 기존 무기체계에 4차 산업혁명 신기술(인공지능 등)이 적용되는 경향으로, 선두 주자인 미국은 2025년 인간을 대신해 로봇이 전투에 투입되는 것을 목표로 무인체계를 개발하여 실전에서 시험 중이다. 스핀온 확대는 4차 산업혁명의 민간기술을 국방기술로 신속히 전환하고 민군 간 교량 역할을 수행하기 위해 2015년 8월 미국 실리콘밸리 내

2) 방위산업으로서 우주산업 분석

(1) 기존 연구의 검토

방위산업으로서 우주산업의 필요성이나 효과는 군사적·정치적·경제적·기술적 측면에서 살펴볼 수 있다. 군사적 측면에서는 북한과 주변국 우주 위협에 대한 대응 필요성을 강조한다(박상영, 2017). 우주개발의 역사가 미소 군비 경쟁에서 출발했다는 인식에서 우주 공간의 군사화는 우주산업의 중요한 토대가 되었다(최남미, 2012). 우주군사기술이 발전하기 이전까지 외교적 접근이 우선되면서 평화적 목적의 우주 공간에 대한 합의가 있었지만, 오늘날은 각국의 우주군 창설 등 우주 공간의 군사적 중요성이 부각되고 있다. 중국, 일본 등 주변국의 우주정책도 이를 뒷받침하고 있다(신상우, 2016.9.4). 일부에서는 우주기술의 발전으로 우주에서 군사적 승리나 생존에 대한 낙관론이 부각되면서 전쟁을 촉진할 것이라는 우려도 있다(Handberg, 2018).

정치적 측면에서는 선진 강국으로서 이미지 제고를 위해 우주산업을 육성해 왔다고 평가한다(김종범, 2006; 조황희, 2001). 냉전 시기부터 우주발사체 보유는 선진 기술과 국력을 과시할 수 있는 지표였다. 미국과 소련의 우주 경쟁은 정치적 동기가 작용했으며, 미국이 달 탐사 경쟁에서 승리한 1972년 이후 달 탐사가 중단된 것도 정치적 동기가 사라졌기 때문이었다. 한국 정부도 제2차 우주개발진흥 기본계획에서 '우주개발 선진화와 우주 활동공간의 확장으로 국가위상 제고'라는 목표를 추진했다(미래창조과학부, 2016). 이러한 목표에 따라 우주인 배출사업 등을 통해 우주개발에 대한 국민적 관심과 이해를 유도했으며,

---

국방혁신센터를 설립하고 2018년 6월 국방부에서 민간 부문과 함께 합동 인공지능 센터를 신설한 사례가 있다. 디지털 플랫폼화는 미국 GE사가 민군 협력으로 건설한 군용기 정비를 위한 스마트 공장(predix)을 들 수 있다. 서비스 융합화는 기존 무기체계에 정보기술 서비스를 융합하여 방산시장을 확대하려는 노력이다.

많은 비용이 소요됨에도 불구하고 우주 선진국으로서 국가 이미지와 국민 자긍심을 높였다(최남미, 2010).

경제적 측면에서는 우주산업이 갖는 일자리 창출과 생산 유발효과 등 우주산업 육성에 따른 경제적 효과에 주목한다(안영수, 2007; 김수현, 2006; Lelogu and Kocaoglan, 2008). 우주산업도 다른 방위산업과 마찬가지로 다양한 부품소재가 집약되기 때문에 기술형 중소기업 육성에 적합하다. 또한 군사용뿐 아니라 민수용 겸용 기술이 활용되기 때문에 산업 파급효과도 높으며, 첨단 과학기술 분야로서 고급인력의 고용창출 효과도 높아 선진형 산업구조 정착에 기여할 수 있다(Pekkanen, 2003). 최근에는 우주개발이 정부 중심에서 민간기업 중심으로 빠르게 변화하고 있으며 이러한 경향은 뉴스페이스NewSpace로 불린다(안정락, 2020.6.29).

기술적 측면에서는 정보통신기술과 우주산업의 융합을 기대하고 있다. 4차 산업혁명으로 대표되는 DNAData, Network, AI 기술과 다른 분야와의 융합에 따른 새로운 서비스에 대한 기대가 우주산업에도 나타나고 있다. 특히 전통적인 우주산업은 발사체와 위성체 같은 하드웨어 중심의 우주산업이었으나 앞으로는 위성정보 활용이나 새로운 서비스 개발 등의 소프트웨어 중심 산업으로 이동할 것으로 예측된다(안형준, 2017.8.7; 신상우·황진영, 2018: 194~195).

(2) 연구의 분석틀

방위산업의 변화는 다양한 설명이 가능하다. 리처드 비징거Richard Bitzinger는 글로벌 방위산업의 계층성, 국제 무기교역의 효과, 국방비의 투자와 지출, 신기술 기반의 혁신, 국제 협력과 경쟁의 세계화 등 5가지로 방위산업의 변화를 설명한다(Bitzinger, 2009: 1~2).[6] 이 글에서는 이러한 설명을 기반으로 한국의 우

---

6 비징거는 글로벌 방위산업의 변화 요인으로, ① 무기생산의 글로벌 과정이 갖는 위계적 본질, ② 국제적 무기교역의 영향, ③ 신기술 기반 군사혁신, ④ 방위산업에 대한 군사비 영향, ⑤ 방위산업의 세계

주산업 변화를 살펴본다.

첫째, 글로벌 방위산업의 계층성은 개별 국가의 방위산업이 글로벌 방위산업 내에서 어떤 계층에 속해 있는지에 따라 역할과 발전 방향이 다르다는 주장이다. 글로벌 방위산업의 계층성은 비징거뿐 아니라 많은 전문가들이 분석해왔다. 이들은 글로벌 방위산업을 명확하게 구분하긴 어렵지만, 대략 3~4개 계층으로 분류한다. 키스 크라우스Keith Krause는 무기생산 기술의 선두 그룹인 미국과 소련을 '핵심 혁신계층critical innovators'으로, 첨단기술을 수용 및 변형하는 다수의 서유럽 국가들을 '적응 및 수정계층adaptors and modifiers'으로, 기존 군사기술을 복제 및 재생산하는 나머지 방위산업 국가들을 '복제 및 재생산copiers and reproducers' 계층으로 구분한다(Krause, 1992: 26~33). 크라우스의 계층화에서 한국은 세 번째 계층에 해당한다. 앤드루 로스Andrew Ross는 크라우스와 마찬가지로 첫 번째 계층을 규정하면서 중국을 포함했으며, 주요 무기생산국인 서유럽 국가와 일본을 두 번째 계층으로 제시했다. 세 번째 계층은 신생 산업국, 개발도상국, 소규모 산업국을 의미하며 한국, 이스라엘, 브라질, 인도, 대만 등이 포함된다. 마지막 계층은 무기 생산 능력이 제한되는 국가들(멕시코, 나이지리아 등)이다(Ross, 1989: 1~31). 한편 비징거는 첫 번째 계층으로 전 세계 무기생산의 75%를 차지하는 국가들인 미국, 영국, 프랑스, 독일, 이탈리아를 포함한다. 두 번째 계층은 규모가 작지만 첨단 방위산업을 갖춘 호주, 캐나다, 체코, 노르웨이, 일본, 스웨덴과 군산복합체의 산업화 국가인 아르헨티나, 브라질, 인도네시아, 이란, 이스라엘, 싱가포르, 남아프리카, 한국, 대만, 터키, 이 외에도 첨단기술력은 부족하지만 방위산업 규모가 큰 중국, 인도를 포함하는 다소 포괄적인 계층 구분을 제시한다. 마지막 계층은 이집트, 멕시코, 나이지리아 등 제한적이고 낮은 기술력을 갖춘 방위산업 국가들이다(Bitzinger, 2003: 6~7).

화 과정을 제시했다.

그림 4-2 글로벌 우주개발 투자 영역

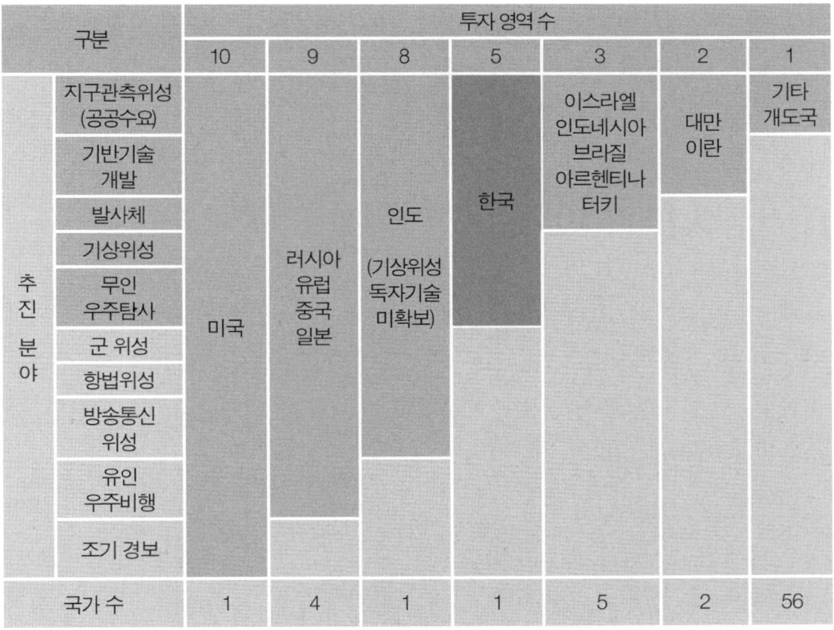

구분		투자 영역 수						
		10	9	8	5	3	2	1
추진분야	지구관측위성 (공공수요)	미국	러시아 유럽 중국 일본	인도 (기상위성 독자기술 미확보)	한국	이스라엘 인도네시아 브라질 아르헨티나 터키	대만 이란	기타 개도국
	기반기술 개발							
	발사체							
	기상위성							
	무인 우주탐사							
	군 위성							
	항법위성							
	방송통신 위성							
	유인 우주비행							
	조기 경보							
국가 수		1	4	1	1	5	2	56

주: 이란 — 발사체와 지구 관측에 투자 / 북한·파키스탄 — 발사체만 투자.
자료: 과학기술정보통신부(2018a: 9).

　첫 번째 계층에 속하는 선진 방위산업 국가들은 첨단기술을 이끌고 있으며 무기생산의 성과에 따라 방위산업의 생존이 우려될 만큼 취약하지 않기 때문에 장기적이고 지속적인 발전을 추구할 수 있다. 반면 마지막 계층에 속하는 방위산업 국가들은 계층화에 따른 기술 이전에 민감하게 반응하며, 국제시장의 경쟁, 국내 수요의 창출과 비용 상승 등에 직면할 때 경제적·기술적 생존과 자립이 위협받을 수 있다. 한국의 경우 대체로 선진 방위산업 국가들과 제한된 방위산업 국가들 사이 계층에 위치하는데, 이는 첫 번째 계층으로 발전하기 위한 투자와 노력을 지속할 것인가 아니면 선진 방위산업 기술과 능력에 종속되어 취약성을 감수할 것인가 하는 구조적 영향으로 작용하게 된다.

　그런데 이러한 구조적 영향이 일률적으로 적용되는 것은 아니며, 한국의 우주산업을 분석하는 데 글로벌 방위산업 계층화는 분석틀로서 적절하지 않다. 우선 앞에서 제시된 계층화 분류는 우주 공간의 군사화 이전에 이뤄진 것들로 분류자와 시대에 따라 국가들의 계층이 달라지는 문제가 있다. 이러한 문제는 글로벌 우주개발 투자 영역을 비교한 **그림** 4-2에서 나타나듯이 계층화에 따른 국가 분류와 우주개발 투자에 따른 국가 분류의 차이를 설명하기 어렵다. 한국의 경우 비징거의 글로벌 방위산업 계층에서 이스라엘, 인도네시아, 브라질, 아르헨티나, 터키, 대만, 이란과 같은 계층으로 분류했고, 로스와 크라우스의 분류에서도 이스라엘, 브라질, 인도, 대만과 같은 계층이었지만 우주개발 투자에서는 더 많은 영역에 투자함으로써 계층화에 따른 영향을 설명하는 데 어려움이 있다. 만약 글로벌 방위산업 계층화에 따른 구조적 영향이 적용된다면, 왜 한국의 우주산업은 더 많은 영역에 투자하는 것일까?

글로벌 방위산업 변화의 요인 중 두 번째는 국제 무기교역의 효과이다. 냉전 이후 국내 무기시장은 축소된 반면 해외 무기시장의 비중은 높아졌다. 러시아의 방위산업은 소련의 붕괴 이후 국내 무기시장이 붕괴되면서 무기 수출 의존도가 80~90%로 증가했으며, 영국, 프랑스 등 유럽 방위산업들도 무기 수출을 확대했다(Vatanka and Weitz, 2006.12.6). 미국의 경우 국내 수요가 지속되었지만, 2000년 이후 F-15, F-16 전투기와 같이 수출용 무기체계를 생산하거나, F-35 전투기처럼 개발단계부터 해외 판매를 고려한 무기체계 개발에 나서기도 했다. 이처럼 방위산업의 생존과 발전은 국제 무기교역에 영향을 받는다. 무기 개발과 교역은 이념 논리로 설명되는 것도 아니다. 2019년 터키는 러시아에서 최신 지대공 미사일 S-400을 도입하는 동시에 미국에서 F-35 개발에 참여하여 최신 스텔스 전투기를 도입하려고 했다가 트럼프 대통령의 판매 거부로 국가 간 마찰을 빚기도 했다(안두원, 2019.7.22). 또한 미국은 일본의 차기 전투기 공동 개발에 참여하기 위해 극비로 관리하던 F-35 설계도면 제공을 검토한다는 언론 보도도 있었다. 세계 방위산업은 해외 무기판매 과정에서 기술 이전, 절충교역 등 다양한 인센티브를 통해 변화하고 있다(Bitzinger, 2009: 5).

그러나 국제 무기교역의 효과는 한국의 우주산업 변화를 설명하는 데 한계가 있다. 먼저, 방위산업으로서 한국의 우주산업은 무기개발과 생산에 이르지 못했다. 2019년 9월 국방중기계획에 반영되어 2023년 전력화될 군정찰위성 5기가 첫 번째 군사용 우주무기이다(김귀근, 2019.8.14). 현재 한국은 우주 선진국과의 기술 격차는 크지만, 발사체 체계 기술, 상단 개발기술, 지상 시스템 제작 기술, 발사운용 기술 등을 습득하고자 노력 중이며, 국내 위성 발사 수요를 충족시키기 위한 독자기술 기반의 한국형 발사체 개발에 주력하고 있다. 또한 한국은 위성 분야의 경쟁력을 상당 부분 확보했는데, 예를 들어 다목적실용위성 개발로 세계 수준의 지구관측위성 기술을 확보했으며, 천리안위성 개발로 정지궤도위성 기반기술을 확보했다. 그럼에도 불구하고 군사용 우주발사체와 인공위성 개발에는 시간이 더 필요하며, 먼저 정부의 수요에 맞추어 개발하는 과정을 거쳐 해외 무기시장에 진출할 것으로 보인다. 이처럼 현재 한국의 우주산업은 국내 무기수요의 축소와 해외 무기시장의 확대에 영향을 받을 단계가 아니다.

셋째, 방위산업 변화에 미치는 요인은 국방비의 지출과 연구개발의 투자를 들 수 있다. 국방비 지출은 냉전의 종식과 같은 국제체제의 변화에 따라 증가와 감소를 반복했다. 특히 냉전의 종식으로 1989년부터 1999년까지 세계 국방예산은 약 35% 감소했으며, GNP 대비 국방비 지출은 4.7%에서 2.4%로 거의 절반이 줄었다. 유럽 3대 강국(영국, 프랑스, 독일)의 국방비 지출도 1989년에서 2003년 사이 20% 가까이 감소했다(SIPRI, 2020). 그러나 국방비 지출을 국제체제 변화의 종속변수로만 보기는 어렵다. 1990년대 이후 어려운 예산 상황 속에서도 주요 방산국가들은 생산시설과 능력을 합리화하고 통합함으로써 무기생산의 효율성을 꾸준히 추구해 왔다. 방산업체 중 일부는 다른 업체와 합병을 통해 대형 무기체계를 집중적으로 생산했다. 특히 1990년대 이후 미국의 록히드마틴, 보잉, 유럽의 BAE 시스템스, 탈레스 등 대형 방산업체가 등장하면서 연구개발과 무기생산이 확대되고 있다.

그림 4-3 2000년대 이후 아시아 주요 국가의 국방비 추이

지출액(단위: 10억 달러, 2011년 불변가치)

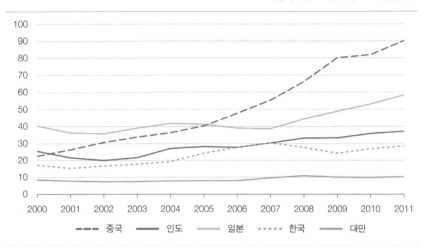

주: 연평균 증가율은 13.4%이다.
자료: CSIS Report(2012.10.15).

여기에 2000년 이후 세계 국방비 지출이 증가하고 중동 등 국지적 분쟁이 발생하고 있으며 북한 등 잠재적 위협국가가 영향력을 넓히면서 방위산업은 발전하고 있다. 같은 시기 미국의 국방비는 59% 증가했고 연구개발비도 2000년에서 2008년 사이 2배 이상 증가했다(Bitzinger, 2009: 4). **그림 4-3**과 같이 아시아도 예외는 아니었다. 중국, 인도, 일본 등과 함께 한국의 국방비도 2000년 14조에서 2010년 29조로 2배 가까이 상승했다(CSIS Report, 2012.10.15). 이처럼 미국, 유럽, 아시아 국가들의 국방비 증가는 무기생산을 확대시키고 있으며 방위산업 발전과 함께 새로운 연구개발 프로그램을 촉진하고 있다. 특히 우주 공간의 군사화로 국가마다 신규 투자를 늘리고 있으며, 한국에서도 제3차 우주개발진흥기본계획 수립과 함께 발사체와 위성체 개발에 투자를 확대하고 있다(과학기술정보통신부, 2018a).

넷째, 정보통신기술과 같은 기술혁신이 방위산업 변화에 미치는 영향을 살

퍼본다. 기술혁신이 무기개발과 방위산업 변화의 주요 요인임은 알려진 사실
이다.[7] 기술혁신은 군사조직, 싸우는 방식 등 사회·조직 측면의 불연속적이고
급격한 변화를 포괄하는 군사혁신에 이르기도 한다(Krepinevich, 1994: 30).[8] 특
히 4차 산업혁명 시대는 초연결, 초지능의 정보통신기술을 방위산업에 적용하
려는 경쟁이다.

한국의 우주산업도 미래전 양상인 네트워크 중심 작전 환경을 구현할 수 있
는 토대이다(설현주·길병옥·전기석, 2017: 11). 네트워크 중심 작전 환경은 서로
연결된 센서와 의사결정 그리고 슈터가 상황을 공유함으로써 지휘통제의 속도
를 늘리고 치명도와 생존성을 강화함으로써 전투력을 증강하는 개념이다(U. S.
Department of Defense, 2003: 2). 미래 정밀타격 능력의 발전은, 스텔스 전투기
와 같은 플랫폼의 발전뿐 아니라, 분산된 감시정찰 자산을 군사위성으로 연결
하는 방법으로도 이루어질 수 있다. 이처럼 우주 분야의 연구개발과 발전은 방
위산업 변화에 중요한 요인이 될 수 있다.

다섯째, 방위산업 변화에 미치는 요인으로 국제 협력과 경쟁의 세계화를 살
펴본다. 방위산업의 세계화는 자국의 무기개발에 그쳤던 과거의 패턴을 벗어
나 세계시장에서 경쟁과 협력을 촉진해 왔다. 무기의 연구개발도 상호 부족한
부분을 보완하는 과정을 통해 발전하고 있다. 주요 선진국의 무기체계 도입 과
정에서 절충교역 등 기술 이전이 지속적으로 진행되었고, 후발국가가 발전하
는 과정에서 세계 무기개발 수준도 향상되었다. 많은 국가들이 다국적 무기생
산과 연구개발 등 국제 협력을 추진하는 추세이다(Bitzinger, 2009: 6).[9]

---

7   군사혁신(RMA)의 영향에 대해서는 미국 국방기획 과정에서 관료적 경쟁, 기술 결정론 또는 전략 문
    화와 같은 외부 규범에 의해 약화되지 않았다는 주장도 있다(Jensen, 2018).
8   이런 점에서 기술혁신은 군사혁신과 동일시할 수는 없지만 가장 중요한 요인이라는 점을 부인하긴 어
    렵다(Weiss, 2018: 187~210).
9   주요 방위산업 국가들은 국제시장의 수요 확보, 첨단기술 역량 제고, 예산 절감 등을 위해 국제 공동
    개발을 주요 획득 수단으로 활용 중이다. 우주산업과 같이 첨단기술 분야인 항공산업에서는 F-35 전

특히 우주산업은 민간기술이 빠르게 발전하고 있는 만큼 방위산업을 통해 신기술을 군사적 목적으로 개발한 다음 이를 민수 분야에 파급시켜 국가 신산업육성과 경제성장에 활용되는 테스트베드로 활용할 수 있다(장원준 외, 2017b: 18). 민군겸용기술과 민간 기반의 기술이 국제 협력과 경쟁을 통해 군사 부문에서 활용되는 추세는 군사기술의 세계화라는 결과를 낳았다. 국제 협력과 경쟁은 의도하지 않게 무기생산을 촉진하는 첨단기술과 노하우를 확산시키고 있으며 각국의 방위산업 변화에도 영향을 끼칠 수 있다. 따라서 우주산업의 변화는 국제 협력과 경쟁 양상으로도 설명이 가능하다.

한국의 우주산업 변화는 글로벌 방위산업의 계층성, 국제 무기교역의 효과, 국방비의 투자와 지출, 신기술 기반의 혁신, 국제 협력과 경쟁의 세계화라는 5가지 요인으로 분석한다. 다만, 한국의 우주산업 투자는 방위산업 계층이 유사한 국가들과 달랐기 때문에 방위산업의 계층화는 한국의 우주산업 변화를 설명하는 데 적합하지 않다. 두 번째 요인인 국내외 무기수요(무기시장의 규모)도 한국의 우주산업이 아직 무기체계 생산에 이르지 못했기 때문에 우주산업의 변화를 설명하는 데 적합하지 않다. 따라서 이 글에서는 한국의 우주산업 변화를 분석하기 위해 나머지 3가지 요인을 살펴볼 것이며, 4차 산업혁명 시대 우주산업도 기술 요인에 의해 좌우될 것이라는 통념 이외에 다양한 설명을 제시한다.

투기 개발에 미국을 포함한 영국, 이탈리아, 노르웨이, 터키 등 9개국이 공동 참여함으로써 독자개발의 수요(2443대)보다 31%(800여 대)를 추가 생산할 수 있었다. 또한 규모의 경제 효과를 통해 개발비용 및 제품단가 절감, 우방국 간 상호 운용성 확대, 기술 리스크 감소 등의 긍정적 효과를 거두고 있다(장원준 외, 2017a: 123).

2. 안보 환경과 국방예산에 따른 한국의 우주산업 변화

1) 한반도 우주 위협

국가별 안보 환경과 능력에 따라 대응방안은 다르지만, 많은 국가들이 방위산업 육성을 통해 무기개발과 생산에 주력하고 있다. 한국의 우주산업도 한국이 처한 우주 위협과 우주 위험에 따라 달라질 수 있으며, 한국 정부가 방위산업을 육성하기 위해 어떤 지원을 하는지와 연관되어 있다.[10] 먼저 한국의 우주 안보 위협을 분석하고, 국방예산을 포함한 우주산업 변화 요인을 살펴본다.

한반도에 대한 우주 위협은 크게 3가지로 구분할 수 있다. 첫째, 지상에서 우주로 투사되는 위협인 '우주 영역에 대한 위협'이다. 우군 우주 전력에 대한 위협은 반드시 우주 공간에서 가용한 전력이 있어야만 가능한 것은 아니다. 지상에서 아군의 우주 전력이 역할을 수행할 수 없도록 방해하는 노력으로도 아군 우주 영역의 위협이 될 수 있다. 북한은 우군 위성이나 GPS 항법위성을 상대로 신호 방해를 시도하여 공·지·해상 군사작전을 방해할 가능성이 있다. 미국 국방정보국Defense Intelligence Agency도 북한이 주변국과 분쟁 시 우주 공간을 활용한 적의 활동 거부(GPS와 위성통신 재밍 등)를 시도할 것으로 전망한다(Defense Intelligence Agency, 2019: 32).

둘째, 우주에서 우주로 투사되는 위협인 '우주 영역의 위협'이다. 군사과학기술의 발전에 따라 우주 공간 내에서 벌어지는 위협도 증가될 것이다. 2018년 임무 중인 인공위성은 2000여 기로 그 숫자는 지속적으로 증가하고 있으며, 인공위성 간 충돌 위험도 높아지고 있다. 현재도 우주 공간에 타국 위성이나 우주 잔해물로 인한 위성 충돌이 일어나고 있으며, 크기 10cm 이상 우주 잔해물은

---

10 우주 위험이란 우주 공간에 있는 우주물체의 추락·충돌 등에 따른 위험을 말한다['우주개발진흥법' (법률 제13009호, 2015.1.20., 일부개정)].

그림 4-4 지구 궤도의 잔해물과 불용 인공위성(컴퓨터 그래픽)

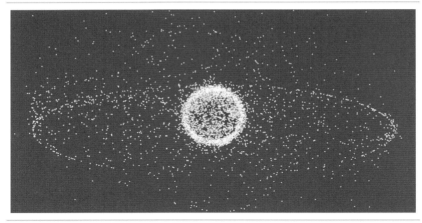

자료: Defense Intelligence Agency(2019: 35).

현재 4만 3000여 개 이상이며 초속 7~8km 속도로 우주 공간을 떠돌고 있다.

마지막으로 우주에서 지상으로 투사되는 위협인 '우주 영역으로부터 위협'이다. 북한은 대포동 미사일 등 약 1000여 기의 미사일을 배치하고 유사시 일부 우주 공간을 경유하여 남한 지역을 공격할 수 있다. 우주에서 지상으로 제기되는 위협 중에는 적대 세력의 의도적인 활동도 있지만, 자연장애나 인공장애에서 비롯되는 위협도 존재한다. 자연장애의 대표적인 경우가 우주기상의 변화로 대규모 정전이 일어나는 사태이다. 지구자기장의 변화도 전 세계 위성활동을 방해하고 통신 및 항법위성의 신호에 장애를 일으킬 수 있다. 자연장애 이외에도 고장 난 위성이나 수명이 다한 위성이 소실되지 않고 지상으로 추락하는 우주 위험도 국가적 재난을 일으킬 수 있다. 2018년 4월 중국 우주정거장 톈궁 1호 추락이 대표적이다.

표 4-1 한반도 우주 위협 유형

구분	내용	비고
우주 영역에 대한 위협(지상→우주)	• 국가 위성 및 GPS 항법위성에 대한 신호방해로 공·지·해상 군사작전 장애 초래 • 지상배치 레이저 무기 및 탄도 미사일 등의 전력을 활용하여 운용 중인 국가위성 요격 및 무력화 • 타국 위성 발사에 따른 우리 위성과의 충돌 가능성 상존	• 북한의 GPS 교란전파 • 중국의 미국 정찰위성 레이저 공격
우주 영역의 위협(우주→우주)	• 불규칙한 태양풍에 의한 위성활동 장애로 유도무기 오작동과 국가 위성 전자센서 장애 발생, 임무 제한, 우주환경 악화에 따른 공·지·해상 통신/항법신호 장애 발생 • 타국 위성 및 우주 잔해물에 의한 국가 위성 충돌 가능성 • 한국 위성에 대한 타국 위성의 신호재밍, 요격 시도 가능	• 무궁화 통신위성의 통신장애 및 두절 • 한미 과학위성의 근접 조우
우주 영역으로부터의 위협(우주→지상)	• 북한 전역에 배치된 탄도미사일이 유사시 일부 우주 공간을 경유하여 남한 지역 공격 예상 • 공·지·해상 군사작전 시 타국 위성의 영상정찰/통신 감청 시도 • 우주기상변화(지구자기장)에 따른 대규모 정전 사태 발생 • 비정상 위성 및 우주 잔해물 추락 등 우주 위협으로 인한 국가적 재난 초래	• 중국 우주정거장 톈궁 1호 추락

자료: 설현주 외(2019: 108)

2) 국방예산 변화와 한국의 우주산업

한국도 우주 위협이 증가함에 따라 우주 분야의 방위산업 육성을 지속하고 있다. 이는 국방예산(연구개발 예산 포함)과 방위산업 지원을 통해 확인할 수 있다. 한국은 '미래기획위원회의 방위산업 육성정책'(2010)과 '방위산업육성 기본계획'(2013) 시행 등을 통해 방위산업의 경쟁력 강화 및 수출산업화를 위한 정책을 추진 중이다. 한국의 방위산업은 5년간(2011~2015) 생산과 고용 면에서 각각 8.6%, 4.5%의 연평균 성장률을 보였으며, 특히 방산수출은 연평균 22.9%의 높은 성장세를 보이는 등 국가 신성장동력으로 주목받고 있다. 또한, 2015년

그림 4-5 국방비 및 방위력개선비 추이(2012~2019)

(단위: 조 원)

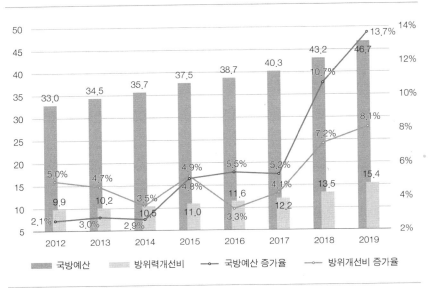

자료: 안영수(2019)에서 재인용.

기준 글로벌 10위권을 달성하는 등 도약의 시기를 맞고 있다.

국방예산과 방위산업에 투자되는 방위력개선비도 지속적으로 증가하는 추세이다. 문재인 정부는 「국방개혁 2.0 기본계획」에 따른 재원 마련을 위해 5년간 소요재원 270조 원을 확보할 계획이다. 2019년 국방비는 46.7억 원으로 전년 대비 8.2% 증가했다. 이 중 방위산업 예산과 직결되는 방위력개선비는 2019년 15.4조 원으로 전년 대비 13.7% 증가했는데, 이는 최근 10년간 최고 증가율이다. 방위력개선비 중 국방 R&D 예산도 최초로 3조 원을 넘어 전년 대비 7.8% 증가했다.

국방예산과 방위력개선비 증가에 따라 방위산업 생산 및 수출도 증가했다. 2016년 한국의 방위산업 생산액은 16조 4269억 원으로 세계 방위산업 총생산액(약 5600억 달러 추정[11])의 2.5%를 차지했으며 세계 10위 수준이다. 같은 기간

그림 4-6 국방예산, 생산, 수출, 100대 기업 매출액(2012 vs 2016)

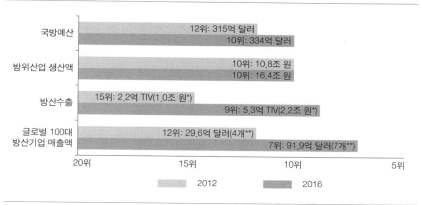

주: * ( )는 통관 기준 / ** ( )는 국내 업체 수.
자료: 안영수(2019).

한국의 국방예산은 38.8조 원(334억 달러)으로 방위산업 생산액 수준과 유사한 세계 10위를 기록했다. 방위산업 수출 규모도 항공·함정·화력 분야의 수출 호조에 힘입어 5.3억의 국제무역거래량TIV을[12] 기록했으며(세계 9위 수준), 통관기준으로는 2조 2420억 원으로 2012년(1조 44억 원) 대비 2.2배 급증했다. 결과적으로 한국의 방위산업은 글로벌 100대 방산기업 중에는 2016년 기준 한국항공우주KAI, LIG넥스원 등 7개 업체가 포함되어 역대 최대를 기록했고, 매출액은 세계 7위에 해당한다.

지난 10년간 세계 국방비 추이와 글로벌 방위산업체 매출액 추이는 연계성이 상당히 높다. 그림 4-7과 같이 세계 국방비 증가율과 글로벌 방위산업체의 매출액 증가율을 비교해 보면 상관계수가 무려 0.9로 방위산업체의 매출액은 국방예산에 따라 좌우된다고 해도 과언이 아니다. 국방비와 방위산업체 매출

---

11 글로벌 100대 방산업체 생산액을 전체의 80%로 가정하여 추정(SIPRI, 2020).
12 Trend Indicator Value의 약어로 국제 무기거래량을 금액으로 환산한 단위.

그림 4-7 세계 국방비 및 글로벌 방위산업 매출액 증가율

(단위: %)

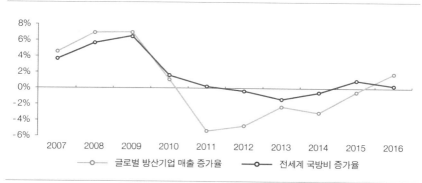

자료: 이창희(2018: 6).

그림 4-8 연도별 우주 분야 연구기관 예산 현황

(단위: 100만 원)

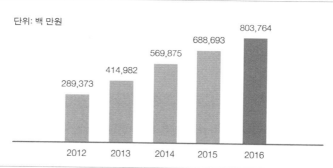

자료: 안영수(2019).

액 추이 간의 상관계수는 상당히 높으면서도 변동 폭에 있어서는 방위산업체
의 매출액 증가율 변동 폭이 국방비 증가율 변동 폭보다 더 크다. 즉, 국방예산
이 증가했을 경우 방위산업체의 매출 증가 폭이 더 컸으며, 국방예산이 감소했
을 경우 방위산업체의 매출 감소 폭이 더 컸다. 이러한 결과에는 다양한 이유
가 있겠지만 방위산업체가 기본적으로 한 기업에서 일괄 생산을 하는 시스템

보다는 대부분 아웃소싱을 채택하고 있기 때문으로 판단된다. 또한 국방예산에 근거하여 경영계획을 세우기 때문에 국방예산 증가 폭보다 공격적이거나 보수적인 경영을 하는 경향이 클 가능성도 있다(이창희, 2018: 6).

국방예산과 연구개발 예산 증가는 한국의 방위산업에 긍정적인 영향을 끼치고 있다. 2000년 이후 국방예산의 증가는 방위산업 육성정책과 맞물려서 방위산업의 매출액을 향상시키는 요인이 되었다. 우주개발을 위한 연구기관에 투자된 예산도 지속적으로 증가했다. **그림 4-8**과 같이 2016년 우주산업에 참여한 24개 연구기관의 우주산업 분야 예산액은 약 8038억 원으로 전년 대비 1151억 원(16.7%) 증가했다.[13] 또한 연도별 우주산업 예산 현황을 분야별로 보면, 우주활용과 우주기기제작 분야 예산액은 매년 증가하는 추세이며, 특히 연구기관은 우주기기제작 분야에 대한 예산 증가가 우주활용 분야보다 컸다.[14]

3. 4차 산업혁명 기술에 따른 한국의 우주산업 발전

1) 4차 산업혁명에 대한 국민적 인식

4차 산업혁명 시대 신기술이 우주산업에 끼치는 영향에 대한 연구는 찾기

---

13 한국항공우주연구원, 국립환경과학원, 기상청 국가기상위성센터의 예산이 증가했는데, 이 중 한국항공우주연구원의 예산은 1000억 원 이상이다. 정부의 지원을 받는 연구기관 4곳(국립환경과학원, 기상청 국가기상위성센터, 한국천문연구원, 한국항공우주연구원)의 우주 예산액은 약 7540억 원으로 우주 관련 연구기관 예산액의 대부분인 93.8%를 차지하고 있다.

14 구체적으로는 전년도 대비, 우주기기제작 분야 예산은 약 870억 원(14.8%)이 증가했다. 이는 국립환경과학원의 환경위성탑재체 연구 예산, 한국항공우주연구원의 한국형발사체 개발 예산, 기상청 국가기상위성센터의 정지궤도 기상위성지상국 개발 예산이 증가했기 때문이다. 우주활용 분야 예산은 약 281억 원(27.9%)이 증가했고, 이는 한국항공우주연구원에서 위성항법 및 무인우주탐사 예산이 증가했기 때문이다.

그림 4-9 4차 산업혁명에 대한 국민적 인식

자료: 4차 산업혁명위원회(2018.11.23).

어렵다. 한국의 방위산업 현황과 실태조사 등 근거 자료에서도 우주 분야를 독립 영역으로 분류하고 있지 않거나 대부분 항공산업에 대한 분석에 그치고 있기 때문이다(산업연구원, 2017). 실제로 항공우주 분야의 대표적인 방위산업체인 한국항공우주KAI도 아직까진 항공산업을 주력으로 하고 있다. 반면, 정부에서는 4차 산업혁명 기술을 중시하고 이를 통해 국가경쟁력 강화, 경제산업 발전, 국민의 삶의 질 향상을 추진하고 있다. 문제는 이러한 신기술이 한국의 우주산업에 끼치는 영향이 어느 정도인가 하는 것이다.

문재인 정부는 2017년 9월 대통령 직속으로 '4차 산업혁명 위원회'를 수립하고 4차 산업혁명 기술 확산을 국가 차원에서 추진해 왔다. 이러한 노력의 결과로 **그림 4-9**와 같이 4차 산업혁명에 대한 국민적 관심이 형성되었고 꾸준히 높아지는 추세이다.

4차 산업혁명 기술에 대한 관심이 증대되면서 우주개발의 가능성도 높아지고 있다. 우주산업에서는 초연결 기술을 지원하기 위해 위성을 이용한 통신 인프라 구축을 진행 중이다. 위성에서 얻는 데이터들은 4차 산업혁명의 기반이 되며 다양한 산업에 활용될 수 있기 때문이다. 이미 중국, 영국, 일본 등 세계

그림 4-10 4차 산업혁명 기술의 적용단계(방위산업 vs 제조업)

(9점 만점 척도)

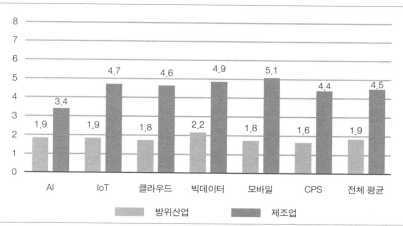

자료: 정은미(2017).

주요 선진국도 4차 산업혁명 분야 중 하나로 우주개발을 선정했다. 중국은 정부 주도로 중형 로켓, 유인 달 상륙, 우주운송 시스템 등 대형 프로젝트를 추진중이며, 차세대 우주왕복선을 연구개발하는 단계이다. 영국은 우주산업을 선도할 뿐만 아니라 막대한 경제효과와 숙련된 일자리를 창출하기 위한 '우주산업법space industry act'을 발표했다. 일본도 우주 분야 첨단 원천기술 강화를 위한 발전전략을 추진하고 있어 중장기적으로 볼 때 첨단기술의 격차가 더욱 커질 전망이다(이광재, 2019.1.25).

2) 4차 산업혁명 기술의 한국 우주산업 적용

한국의 우주산업은 4차 산업혁명 기술로 인해 얼마나 변화하고 있는가? 정부 차원의 4차 산업혁명 지원이 국민적 인식을 변화시킨 것은 사실이지만, 우주산업에 영향을 주고 있는지는 확실하지 않다. 우선, 4차 산업혁명 기술의 중

그림 4-11 4차 산업혁명 기술의 방산/민수 분야 적용 수준

(단위: 개, %)

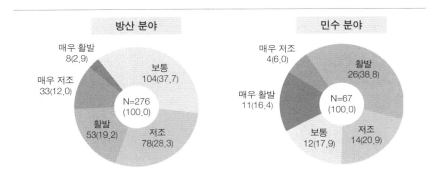

주: 방위산업 분야 유효 응답 수 276개 기준 / 민수 분야 유효 응답 수 67개 기준.
자료: 장원준 외(2017b: 253).

요성과 적용 필요성을 강조하고 있음에도 불구하고 신기술이 방위산업에 적용되고 있는 현황은 낮은 수준이다. 제조업과 비교한 한국 방위산업의 4차 산업혁명 기술 적용단계는 확산강화(9점 척도), 실행(7점), 계획수립(5점), 조사검토(3점), 미실행(1점)으로 구분했을 때 평균 1.9점으로 미실행 또는 조사검토 수준에 그치고 있다.

더욱 주목할 점은 4차 산업혁명 기술이 적용되고 있는 수준에서 방위산업 분야가 민수 분야보다 저조하다는 사실이다. 그림 4-11과 같이 한국산업연구원이 우주산업체 및 전문가를 대상으로 조사한 결과에 따르면 민수 분야는 유효 응답 수 중 '활발'이 38.8%(26개), '매우 활발'이 16.4%(11개)로 55.2%를 나타내 4차 산업혁명 기술의 적용이 비교적 활발하다. 반면, 방위산업 분야는 유효응답 수 중 '보통'이 37.7%(104개), '저조'가 28.3%(78개), '매우 저조'가 12%(33개)로 78%를 차지하여 민수 분야보다 적용 수준이 저조하다.

흥미로운 것은 4차 산업혁명 기술 적용에서 방위산업 분야가 민수 분야보다 저조한 이유이다. 위의 조사에서 '저조'와 '매우 저조'의 응답자를 대상으로 원인을 분석한 결과 유효 응답(255개) 수 중 21.6%(55개)로 가장 높은 비중을 차

그림 4-12 미래유망신기술(6T) 분야별 성과 분포(2017)
(단위: %)

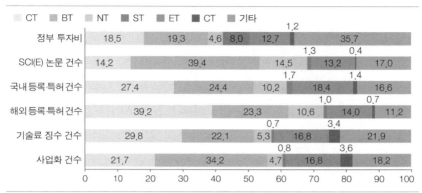

자료: 김행미 외(2018: 19).

지한 것은 '4차 산업혁명 기술에 대한 인식 부족'이었다. 이어서 빅데이터 구축 등 4차 산업혁명 기술의 적용에서 과도한 군사보안을 부과한다는 이유와 4차 산업혁명 기술 관련 국방 R&D 투자가 저조하다는 이유가 각각 14.5%(37개)를 차지했다. 이 밖에도 내수시장 위주의 규모 한계(13.7%), 관련 기술력과 인력의 부족(11.8%), 작전 요구 성능Required Operational Capability: ROC의 경직성에 따른 기술개발의 제약(11.8%) 순서이다.

이러한 우주산업 전문가와 업체의 인식은 한국 우주산업의 기술력 현황과도 일치한다. 정부가 우주기술Space Tech: ST을 포함한 미래유망신기술 6개 분야의[15] 성과를 분석한 결과 한국 우주기술의 국제논문[SCI(E)]성과는 생명공학기

---

15 미래유망신기술 6T는 정보기술(Information Technology: IT), 생명공학기술(Bio Technology: BT), 나노기술(Nano Technology: NT), 에너지환경기술(Environmental Technology: ET), 우주기술(Space Technology: ST), 문화기술(Culture Technology: CT)이다. IT에는 5세대 이동통신, 멀티미디어 단말기 등, BT에는 유전체기반기술, 바이오신약개발기술 등, NT에는 나노정보저장기술, 나노소재기술 등, ET에는 에너지소재기술, 청정원천공공기술 등, ST에는 위성관제기술, 로켓추진기관기술, 지능형 자율비행 무인기시스템 등, CT는 가상현실 및 인공지능 응용기술, 사이버 커뮤니케이션 기술 등이 포함된다.

술Bio Tech: BT이 가장 높았고 우주기술이 가장 낮았다. 특허와 기술료 성과는 정보통신기술IT이 가장 높았고 ST 분야가 가장 낮았다. IT 분야는 4차 산업혁명의 중심으로서 빠른 기술 순환과 시장 확보를 중시하기 때문에 과학적 성과인 논문보다는 기술적 성과인 특허와 경제적 성과인 기술료가 높았다. ST 분야의 경우 정부투자 연평균 증가율(15.8%)은 가장 높은 편이지만 성과는 미흡하다. 이는 ST 분야에 위성기술과 발사체 기술개발과 같은 대형 과제가 많아 연구개발이 증가해도 성과 건수가 적고, 성과로 창출될 때까지는 시간이 오래 걸리기 때문으로 분석된다(김행미 외, 2018: 19~20).

이처럼 정부의 4차 산업혁명 강조와 국민 인식 향상에도 불구하고 실질적으로 방위산업 분야에서는 기술력 부족뿐 아니라 기술에 대한 인식 부족, 군사보안 등 규제 과다, 투자 및 인력 부족 등이 나타나고 있다. 이로 인해 방위산업 분야에서는 민수 분야보다 4차 산업혁명 기술의 적용이 부진하다. 이런 점을 고려할 때, 4차 산업혁명 기술이 한국의 우주산업 변화에 영향을 미치는 핵심 요소는 아니라고 할 수 있다. 국민의 일반적인 인식과 다른 현실을 잘 보여주는 부분이다(장원준 외, 2017b: 253~254).

이러한 인식은 한국의 우주산업을 뒷받침하는 우주개발 정책에서도 확인할 수 있다. 우주개발 기술에 대한 한국의 국가 우주개발정책인 '제3차 우주개발진흥기본계획'에 따르면 4차 산업혁명의 기술을 활용한 우주개발은 일부 중점 전략으로 제한된다. 6가지 중점 전략(① 우주발사체 기술자립, ② 인공위성 활용 서비스 및 개발 고도화, ③ 우주탐사 시작, ④ 국가 위성항법 시스템 KPS 구축, ⑤ 우주혁신 생태계 조성, ⑥ 우주산업 육성과 우주일자리 창출) 중에서 4차 산업혁명 기술에 기초한 것은 인공위성 활용 서비스 및 개발고도화 전략이다. 정부는 **그림 4-13**과 같이 2022년부터 항법 보정시스템SBAS[16]을 운영하여 초정밀 위치정보 서비

---

16 위성항법 분야에서는 지난 2014년부터 기존의 GPS 위성신호에 대한 정확도를 높이기 위해 SBAS (GPS 보정시스템) 개발 및 구축에 나섰고, 한국형 위성항법보정시스템(Korea Augmentation Satel-

그림 4-13 GPS 보정 시스템 운영 개념도

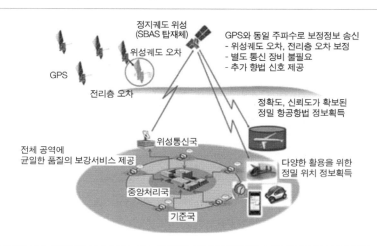

자료: 신천식 외(2014).

스를 제공할 계획이다(과학기술정보통신부, 2018a). 또 다른 중점 전략인 우주산업 육성과 우주일자리 창출은 아직 실행되진 않았으며, 2027년까지 빅데이터, 인공지능AI, 위치기반서비스LBS, 사물인터넷서비스IoT 등 IT 신기술을 접목한 신규 사업발굴과 융합형 서비스 창출을 밝힌 수준이다.

　4차 산업혁명 기술의 적용이 국가 우주개발 중점 전략으로 구체화되지 않았거나 부분적으로 포함된 것은 우주개발 분야의 기술이 발사체나 위성체와 같은 제조업 분야에 중심을 두기 때문이다. 또한 한국의 우주산업은 우주 선진국의 기술 수준을 뒤따르고 있기 때문에 4차 산업혁명 기술을 적용하더라도 발사체와 위성체를 갖춘 이후 실현될 수 있다. 현재 한국의 우주산업은 위성 분야에서는 성과가 있으나 발사체 분야에서는 독자 개발 능력이 부족하고, 원천기술의 대외의존도도 높은 편이다(국방부, 2014).

　　lite System: KASS)에 대한 시스템 설계 및 인증대응 작업을 했다.

그림 4-14 선진국 대비 한국의 우주산업 기술력

(단위: %)

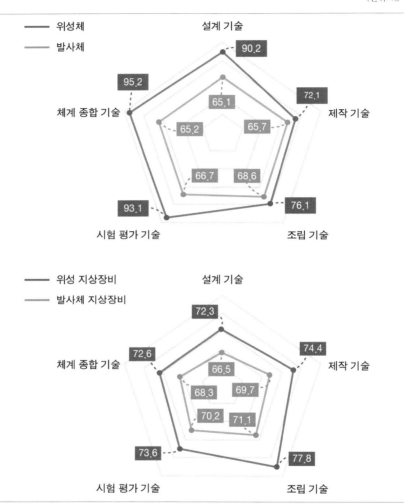

주: 우주산업(107개) 대상 기술수준에 대한 설문조사 실시 결과이다.
자료: 장원준 외(2017b: 253~254).

3) 4차 산업혁명 기술과 국방개혁

일반적으로 기술혁신은 무기개발과 생산을 뒷받침하는 방위산업의 변화와도 연관성이 있다(Gholz, 2009: 172~181). 한국 정부도 '국방개혁 2.0'에서 4차 산업혁명 기술의 적용을 강조해 왔다. '국방개혁 2.0'에서 강조된 4차 산업혁명 기술은 우주산업에 어떤 영향을 미치는가? 4차 산업혁명 기술의 적용에 있어 국방 분야와 우주산업은 어떤 관계가 있는지 확인할 필요가 있다. 국방부는 2019년 1월 수립한 '국방개혁 2.0 기본계획'에서 국방개혁 3대 추진 기조 중 하나로 '4차 산업혁명 시대 과학기술 적극 활용'을 채택하고, 국방차관을 단장으로 별도의 추진단을 운영 중이다. 또한 국방부는 4차 산업혁명 스마트 국방혁신 추진계획을 발표하고 국방운영, 기술·기반, 전력체계의 3대 혁신 분야에 걸쳐 총 8대 과제를 추진하고 있다. 그런데 **표 4-2**와 같이 국방부 3대 혁신 분야를 살펴보면 우주산업과 연관성이 드러나지 않는다(4차 산업혁명위원회, 2019.7.5).

국방운영 혁신 분야는 병력자원 감소에 따른 첨단 군사력 증강을 강조했다는 점에서 4차 산업혁명 기술과 연관성이 높지만, 추진 내용을 보면 주로 지상군과 관련된 장병 지원 및 군수 관리의 효율성에 중점을 두고 있다. 예를 들어 교육훈련 분야에서는 도시화로 인한 훈련장 부족, 잦은 민원, 안전사고 우려로 실기동 및 실사격 훈련의 어려움을 극복하기 위해 가상현실VR 및 증강현실AR 등 4차 산업혁명의 첨단기술을 활용한 실감형 과학화 훈련체계를 구축한다. 빅데이터 및 인공지능 등 첨단기술을 장병 복지와 생활에 밀접한 안전, 의료, 급식·피복 등에 적용하며, 군수품 및 국방시설 등 국방자원에 대한 과학적 관리를 통해 예산 절감 등 효율성을 향상시킨다는 계획이다.

4차 산업혁명 기술과 관련이 높은 기술·기반 혁신 분야도 초연결 네트워크 구축, 사이버 위협 대응체계 구축 등 실행력 제고와 추진력 확보를 위한 기반 인프라 조성을 중점으로 추진하겠다고 밝혔다. 구체적으로 모든 국방자원을 연결할 수 있는 초연결 네트워크를 구축하여 국방 내 모바일 기기 활용과 소요

표 4-2 국방부 3대 혁신 분야와 중점 추진사항

구분	중점 추진사항
국방운영 혁신 분야	군수 관리 개념을 국방운영의 핵심 요소인 장병과 국방자원에 적용하고 장병들의 교육훈련 강화 및 안전·복지 증진, 국방자원 관리 효율성의 극대화
기술·기반 혁신 분야	초연결 네트워크 구축, 사이버 위협 대응체계 구축 등 실행력 제고와 추진력 확보를 위한 기반 인프라 조성
전력체계 혁신 분야	미래 합동 작전 개념에 부합된 군사력 건설을 위해 현재의 전력 증강 프로세스 기반하에 급격한 과학기술의 발전 속도를 수용할 수 있는 방안을 마련

자료: 국방부(2019).

증가에 대응하고 모바일 기반 최적의 업무 환경을 제공한다. 그리고 다양한 사물인터넷 장비와 최첨단 무기체계가 도입됨에 따라 보호 대상이 증가하고 사이버 위협이 고도화되고 있는 현실에 대응하여 인공지능, 빅데이터 등을 활용한 사이버 공간 우위를 우선하고 있다. 즉, 4차 산업혁명의 기술이 우주산업에 우선적으로 적용되거나 발전하기 위한 요인이라고 보기는 어렵다.

결론적으로 4차 산업혁명의 기술이 국가적으로 강조되더라도, 한국의 우주산업 변화에 그대로 적용될 수 있는 것은 아니다. '국방개혁 2.0' 등 국방 분야에서 4차 산업혁명의 변화를 강조하는 것과 달리 방위산업 분야에서는 4차 산업혁명이 생소하고 선진국 대비 R&D 적용도 미비한 상황이다. 정부 주도로 4차 산업혁명 개념이 소개되면서 국민 의식은 달라졌지만, 4차 산업혁명 기술은 일반 제조업부터 더디게 적용되고 있기 때문이다. 또한 장기간 소요되는 무기개발 과정에서 신기술을 빠르게 적용하는 데 제한이 많고 이미 개발된 무기의 경우 수정하여 적용하기 어렵다는 점을 들 수 있다. 현재 4차 산업혁명의 대표적 무기체계 분야라고 여겨지는 무인기, 로봇 등 첨단무기체계 분야의 연구개발이 지속되고 있지만 획득 과정 전반에서 혁신적인 아이디어나 실험을 반영하기 위한 절차가 필요하다.

군사보안의 지나친 제한도 문제이다. 데이터 수집과 활용에는 군사보안의 많은 제한이 따르기 때문에 빅데이터 구축과 5G 무선네트워크 구축에 어려움이 많다. 국방 분야의 네트워크와 수많은 센서들은 군사보안을 위한 별도의 암호화 장비를 필요로 하는데, 빠르게 변화하는 4차 산업혁명 기술이 적용되기 위해서는 보안규정과 장비에 대한 새로운 기준이 필요하고 이를 군 현장에서 시범 적용하는 노력이 시급하다. 끝으로 4차 산업혁명 기술을 적용하더라도 기술의 소유권이 정부에 귀속되므로 방위산업체에서는 기술 적용의 유인이 적다고 할 수 있다. 민군 협력을 통한 방위산업 발전이 필수적인 만큼 신기술에 대한 소유권 문제는 정부의 규제 완화를 통해 해결될 필요가 있다.

4. 국제 협력과 경쟁 양상에 따른 한국의 우주산업 발전

1) 우주산업의 국제 협력과 경쟁 양상

한국의 우주산업 변화에는 국제 협력과 경쟁도 영향을 끼친다. 우주개발은 단일 국가에서 독점하기 어려운 광대한 우주 공간이라는 특성과 막대한 비용과 기술적 위험 등이 상존하기 때문에 국제 협력의 필요성이 지속되어 왔다. 특히 우주탐사 등 프로젝트 대형화에 따른 비용과 위험 분산을 위해 한국도 기술보유 국가 및 기업과 협력하고 있다. 우주산업에서 국제적 생산망과의 연계는 효과적인 선택 중 하나이기 때문이다(Kurç and Neuman, 2017: 220).[17] 실제로 한국도 우주개발 과정에서 미국과 지속적인 협력을 추진해 왔으며, 트럼프 행정부는 우주 영역에서 동맹 및 우방의 역할을 강조하고 있다. 반면 한국의 우주산업은 3차에 걸친 우주개발진흥기본계획을 수행해 오면서 우주 선진국을 추격하고 있지만, 우주산업이 발전할수록 국제 경쟁도 심화되고 있다. 현재 선

---

17 한편 이 논문에서는 글로벌 방위산업 연계가 부상하는 방위산업 국가들에 긍정적인 영향을 미치기도 하지만, 국가마다 다른 영향을 끼친다고 주장한다.

진국의 핵심 기술 이전은 여러 측면에서 제한되고 있다.[18]

　오늘날 우주산업의 국제 협력과 경쟁은 두 가지 추세를 보인다. 하나는 우주산업 분야에 민간기업의 참여가 늘고 있다는 점이다. 미국 록히드마틴과 호주 기업 EOS는 우주폐기물추적센터를 설립했고, 러시아 기업 ISON은 위성추적 기술을 상업화했다. 또한, 민간기업과 정부가 파트너십을 구축해 우주정보 공유와 운영의 안전보장을 개선하고 있다. 미국 방위고등연구계획국은 스페이스 뷰SpaceView 우주감시 네트워크를 시민 천문 커뮤니티에 개방했다. 향후 우주자산이 증가되면서 우주 안보도 하나의 수익창출사업이 될 것으로 예상되며 민군 협력의 활성화가 우주산업 발전의 요인이 될 수 있다(이준 외, 2017: 41~65). 이를 위해서 주권국가들은 상호 의존성이 심화되는 딜레마를 집단적으로 관리해야 하며 지정학적 경쟁관계를 견제하는 데 동의해야 한다. 우주 공간 문제에 대한 정부 간 협력이 제로섬 전략 경쟁을 능가해야 한다. 지구의 궤도가 혼잡해짐에 따라, 우주 교통을 관리하고, 우주 잔해물을 감소시키며, 레이저 탐지와 같은 민군 이중기술을 규제하고, 위성 사용을 위한 충분한 주파수 스펙트럼을 유지하는 등 국제 협력이 필요하다.

　다른 하나는 우주 안보를 둘러싼 양자 협력이 증가하는 반면 다자 협력은 약하다는 점이다. 민간기업의 우주산업 참여가 증가하고 있지만, 우주산업이 발전하려면 우주 공간을 안정적·개방적이고 규칙에 따라 유지하려는 국제 협력이 필요하다(Patrick, 2019.5.20). 예를 들어 미국-일본 간 미사일 방어와 우주 상황 인식 정보 교환(전경웅, 2019.5.16), 미국-호주 간 우주 감시 협력, 미국-캐나다 간 우주 상황 인식 파트너십, 프랑스-독일 간 지상 레이더 감시 시스템 등 양자 협력은 강화되는 추세이나 다자 협력은 더디게 진행되고 있다.

---

18 국제적 양자 협력 중에는 우주산업 후발국에 대한 지원과 협력도 포함된다. 이는 점차 규모가 커지고 있는 후발국 우주산업 시장을 개척하는 데 목적이 있다(김덕수, 2016: 11).

2) 국제 협력과 경쟁 속 한국의 우주산업

한국의 우주산업은 국제 협력과 경쟁 양상에 따라 영향을 받고 있다. 현재까지는 미국, 중국, 러시아 등 강대국의 입장 차이로 인해 우주 공간의 군사적 활용에 대해 구속력 있는 국제법 제정이 쉽지 않았지만, 유엔 및 다자 협력에 대한 논의는 계속될 것이다. 2030년에는 우주 잔해물 수가 현재의 3배로 증가하고 군사 우주기술이 더욱 발전될 것으로 예상됨에 따라 우주활동에 대한 위협은 더욱 커질 것이다. 우주 안보에 대한 위협을 인식한 세계 각국은 「우주 잔해물 감소를 위한 지침서UN space debris mitigation guideline」를 채택하고 우주활동국의 자발적인 우주 잔해물 감소를 위한 대책을 독려하고 있다. 유엔 외기권평화적 이용위원회UN COPUOS에서 '우주활동의 장기지속가능성' 가이드라인 일부(12개 지침)에 합의했고, 다자간 우주 안보 레짐을 확보하고자 노력 중이다. 또한 유럽연합은 지구궤도의 안전과 안보를 위한 행동강령EU code of conduct for outer space activity을 제안했다(최남미, 2012: 83).

한국 정부도 국제 협력을 위한 국가 우주 협력 추진전략을 수립하는 등 적극적으로 나서고 있다. 과거에는 위성·발사체 등 기술 협력에 치중해 왔으나, 현재는 우주정책 전반에 대해 책임 있는 입장 표명과 체계적 활동이 필요하다는 입장이다. 이를 위해 정부는 규범, 안보, 위성활용, 공적개발원조, 우주탐사 등에 대한 국제동향을 공유하고 논의하기 위해 관계 부처 전문가로 구성된 글로벌 우주 협력 자문단을 운영하고 있다. 양자 협력의 경우 국가별 역량 수요 차이를 고려하여 각자 부족한 부분을 상호 보완할 수 있는 차별화된 전략을 바탕으로 전략적 협력 동반자 관계를 구축한다. 다자 협력의 경우 재난관리, 식량, 에너지 등 글로벌 현안을 해결하려는 노력과 우주 상황 인식 활동에 참여하는 등 국제사회의 역할을 강화하고 있다(과학기술정보통신부, 2018a). 그뿐만 아니라 한국 정부는 북한의 탄도미사일 발사 등 우주 안보와 관련된 쟁점별 입장을 국제 규범에 반영하고자 노력할 필요가 있다. 현재 다자 협력은 유엔을 중심으로 논의되고 있지만 향후 지역적 논의에서 선도적 역할을 할 필요가 있기 때문이다(유준구, 2018: 523).

위성서비스 안정성 보장에 대한 국제 협력은 위성이 국민의 필수서비스(방송, 통신, 위치·시각정보, 정찰 등)를 위한 국가 전략자산으로 자리하면서 우주 안보 측면에서 강조되고 있다. 특히 한국은 우주 안보 분야에서 우주폐기물 경감, 우주교통체계 등의 유사입장국 간 협력 방안 등 미국과 협력을 우선하고 있다. 최근 트럼프 행정부는 글로벌 우주 질서 개편을 시도하며 동맹국의 지지를 요청하고 있어 한미 우주 협력도 강화될 가능성이 높다. 트럼프 행정부의 국가우주전략(2018)은 4가지 기본원칙에 근거하여 민간 부문과 동맹국과의 긴밀한 파트너십을 통해 우주에서 미국의 지도력을 지속하고자 한다(White House Fact Sheets, 2018.3.23: 2~3).[19] 따라서 한국의 우주산업은 한미 협력을 위한 과학기술, 안보·전략, 상업 등을 포함하는 종합적 협력 플랫폼 구축과 운영을 위한 준비가 필요하다. 예를 들어 한국형 위성 항법시스템의 구축 계획, 한국형 발사체 관련 비확산정책 해제 등 향후 한국 우주산업 발전을 위해서도 미국의 협력과 지지가 필요하기 때문이다(과학기술정보통신부, 2019).

한국 정부도 국제 협력을 강화하고자 2019년 국가우주위원회 산하에 과학기술정보통신부·국방부·외교부 등이 참여하는 국제 협력 소위원회를 설치했다. 이처럼 한국은 우주 분야 국제회의(국제우주대회IAC 등) 및 고위급 양자회의(한미 우주대화, 한불 우주포럼, 한-아랍에미리트 우주 협력 공동협의회 등)를 통해 우주산업 발전을 위한 의제 발굴과 기회를 제공하고 있다.

다만, 아직까지 국가별 우주기관의 국제 협력 현황을 보면, 한국은 가장 낮은 수준을 나타내고 있어 우주산업에 긍정적인 영향을 미치기는 어려운 현실이다. 한국의 대표적인 우주기관인 한국항공우주연구원KARI의 국제 협력 수준

---

19 국가우주전략의 4가지 기본원칙은 첫째, 탄력적인 우주 아키텍처로의 전환, 둘째, 억지력 및 대비태세 강화, 셋째, 기본 역량, 구조 및 프로세스 개선, 넷째, 국내 및 국제환경 조성이다.

표 4-3 세계 주요 우주기관의 국제 협력 추이

(단위: %)

구분	전체	2012	2013	2014	2015	2016	2017
유럽(ESA)	81.4	78.8	78.5	79.1	76.4	85.7	92.7
이스라엘(ISA)	60.8	45.2	64.5	69.2	55.1	59.3	77.5
프랑스(CNES)	57.8	49.2	54.0	54.5	60.0	60.6	71.7
캐나다(CSA)	45.0	34.3	46.4	48.2	50.0	52.1	46.2
독일(DLR)	41.5	39.7	37.6	39.3	43.7	42.8	47.0
일본(JAXA)	28.9	26.9	26.1	30.4	32.3	31.7	26.3
인도(ISRO)	10.1	11.9	8.7	9.6	9.7	10.4	10.0
한국(KARI)	9.1	8.5	6.5	9.2	11.5	8.0	12.8

자료: 강희종(2017).

은 **표 4-3**과 같이 9.1%로 다른 국가의 우주기관들에 비해 가장 낮은 수치를 보인다. 또한 KARI의 국제 협력 연구들은 아시아태평양 97건, 북미 34건, 유럽 22건, 라틴아메리카 2건, 중동 1건, 아프리카 1건으로 아시아태평양과 북미 지역에 편중되어 있다(강희종, 2017).

정리하면, 우주산업 분야는 국제적 협력과 경쟁이 치열하게 전개되고 있다. 우주는 범위가 광활하고 아직도 해결해야 할 미지의 문제들이 산적해 있기 때문에 다자 협력은 필수적이다. 다자 협력의 가시적인 성과는 미흡하지만 한국은 국제기구 활동에 참여하여 국제 규범 유지에 노력함으로써 우주 공간의 평화적 이용을 지지하고 있다. 동시에 우주 영역의 군사화가 촉진되면서 선진 우주기술 국가들의 기술 이전이 제한되고 우주산업의 경쟁도 치열해지고 있으며, 양자 협력과 함께 국가 간 안보 경쟁도 가중되고 있다. 한국의 우주산업도 양자 협력 중심으로 미국과의 우주 안보 차원의 정보 및 기술 협력에 노력하고 있으며, 유럽의 우주 선진국들로부터 필요한 기술 확보를 위해 교류를 확대하고 있다. 그러나 국제적인 과학기술 협력과 달리 군사안보, 경제 우위를 놓고 벌이는 국가 간 경쟁으로 협력에 제한을 받고 있으며 여전히 상대에게 정보와 능력을 이전하기를 꺼린다(Knipfer, 2017.11.20).

국제 협력과 경쟁은 한국의 우주산업 변화에 긍정적인 상황은 아니다. 한국도 다수의 양자 협력을 추진해 왔지만, 기술 확보에 초점을 두고 있으며, 산업기반 구축의 성과를 거두진 못했기 때문이다. 우주 안보 분야에서도 미국을 대표로 하는 양자 협력의 경우 아직까지 한국은 상호 이익이 되는 수준의 우주자산을 갖추지 못했다.[20] 게다가 우주발사체 개발 과정에서 필요한 기술 확보는 미국의 수출통제 정책과 비확산 정책에 따라 제한될 수 있다. 따라서 한국 정부는 우주 분야 한미 협력을 통해 제한사항 완화에 노력해야 한다(황진영, 2018: 3~13; 최남미, 2015).[21] 다자 협력의 경우, 국제 규범이 주권국가의 우주산업에 직접적인 영향을 끼치진 못하고 있으나, 우주개발의 성과가 나타날수록 한국도 국제 규범 형성과 지속에 적극적으로 참여해야 하는 과제가 남아 있다(유준구, 2018: 20).[22]

5. 결론

이 글은 방위산업 변화의 5가지 요인(글로벌 방위산업의 계층성, 국제 무기교역의 효과, 국방비의 투자와 지출, 신기술 기반의 혁신, 국제 협력과 경쟁의 세계화)으로 한국의 우주산업을 분석했다. 그중 글로벌 방위산업의 계층성은 한국의 방위산업 수준과 유사한 국가들과 차별성을 설명하기 어렵고, 국제 무기교역의 효

---

20 최초의 우주 안보 자산이 될 군전용 우주감시망원경이 2020년 하반기 전력화될 예정이다(이주원, 2019.4.2).

21 우주 안보는 냉전 시기 비확산 정책과 관련 있다. 미국, 소련을 비롯한 주요 강대국들은 세력 균형을 위해 도전 세력을 일정한 규범의 테두리 속에 묶어두고자 핵확산금지조약(NPT), 핵실험금지조약(CTBT), 생물무기금지협약(BWC), 화학무기협약(CWC) 등 비확산조약을 체결했다.

22 국제 규범 형성과 지속과 관련한 현재 쟁점은 우주의 군사화·무기화, 자위권의 적용, 우주 잔해물의 경감 등 위험요소 제거, 투명성 및 신뢰 구축 등이다.

과는 한국의 우주산업이 국내외 무기수요에 대응할 수 있는 능력을 아직 갖추지 못했기 때문에 설명 요인에서 제외했다. 따라서 우주산업 변화의 핵심 요인은 국방예산(국방 연구개발비 포함)의 변화, 4차 산업혁명 기술의 영향, 국제 협력과 경쟁의 양상이다.

연구 결과 첫째, 한국의 우주산업 변화는 강대국을 중심으로 진행 중인 우주 공간의 군사화와 북한과 주변국의 우주 위협이 증대되는 안보 환경을 반영한다. 우주 위협과 우주 위험에 대비하기 위한 우주산업의 발전은 국방예산과 연구개발비 등 우주 분야에 대한 투자 증가로 확인할 수 있다.[23] 더욱이 한국 정부의 우주개발 목표도 안전보장을 우선하고 있기 때문에 향후 우주 안보 차원에서 우주산업 발전은 지속될 것으로 보인다. 군사안보 측면에서 볼 때, 한국의 우주산업은 국가안보와 밀접히 연관된 산업이다. 오늘날 한국은 북한의 탄도미사일 위협에 노출되어 있으며, 중국, 일본 등 주변국의 우주개발 능력은 비약적으로 발전하고 있다. 우주 위협의 양상도 적대국의 우주자산에 의한 피해와 인공물체 혹은 자연물체의 낙하와 추락으로 다양화되고 있다. 군사기술의 발전으로 우주 공간에 군사력을 투사하고 아군의 활동을 보장하는 대신 적대국의 활동을 거부하고 억제할 능력이 필수이다. 주요 국가들의 우주군 창설이나 우주 안보 전략 수립이 이어지고 있는 국제 정세는 이를 잘 반영한다. 과거 한국은 정부 중심의 우주 연구개발과 민간 우주산업을 육성하는 데 치중했으나, 앞으로는 우주 안보를 중시할 것으로 보인다. 우주 안보의 중시는 국방예산 증가에도 반영되어 방위산업 발전에도 긍정적인 영향을 끼치고 있다. 국방예산과 특히 국방 연구개발비의 증가는 전시작전통제권 전환 등 정치적 환경과도 연계되어 있지만, 자주적인 방위산업 육성을 위한 투자라는 점을 고려해야 한다.

---

23 국방부는 「2020년 국방부 업무보고」에서 국방 우주 역량 강화를 포함했다(국방부, 2020.1.21).

둘째, 한국의 우주산업 변화는 기술 요인에 의해 선도될 것이라는 일반적인 인식과 달리 4차 산업혁명 기술은 아직 우주산업을 변화시킬 만큼 적용되지 않았다. 4차 산업혁명의 기술은 산업 전반의 발전 요인이라는 점에서 한국의 우주산업 변화에도 중요한 요인으로 생각할 수 있다. 그러나 연구 결과 한국은 정부와 국방부 차원에서 4차 산업혁명위원회, '국방개혁 2.0' 등 4차 산업혁명의 기술 적용을 강조한 것과 달리, 우주산업에 토대가 되는 기술에 대한 인식이 낮고, 인력과 기술력 부족, 군사보안 등 규제가 지속되고 있다. 4차 산업혁명의 기술은 우주산업 발전에 직접 적용되기에는 시간이 필요하다. 주로 4차 산업혁명 기술은 위성활용 정보 분야에서 발전을 이끌 것으로 기대되는데, 한국의 우주산업은 발사체 개발과 일정 수준을 갖춘 위성체 개발을 우선하고 있기 때문이다. 이런 점에서 4차 산업혁명의 신기술은 한국의 우주산업 발전에서 가장 중요한 요인은 아니라고 할 수 있다. 게다가 '국방개혁 2.0'에서 중시된 4차 산업혁명의 기술 적용도 우주산업에 부분적으로 연계되어 있으며 첨단기술의 강조도 병력 감소에 따른 대응에 중점을 두고 있다. 다만, 앞선 국방 연구개발 예산의 지속적인 증가가 축적된다면 우주산업에서 요구하는 기술력과 인력이 증가될 것으로 전망되며, 기술력의 축적이 요구되는 우주산업 분야의 특징을 고려할 때 우주산업의 변화에서 신기술은 장기적으로 긍정적인 영향을 미칠 수 있다.

셋째, 한국의 우주산업 변화는 국제 협력과 경쟁이 강화되는 상황에 영향을 받고 있으나, 국제 협력의 경우 우주 안보와 관련된 다자 협력은 미진한 상황이고 대부분 양자 협력을 중심으로 이루어지고 있다. 우주 공간의 군사화로 인해 선진 우주기술 국가들의 기술 이전이 제한적이고 우주산업의 경쟁도 치열해지면서 양자 협력 위주의 국제 협력과 함께 국가 간 안보경쟁도 가중되고 있다. 한국의 우주산업도 우주 안보 차원에서 미국과 정보 및 기술 협력에 노력하고 있으며, 기술 확보를 위해 유럽의 우주선진국과도 교류를 확대하고 있다. 또한 신흥 우주개발국과도 기술 협력을 추진함으로써 향후 우주 분야 수출시장 개척에 대비하고 있다. 다자 협력의 경우 국제기구 활동에 참여하여 국제 규범 형성과 유지에 노력함으로써 우주 공간의 평화적 이용을 지지하고 있다. 또한 미국, 유럽 선진국과 함께 대형 우주프로젝트에 참여하는 방식으로 인류 우주개발에 참여하고, 선진 우주기술의 공유를 통해 국가이미지 제고에 노력하고 있다. 현재까지 국제 협력과 경쟁 요인은 한국의 우주산업 변화에 제한적인 영향을 미치고 있다. 양자 협력의 경우 한국은 아직 한미 양국에 상호 이익이 되는 수준으로 우주자산을 갖추지 못했다. 다자 협력의 경우, 국가 우주산업에 직접적인 영향을 미치는 수준에서 활성화된 것은 아니기 때문에 한국의 우주산업에 미치는 영향도 제한적이다.

결론적으로 4차 산업혁명 시대 한국의 우주산업 변화를 이끄는 요인은 군사 안보적 측면이 핵심이며, 4차 산업혁명의 신기술과 국제 협력 및 경쟁은 부차적인 것으로 분석되었다.

강희종. 2017. 「세계 주요 우주기관 연구현황과 시사점」. ≪동향과 이슈≫, 제45권.
과학기술정보통신부. 2018a. 「제3차 우주개발진흥기본계획」. 관련부처 합동(2018.2).
_____. 2018b. 「대한민국 우주산업전략」. 관계부처 합동(2018.12).
_____. 2019. 「국가 우주협력 추진전략(안)」. 관계부처 합동(2019.12).
국방부. 2014. 「2014~2028 국방과학기술 진흥정책서」. 국방부.
_____. 2019. 「국방개혁 2.0 기본계획」. 국방부.
_____. 2020.1.21. 「2020년 국방부 업무보고」.
김귀근. 2019.8.14. "국방중기계획, 군핵심능력 확보주력... EMP탄 개발·정찰위성 배치." ≪연합뉴스≫.
김덕수. 2016. 「우주기술 산업화를 위한 기술」. 한국우주기술진흥협회(2016.10).
김수현. 2006. 「국내 위성산업의 경제적 파급효과」. ≪Journal of Information Technology Applications and Management≫, 제13권, 1호, 67~75쪽.
김종범. 2006. 「우주개발 혁신체제 특성과 영향요인에 관한 국가간 비교 연구」. 고려대학교 박사학위논문.
김행미·김나영·박혜민·김윤종. 2018. 「2017년도 국가연구개발사업 성과분석보고서」. 과학기술정보통신부. 19~20쪽.

미래창조과학부. 2016. 「우주기술 산업화를 위한 기술」. 미래창조과학부(2016.10).

박상영. 2017. 「국방우주력 발전 기본계획 정책연구과제(요약)」. 연세대학교 우주비행제어연구실
(2017.12).

산업연구원. 2017. 「방위산업 통계 및 경쟁력 실태조사」. 산업연구원(2017.11).

설현주·길병옥·전기석. 2017. 「2035년 한국 미래 공군 작전개념 및 핵심임무 연구」. 충남대학교 국
방연구소(2017.11). 11쪽.

설현주·길병옥·최병학·임익순. 2019. 「국가 우주개발 정책과 공군의 역할 연구」. 충남대학교 산학
협력단. 108쪽.

신상우. 2016.9.4. 「주요국의 우주안보정책 동향」. 한국항공우주연구원.

신상우·황진영. 2018. 「4차 산업혁명과 항공우주산업」. 항공우주시스템공학회 2018년도 춘계학술
대회.

신천식·김재훈·안재영. 2014. 「위성기반 항법보정시스템(SBAS) 기술개발 동향」. 한국전자통신연
구원.

안두원. 2019.7.22. "터키의 자존심과 F-35". ≪매경프리미엄≫.

안영수. 2007. 「우주개발의 경제적 효과에 관한 연구」. ≪한국항공경영학회지≫, 제5권 1호,
89~109쪽.

_____. 2019. 「최근 방위산업 동향과 과제」. 서울대학교 미래전연구세미나 발표자료(2019.7).

안정락. 2020.6.29. "민간 우주여행 … '뉴 스페이스'가 다가온다". ≪한국경제≫.

안형준. 2017.8.7. "세계 우주산업은 지금 NewSpace 혁명 중". ≪HelloDD(과학기술인 인터넷언론)≫.

우주개발진흥법. 2015.1.20. 법률 제13009호, 일부개정.

유준구. 2018. 「우주안보 국제규범 형성의 쟁점과 우리의 과제」(정책연구시리즈 2018-22). 국립외
교원 외교안보연구소.

이광재. 2019.1.25. "4차 산업혁명을 주도해야 경제가 산다". ≪파이낸셜신문≫.

이주원. 2019.4.2. "한반도 상공 도는 정찰위성 꼼짝마 … 軍 우주감시망원경 하반기 전력화". ≪서
울신문≫.

이준·정서영·임창호·임종빈·박정호·김은정·신상우. 2017. 「2016년 세계 정부 우주개발의 국가별,
분야별 동향 분석」. ≪항공우주산업기술동향≫, 제15권 2호, 41~65쪽.

이창희. 2018. 「방위산업」. 키움증권 리서치(2018.4). 6쪽

장원준·양현봉·이원빈·심완섭·김미정·송재필. 2017a. 「'18~'22 방위산업육성 기본계획 수립을 위
한 정책연구」. 한국산업연구원(2017.10). 123쪽

장원준·정만태·심완섭·김미정·송재필. 2017b. 『4차 산업혁명에 대응한 방위산업 경쟁력 강화 전
략』. 산업연구원(2017.12).

전경웅. 2019.5.16. "강화되는 미일공조…일본, 미국 손잡고 우주부대 추진".≪뉴데일리≫.

정은미. 2017. 「4차 산업혁명이 한국 제조업에 미치는 영향과 시사점」. 산업연구원.

조황희. 2001. 「관리로부터 경영으로의 전환: 우주기술의 캐치업과 산업으로의 성장」. ≪한국위성
정보통신학회논문지≫, 제9권, 1호, 96~107쪽.

최남미. 2010. 「우주개발의 현황과 미래방향」. ≪과학기술정책≫, 제20권, 2호, 51~59쪽.

_____. 2012. 「세계 우주개발 미래 전망과 주요국의 정책 방향」. ≪과학기술정책≫, 제22권, 4호, 69~85쪽.

_____. 2015. 「한국형 발사체에 대한 미국의 비확산정책 분석」. 미래창조과학부.

황순민. 2019.3.27. "4차 산업혁명이 이끄는 밀리테크4.0 시장 … 美·英·佛 방산업체 글로벌시장선점 전쟁". ≪매일경제≫.

황진영. 2018. 「미국의 우주정책과 한-미 우주협력」. ≪항공우주산업기술동향≫, 제16권, 1호. 194~195쪽.

4차 산업혁명위원회. 2018.11.23. 「4차 산업혁명 위원회 주요성과 및 추진방향」.

_____. 2019.7.5. "4차 산업혁명위원회 제12차 회의 개최". 관계부처 합동.

IRS Global. 2018. 『항공우주산업 시장전망과 기술개발 전략』. IRS Global.

Bitzinger, Richard A. 2003. "Towards a Brave New Arms Industry?" *Adelpi Paper* Vol.356. Oxford: Oxford University Press. pp.6~7

_____(ed.). 2009. *The Modern Defense Industry: Political Economic, and Technological Issues.* Oxford: Praeger Security International. pp.1~4

CSIS Report. 2012.10.15. "Asian Defense Spending, 2000–2011." https://www.csis.org/analysis/asian-defense-spending-2000%E2%80%932011 (검색일: 2020.9.21).

Defense Intelligence Agency. 2019. "Challenges to Security In Space." Defense Intelligence Agency. https://www.dia.mil/Portals/27/Documents/News/Military%20Power%20Publications/Space_Threat_V14_020119_sm.pdf. pp.32~35

Foust, Jeff. 2020.2.6. "Opportunities grow for smallsat rideshare launches." *SpaceNews.*

Gholz, E. 2009. "The RMA and the defense industry." in Harvey Sapolsky, Benjamin Friedman and Brendan Green(eds.). *US Military Innovation since the Cold War: Creation without Destruction.* Routledge Taylor & Francis Group, pp.172~181

Handberg, Roger. 2018. "War and rumours of war, do improvements in space technologies bring space conflict closer?" *Defense & Security Analysis*, Vol.34, No.2, pp.176~190.

Jensen, Benjamin M. 2018. "The role of ideas in defense planning: revisiting the revolution in military affairs." *Defence Studies*, Vol.18, No.3, pp.302~317.

Knipfer, Cody. 2017.11.20. "International Cooperation and Competition in Space." The Space Review. https://thespacereview.com/article/3376/1 (검색일: 2020.9.21).

Krause, Keith. 1992. *Arms and the State: Patterns of Military Production and Trade.* Cambridge: Cambridge University Press, pp.26~33

Krepinevich, Andrew. 1994. "Cavalry to Computer : The Pattern of Military Revolutions." *The National Interest*, No.37(Fall), pp.30~42.

Kurç, Çağlar and Stephanie G. Neuman. 2017. "Defence Industries In The 21st Century: A Comparative Analysis." *Defence Studies*, Vol.17, No.3, pp.219~227.

Lelogu, U. M. and E. Kocaoglan. 2008. "Establishing Space Industry in Developing Countries: Opportunities and Difficulties." *Advances in Space Research*, Vol.42, pp.1879~1896.

Patrick, Stewart M. 2019.5.20. "A New Space Age Demands International Cooperation, Not Competition or 'Dominance'." *World Politics Review*.

Pekkanen, Saadia M. 2003. *Picking Winners?: From Technology Catch-up to the Space Race in Japan*. Stanford: Stanford University Press.

Ross, Andrew. L. 1989. "Full Circle: Conventional Proliferation, the International Arms Trade and Third World Arms Exports." in Kwang-il Baek, Ronald D. McLarin and Chung-in Moon(eds.). *The Dilemma of Third World Defense Industries*. Boulder. CO: Westview Press. pp.1~31

SIPRI. 2020. "SIPRI Military Expenditure Database." https://www.sipri.org/databases/milex(검색일: 2020.9.21).

U. S. Department of Defense. 2003. *Office of Defense Transformation, Network-Centric Warfare: Creating a Decisive Warfighting Advantage*. Washington D. C.: U. S. Department of Defense. p.2

Vatanka, Alex and Richard Weitz. 2006.12.6. "Russian Roulette-Moscow Seeks Influence through Arms Exports." *Jane's Intelligence Review*.

Weiss, Moritz. 2018. "How to become a first mover? Mechanisms of military innovation and the development of drones." *European Journal of International Security*, Vol.3, No.2, pp.187~210.

White House Fact Sheets. 2018.3.23. "President Donald J. Trump is Unveiling an America First National Space Strategy." pp.2~3

주요국의 첨단 방위산업 전략

5 미국의 방위산업체 현황과 미국의 동아시아 전략

1. 서론

21세기 중반을 향해 가는 현 시점에서 국제 질서를 결정할 가장 중요한 변수들 중 하나는 미국과 중국의 전략 경쟁이다. 1970년대 초 데탕트 이래 미중 양국은 협력 관계를 유지해 왔으며, 미국은 중국에 대한 적극적 관여정책을 추구하여 중국을 미국 주도의 자유주의 국제 질서에 편입하고자 노력했다. 중국은 기존의 질서 속에서 시장사회주의에 기반한 발전 정책을 추진하고 미국 주도 질서 속에서 강대국 지위를 가지려고 노력해 왔다. 중국의 국내총생산이 미국의 3분의 2 수준에 달하고 군사비 역시 아시아 국면에서는 미국과 경쟁할 만한 국력을 소유하게 되면서 지구적·지역적 차원에서 미중 간의 전략 경쟁은 점차 가열되고 있다.

트럼프 정부 등장 이후 2년에 걸친 미중 간 무역과 기술 분쟁은 점차 격화되어 향후 정치, 규범, 에너지, 금융 분야 등으로 확산되는 모습을 보이고 있다. 미국 백악관은 2020년 5월 대중 전략서「중국에 대한 미국의 전략적 접근United

164   제2부 l 주요국의 첨단 방위산업 전략

States Strategic Approach to the People's Republic of China」이라는 보고서를 작성하여 의회에 제출했다(U. S. White House. 2020). 중국을 전략적 경쟁자로 지칭하고 미국 주도의 질서를 해치며 미국과 동맹국의 이익에 역행하는 정치, 이념, 경제, 군사정책을 펴는 국가로 규정했다. 이 보고서는 향후 중국에 대해 경쟁적인 정책을 추구할 것을 예시하며 분야별 대중 정책의 내용을 제시하고 있다.

미중 간의 국력 격차가 감소하고 있지만 군사 부문에서 미중 간 힘의 격차는 여전히 크다. 군사비 부분에서 대략 7 : 2의 차이를 보이고 있고, 군사기술 면에서 미국의 우위는 여전히 지속되고 있다. 그러나 중국의 빠른 군사현대화, 군의 개혁, 군사전략의 변화, 군사비 증가 등으로 미중 간 군사력 격차는 빠르게 줄어들 것으로 보인다. 코로나 사태로 중국 경제가 타격을 입었지만 중국은 2021년 국방비를 6.6% 증가하기로 하여 경제난에 부딪힌 미국과 대조를 보인다. 현재와 같은 미중 간 전략 경쟁이 지속될 경우 아시아의 주요 분쟁 지역인 남중국해, 양안, 동중국해, 한반도 등에서 군사충돌의 가능성도 배제할 수 없다. 미중 간 경제의 탈동조화가 진행되고 아시아 국가들이 일대일로와 인도태평양 전략에 따라 양대 진영화하고, 미중 간 국력 격차가 줄어든 상태에서 전략 경쟁이 심화되어 중국의 불만족도가 상승하고, 미국의 선제공격의 필요성이 증가하면 미중 간 군사충돌도 일정한 수준에서 예상해 볼 수 있다.

중국은 서태평양과 동아시아, 더 나아가 인도태평양 지역에서 미국의 군사 전개를 최대한 약화시키는 소위 반접근/지역거부A2/AD 전략을 펴면서 경제력을 바탕으로 아시아 국가들과 연대를 맺어가고 있다. 일대일로의 참여 국가들은 주로 경제적 동기에서 중국과 관계를 맺지만 중국은 주요 항만 및 시설 등에 대한 군사적 접근을 통해 지역에서 군사적 우위를 차지하고자 노력하고 있다.

미국은 중국이 아시아에서 강대국으로 성장하는 것을 예상하고 있지만 지역 패권국가로 위치를 굳히는 것에 대해서는 매우 경계하는 모습이다. 중국이 아시아에서 패권을 확립할 경우 미국의 영향력을 배제하고 점차 아시아를 넘어 지구적 차원에서 미국의 이익을 위협하는 패권국가로 성장할 가능성이 있다고 보기 때문이다. 특히 군사적으로 미국의 영향력이 부정되고 중국의 밀어내기 전략이 성공할 경우 아시아의 중국 인접국가는 소위 핀란드화되어 중국의 영향권에 편입될 것으로 보고 있다.

미국은 한편으로는 비군사 영역에서 중국에 대한 압박을 가하면서 중국에 대한 군사력 우위를 확보하여 현상 유지를 하는 한편, 미국의 동맹국과 파트너 국가들과의 연대를 강화하려는 모습을 보이고 있다. 그러나 무엇보다 군사력과 군사기술, 무기, 전략 부분에서 중국에 대한 압도적 우위를 지켜나가려고 노력하고 있다. 미국은 제2차 세계대전 이후 소위 안보 국가national security state로서 강한 군사력을 바탕으로 패권을 이룩해 온 국가이다. 그 핵심은 국방부와 군사기술의 발전을 추구하는 정부 산하의 연구소, 대학, 방위산업의 혼성 네트워크이다. 미국은 전쟁을 겪으면서 국가 주도의 군사기술 발전의 필요성을 절감했고 국가 예산과 정부의 행정 리더십하에서 다른 국가들에 앞서는 군사기술 네트워크를 발전시켜 왔다. 이 과정에서 방위산업들은 사적 부문에서 군사기술을 발전시키면서 제조업 기술과 인력을 바탕으로 미국의 군사력을 증강시킨 주된 세력이다(위성권, 1996).

미국의 방위산업은 현재 세계 5위 기업을 석권하면서 세계 100대 기업의 다수를 차지하고 있다. 주로 미국 국방부의 군사수요를 충당하면서 미국의 세계적인 군사적 우위, 그리고 최근에는 중국에 대한 군사적 견제전략을 위해 필요한 군사기술개발에 앞장서고 있다(안영수·김미정 2017; 2018). 최근 4차 산업혁명 기술의 주축인 무인전투 기술, 인공지능, 양자컴퓨팅, 극초음속 비행기 등의 기술은 향후 군사기술의 패러다임을 바꿀 게임 체인저인데, 이 부문에서 미국의 방위산업들이 어떠한 약진을 보일 수 있을지가 관심이다.

이 글은 최근 벌어지고 있는 미국 방위산업 부문의 현황을 점검해 보고 미국의 대중 군사전략의 변화에 따라 방위산업이 어떠한 역할을 하고 있는지를 알아본다.[1] 미국은 트럼프 정부 들어 제조업의 부진과 방위산업의 공급망 약화에 대해 지대한 관심을 기울이면서 방위산업 강화를 주장하고 있다. 특히 중국에 대한 다영역 작전multi-domain operation을 추구하면서 육해공, 우주, 사이버 부문의 기술 발전과 통합 명령, 통제, 의사전달 시스템 확립에 많은 힘을 기울이고 있다. 이 글에서는 세계 1위의 방위산업체인 록히드마틴을 사례로 들어 미국이 어떠한 군사기술개발 방향을 보이고 있는지를 살펴보고자 한다. 방위산업에 대한 연구는 구체적인 내용이 공개되어 있지 않을 뿐 아니라 개별 기업들에 대한 연구가 정치학 분야에서 크게 발전되어 있지 않아 제한된 자료로 사실 확인을 해야 하므로 아무래도 제한이 있다. 주로 미국 행정부와 의회가 발간하는 방위산업에 대한 자료들과 기업의 연례수익보고서, 그리고 군사 부문 싱크탱크들의 보고서 등이 참고가 된다. 이 글은 이러한 내용들을 참고하여 최근 미국의 방위산업, 대중 전략, 그리고 록히드마틴의 기술개발 현황 등에 대해 알아보고자 한다.

2. 트럼프 정부의 방위산업의 인식 및 대처

미국은 현재 군사 부문에서 세계 패권의 지위를 유지하고 있지만 그 역사는 100년 남짓하다. 1917년 제1차 세계대전에 미국이 참전한 이후 미국은 군사기술의 중요성을 절감했고 오랜 시간에 걸쳐 국가 주도의 군사기술 발전을 추진해 왔다. 소위 안보 국가의 성격을 가진 국가로 등장하면서 국가 부문과 과학기술연구 부문, 상업적 방위산업 부문을 연결하는 유기적 네트워크를 실현해 왔다.

제2차 세계대전 직전부터 미국은 국가가 주도하여 과학기술과 방위산업을 긴밀히 연결했고, 제2차 세계대전 이후 1947년 국방부 및 각 군이 수립되고 냉전이 본격화되면서 안보 국가의 성격을 강화했다. 미국은 세계의 패권국가로

---

1 미국 방위산업의 현황 및 역사 등에 관해서는 Ryan(2020), Dunlap(2011), Hooks and McQueen (2010), MacDougall and Dockyard(2012), Pavelec(2010), Weber(2001) 등 참조.

제2차 세계대전 종전 이후 빠른 속도로 방위산업을 발전시켰다. 베트남 전쟁에서 후퇴하기 전인 1970년대 초까지 미국의 방위산업은 핵과 통상 무기 부문에서 빠른 발전을 지속했다. 제도적으로도 1947년 국가안보법을 제정하고 냉전을 수행하기 위한 「NSC-68」이 본격화되면서 미국은 안보 국가로서 다양한 인프라를 구축하게 된다.

1970년대까지는 국방 부문에서 발전된 기술이 상업 부문으로 확산되는 소위 스핀오프의 성격이 강했지만, 이후에는 시장과 상업 부문의 기술이 국방 부문으로 유입되는 스핀온의 성격이 강해졌다. 미국의 국방 부문 발전은 국가의 강력한 주도가 중요했지만 이를 뒷받침하는 과학기술계와 방위산업 부문도 무시할 수 없다(장원준 외, 2018).

군사 부문에서 안보 국가는 군사안보전략의 수립, 강력한 군대의 유지, 국방비 증가, 군수 물자의 조달 등의 노력을 기울이지만 첨단 무기 기술의 개발을 위한 노력과 이를 생산하기 위한 제조업 기반 확충 및 방위산업 육성의 노력도 기울여야 한다(이상진·이대욱, 2007). 미국은 안보 국가로서 기술개발과 방위산업 발전을 위해 다음과 같은 주요 임무를 수행해 왔다. 즉 새로운 기술을 조달하기 위해 사적 부문과 조달계약 체결(국방부, NASA, 에너지부, CIA), 반도체에서부터 재생에너지에 이르기까지 조달 계약을 통해 혁신에 대한 수요를 제공(국방부, NASA, 에너지부), 사적 부문의 기술개발자와 새로운 산업 부문을 설립하기 위한 협력(해군연구실Office of Naval Research, 방위고등연구기획국, 에너지부), 국립연구소, 대학, 사적 부문에 대한 개발 재정지원(국가국립과학재단, 국방부, NASA, CIA), 새로운 기업들 설립 지원, 국가연구소의 개발을 방위산업체들이 사용할 수 있도록 허가, 벤처기업 지원 및 혁신 독려, 혁신 사슬(연구자, 프로그램 매니저, 벤처자본, 제조자, 구매자)의 각 부분에서 연결성 보완 등의 주요 기능을 수행한다(Weiss, 2014: 8~9).

미국은 냉전기 전 기간에 걸쳐 압도적인 국방비 지출을 하면서 방위산업과 기술개발에서 세계적으로 부동의 우위를 유지했다. 그러나 냉전이 종식되고 국방비를 삭감하면서 미국의 군사기술개발은 정체된 상태에 머물렀다. 21세기에 접어들면서 테러와의 전쟁으로 군사기술 발전의 필요성이 대두했지만, 2008년 경제위기 이후 국방예산 삭감에 대한 다양한 벽에 부딪혔다. 더불어 제조업의 전반적인 악화로 방위산업의 저발전, 그리고 생산공급망의 해외의존도가 높아지는 문제에 처하게 된다.

트럼프 미국 대통령은 2017년 7월 21일 '미국의 제조업과 방위산업 기반 및 공급망 회복을 위한 조사 및 강화 관련 행정명령 13806호Executive Order 13806 on Assessing and Strengthening the Manufacturing and Defense Industrial Base and Supply Chain Resiliency of the United States'를 발동했다. 이는 방위산업 발전과 지원을 위해 정부 차원의 노력을 추구하는 내용이다. 미국은 전체적으로 방위산업 침체에 대한 위기의식이 높아져 트럼프 정부의 전략적 기반인 군사력 건설과 제조업, 방위산업 건설에 힘을 기울이려 한 것이다. 행정명령은 방위산업에 대한 정책 방향 제시, 국방부 및 다른 부처와의 협력 방안 등을 다루고 있다. 트럼프 대통령은 미국 제조업이 하향세임을 인식하고 제조업, 방위산업, 공급망 복원 등을 강조하며 이를 통해 군사대비태세를 강하게 유지하려 하고 있다.

행정명령에 대해 국방부의 보고서는 미국 방위산업이 당면한 문제를 다음과 같이 제시하고 있다. 미국 제조업과 방위산업을 위협하는 5대 요소는 예산 집행의 불확실성과 예산 자동 삭감, 제조 능력 감소와 제조 규모의 감소, 부정적 영향을 미치는 정부사업 및 획득 관행, 경쟁국들의 산업정책, 미국의 STEM Science, Technology, Engineering, Mathematics: STEM과 무역기술의 축소 등이다. 더불어 10대 위협도 함께 제시하고 있다.[2]

대통령 행정명령 이행을 위한 정부합동 태스크 포스는 다음과 같은 후속 조치를 보고하여 방위산업의 발전 방향을 제시한 바 있다. 즉, 「국방전략보고서」

---

2 트럼프 정부의 방위산업 강화 및 행정명령에 대한 분석을 위해서는 윤영식(2017; 2019)을 참조.

표 5-1 미국의 제조업과 방산을 위협하는 5대 위협 요소

위협 요소	정의
예산집행의 불확실성과 예산 자동 삭감	일관성 없는 예산집행, 미래 예산규모의 불확실성, 시장의 불안정을 야기하는 '예산통제법(Budget Control Act)'의 영향
제조 능력 감소와 제조 규모의 감소	공급자 생존 능력 감소, 국내에서 획득할 수 있는 양에 영향을 미치는 제조 및 방산 기반산업 전 분야에서의 감소
부정적 영향을 미치는 정부사업 및 획득 관행	정부와 업체들의 협업을 어렵게 하는 요소들(공급자에 부정적 영향을 미치는 계약규정 및 정책, 계획변경 등 기타 문제들)
경쟁국들의 산업정책	경쟁국들의 국내 산업정책 및 국제교역 정책(특히 악명 높은 중국의 경제적 공략, 미국의 국가안보 혁신 기반의 생존 능력 및 규모를 직간 접적으로 감소시킴)
미국의 STEM과 무역기술의 축소	인적자본 부족(STEM 재능자 부족 및 무역기술 감소, 혁신적인 제조 및 고용유지 능력 감소)

자료: 윤영식(2019: 73).

에 명시된 바와 같이 국가안보 노력을 지원하는 산업정책을 수립하여 현재 및 향후의 획득 절차를 보고할 것, 국방부 '국방물자생산법' Title III 프로그램, 제조기술 프로그램, 산업기반 분석 및 운영유지 관련 프로그램 등을 통해 산업기반의 하위 계층에 직접투자를 확대함으로써 병목현상을 해결하고 취약한 공급업체를 지원하며 단일 장애점을 줄일 것, 미국이 접근할 수 없는 정치적으로 불안정한 국가의 공급원에 대해서는 완전한 의존을 벗어날 수 있도록 해외 공급원을 다원화할 것[다원화 전략에는 리엔지니어링(공정 등 재설계), '국방비축프로그램' 활용 확대, 또는 새로운 공급업체의 자격 부여 등이 포함될 수 있음], '국가기술산업기반' 및 이와 유사한 구조를 통해 공동의 산업기반 문제에 대해 동맹국 및 파트너와 협력할 것, 군 장비를 유지하고 비상사태 시 폭증하는 요구사항을 충족할 준비태세를 완비하기 위해 국영 방산기반을 현대화할 것, 국내 인력의 과학·기술·공학·수학STEM 및 주요 직업기술 인력을 확대하기 위한 인력개발 노력을 가속화할 것, 더 효율적인 절차를 도입하여 인원보안 분야 인가 적체를 줄일 것, 미래의 위협에 대비한 차세대 기술개발 노력을 강화할 것 등이다.

미국은 정부 주도로 더 적극적인 방위산업 지원을 추구하면서 군사태세의

표 5-2 미국의 제조업과 방산을 위협하는 10대 위험

위험의 종류	정의
유일한 공급자(Sole Source)	단 하나의 공급자만이 요구하는 것을 공급할 수 있음.
단독 공급자(Single Source)	단 하나의 공급자만이 요구하는 것을 공급할 수 있는 자격을 가지고 있음.
취약한 공급자(Fragile Supplier)	재정적으로 도전을 받거나 압박을 받는 공급자
취약한 시장(Fragile Market)	구조적으로 빈약하여 국내에서는 소멸이 예상됨.
제한적인 시장규모 (Capacity Constrained Market)	필요한 만큼 확보할 수 없는 양
해외의존(Foreign Dependency)	국내에서는 그 물자를 생산하지 않거나 충분한 양을 생산하지 않는 경우에 발생
제조원 감소 및 물자부족(DMSMS)	관련 공급자들이 감소되어 생산품 혹은 물자의 진부화 현상
미국 내 인적자본 부족 (Gapin U. S.-based human capital)	산업계에서 필요한 기술을 보유한 미국 노동자들을 고용하고 그 고용을 유지할 수 없는 상태
미국 내 기반시설의 소멸 (Erosion of U. S.-based Infrastructure)	통합, 제조 혹은 능력 유지를 위해 필요한 특화된 주요 장비의 손실
생산보안(Product Security)	사이버 및 물리적 보호 결여로 외부의 침입 현상 발생

자료: 윤영식(2019: 80).

확보를 위해 기술개발을 가속화하고 독자적인 생산공급망을 확대하면서 동맹 및 파트너 국가들과의 협력, 상호 운용성을 보완한다는 전략이다.

3. 미국 방위산업의 추이 및 향후 중점 분야

미국의 군사기술 발전 현황 및 방위산업 기반에 대한 전체 상황은 미 국방부가 1997년 이래 제시하는 의회보고서를 통해 파악할 수 있다. 이 보고서는 국가안보 소요와 관련한 내용을 제시하며 방위산업의 현황을 분석하고 있다. 산업기반에 대한 연례보고서는 다음과 같은 내용을 담고 있다. 첫째, 국방부의 예산배정, 무기획득, 군수지원 의사결정 절차와 관련된 국방부의 지침이다. 둘째, 다음 회계연도에 요구할 국방부 예산(안)을 편성하는 데 사용된 산업 능력

그림 5-1 미국 방위산업의 각 부문별 수익 상황(2012~2018)

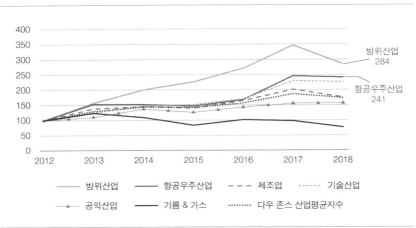

주: 이 그래프는 2012년을 100으로 하여 변동 추이를 상대적으로 나타냈다.
자료: Office of the Under Secretary of Defense for Acquisition and Sustainment(2019: 17).

평가 및 분석 내용이다. 셋째, 핵심적인 기술 및 산업 능력을 유지하기 위해 계획하고 있는 프로그램 혹은 조치사항에 대한 요약 등이다(Office of the Under Secretary of Defense for Acquisition and Sustainment, 2019).

2019년 5월에 작성된 「2018회계연도 산업역량보고서Report to Congress: Fiscal Year 2018 Annual Industrial Capabilities」를 살펴보면, 미국의 국방전략, 방위산업 개관, 세계 방산시장에서 미국의 지위, '행정명령 13806'의 후속조치로서 미국 방위산업 및 공급망 평가, 핵심 신규기술 등을 분석하고 있다. 이 보고서는 미국 방산 부문의 재정적 상황 및 이윤 수준을 평가하여 향후의 지속가능성을 제시하고 있다. 특히 전년(2017) 대비 미국 방산 부문과 항공우주산업 부문은 다른 산업 부문에 비해 높은 수익을 거두고 있으며 시장에서 기업 평가도 높은 것으로 제시되고 있다.

또한 방위산업의 이자, 세금, 감가상각비 이전 기업이익earnings before interest, tax, depreciation, and amortization: EBITDA도 방위산업별로 분석하고 있다. 방위산업을

그림 5-2 미국 6대 방위산업의 기업이익(2012~2017)

(단위: %)

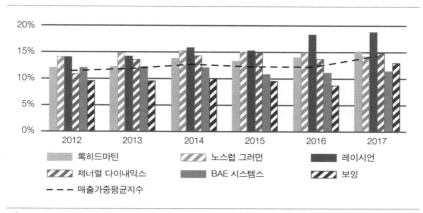

자료: Office of the Under Secretary of Defense for Acquisition and Sustainment(2019: 18).

둘로 나누어 보고하고 있는데, 방위산업의 대체적인 분류를 살펴볼 필요가 있다. 미국의 방위산업은 무기개발 및 조립생산 구조에 따라 주 생산업체prime contractors, 하청업체subcontractors, 공급업체suppliers로 구분할 수 있다. 주 생산업체는 방위산업의 피라미드식 구조에서 최상단에 위치하며 부품조립뿐만 아니라 전반적인 무기체계 완성 및 종합 기능을 수행하고 통상무기체계 금액의 40~60%를 차지한다.

하청업체는 주 장비에 대한 구성품들(레이더, 컴퓨터, 엔진, 전자제품)을 제조하여 주 생산업체에 제공한다. 보통 1개의 완성 장비를 만들기 위해 1300개 이상의 하청업체가 필요하다. 하청업체는 대개 구성품에 대한 연구개발 투자에 전념하며 독자적 기술을 보유하고 있다.

공급업체는 피라미드 구조의 최하단에 위치하며, 전기배선, 배터리, 베어링 등을 하청업체에 공급하며, 군사 부문뿐만 아니라 일반상업용 시장 판매도 겸하고 있다.

「2018 산업기반 연례보고서」를 보면 미국 방위산업의 수익률은 비교적 안

그림 5-3 미국 국방부 계약업체 수익률(2012~2017)

(단위: %)

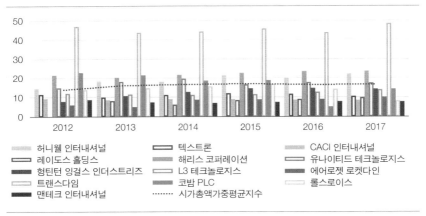

허니웰 인터내셔널   텍스트론   CACI 인터내셔널
레이도스 홀딩스   해리스 코퍼레이션   유나이티드 테크놀로지스
헝틴턴 잉걸스 인더스트리즈   L3 테크놀로지스   에어로젯 로켓다인
트랜스다임   코밤 PLC   롤스로이스
맨테크 인터내셔널   ⋯⋯ 시가총액가중평균지수

자료: Office of the Under Secretary of Defense for Acquisition and Sustainment(2019: 17).

정되게 유지되고 있음을 알 수 있다.

이러한 상황에서 미국은 향후 방위산업 기반 발전을 위해 주요 부문을 선택하는 한편 첨단기술 부문을 집중 육성하고자 계획하고 있음을 알 수 있다. 우선 전통 부문과 교차 주요 부문을 나누고 있다. 또한 첨단기술의 부문으로 극초음속, 지향성 에너지 무기, 인공지능 및 기계학습, 양자과학, 마이크로 일렉트로닉스, 네트워크화된 명령, 통제, 의사소통체계, 우주, 자율무기, 사이버 등을 들고 있다.

보고서는 또한 중국 방위산업체의 성장에 대해 큰 관심을 기울이고 있다. 보고서에 따르면 중국은 주요 국방 제조국으로 부상했으며, CSGCChina South Industries Group Corporation, AVICChina Aviation Industry Corporation 및 NORINCOChina North Industries Group Corporation와 같은 대규모 국방 회사를 배출했다. 이 기업들은 2016년에 7개 회사의 매출이 50억 달러를 넘어서면서 빠르게 성장했다. 한 가지 예외적인 경우로 중국 방위산업체 중 2위 규모를 자랑하는 AVIC의 수입은 지난 10년간 2007년 310억 달러에서 590억 달러로 93% 증가했다. 2017년

그림 5-4 전통 부문과 교차 주요 부문의 항목들

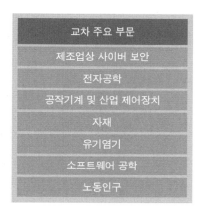

전통 부문
항공기
생화학무기, 방사능무기, 핵무기(CBRN)
그라운드 시스템
군수품, 미사일
핵탄두
레이더/전자전
조선
군인 시스템
우주

교차 주요 부문
제조업상 사이버 보안
전자공학
공작기계 및 산업 제어장치
자재
유기염기
소프트웨어 공학
노동인구

자료: Office of the Under Secretary of Defense for Acquisition and Sustainment(2019: 30).

에 중국은 2조 4000억 달러에 달하는 재화와 서비스를 수출했다. 중국의 주요 수출품은 방송 장비, 컴퓨터, 사무기기 부품, 집적 회로 및 전화였다. 미국의 주요 수출 대상국은 미국, 홍콩, 일본, 독일 및 한국이다. 중국의 주요 수입품에는 집적 회로, 원유, 철광석, 자동차 및 금이 포함된다. 중국은 제조 및 기술 부문의 세계적인 리더가 되기 위해 '중국제조 2025' 계획을 추진하고 있다. 중국은 또한 양자 컴퓨팅 및 5G 기술과 같은 기술 부문에서 가장 큰 글로벌 플레이어 중 하나가 되었으며 생명 공학 및 우주 연구에도 투자하고 있다.

한편, 2017년 1월에는 중국 시진핑 지도부가 미국의 록히드마틴, 보잉사와 같은 미국식 군산복합체 설립에 박차를 가하고 있다는 분석도 있었다. 중앙 정치국은 같은 해 22일 중국 군사와 민간 사이 통합에 중심적인 역할을 담당할 '중앙군민융합발전위원회'를 설립하고 이를 시진핑習近平 국가주석이 직접 이끌도록 결의했다고 언론이 전하고 있다. 이 위원회의 설립 목적은 군사기술이 민

그림 5-5 2016년도 23개 최대 방위산업체 무기 판매 현황

(단위: 10억 달러)

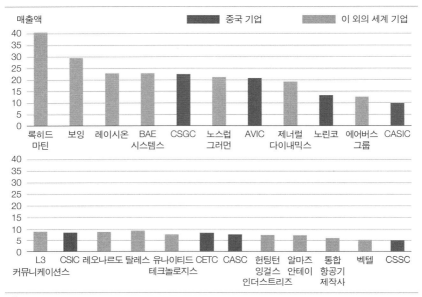

자료: Office of the Under Secretary of Defense for Acquisition and Sustainment(2019: 27).

간 부문에 적용되도록 하는 것과 민간 자본이나 기업이 군수산업에 진출하도록 지원하는 것, 두 가지라고 분석했다. 중국이 제13차 5개년 경제개발계획(2016~2020)의 주요 목표로 군과 민간 부문의 통합을 추진 중이라는 보도도 나오고 있다. 이에 앞서 지난 2015년 쉬치량許其亮 중앙군사위원회 부주석은 미국의 군산복합체와 같은 시스템이 중국에서도 만들어져야 한다고 주장한 바 있다. 당시 쉬 부주석은 많은 나라들이 민간 자원을 군 개발에 투입하고 있다며 이 국가들은 군산복합체를 통해 국방력을 제고하고 엄청난 경제적·사회적 혜택을 창출하고 있다고 강조했다. 시 주석이 해당 위원회 위원장을 맡게 된 이유 역시 2017년 대규모 군 감축 등 군사개혁을 진행해 온 맥락에서 군산 복합체 설립을 주요한 국가 정책으로 추진하기 위한 것으로 볼 수 있다(문예성, 2017.1.23).

4. 세계 방위산업 기업 현황

미국의 방위산업의 위치를 알아보려면 세계 방위산업의 기업 생태 네트워크가 어떻게 유지되고 있고, 그 속에서 미국이 어떠한 위치를 차지하고 있으며, 어느 정도의 강점을 가지고 있는지 알아볼 필요가 있다. 스톡홀름 국제평화연구소SIPRI의 2018년 통계에 따르면 중국을 제외한 세계 100대 방산기업의 무기 판매는 420억 달러에 달했다(Fleurant et al., 2019; SIPRI, 2020). 이는 2017년 대비 4.6% 증가한 수치이다. 또한 2018년 상위 100대 방산기업의 무기 판매는 2002년보다 47% 증가했다. 2018년 상위 100대 기업의 판매 증가는 주로 상위 5개 회사, 특히 미국에 본사를 둔 상위 5개 회사의 무기 판매 증가로 인한 것이다. 이러한 증가는 전 세계 군사 지출 증가, 특히 2017년에서 2018년까지 미국 지출의 증가와 관련이 있다(Fleurant et al., 2019).

2018년 기준 100대 방산기업은 대부분 미국, 유럽, 러시아 기업이며 이 중 미국 기업이 압도적으로 다수를 차지한다. 또한 전체 70개 기업이 미국과 유럽에 있고 무기 판매의 83%를 차지한다. 2018년 매출액은 3480억 달러로 전년 대비 5.2% 증가했다. 이 중 유럽 기업들의 매출액은 1020억 달러이며 전년 대비 0.7% 증가했다. 러시아는 100대 기업 중 10개를 차지하고 있는데 매출액은 362억 달러이다. 개별 국가로는 러시아가 100대 기업 중 2위를 차지하고 있고 유럽에서는 영국이 가장 큰 기업을 가지고 있다.

100대 기업 중 10개의 최상위 기업의 매출액은 2100억 달러로 전년 대비 5.7%가 증가했으며, 2002년 이래 최상위 5개 기업이 모두 미국 기업이다.

미국 기업은 세계 최상위 100대 방산기업 중 43개를 가지고 있고 매출액은 2018년 기준 2460억 달러로 전체의 59%를 차지한다. 미국 방산기업 중 1위는 록히드마틴으로 2018년 기준 100대 기업 전체 판매량의 11%를 차지하고 있고 전년 대비 5.3% 증가했다(Lockheed Martin, 2018; 2019). 2009년 이래 1위의 자리를 지키고 있는 록히드마틴은 최근 미국을 비롯해 여러 나라에 F-35를 판매한

표 5-3 중국 제외 세계 100대 무기 수출 기업, SIPRI 2018년도 통계

(단위: 100만 달러)

순위[b]		기업[c]	국가[d]	2018년 무기 판매량 (US$ m.)	2017년 무기 판매량 (상수 범위 2018 U$m.)[e]	무기 판매량 변화(%) 2017~2018	2018년 총판매량 (US$ m.)	2018년 총판매량 대비 무기 판매량(%)
2018	2017							
1	1	록히드마틴	미국	47,260	44,935	5.2	53,762	88
2	2	보잉	미국	29,150	27,577	5.8	101,126	29
3	3	노스럽 그러먼	미국	26,190	22,908	14	30,095	87
4	4	레이시언	미국	23,440	22,570	3.9	27,058	87
5	6	제너럴 다이내믹스	미국	22,000	19,969	10	36,193	61
6	5	BAE 시스템스	영국	21,210	22,384	-5.2	22,428	95
7	7	에어버스 그룹	유럽 통관	11,650	10,691	9.0	75,195	15
8	9	레오나르도	이탈리아	9,820	9,403	4.4	14,447	68
9	10	알마즈안테이	러시아	9,640	8,195	18	9,872	98
10	8	탈레스	프랑스	9,470	9,601	-1.4	18,767	50
11	11	유나이티드 테크놀로지스	미국	9,310	7,967	17	66,501	14
12	12	L3 커뮤니케이션스	미국	8,250	7,936	4.0	10,244	81
13	13	헌팅턴 잉걸스 인더스트리즈	미국	7,200	6,626	8.7	8,176	88
14	16	허니웰 인터내셔널	미국	5,430	4,567	19	41,802	13
15	14	통합항공기 제작사	러시아	5,420	6,168	-12	6,563	83
16	19	레이도스	미국	5,000	4,485	11	10,194	49
17	17	해리스 코퍼레이션	미국	4,970	4,557	9.1	6,801	73
18	15	통합조선공사	러시아	4,700	4,762	-1.3	5,565	84
19	20	부즈앨런해밀턴	미국	4,680	4,424	5.8	6,704	70
20	18	롤스로이스	영국	4,680	4,714	-0.7	20,972	22

자료: Fleurant et al. (2019: 9).

성과에 말미암아 더욱 성장했다.

2위를 차지한 보잉은 100대 기업 중 6.9%를 차지하고 있고 전체 매출액은 292억 달러에 달한다. 노스럽 그러먼의 경우 262억 달러의 매출액을 기록하여 전년 대비 14% 증가율을 보이고 있다(Northrop Grunmman, 2019). 이러한 매출

그림 5-6 2017~2018년도 세계 100대 무기 판매 방위산업체의 국가별 비율 변화

(단위: %)

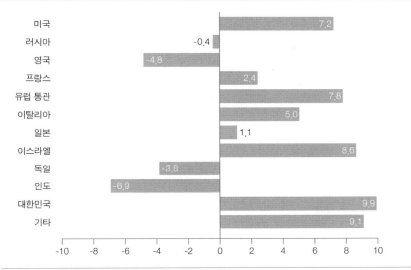

자료: Fleurant et al.(2019: 3).

그림 5-7 2002~2018년도 세계 100대 방위산업체 무기 수출

(단위: 10억 달러)

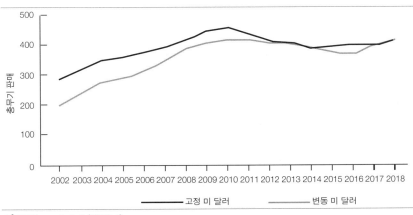

자료: Fleurant et al.(2019: 1).

그림 5-8 세계 100대 방위산업체의 국가별 무기 수출 비중

(단위: %)

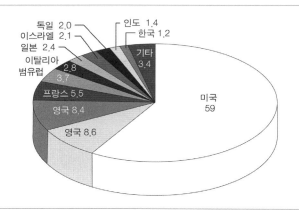

자료: Fleurant et al.(2019: 4).

액 증가는 100대 기업 중 최대로, 오비탈 ATKOribital-ATK 과의 합병에 힘입어 대륙 간 탄도미사일ICBM, 미사일방어체제 등의 무기 판매가 증가하여 가능했다. 그 다음으로 레이시언이 4위, 제너럴 다이내믹스가 5위를 차지하고 있다(Raytheon, 2018; General Dynamics, 2019).

트럼프 정부 등장 이후 미국은 중국, 러시아에 대한 지정학 경쟁과 테러집단에 대한 대응 등을 주된 군사전략의 목표로 내걸고 다양한 군사현대화 계획에 박차를 가하고 있다. 이에 대한 반응으로 미국의 많은 방산기업들은 인수 합병을 추진하는 양상을 보이고 있다. 2017년과 2018년에 상위 100대 기업에 포함된 미국의 여러 방산기업들은 경쟁사보다 우위를 점하기 위해 다른 회사의 사업 부문을 합병 또는 인수했다. 대표적으로 노스럽 그러먼의 오비탈 ATK 인수를 비롯해 유나이티드 테크놀로지스의 록웰 콜린스 인수 및 제너럴 다이내믹스의 CSRA 인수가 포함된다. CACI 인터내셔널CACI International의 제너럴 다이내믹스 사업부 인수 및 엔질리티Engility의 SAIC 정보기술IT 부문 인수와 같은 소규모 거래도 있었다. 이러한 인수 합병은 보통은 흔치 않은 것으로 최근의 사례

는 냉전 종식 직후 정도의 시기를 들 수 있다. 1990년대 중반에 일어난 인수 합병이 냉전 종식 이후 급격한 미국 국방비 감소와 연관된 것이라면 최근의 현상은 이와 다르다. 트럼프 정부는 중국, 러시아에 대한 군사현대화 경쟁을 본격적으로 선언했고 이를 위해서는 매우 급격한 기술 발전이 필요하다. 이 과정에서 미래 지향 기술을 선점하기 위해 많은 기업들이 혁신의 필요성을 절감하고 있고 이에 따라 기술발전 및 미국 정부의 수요에 따른 인수 합병이 이루어지고 있는 것이다.

5. 록히드마틴의 기업전략 및 현황

록히드마틴은 잘 알려진 바와 같이 1912년에 글렌 마틴Glenn Martin이 설립한 회사를 모태로 1995년 록히드와 마틴 마리에타가 합병하여 설립된 세계 최고 전투기 제작사이자 첨단기술 회사이다. 록히드마틴은 세계 1위의 방위산업체로 미국의 군사전략에 따라 무기 개발에 앞장서 왔다. 록히드마틴의 무기 개발 및 기업 방향을 통해 미국 군사전략의 방향과 방위산업체 전체의 흐름을 어느 정도 엿볼 수 있다. 이 회사는 무엇보다 사업 전체에 걸친 혁신을 강조하고 있다(Hartung, 2011). 스컹크 워크스Skunk Works라는 핵심 혁신 설계진을 운용하여 최신 기술개발에 힘써온 것은 유명한 사실이다(Jay, 1995). 2019년의 기업공개 보고서가 주로 사업 방향을 보여주고 있는데, 주된 사업 부문은 전투기와 항공기aeronautics, 미사일과 무기missiles and fire control, 레이더, 그리고 헬기-레이더의 명령-통제 시스템rotary and mission systems, 우주 부문space 등이다.

록히드마틴의 주력 사업은 다음에서 보듯이 미국의 향후 다영역 작전을 위해 필요한 무기체계와 긴밀하게 연결되어 있다. 가장 대표적인 것은 F-35 프로그램인데 이는 미국 해군이 제창하는 초기 작전 능력Initial Operational Capability을 충족시키기 위한 것으로, 록히드마틴은 이 프로그램에 힘을 기울이고 있다.

F-35는 5세대 전투기로 미국뿐 아니라 영국, 일본, 노르웨이 등에 수출하고 있고 한국, 싱가포르, 폴란드 등에도 수출 범위를 넓히고 있다. 또한 4세대 전투기로 가장 뛰어나다고 여겨지는 F-16의 지속적인 판매도 추진하고 있다.

F-35는 록히드마틴 전체 매출의 27%, 전투기 사업부 매출의 38%를 차지한다. 록히드마틴은 지난해 11월 미 국방부와 2023년까지 F-35를 225대 공급하는 계약을 체결했다. 계약 규모만 227억 달러(26조 5000억 원)이다. 록히드마틴은 지난해 F-35를 91대 생산했는데, 2020년 생산 목표는 131대로 40% 이상 늘려 잡았다. 올 1분기 인도한 F-35는 26기로 지난해 1분기(14기)보다 12기가 많다.

록히드마틴의 다음 주력 사업은 유도다연장로켓시스템Guided Multiple Launch Rocket System으로 40마일 이상의 사거리에서 정확도가 높은 타격률을 보인다. 록히드마틴은 미국 정부에 팩 3 미사일Patriot Advanced Capability-3(PAC-3) missile 역시 판매하고 있다. 2019년에는 사드 미사일로 미국 정부와 48억 달러의 계약을 맺었다고 명시하고 있다. 장거리대함 스텔스미사일Long Range Anti-Ship Missile: LRASM 역시 미 해군에 중요한 무기체계로 차세대 대함미사일로 여겨진다. 2019년 12월부터 차세대 장거리 미사일을 개발했는데 이는 육군이 사용한 정밀타격 미사일 프로그램으로 개선된 타격무기체계이다. 헬기-레이더의 명령-통제 시스템 부문 역시 센서, 레이더, 명령, 통제, 전투시뮬레이션, 훈련, 사이버 안보, 해저 시스템을 포괄하는 중요한 부분으로 진척되고 있다. 공격용 헬기 블랙호크와 이지스 전투 시스템 등으로 실적을 이끌고 있다. 특히 헬기 사업부는 2015년 블랙호크 제작사인 시코르스키 인수 이후 빠르게 성장하고 있다.

록히드마틴은 우주무기 개발에도 힘을 기울이고 있다. 일례로 록히드마틴은 다섯 번째 첨극단고주파advanced extremely high frequency 위성을 성공적으로 발사했는데, 이 위성은 육군, 해군, 공군, 해병대, 해안경비대에 이어 여섯 번째 군종으로 최근 창설된 미국의 우주군에게 중요한 무기 체계가 될 것이다. 미 우주군은 2020년 3월 26일 플로리다주 케이프커내버럴 공군기지에서 자군의 문장을 새긴 첫 국가안보 위성을 발사하는 데 성공했다. 이 위성은 미군의 첨단

극고주파 위성망을 완성하는 위성으로 약 10억 달러 이상이 투입되어 개발된 것으로 알려져 있다(이현우, 2020.3.29).

2019년 3월 록히드마틴은 위성에서 궤도에 있는 동안 임무를 변경할 수 있는 SmartSatTM 기술을 성공시켰다. 새로운 위성 컴퓨팅 아키텍처를 통해 사용자는 앱이 스마트폰에 추가되는 것과 같은 방식으로 소프트웨어 푸시를 통해 기능을 추가하고 새로운 미션을 할당할 수 있는 것이다. 또한 오리온 프로그램의 세 가지 주요 이정표를 달성했는데, 오리온Orion은 NASA의 우주 탐사 목표를 지원할 우주선이다.

록히드마틴은 지속적인 혁신을 강조하고 있는데, 주요 부문으로 극초음속, 레이저 무기 체계, 다영역 작전, 사이버 안보, 자율무기 등을 명시하고 있다. 향후에 디지털 변환의 비전을 실시하고 새로운 기술에 투자하면서 15억 달러의 자본 지출과 13억 달러의 자체 연구개발비를 지출할 예정이라고도 밝혔다.

극초음속 활공체 등 극초음속 무기는 보통 마하 5(음속의 5배)가 넘는 무기를 일컫는다. 극초음속 부문에서 2019년 3월 19일 미 국방부는 보도 자료를 통해 "미 육군과 해군이 공동으로 사용할 수 있는 '공동 극초음속 활공체C-HGB· Common Hypersonic Glide Body' 시험비행에 성공했다"라고 발표했다. 육군의 이동식 발사차량TEL과 해군의 최신예 버지니아Virginia급 공격용 핵잠수함SSN 수직발사기 체계에 각각 수 발씩 탑재할 수 있다. 육군 이동식 발사차량에는 2발씩 탑재된다. 앞으로 C-HGB가 실전 배치되면 미 육군은 C-HGB가 2발씩 탑재된 이동식 발사차량을 미 공군의 C-17 수송기에 실어 전 세계 어디든지 신속히 배치할 수 있다. 임무 지역에 긴급 전개된 C-HGB는 1600km 이내의 어떤 표적도 수 분 내에 타격할 수 있게 된다. 또한 교차영역작전MDO 개념을 활성화하여 C-HGB를 육군과 해군이 공동으로 사용하게 되면, 적 표적에 대한 정보를 함께 공유함으로써 표적과 인접된 육해군이 각자 보유한 C-HGB를 발사하여 먼저 표적을 타격하여 무력화할 것으로 보인다(한국군사문제연구원, 2020.3.27). 이외에도 록히드마틴은 중거리통상타격Intermediate-Range Conventional Prompt Strike 등을 개발하고 있는 것으로 알려져 있다.

록히드마틴은 미 육군과 2019년 8월에 장거리 극초음속 무기 시스템 통합 프로젝트에 대한 3억 4700만 달러 계약을 체결하고, 지상 기반 모바일 플랫폼에서 발사할 수 있는 새로운 종류의 초고속 및 장거리 미사일을 발사하는 목표를 세웠다고 말하고 있다. 또한 12월에는 미국 공군과 9억 9900만 달러 계약을 확정하고 디자인, 비행 테스트 및 나머지 계약 활동을 이행하면서 공중발사 신속대응무기Air Launched Rapid Response Weapon: ARRW 프로그램을 진행하고 있다. 이와 관련하여 미 공군은 'HCSWHypersonic Conventional Strike Weapon'라 부르는 극초음속 비행기 개발에 9억 2800만 달러, ARRW 개발에 4억 8000만 달러를 투자하겠다고 밝혔다(이강봉, 2018.9.10).

AGM-183A는 록히드마틴이 개발한 극초음속 미사일로, 2020년 공개한 이 미사일의 개발완료 시기는 2022년이다. AGM-183A의 등장으로 미국이 중국과 러시아를 앞지르게 되었다고 평가된다. 2018년 러시아는 3M22 '지르콘' 극초음속 순항미사일(최고시속 마하 8), Kh-47M2 '킨잘' 공대지 초고음속 탄도미사일(마하 10), Yu-71s '아방가르드Avangard' 극초음속 무기체계(마하 20) 등을 개발하여 공개했다. 중국은 2018년 싱쿵-2Xingkong-2'라는 극초음속 비행체를 신장자치구와 내몽고자치구 내의 미사일 발사장에서 시험하는 등 수 종의 HGV를 개발하고 있다(한국군사문제연구원, 2018.8.8). 또한 2019년 10월 건국 70주년 열병식에서는 극초음속 탄도미사일 DF(둥펑)-17을 공개했다. 중국은 지난 2017년 12월 극초음속 활공체를 탑재한 둥펑-17의 시험 발사에 성공했다. DF-17은 핵탄두형 극초음속 활공체를 탑재, 마하 10으로 비행하고 비행 중 궤도를 바꿀 수 있어 미국의 미사일방어MD 체계를 돌파할 수 있다고 알려져 있다(신경진, 2018.8.12; 유용원, 2020.4.6).

AGM-183A의 속도는 음속의 10~20배, 사거리는 수천 km에 이르는 것으로 알려졌다. 중국이나 러시아가 개발한 극초음속미사일은 음속의 5~7배, 사거리는 1000km 안팎이다. 미국의 가상 적국이 도발할 경우 가장 먼저 사용되기에 전술무기이지만 준전략급 병기로 이용될 수도 있다. 이 무기의 운반체계는 B-52 전략폭격기로 알려졌다. 미국이 B-1, B-2 전략폭격기보다 최신 준전략무기의 발사 플랫폼으로 B-52를 선택한 것은 신뢰도와 경제성의 이유이다. 무장 용적과 중량, 낮은 운용비 덕분에 B-52가 적절하다고 여겨지는데 B-52는 제트 항공기 최초로 100년을 넘길 것으로 보인다(유용원, 2020.5.17).

록히드마틴은 지향성 에너지 부문에서 미 육군 및 해군과 함께 레이저 무기를 개발해 왔다. 레이저 무기의 강점은 빠른 속도로 대륙 간 탄도미사일보다 5만 배 빠르다. 적의 공격미사일이 가까이 접근해도 즉시 방어 요격이 가능하다. 경제적으로도 유리하여 고고도 미사일 방어체계THAAD(사드) 요격 미사일은 한 발에 100억 원이 넘는 반면, 레이저빔 한 발에 드는 비용은 고작 1000~2000원 정도이다. 소음이 없고 육안으로 식별하기도 힘들다는 점에서, 발사 지점이 적에게 노출될 위험이 별로 없다는 장점이 있다. 반면 단점으로는 유도무기와는 달리, 오로지 직진만 가능하고, 경로와 속도를 수정하는 것은 불가능하다. 가장 큰 단점은 출력으로 소형 드론 격추를 위해선 50~60kW급, 대전차 미사일 요격 시에는 100kW급, 순항미사일 파괴에는 300kW급의 레이저 출력이 각각 필요하다. 2017년 7월 미 해군은 세계 최초로 레이저 무기 실전 배치에 들어갔다. 중동 걸프만의 상륙함 폰스호USS Ponce에 레이저 미사일 시스템LaWS을 장착했는데 출력 30kW, 사거리 1.6km의 능력을 갖춘 것으로 전해졌다. 공군도 이미 출력 50kW, 사거리 3~5km인 레이저 무기를 실전에 배치했고, 지속적으로 성능 개량을 추진 중이다(김정우, 2019.12.5).

미 육군은 100kW급 레이저 무기 시스템인 고에너지 레이저 전술차량High Energy Laser Tactical Vehicle Demonstrator: HELTVD을 구축하고 테스트하기 위해 록히드마틴을 포함한 팀을 선정했다. 이 레이저 무기는 육군이 자랑하는 차세대 트럭에 레이저 포를 탑재한 형태로 이루어져 있다. 록히드마틴은 이 레이저 무기가 전기와 레이저 간 변환 효율이 50%에 달하는 매우 효율적인 무기가 될 것으로 간주한다. HELTVD 시스템은 현재 미 국방부가 '파괴용 레이저 무기 개발 프로그램'의 일환으로 진행하고 있는 프로젝트로, 2022년까지 미 육군의 차세대 트럭에 100kW급 출력을 낼 수 있는 레이저 무기를 탑재하는 것이 목표이다. 계약 금액은 1000만 달러로 알려졌다. 미 육군은 완성단계에 접어든 60kW급 레이저 포 개발을 위해 2019년 록히드마틴과 계약을 체결한 바 있다. 기존에 개발된 60kW급 레이저 무기의 경우 트럭이나 장갑차에 탑재할 수 있기 때문에 기동력은 있지만, 격추할 수 있는 대상은 작은 드론 수준에 불과하다. 레이저의 출력은 파괴력과 직결되는데 개발 목표인 100kW급도 사실 적의 탄도미사일이나 전투기를 공격하기에는 충분하지 않은 출력이다(정, 2018.6.28). 레이저 포는 빛의 속도로 에너지를 전달해 원거리의 표적을 파괴하거나 무력화하는 시스템이다. 빛의 속도로 에너지를 전달하기 때문에 대기권 내에서라면 발사와 동시에 명중시킬 수 있고, 전기만 있으면 되기 때문에 발사 및 유지비가 적게 든다. 반면에 비슷한 크기나 가격의 재래식 화학 무기에 비해 파괴력은 매우 낮은 편이다(김준래, 2018.9.3).

록히드마틴은 미 해군과도 레이저 포 개발을 진행하고 있다. 헬리오스High Energy Laser with Integrated Optical-dazzler and Surveillance: Helios라는 이름의 이 레이저 포는 최대 150kW급의 출력을 낼 수 있는 레이저 무기로 오는 2020년까지 프로토타입의 레이저 포 2문을 개발하는 것을 목표로 하고 있다.

이상과 같은 사업 방향을 보면 미국의 첨단 군사기술은 중국, 러시아 등의 군사기술과 극초음속 부문에서 경쟁하고 있고, 전투력 강화를 위해 전투기, 지향성 무기, 우주개발 등에서 기술 혁신에 힘을 기울이고 있음을 알 수 있다.

6. 미국의 인도태평양 전략과 다영역 작전, 록히드마틴의 기술개발 사례

1) 미국의 인도태평양 전략과 다영역 작전

미 육군이 향후 중국에 대한 군사견제를 위해 육·해·공, 우주, 사이버를 연결, 통합 운용하는 다영역 작전을 추진한다는 것은 이미 잘 알려진 사실이다. 중국의 반접근/지역거부A2/AD 전략이 구체적인 군사현대화 전략으로 성과를 거둠에 따라 미 육군은 이에 대비할 수 있는 작전 개념을 추진해 왔고, 소위 공해air-sea 작전 개념부터 여러 차례의 변화를 거쳐 현재에 이르고 있다. 그 일환으로 육군은 2018년 7월 1일에 혁신을 위해 미래사령부AFC를 창설하여 10년의 기한 내에 기초적인 전략 기반을 마련할 목표를 세우고 있다. 육군은 미래 작전 개념인 다영역 작전은 "능력의 수렴을 통해 복수의 전장 영역과 전투 공간에서의 경쟁 지역에서 미국 우위의 기회를 창출함으로써 주도권을 확보·유지·활용하고 적들을 격퇴하며 군사적 목적을 달성하는 것"이라고 정의한다(강석율, 2018: 18). 이를 구현하기 위해 다차원 기능팀Cross Functional Team: CFT 등 약 23개 연구소를 운용하고 있다. 특히 미래 육군 개념 연구를 위해 미래개념연구소 Futures and Concepts Center: FCC를 운용하고 있는데 이는 최초에 미 육군교리사령부의 능력통합연구소The United States Army Capabilities Integration Center: ARCIC였으나, 미래사령부 출범 이후 2018년 12월 7일부로 미래사령부 소속이 변경되어 미래개념연구소로 운용되고 있다(강석율, 2018; 주정율, 2020).

미래개념 연구 목표를 보면 미 육군은 2001년 이래 주로 저강도 작전을 수행해 왔으나, 최근에는 러시아와 중국을 미래의 적으로 간주하며 이 국가들과의 대규모 전투작전을 고려하게 되어 이 2개 작전 간 '능력 격차'를 줄일 개념을 모색하게 되었다. 현재 미 육군은 이 개념을 다영역 작전으로 정의하고 있다.

미래개념연구소는 첫째, 첨단 과학기술의 차세대 무기와 장비 접목, 둘째, 시제품 제작 및 시험평가, 셋째, 개념 도출, 넷째, 작전 요구 성능 개발의 4가지

표 5-4 인도태평양 사령부의 예산 요청 금액

(단위: 100만 달러)

인도태평양 사령부- 이점 회복	FY21 요청 금액	FY22-26 요청 금액
연합 전력의 증강	606	5,244.0
전력 계획 및 배치	700.8	5,158.0
동맹 및 파트너 강화	52	332.0
훈련, 실험, 개혁	100.8	2,774.4
군수와 보안 조력	154.8	4,959.7
합계	1,614.4	18,468.1

자료: USINDOPACOM. U. S.(2020: 1)

목표를 지향한다. 세부 추진내용에서 총 6개의 세부계획을 제시하는데, 이는 ① 장거리 정밀화력, ② 차세대전투차량, ③ 미래수직이동 수단, ④ 기동원정네트워크, ⑤ 대공미사일방어, ⑥ 전사의 살상력 증대이다. 미래개념연구소는 과거와 미래 작전 간 능력 격차 해소를 2028년까지 마무리하고, 2035년까지는 다영역 작전을 전 육군에 적용하는 로드맵을 갖고 있다.

이러한 전략은 4차 산업혁명 기술인 인공지능과 기계학습을 활용하여 합동전 전장지휘통제와 센서-지휘통제-무기 간 '미국형 킬체인' 개념에 기반한 것으로 알려져 있다. 이는 과거 단일 도메인에서의 센서-지휘통제-무기 개념보다 다영역 도메인에 기반을 둔 더욱 정교한 미래 작전 개념이다(이진수, 2020.2.6).

이러한 작전 개념은 예산과 방위산업의 뒷받침으로 가능하다. 2020년 5월 20일 텍사스의 맥 손베리Mac Thornberry 공화당 하원의원은 하원의 군사위원회에서 인도-태평양 억지이니셔티브Indo-Pacific Deterrence Initiative: IPDI 법안을 발의했다. 이니셔티브는 인도태평양 지역에서 전력 배치, 조달, 인프라, 군수 부문에 필요한 자원을 조달하는 한편, 동맹국들과의 상호 운용성을 제고하고 훈련 기회를 증대하는 목표를 가지고 있다고 분석된다. 유럽이 유럽 억지이니셔티브

European Deterrence Initiative: EDI를 추구하는 목표는 러시아를 억지하여 유럽에서 미국의 주도권을 유지하는 것인데, 마찬가지 개념으로 인도태평양 지역에서 중국과 러시아의 도전에 대처하기 위한 법안으로 발의되었다. 「2018년 국방전략요약National Defense Summary」에서 제시된 장기적인 중국, 러시아에 대한 전략경쟁의 우선성이라는 명제를 실현하기 위한 것이다(Thornberry, 2020).

거의 같은 시기에 미국의 인도태평양 사령부는 2022년부터 2026년에 해당하는 투자 계획을 공표했다. 「국방수권법안, 1253조, 평가National Defense Authorization Act, Section 1253 Assessment」의 요약본만 알려져 있지만 내용은 인도태평양 지역에서 중국에 대한 군사적 견제전략의 기반을 제시하고 있다. 주로 네 영역의 투자 계획을 보이고 있는데, 첫째, 연합 전력의 증강, 둘째, 전력 계획 및 배치, 셋째, 동맹 및 파트너 강화, 넷째, 훈련, 실험, 개혁 부문이다. 여기서 이 글과 관련 있는 부분은 첫 번째인 전력 증강 부분으로 미국이 인도태평양 국면에서 어떠한 전력 증강을 추구하는지 알 수 있다. 액수는 회계연도 2020년에 6억 600만 달러를 요청하고 있고, 2022년부터 2026년까지 52억 4400만 달러를 요청하고 있다. 전체 예산요청 규모는 2021년 16억 1440억 달러이고, 2026년까지의 5년간은 184억 6810억 달러이다(USINDOPACOM, 2020).

2) 인도태평양 전략의 무기체계 발전

이러한 계획하에서 어떠한 군사무기 및 기술이 이를 뒷받침할 것인지는 인도태평양 사령관의 보고서에 대략적으로 제시되어 있다. 미국은 대중 군사견제를 위해 새로운 무기체계를 개발하고 있으며 이는 방위산업의 무기 생산과 연결된다. 다영역 작전을 경쟁단계, 침투단계, 분리단계, 전과확대 단계, 경쟁으로의 회귀단계로 나눌 때, 적대국 영토 내 전략적 시설을 타격하기 위한 장거리 극초음속무기, 작전 수준에서 기존 전술지대지미사일ATACMS을 대체하고 사거리와 발사량을 증가시킨 정밀타격 미사일, 차세대 전투차량, 차세대 수직

표 5-5 무기 부문 인도태평양 사령부의 예산 요청 금액

(단위: 100만 달러)

합동위력투자계획	FY21	FY22-26
국토 방어 시스템(괌)	77	1,594
장거리 정밀화력	267	760
TACMOR(팔라우)	0	185
HDR(하와이)	162	905.0
우주기반 상설레이더	100	1,800

자료: USINDOPACOM, U. S.(2020: 2)

이착륙기, 지상 기반 요격미사일, 저전력 레이저무기 등 다양한 무기 수요가 있을 것으로 보고 있다(주정율, 2020: 25~27).

이 중에서 인도태평양 사령부가 현 시점에서 추구하고 있는 첫 번째 무기체계는 괌에 배치되는 본토 미사일 방어체제이다. 이는 중국의 제2도련선에서 발사되는 미사일로부터 본토를 보호하는 360도 방어 미사일이며, 미래에는 중국의 제1도련선 안으로 장거리 정밀타격을 할 수 있는 무기로 대중 견제에서 필수적인 무기체계이다.

두 번째 무기체계는 장거리 폭격기이다. 토마호크 순항미사일은 제너럴 다이내믹스가 1970년대에 개발한 장거리, 전천후, 아음속의 순항미사일로 1983년 미 해군에 배치된 이후 다양하게 발전되어 왔다. 해군용은 잠수 중인 잠수함에서 저고도로 발사할 수 있게 설계되었다. 1991년 걸프전쟁에서 이라크의 군사시설을 파괴하는 데 공헌함으로써 명성을 얻은 이후 코소보 사태 등 1990년대 미군이 개입한 전쟁터에서 사용되었다. 가장 큰 활약은 9·11 테러 이후 대테러전쟁에서 아프가니스탄과 이라크 침공의 초기에 활용되어, 배치 이후 약 800여발이 발사되었다. 21세기에 접어들면서 토마호크에 대한 의존도는 더욱 높아졌다. 특히 단순히 저공침투비행으로 목표를 타격하는 데 그치지 않고, 작전 지역 상공에서 대기하다가 최적의 시기와 목표에 공격이 가능하도록 기능을 추가했으며, 발사 도중에도 사전 지정된 여러 개의 목표 가운데 선택할 수 있도록 하여

마치 무인기처럼 좀 더 자율적이고 정밀한 공격을 가능하도록 하는 기능이 추가되었는데, 이 모델은 BGM-109E 토마호크 블록 IV 또는 택티컬 토마호크 Tactical Tomahawk로 불린다. 토마호크 블록 IV는 2003년부터 개발되어 보급되기 시작했으며, 현재 미 해군 토마호크 전력의 중심이다(양욱, 2020. 1.17).

미 공군이 보유한 M-158 합동 공대지 장거리 미사일Joint Air-to-Surface Standoff Missile: JASSM은 미국 록히드마틴에서 개발한 공대지 순항미사일이다. AGM-158 JASSM은 2001년 12월부터 생산에 들어갔다. 2002년에는 실제 사용이 가능한지에 대한 평가를 시작했는데 이후 시험 실패와 개량에 이어, 다시 문제점이 발견되는 등 우여곡절을 거쳐 2009년부터 미군에 공급되기 시작했다. AGM-158 JASSM은 길이 4.25m, 폭 2.4m의 크기에 450kg(1000파운드) 탄두를 달고 370km 떨어진 목표를 정확히 타격할 수 있는 무기이다. 탄두는 관통형 고폭탄을 장착해 지하시설을 파괴할 수도 있다(전경웅, 2018.3.24).

육군 전술 미사일 시스템Army Tactical Missile System: ATACMS은 미국 록히드마틴이 개발한 육군 전술용 단거리 지대지 미사일이다. 발사대는 230mm 다연장 로켓포 시스템을 이용하여 사용할 수 있다. 다연장 로켓 6발 발사대에서 ATACMS 1발을 발사할 수 있다. 기존의 미 육군 랜스 미사일을 대체하기 위해 개발되었다. 사정거리가 짧은 블록 I형과, 사정거리를 2배로 확장한 블록 II형이 있으며, 블록 II의 경우 사정거리가 35~140km이며 블록 II-A형은 사정거리가 100~300km로 대전차유도탄인 BAT를 장착한다. 자탄 탑재형인 블록 I형은 텅스텐 합금으로 만들어진 M47 자탄 APAM을 내장하고 있으며, 950개의 자탄이 550m²의 범위를 초토화할 수 있다(비겐, 2007.11.27).

ATACMS는 소련군 전차부대를 제압하기 위해 만들어진 기존의 랜스 단거리 미사일을 대체하기 위해 1985년 미국의 록히드마틴이 개발했으며, 1991년도에 미국 대통령 부시가 발표한 전술핵 전면 폐기라는 조치에 따라 재래식 중(단)거리 유도무기로 본격적으로 양산되고 있는 비 핵탄두 미사일이다. 다연장 로켓 발사기에 탑재해 발사하며, 발사기 1대에 2발의 미사일이 장착된다.

미군의 고기동 포병 로켓 시스템High Mobility Artillery Rocket System: HIMARS은 트럭에 탑재된 경량 다연장 로켓발사기이다. 2002년 미 해병대와 육군은 40개 시스템을 도입하여 2005년부터 야전 배치했다. 1999년 12월, 록히드마틴은 XM-142 고기동 포병 로켓 시스템High Mobility Artillery Rocket System 줄여 HIMARS 초기 프로토타입을 생산했고, 2000년 10월에는 뉴멕시코주 화이트샌드 시험장에서 이 프로토타입을 사용하여 사거리 연장형 로켓탄 18발을 사격 시험했다. 2002년 엔지니어링 제작 및 개발Engineering Manufacturing Development: EMD 단계가 완료되었다(최현호, 2019.4.22).

세 번째는 레이더 시스템들로 2019년 1월 17일부로 발표된 「미사일 방어 검토 보고서Missile Defense Review: MDR」를 통해 미국은 미사일 방어체제를 전반적으로 강화하고 있다. 전술 다목적 초수평선 레이더Tactical Multi-Mission Over-the-Horizon Radar: TACMOR, 본토 방위레이더-하와이Homeland Defense Radar-Hawaii: HDR-H, 우주기반 지속레이더Space-Based Persistent Radar 등이 있다. 팔라우에 배치되는 TACMOR는 고주파 레이더로 장거리 공중 지상 타깃을 탐지하는 능력을 갖추고 있다. 2017년 미국과 팔라우는 공중과 해상 탐지 레이더인 공중해양영역 인식레이더Air and Maritime Domain Awareness(ADA/MDA) Radar를 팔라우에 설치했는데, 이후 공군이 주축으로 이와 별도의 TACMOR를 설치한 것이다.

다음은 본토 방위레이더-하와이HDR-H로 개발과 초기 전력화는 2023년에 마무리될 예정으로 알려져 있다. 이 역시 록히드마틴이 개발하고 있다.

이러한 무기체계는 여러 방위산업체들을 통해 개발되고 있지만 앞에서 보았듯이 록히드마틴이 상당 부분을 공급할 계획이며 미 국방부와 다수의 계약을 체결하여 개발 중인 것으로 알려져 있다. 현재 체결된 계약뿐 아니라 록히드마틴이 미래 미국의 대중 전략 실현을 위해 어떠한 부문에 주력하고 있는지를 살펴보는 것이 미국 군사전략의 방향과 방위산업체 전체의 흐름을 파악하는 데 도움이 될 것이다.

3) 다영역 작전을 통해 첨단기술 발전을 추구하는 록히드마틴

록히드마틴은 세계 1위의 방위산업체답게 국방부의 무기 수요와 연결하여 다영역 작전 개념을 적극적으로 실현하고 한다. 구체적인 내용은 밝혀지지 않았지만 전체 기업의 발전 방향에서 다영역 작전은 큰 비중을 차지하고 있음을 알 수 있다.

록히드마틴은 다영역 작전을 설명하면서 최근의 도전 요인으로 지구 안보는 단순히 변화하고 있는 것이 아니라 점차 빠른 속도로 급변하고 있으며 위협 세력은 매우 적응이 빠르고 육·해·공은 물론 우주와 사이버 영역에서 미국에 도전하고 있다고 평가하고 있다. 미국의 항공기와 위성, 그리고 육상 운반수단은 빠른 속도로 정보를 취합하고 있는데 이러한 데이터를 소화하는 것은 매우 큰 도전이며 다양한 차원에서 원활한 체계 운용이 필요하다고 말하고 있다.

록히드마틴이 제시하는 해법은 다영역 작전이라는 새로운 전쟁 수행 개념으로, 주된 시스템과 중요한 데이터 기반을 혁명적인 단순성으로 공조화하는 것이라고 주장한다. 다영역 작전은 전투 공간에 대한 완전한 전모를 제공하는 동시에 전투원들이 조속히 결정을 내리도록 한다. 록히드마틴은 프로젝트 RIOT를 제시하고 있는데 이를 통해 미 국방부가 다영역 작전을 좀 더 신뢰성 있고 빠른 속도로 진행할 수 있도록 한다고 소개하고 있다. 데이터를 무기로 사용하여 전투원들이 적을 무력화하는 결정을 수 분 내에 할 수 있도록 한다는 것이다. 2013년부터 준비해 온 프로그램으로 항공기의 효과적인 현대화 그리고 진전된 임무 수행 방식을 도입했다고 한다. 네 영역의 명령, 통제 훈련을 통해 공조화 효과를 극대화하여 영역 간 연결 작전을 수행할 수 있다고 소개하고 있다 (Lockheed Martin, 검색일: 2020.3.1).

록히드마틴은 다영역 작전의 준비를 위해 워게임 프로그램을 개발하여 복잡한 다영역 작전 수행을 훈련할 수 있도록 지원하는 한편, 통제와 명령 네트워크를 향상시킨다는 것이다. 록히드마틴은 이미 10년 이상 사이버 영역에서 명령·통제 시스템 개발을 해왔고 공군 부문에서는 25년 이상 기술을 축적했다고 본다. 또한 1960년대 초 이래 우주 부문의 통제, 명령 체제도 구축해 왔기에, 이러한 다양한 영역을 공조화하고 협력할 수 있도록 강력한 시너지 체제를 만들어 일관된 접근법을 가능하게 했다고 주장한다.

록히드마틴은 물리적 차원의 연결성뿐 아니라 정책결정을 촉진하는 명령체계도 강조하고 있는데 기계 대 기계의 학습, 열린 체계 아키텍처, 자동화, 인공지능, 패턴 인식 등의 기술도 강조하고 있다. 또한 전투 현장의 계획의 중심성을 제거함으로써 중앙집권적 결정 체계를 역동적 계획 체계로 변화시키고 있다고 한다(Hammond, 2019).

이러한 노력은 작전과 정보환경의 일치, 전략, 작전, 전술 영역 간의 수직적 통합, 육·해·공, 사이버, 우주 간의 수평적 통합을 전제로 하고 있으며, 동맹국들 간의 상호 운용성도 의식하고 있다고 소개하고 있다. 좀 더 구체적으로 다영역 작전을 수행하기 위해서는 플랫폼, 시스템, 각 군종 및 연합 전력을 연결하고, 기동성, 유연성, 적응성을 향상시키고자 한다고 논한다. 더 구체적인 무기체계로 자동체계, 자동 차량, 미래의 수직 이륙 비행체 등을 강조하고, 미사일 방어체제의 중요성도 논의하고 있다.

7. 결론

미국의 대중 전략은 현재 무역과 기술 부문의 선제 공세에 머물러 있지만 빠른 속도로 여타 부문으로 확산될 전망이다. 결국 군사력 균형을 기초로 다른 부문의 경쟁 양상이 진행될 확률이 높다. 중국은 최근 백악관의 「대중 전략보고서」에 대해 ≪인민일보≫를 통해 논평하면서 미국의 대중 적대에 대해 비판하고 있지만 미국과의 협력, 상호 관여의 필요성, 중국의 패권 도전 의지에 대한 부정 등을 주된 논조로 보이고 있다. 이러한 대응의 이면에는 미국에 대한 군사적 열세가 중요하게 작용하고 있다.

그러나 빠른 속도로 중국의 군사현대화가 이루어지고 있으며, 특히 4차 산업혁명 기술에 대한 혁신의 속도를 바탕으로 향후 미중 관계의 기본 방향이 결정될 것이다. 미국은 군사적 우위를 유지하기 위해 다양한 노력을 기울이고 있는데, 군사안보 국가로서 기존의 기술과 무기의 우위를 지키려고 한다. 이를 위해서는 강한 기술혁신, 단단한 제조업 기반, 그리고 기술개발, 연구소, 과학 분야 대학, 방위산업체를 연결하는 정부 주도의 복합 네트워크가 중요한 초석이 된다. 미국은 현재까지 세계 굴지의 방위산업을 유지하고 있으며, 이를 한층 발전시키기 위해 대통령 수준의 행정명령으로 이를 독려하고 있다. 이 글에서 살펴본 바와 같이 세계 1위의 방산기업인 록히드마틴은 미국의 전반적인 군사기술 발전은 물론 대중 견제전략에 필요한 기술개발에 최적화된 무기 개발을 위해 힘쓰고 있다. 또한 미국은 다영역 작전의 발전, 이를 뒷받침하는 예산 및 무기체계 개발 및 배치를 위해 범정부적 노력을 기울이고 있으며 향후 10년 내에 일정한 성과를 보일 것으로 예상할 수 있다.

미국이 중국의 군사현대화에도 불구하고 인도태평양 국면에서 어느 정도의 군사적 우위를 지킬 수 있을지, 그리고 다음 단계에서 인도태평양 동맹 체제를 어떻게 변화시키고 그 속에서 한국은 어떠한 위치를 점하게 될지, 우리로서도 중요한 관심사가 아닐 수 없다.

강석율. 2018. 「트럼프 행정부의 군사전략과 정책적 함의: 합동군 능력의 통합성 강화와 다전장영역전투의 수행」. ≪국방정책연구≫, 제34권, 3호, 9~39쪽.

김정우. 2019.12.5. "[무기와 표적] 눈 깜짝할 새 드론 잡는 '레이저 무기' 개발 경쟁". ≪한국일보≫.

김준래. 2018.9.3. "영화 속 '레이저 포', 수년 내 현실화 2022년 목표… 규모 줄이고 출력 높여야". ≪The Science Times≫.

문예성. 2017.1.23. "중국, 록히드마틴같은 군산복합체 설립 박차". ≪뉴시스≫.

비겐. 2007.11.27. "미 육군 전술 미사일 시스템(Army Tactical Missile System, ATACMS)". http://bemil.chosun.com/nbrd/gallery/view.html?b_bbs_id=10044&num=99199 (검색일: 2019.10.13).

신경진. 2018.8.12. "항모도 깨는 극초음속 무기⋯ 한발 앞선 중·러, 긴장한 미국". ≪중앙일보≫.

안영수. 2018. 『2020년대를 향한 방위산업 발전 핵심이슈』. 산업연구원.

안영수·김미정. 2017. 「2018 KIET 방산수출 10대 유망국가」. 산업연구원.

양욱. 2020.1.17. "무기백과: 토마호크 순항미사일". 유용원의 군사세계. http://bemil.chosun.com/site/data/html_dir/2020/01/07/2020010701508.html (검색일:2020.2.15).

위성권. 1996. 「미 방위산업 현황과 향후 발전 전망」. ≪국방과 기술≫, 제205권, 26~33쪽.

유용원. 2020.4.6. "극초음속 미사일 개발에 열 올리는 미국". ≪주간조선≫.

_____. 2020.5.17. "트럼프가 언급한 기막힌 미사일의 정체는⋯". ≪조선일보≫.

윤영식. 2017. 「트럼프 대통령의 '미국 방위산업 강화' 관련 행정명령과 시사점」. ≪국방과 기술≫, 제464권, 96~103쪽.

_____. 2019. 「트럼프 대통령의 미국 방위산업 강화정책과 함의」. ≪국방과 기술≫, 제48권, 72~85쪽.

이강봉. 2018.9.10. "세상을 바꿀 '극초음속 비행체' 경쟁: 미중러, 2020년 전후 실전 배치 예고". ≪The Science Times≫.

이상진·이대욱. 2007. 「미국 방산기반 변환과 한국 방위산업 정책방향」. ≪국방과 기술≫, 제342권, 48~59쪽.

이진수. 2020.2.6. 미 육군, 과거-미래작전 능력격차 해소 2028년까지 마무리". ≪더 리포트≫.

이현우. 2020.3.29. "모니터 앞에서 전쟁하는 美 우주군의 무기는?". ≪아시아 경제≫.

장원준·이원빈·정만태·송재필·김미정. 2018. 「주요국 방위산업 관련 클러스터 육성제도 분석과 시사점」. 산업연구원.

전경웅. 2018.3.24. "미군 '스텔스 미사일' 한국군 갖고 싶어 하던 미사일의 개량형". ≪뉴데일리≫.

정, 고든. 2018.6.28. "차세대 '초강력 레이저 무기' 개발하는 美 육군". ≪나우 뉴스≫.

주정율. 2020. 「미 육군의 다영역작전(Multi-Domain Operations)에 관한 연구: 작전수행과정과 군사적 능력, 동맹과의 협력을 중심으로」. ≪국방정책연구≫, 제36권, 1호, 10~41쪽.

최현호. 2019.4.22. "무기백과: M142 HIMARS". 유용원의 군사세계. http://bemil.chosun.com/site/data/html_dir/2019/04/11/2019041101542.html04/11/2019041101542.html (검색일:2019.10.20).

한국군사문제연구원. 2018.8.8. "중국 싱쿵(星空)-2호 극초음속 비행체 개발". ≪한국군사문제연구원 뉴스레터≫, 제336호.

_____. 2020.3.27. "미육·해군용 『공동 극초음속 활공체(C-HGB)』 시험". ≪한국군사문제연구원 뉴스레터≫, 제721호.

Dunlap, Jr., Charles J. 2011. "The Military-Industrial Complex." *Daedalus*. Vol.140, No.3, pp.135~147.

Fleurant, Aude,Alexandra Kuimova,Diego Lopes da Silva,Nan Tian,Pieter D. Wezeman and Siemon T. Wezeman. 2019. "The SIPRI Top 100 Arms-Producing and Military Services Companies, 2018." SIPRI Fact Sheet(December 2019). https://www.sipri.org/publications/2019/sipri-fact-sheets/sipri-top-100-arms-producing-and-military-services-companies-2018 (검색일:

2020.2.5).

General Dynamics. 2019. "Annual Report."

Hammond, James. "Learning through Wargaming: Helping Define the Roadmap for Multi-Domain Operations." https://www.lockheedmartin.com/en-us/news/features/2018/helping-define-roadmap-multi-domain-operations.html (검색일:2019.10.5).

Hartung, William D. 2011. *Prophets of War_ Lockheed Martin and the Making of the Military-Industrial Complex*. Nation Books.

Hooks, Gregory and Brian McQueen. 2010. "American Exceptionalism Revisited: The Military-Industrial Complex, Racial Tension, and the Underdeveloped Welfare State." *American Sociological Review*, Vol.75, No.2, pp.185~204.

Jay, Miller. 1995. *Lockheed Martin's Skunk Works*. Arlington, TX: Midland Publishing Ltd.

Lockheed Martin. "Multi-Domain Operations/Joint All-Domain Operations." https://www.lockheedmartin.com/en-us/capabilities/multi-domain-operations.html (검색일:2020.3.1).

_____. 2018. "Annual Report."

_____. 2019. "Annual Report."

MacDougall, Philip and Chatham Dockyard. 2012. *The Rise and Fall of a Military Industrial Complex*. The History Press.

Northrop Grunmman. 2019. "Annual Report."

Office of the Under Secretary of Defense for Acquisition and Sustainment. 2019. "Industrial Capabilities: Annual Report to Congress, Fiscal Year 2018."

Pace, Steve. 2016. *The Projects of Skunk Works: 75 Years of Lockheed Martin's Advanced Development Program*. Voyager Press.

Pavelec, Sterling Michael. 2010. *The Military-Industrial Complex and American Society*. Santa Barbara, California.

Raytheon. 2018. "Transforming Tomorrow: 2018 Annual Report."

Ryan, Carr. 2020. *An Examination of the Financial Sensitivity of the Defense Industry to Spending Strategies of the United States Government*. Business/Business Administration. 60.

SIPRI. 2020. *Estimating the Arms Sales of Chinese Companies*.

Thornberry, Mac. 2020. *Discussion Draft: Mr. Thornberry, A Bill*. Library of Congress.

U. S. White House. 2020. "United States Strategic Approach to The People's Republic of China."

USINDOPACOM. U. S. "Regain the Advantage: Indo-Pacific Command's Investment Plan for Implementing the National Defense Strategy, 2020." National Defense Authorization Act(NDAA) 2020, Section 1253 Assessment: Executive Summary.

Weber, Rachel. 2001. *Swords into Dow Shares: Governing the Decline of Military Industrial Complex*. Cumnor Hill, Oxford: Westview Press.

Weiss, Linda. 2014. *America Inc.?: Innovation and Enterprise in the National Security*. Ithaca: State Cornell University Press.

6 미중 경쟁 시대의 중국의 최첨단 방위산업 정책*

이동민 | 단국대학교

1. 서론: 문제의식

존 아이켄베리John Ikenberry가 이미 간파했듯이 21세기의 가장 큰 드라마는 중국의 부상이라고 할 수 있으며, 이로 인해 동아시아의 모든 국가들은 자국의 외교안보정책을 구상하고 만들어 나아갈 때 미중 관계의 변화하는 양상을 고려하지 않을 수 없게 되었다(Ikenberry, 2008). 2008년도에 발생했던 미국발 세계금융위기 이후, 중국공산당 지도부는 1949년 집권 이후 처음으로 중국이 세계의 초강대국이 될 수 있다는 생각을 가지고 공세적인 외교노선의 면모를 보이면서 미중 양국 간의 감정싸움의 골은 깊어가게 되었다(Christensen, 2011).

케네스 리버탈Kenneth Liberthal과 왕지스Wang Jisi 교수가 지적한 바와 같이 2000년

---

* 이 글은 다음의 두 논문을 바탕으로 수정·보완한 것이다. Dongmin Lee, "Swords to Ploughshares: China's Defense Conversion Policy," *Defense Studies*, Vol.11, No.1, 2011, pp.1~23; 이동민, 「미중 군사경쟁시대의 인민해방군 실태조사」, ≪안보학술논집≫, 제30집(2019), 99~129쪽.

대 후반부터 미중 간의 전략적 불신은 커져갔으며 갈등과 충돌의 개연성도 더욱 증대되고 있는 실정이다(Lieberthal and Wang, 2012). 미중 관계의 갈등과 충돌의 양상은 이미 이 시기부터 예견되었으며, 단순한 무역 분쟁의 차원을 넘어 첨단과학기술을 바탕으로 한 군사 패권의 경쟁의 시대가 도래하고 있다는 점을 말해주고 있다.

2018년 10월 4일 미국의 마이크 펜스Mike Pence 부통령은 허드슨 연구소에서 진행한 연설을 통해 중국 공산당 지도부에 대해 신랄하게 비판하며 경제발전이 정치발전을 가져오게 할 것이라고 여겼던 근대화이론에 대한 회의를 표명하면서 중국이 구조적으로 바뀌어야 한다는 점을 강조했다(White House, 2018. 10.4). 이는 부상하는 중국을 본격적으로 견제하겠다는 미국의 시각을 우회적으로 말해주는 것이었으며 향후 미중 관계가 순탄하지 못할 것이라는 점을 다시 한번 예견하는 것이었다. 최근 들어 미국과 중국은 각기 자국에 유리한 국제 질서를 구축하려는 노력을 하고 있어 불안정 요소는 더욱 가중되고 있다(Mearsheimer, 2019).

2019년 10월 1일 중국의 시진핑 국가주석은 건국절 70주년 열병식에서 "위대한 중국 공산당 만세, 위대한 중국 인민 만세偉大的中國共產黨萬歲, 偉大的中國人民萬歲"를 외치고 민족주의 의식을 자극하면서 대내외에 중국의 군사굴기의 면모를 과시했다. 중국 정부는 열병식 행사에서 선보인 580여 개의 신무기체계가 대부분 중국의 자체 과학기술 역량으로 개발되었으며, 자주국방의 역량은 지속적으로 강화되고 있다고 주장하고 있다(Zhen, 2019.10.2).

미국 국방부에서 출간한 「2019년 중화인민공화국 군사 및 안보 발전에 관한 연례 의회 보고서(Military and Security Developments Involving the People's Republic of China 2019)」에 의하면, 중국은 미사일 역량을 강화하면서 반접근/지역거부A2/AD 전략을 강화하는 것으로 평가하고 있으며, 제1도련선 내에서는 미국을 상대할 수 있는 억제 능력을 확보한 것으로 평가되고 있다(Office of the Secretary of Defense, 2019). 이는 중국 자체의 과장된 평가가 아닌 미국 국방부의 분석과 시각을 반영한 것이라 할 수 있어 주목을 받고 있다.

　미국의 트럼프 행정부는 본격적으로 중국의 부상에 대해 적극적으로 대응하기로 결론을 내렸고 이에 대해서는 초당적 차원의 공감대가 형성된 것으로 알려져 있다.[1] 트럼프 행정부가 그동안 금기시되었던 자동예산삭감Sequestration 정책을 수정하여 국방비를 증액시키면서 2018년 10월 20일에는 중거리핵전력조약Intermediate-Range Nuclear Forces: INF 파기를 선언한 것은 향후 미국이 군사우위를 지속적으로 선점하겠다는 것을 간접적으로 말해준다. 이러한 미중 양국 간의 경쟁구도의 위기관리가 어려워지는 국면으로 접어들게 된다면 국제사회는 핵군비 경쟁의 시대로 돌입할 수 있다는 시각이 대두되고 있는 실정이다(Seligman and Gramer, 2019.8.2; Korda, 2019.8.17).

　시진핑 주석은 2019년 1월 5일 북경에서 개최되었던 중앙군사위원회 소집회의에서 의장으로서 지침을 내렸는데, 급변하고 있는 국제 환경하에 대외적 도전 요인이 증대되고 있다는 점을 강조하면서 군사적 대응에 대한 철저한 준비를 할 것을 주문했다. 이는 미국의 대중 강경정책에 정면으로 대처하겠다는 점을 강조했다고 할 수 있다.

　미국과 중국 간의 전략적 경쟁의 경험적 발전은 두 가지 핵심적인 질문을 낳았다. 첫째, 중국의 첨단군사과학기술을 발전시키는 과정에서 인민해방군의 역할은 무엇인가 하는 것이며, 둘째, 중국 지도부가 가지고 있는 방위산업에 대한 인식은 무엇이며, 어떠한 정책들을 추진하고 있는가이다. 이 글은 미중 군사경쟁시대의 중국의 최첨단 방위산업 실태조사라는 차원에서 다음과 같이 연구를 진행했다.

1　미국의 최근 전략서 및 법안은 중국을 기존 질서를 위협하는 국가로 명시했으며 이를 대내외에 공식화했다. 2017년 12월에 발간된 「국가안보전략보고서(NSS)」, 2018년 1월에 발간된 「국방전략보고서(NDS)」, 2018년 2월에 나온 「핵태세보고서(NPR)」, 2019년 1월 발표된 「미사일방어검토보고서(MDR)」, 2019년 6월에 발표된 「인도-태평양전략보고서(IPSR)」 등에서 이러한 입장을 공식화한 상황이라 할 수 있다.

제2절에서는 중국의 군사적 부상의 실체는 무엇인지에 대한 기존 연구들을 분석했다. 제3절에서는 중국지도부가 개입하여 추진했던 중국군 민수전환정책에 대해 분석했다. 제4절은 시진핑 지도부의 군사현대화에 대한 인식과 군의 역할에 대해서 조명하면서 군민융합정책의 실체를 분석했다. 제5절에서는 이러한 경험적 발전이 미중 기술 패권 구도에 어떠한 영향을 줄 수 있으며, 중국은 어떻게 대응하고 있는지에 대해 분석했다. 더 나아가 연구의 한계성 및 향후 연구방향 등을 제시하면서 결론을 도출했다.

2. 중국의 군사적 부상

"중국의 군사적 부상은 위협적인가?"라는 질문은 단순히 한 국가의 전투 역량의 향상이라는 점을 넘어 미국의 군사안보 패권을 중심으로 하는 동아시아 역내의 안보 질서에도 큰 영향을 줄 수 있는 중대한 사안이다. 중국은 핵과 미사일을 비롯한 전략무기산업은 물론이고 이와 연계된 민간 우주항공기술, 인공지능 등을 국운을 걸고 당-정-군이 합심하여 강화하려는 의지를 보이고 있다. 우주항공, 해상, 핵무기, 사이버 영역 분야에서 미국의 독점 체제에 중국이 도전하고 있는 형국이라 할 수 있다(Tellis, 2013). 이러한 중국의 군사현대화 과정은 2020년 달성을 목표로 추진하고 있는 군사개혁과 연계되어 진행되고 있다.

일반적으로 중국의 군사적 부상이라는 현상은 콩낱알 세기Bean-counting measure 차원에서의 군사 역량과 전쟁 수행 능력에 대한 분석이 그 주를 이룬다. 기존의 선행연구들은 '하드웨어'적 측면에서 군사 역량에 대한 분석과 미중 간의 우위 비교에 대한 연구들이다. 중국의 군사적 부상에 대한 평가는 무기체계와 전쟁 수행 능력, 무장력 분석, 미중 군사 관계와 같은 여러 영역에서 분석되고 있다. 중국 군사현대화 연구의 하나의 큰 방향은 실질적인 무기체계를 분석하고 군사 역량과 전쟁 수행 능력을 비교·분석하는 상세한 연구가 축적되어 왔다. 이러한 연구는 중국의 군사 역량을 위협적이라고 보는 시각과, 반대로 지나치게 과장되어 있다고 보는 시각으로 양분되어 있다.

1) 중국군사위협론

대다수의 중국인민해방군PLA을 연구하는 전문가들은 중국의 군사적 역량이 빠른 속도로 발전하고 있으며 위협적이라고 본다. 로저 클리프Roger Cliff는 중국의 군사상의 변화 등을 바탕으로 한 분석을 통해, 빠른 속도로 발전하는 중국의 군사 역량에 대해 위협적이라고 평가한다(Cliff et al., 2011). 비슷한 관점에서 이언 이스턴Ian Easton은 미국과 같은 민주주의 국가와 달리 중국은 사회주의 국가 특성상 선택과 집중을 하면서 특정 군사기술 분야에 투자하고 있으며, 효율성 극대화를 통해 군사 역량을 강화하고 있다고 분석한다. 특히, 경제적 부상에 따른 국방비 지출 증대가 불안정 요소로 작용하고 있다고 본다(Easton, 2013.9.26). 중국 마카오대학의 중국군사전문가인 유지You Ji 교수는 중국의 군사 역량이 강화되고 있으며, 다른 국가들과 비교했을 때 가장 빠르게 발전하고 있다고 진단한다(You, 2016).

중국의 해상 능력에 대한 평가도 위협적으로 보는 시각이 있다. 미국 해군전쟁대학의 요시하라 토시Yoshihara Toshi 교수는 중국의 해군력 증강이 미국과 동맹국들을 심각하게 위협하고 있다고 본다(Yoshihara and Holmes, 2013). 같은 미국 해군전쟁대학의 앤드루 에릭슨Andrew Erickson 교수는 중국의 미사일 기술을 비롯한 첨단 핵심 전략무기들에 대응하기 위해서 미국 정부는 무기생산의 전략을 수정해야 하며, 중국과 같이 가성비가 높은 미사일 개발에 역량을 모아야 한다고 주장한다(Erickson, 2019.10.1). 비슷한 맥락에서 프린스턴 대학교의 아론 프리드버그Aaron Friedberg 교수는 중국의 군현대화는 상당 수준 성공적으로 진행되고 있으며, 중국의 반접근/지역거부 역량 강화로 인해 중국을 현실적으로 상쇄하고 대응할 수 있는 실질적인 조치들이 나와야 한다고 주장하면서 미국의 해군력이 도전을 받을 수 있다고 경고한다(Friedberg, 2014).

MIT 대학의 테일러 프레이블Talyor Fravel 교수와 해군대학원의 크리스토퍼 투미Christopher Twomey 교수가 지적한 바와 같이 중국은 이미 반접근/지역거부 전략을 넘어서는 군사전략을 추진하고 있다. 중국은 미사일 역량 강화를 통해 제1도련선 이내의 미국의 접근 방어는 물론, 인근 해역의 소극적인 방어를 넘어 새로운 군사전략을 준비하고 있다(Fravel and Twomey, 2015).

에릭 히긴보텀Eric Heginbotham을 비롯한 연구진들은 2015년도 랜드연구소에서 발행한 보고서에서 미중 간에 군사적 충돌이 발생할 경우, 미국이 절대적 우위를 선점할 수 없다는 점을 주장하여 많은 주목을 받았다. 미국이 전반적인 군사력은 우세하지만 중국과 달리 군사력이 아시아 이외의 지역에도 분산되어 있기에 지리적으로 유리한 상황이 아니라고 진단하고 있는 것이다. 특히 우주 항공, 사이버 영역, 핵전력 부분에서는 미중 양국 간의 군사 역량의 차이가 좁혀지고 있다고 분석하고 있다(Heginbotham et al., 2015).

2) 미국우세론

싱가포르 난양 공대 라자라트남 국제대학원의 리처드 비징거 선임연구원은 중국이 미사일을 포함한 우주 역량 및 사이버 안보 분야와 같은 특정 분야에서는 독보적인 역량을 보유하고 있음을 인정하면서도, 미국의 총체적인 군사력과 비교해 볼 때 중국이 열세라고 주장한다(Bitzingers et al., 2014). 미사일과 같은 우주항공 분야에서는 중국이 첨단과학기술의 성과를 보이고 있지만, 재래식 무기의 역량은 미국과 비교 대상이 아니라는 지적이다. 같은 맥락에서 제임스 스타인버그James Steinberg와 마이클 오핸런Michael O'Hanlon은 중국의 군사현대화의 발전이 가시적인 것은 사실이지만, 무기장비의 수준을 보았을 때, 미국의 10% 정도의 역량밖에는 되지 않는다고 평가한다(Steinberg and O'Hanlon, 2014: 93). 미국 군사력의 비교 우위가 있기에 우려할 수준은 아니라는 분석이다.

미국 보스턴 대학교의 로버트 로스Robert Ross 교수는 중국이 아무리 공세적으로 해상 군사 역량을 증대한다고 하더라도 미국의 해상 보복 타격 능력이 우세하기에 함부로 군사적 모험을 감행하지 못할 것이라고 분석한다(Ross and Friedberg, 2009: 31).

중국의 사이버 안보 역량 차원에서의 분석도 상세하게 이루어지고 있다. 존 린지John Lindsay 박사는 중국의 위협은 과장되어 있다고 말한다. 오히려 중국이 내부적 모순에 의해 직면한 문제점을 간과하고 있다고 주장한다(Lindsay, 2014/15). 조앤 존슨 프리즈Joan Johnson-Freese는 우주 역량의 관점에서 과학기술 진보에 주목하지만, 중국은 미국을 넘어서려는 의도가 없다는 낙관론적-현실주의의 틀 속에서 중국의 군사 역량을 분석한다(Johnson-Freese, 2016).

종합적으로 평가해 보면, 중국의 군사력은 미국에 비해 상대적으로 많은 문제에 직면해 있으며 아직 우세하다고 할 수 없다는 것이 중론이다. 특히 전쟁 수행 능력과 방위산업의 역량이 약하기에 미국과 상대하기는 어렵다는 분석이 많다.

3) 대안적 분석틀

살펴보았듯이 기존의 중국의 군사 역량에 대한 연구의 전제는 공세적 현실주의 관점에서 출발한다. 그리고 미국과 동맹국들이 구축해 놓은 1945년 전후 질서 체제를 중국이 도전하는 수정주의적 행태를 용납할 수 없다는 미국의 관점에서 무기체계의 발전 양상을 종합적으로 분석한다. 선행 연구는 중국의 군사적 역량에 대한 판단을 할 수 있는 기준이 되고 있으나 중국의 의도에 대한 분석은 한계가 뚜렷하다.

이 글은 중국의 군사현대화 과정에서 진행되고 있는 군사과학기술의 발전과 방위산업에 대규모 투자를 하는 중국 정부의 '의도'에 대해 고찰해 본다. 중국의 군사적 부상에 대한 민감한 반응은 미국에서 먼저 나왔는데, 2009년도에 매년 싱가포르에서 개최되는 세계 각국의 국방장관 연례 회의인 샹그릴라 대화 Shangri-la Dialogue에서 미국의 도널드 럼스펠드Donald Rusmfeld 전前 국방장관은 "중국은 대외적인 위협이 없는데, 왜 지속적으로 국방비를 증액하는지 이해하기 어렵다"라고 지적했다.

중국의 공식 국방비는 2018년 기준으로 이미 1조 1000억 위안(1750억 달러)을 넘어섰다. 문제는 중국 정부의 국방비 발표 수치는 정확하지 못한 측면이 있어 혼란을 야기하고 있다는 점이다(Liff and Erickson, 2013). 스웨덴의 민간연구소인 스톡홀름 국제평화연구소SIPRI에 의하면 중국의 국방비는 2017년도에 2280억 달러를 넘어섰고, 중국은 미국에 이어 두 번째로 많은 국방비를 지출하는 국가이다(SIPRI, 2018.5.2). 2019년 7월에 중국에서 발간된 『국방백서』에 의하면 국방비는 2012년부터 2017년 사이에 약 6690억 위안에서 1조 위안(940억 달러에서 1410억 달러)으로 대폭 증액되었다(The State Council, 2019). 중국 정부는 국방비가 중국 GDP의 1.28%에 불과하고 국가 예산의 5.36%밖에 되지 않기에 위협적이지 않다고 주장한다.

한 가지 중요한 점은, 중국의 『국방백서』에서도 잘 나와 있듯이 중국은 자국의 국방비 지출이 자원을 낭비하는 것이 아닌 방위산업을 육성하고 국가경제 발전에 도움이 된다는 강한 신념을 가지고 방위산업을 지원하고 있다는 점이다. 이는 방위산업 육성을 중국의 부국강병을 실현할 수 있는 방안이며, 국가의 종합 역량을 강화할 수 있는 수단으로 보는 것이다. 다시 말해, 중국의 방위산업의 발전이 국가경제의 발전을 도모한다는 전략적 목표를 가지고 추구하면서도 국가의 거시적인 경제성장을 동시에 중시하고 있는 국가의 대전략인 것이다.

중국 정부가 국방경제 차원에서 거시적으로 방위산업 육성에 박차를 가하고 있는 측면을 집중 분석하고 군사현대화의 의도가 중국이 주장하는 것과 같이 국방 안보와 경제성장을 도모하는 방향으로 두 마리의 토끼를 잡으려 하는지 실질적으로 검증해 보도록 하겠다. 특히 마오쩌둥 시기부터 시진핑 시기까지 일관성 있게 추진되고 있는 민수전환정책을 다각도에서 분석하도록 하겠다.

3. 중국의 국방경제에 대한 인식과 민수전환정책

1) 국방경제: 국방비와 최첨단과학기술

국방경제란 한 국가의 국방과 관련된 일련의 모든 국방경제활동을 포괄하는 국방비, 방위산업, 혁신적 국방건설 방안 등을 분석하는 연구 영역이다. 한 국가의 방위산업을 국가안보 차원을 넘어, 정치경제적인 측면에서 중요한 영역으로 보는 시각이 있는데, 이는 케인스 경제이론의 한 영역인 군사케인스주의 Military Keynesianism 경제사상에서 그 담론을 찾아볼 수 있다. 군사케인스주의는 군사비 지출을 통해 자국의 방위산업 경쟁력을 제고하고 경제적 파생효과를 가져온다는 이론적 시각이다(Cypher, 2015).

이러한 시각과는 반대로 평화 배당 Peace Dividend의 중요성을 강조하는 경제학자들은 국가의 한정된 자원을 방위산업에 소모하는 것을 부정적으로 해석한다. 국방비보다는 산업 발전과 경제 발전을 위해 직접적으로 국가의 예산이 투입되어야 하며, 국민의 복지, 교육, 기반시설 투자 등에 역량을 모아야 한다고 제시한다. 이는 지나친 국방비 지출은 국가의 경제성장을 방해하는 것을 전제로 경제가 건전하게 성장하려면 군비축소가 선행되어야 한다는 시각이다.

미국과 소련이 첨예하게 대립하던 냉전시대가 종식되고, 미국 국내에서는 국방비 감축에 대한 담론들이 쏟아져 나왔는데 아버지 부시 George H. W. Bush 행정부(1989~1993) 시기부터 평화배당금의 중요성이 대두되면서 대규모 국방비 감축이 추진되었다. 이러한 국방비 삭감에 대한 부정적 견해가 미국 조야에서 나왔다. 부시 행정부 당시, 미국 국방부의 무기획득 및 예산을 관리했고, 오바마 행정부 시기 제25대 국방장관을 역임했던, 애슈턴 카터 Ashton Carter 전前 국방장관은 국방비의 중요성에 대해 주장했는데, 미국 또한 국방비를 지출하면서 국가의 선진과학기술을 선도할 수 있는 방향으로 국방부가 보이지 않는 역할을 하고 있다고 주장했다(Carter, 2019).

미국 콜로라도 대학교의 스티브 챈Steve Chan 교수는 냉전 종식 이후 미국 국내에서 형성된 국방비 재편성에 대한 담론들을 정리했다. 주목할 점은 한 국가의 국방비 지출이 반드시 재원을 낭비하는 것이 아닌 생산적으로 재투자될 수 있는 사례를 분석하고 있다는 점인데, 세계 최고 과학기술 강국인 미국, 독일, 일본, 영국, 프랑스, 이스라엘 같은 국가들의 공통분모는 국방비 지출이 '외부의 위협'으로부터 국가를 수호하는 1차적인 목표 이 외에, 국방비의 효율적 활용을 통해 최첨단 과학기술의 연구개발을 하는 역할도 한다는 것이다. 이는 국가의 산업 역량을 강화시키는 정책을 일환으로서 '위장된 산업정책Disguised Industrial Policy'으로 봐야 한다는 것이다(Chan, 1995).

브라우어와 말린 교수도 군사케인스주의 학파의 관점에서 국방비 지출을 통해 세 가지의 경제파생 효과가 있다고 주장하는데, 직접적 효과direct effect, 간접적 효과indirect effect, 유발된 효과induced effect가 나타난다고 주장한다. 첫째, 국방비 지출을 통해 효율적으로 방위산업 육성정책을 추진할 수 있으며, 둘째, 방위산업을 유지하는 과정에서 관련 기반산업의 육성이 유기적으로 이루어지는 간접효과가 있다고 주장하는데, 예를 들어 항공산업을 보조하기 위한 철강, 유리, 타이어, 전기 등과 같은 관련 산업도 동반 성장의 효과를 본다는 것이다. 셋째, 방위산업이 활성화되면 신생 직업군이 생기고 유지되는 측면이 있어, 이 분야에 종사하는 인력의 경제활동으로 인해 유발된 경제효과를 얻을 수 있다는 것이다. 미국 같은 경우는 600만 명 정도가 방위산업과 직간접적으로 연계되어 종사하고 있으며, 이는 미국 인구의 5% 정도로 대규모 인력이다(Brauer and Marlin, 1992).

미국 중심의 단극체제가 유지되고, 세계의 군사패권 역시 미국이 지속적으로 지닐 것이라고 주장하는 스티븐 브룩스Stephen Brooks와 윌리엄 월포스William

Wohlforth 교수는 중국이 아무리 군사적으로 부상하더라도 미국의 최첨단 과학기술의 역량을 따라오기는 어렵다고 진단한다. 미국은 매년 국방과학기술 연구에만 1300억 달러 이상의 재원을 투자하고 있으며, 세계 최강의 무기생산과 과학기술을 선도적으로 이끌고 큰 변화를 줄 수 있는 유일한 국가라고 주장한다(Brooks and Wohlforth, 2016). 이처럼 미국의 안보연구자들도 국방비 지출과 과학기술 역량의 상관관계를 중시하는 것을 볼 수 있다.

군사케인스주의의 관점에서는 국방비 지출은 낭비가 아닌 국가 경쟁력 제고로 이어진다고 보며, 한 국가의 튼튼한 국방과학기술의 토대가 마련되고 선순환 구조가 형성된다면 수학, 물리학, 화학, 생물학과 같은 순수 자연과학의 수용이 증폭될 수 있으며, 원천기술의 경쟁력을 갖추게 된다고 본다. 평화배당의 중요성을 강조하는 관점에서는 국민들의 직접적인 삶의 향상을 위한 건강보험, 교육개선, 대중교통, 기반시설 투자 등을 통해 일자리를 창출해야 한다고 보며, 국민경제의 직접적인 지원에 대해 강조한다. 이러한 관점에서 국방경제는 단순히 국방비를 증액하여 국가의 과학기술과 경쟁력이 자동적으로 제고되는 것을 기대하는 것이 아니라, 적극적인 관리를 통해서만 가능하다는 점을 강조하고, 그 경제적 원리를 분석한다는 측면에서 중요한 연구 영역이라고 할 수 있다.

2) 배경 설명: 민수전환정책

국방산업에서 민간 영역으로의 기술 이전이나 반대로 민간 영역에서 방위산업의 발전을 꾀하는 선순환 구조를 만들어가며 국가조직을 움직이도록 하는 정책을 '민수전환정책'이라고 한다. 민수전환정책은 국방경제의 하나의 중요한 연구 영역이며, 국민의 세금과 재원으로 마련된 국방비를 가장 효율적으로 가용하려는 시도를 한다는 측면에서 중요하다. 민수전환정책은 한 국가의 국방비 지출이 민간산업의 국제경쟁력 강화라는 전제로 추진된다. 실질적으로 국방과학기술에서 민간산업으로 파생효과spin-off가 없다고 가정을 하면, 정책적 차원에서 모든 기능을 시장에서 해결하게 해야 하고 방위산업 발전과 민간산업 발전의 파생과 효과에 대해 의문을 가질 수 있다(Alexander, 1994: 25).

앞서 언급한 바와 같이 방위산업이 잘 구축된 기술 강국들은 민수전환정책의 중요성을 이해하고 중시하고 있다. 전후 질서 구축 이후 경제적으로 급성장을 하게 된 독일이나 일본 같은 국가도 사실상 방위산업으로 파생되어 나온 과학기술을 바탕으로 제조산업의 기적manufacturing miracle을 만들어 나아갔다는 점은 부정할 수 없다. 미국 MIT 대학의 리처드 새뮤얼슨Richard Samuelson 교수는 일본은 패전 이후 미국의 감시를 피해 방위산업을 조직적으로 육성했다고 주장한다(Samuelson, 1994).

한 국가의 민수전환정책이 효율성이 극대화되고 실효를 거두려면 두 가지의 큰 장애 요인을 넘어야 한다. 첫째, 방위산업 육성을 통해 얻은 국방과학기술을 민간 영역으로 이전하는 문제이고, 둘째, 방위산업의 역량을 민간으로 이전시키는 과정에서 구조적 어려움이 있다는 것인데, 이는 '검을 쟁기로 바꾸는 작업'은 용이하지 못하기 때문이다(Brauer and Marlin, 1992).

이러한 구조적인 문제를 해결하기 위해 국방경제를 중시하는 선진강국들은 방위산업에서 민간 영역으로의 기술 이전spin-off보다는 민간 영역에서 방위산업으로의 기술 이전spin-on의 파생효과에 지대한 관심을 가지고 있다. 군사과학기술의 발전과 산업발전의 속도로 인해 민군겸용기술정책dual-use technology의 중요성이 대두되기 시작했다고 볼 수 있는 것이다(Bova, 1988: 385~405). 민수전환정책을 원활하게 실현하기 위해서는 '군의 역할'이 대두되는데, 각국이 가지고 있었던 군사상과 군의 '참여 의지'에 따라 정책의 성공 여부가 결정된다고 볼 수 있다. 미국의 군수산업은 시장주도의 경쟁 체제를 통해 무기판매를 하기보다는 미국 정계의 로비를 통해 국방비 증액이라는 방법으로 산업 역량 강화를 추진한 측면도 있어 민수전환정책의 효율성이 떨어지고 있다는 지적이 있다(Alexander, 1994).

미국 정부는 민수전환정책을 성공시키기 위해 실제로 다각도의 시도를 했는데, 1992년도에 미국의회에서 법안을 통과시키고, 국방부의 방위고등연구기획국에 권한을 주고, 국방과학기술의 역량을 민간 영역으로 이전하고 접목시키면서, 미국의 전반적인 제조산업 분야의 경쟁력을 제고시키기 위한 작업을 추진했다. 그럼에도 불구하고, 일부 보수적인 정부 관계자들은 국방부가 산업 역량 강화정책에 참여하는 것에 부정적인 의견을 제시함에 따라 진행이 어렵게 된 측면도 있다(Cronberg, 1994: 211).

러시아의 경우는 정부의 지속적인 민수전환정책의 시도에도 불구하고, 상대적으로 높은 '군의 위상'과 방위산업 관련 기업들의 적극적인 협조를 얻어내지 못했기에 성공하지 못했다고 분석된다. 한 예로 1989년도에 미하일 고르바초프 대통령은 자국의 민수전환정책 실시를 위한 작업을 지시했고, 400여 개의 방위산업 기업들과 군이 보유하고 있는 첨단 과학기술을 민간으로 이전시킬 것을 요구했지만, 방위산업과 군의 협조가 체계화되지 못하고 안보상의 이유로 군이 거부하면서 민수전환정책은 실패했다(Cronberg, 1994). 국가적인 차원에서는 필요성이 제기되었음에도 불구하고 방산기업들과 군의 직접적인 참여에 대한 회의적 시각과 민수전환정책의 인센티브 결여가 가장 큰 요인이 되어 협력을 얻어내지 못하고 실효를 크게 거두지 못했다고 볼 수 있는 것이다(Cooper, 1995: 130).

3) 중국의 민수전환정책

중국의 국방경제 연구는 국방비의 효율적 배분, 무기개발 및 획득, 전략산업의 경쟁력 강화 등을 포함하고 있으며 활발히 진행 중이다. 이는 중국 특색의 군사상과도 연계되어 있는데, 군을 산업발전 정책에 대규모로 끌어들여 국가의 역량 제고라는 거시적인 전략이 있기 때문이다. 중국의 경우는 미국과 러시아와는 달리 중국인민해방군이 민수전환정책에 직접 참여한 사례이다.

군을 산업발전이라는 영역에 투입하여 국가건설에 가용하려는 시도는 제1세대 지도자인 마오쩌둥 시대부터 5세대 지도부의 핵심인 시진핑 시대까지 변하지 않은 전략적 사상이다. 1956년 5월에 개최된 최고국무회의에서, 마오쩌둥은 군용과 민용의 생산기술의 중요성을 강조하면서, 평화 시기에는 군수공장에서 민수품을 생산하고, 전쟁 시기에는 군용 생산체제로 전환될 수 있는 시스템을 구축해야 한다고 주장했다. 중국의 인민해방군을 민간 영역에 본격적이고 대규모를 끌어들인 것은 제2세대 지도자인 덩샤오핑이다. 1977년 12월 22일에 개최된 중앙군사위원회 전체회의에서 덩샤오핑은 군과 민간 영역에서 동시에 유동적으로 활동할 수 있는 군 간부 인재들을 배양해야 한다는 취지의 지침을 내렸다(軍事科学院軍事研究所, 2008: 78).

개혁개방 정책과 함께 덩샤오핑은 1980년대 초반부터 군을 대규모로 상업활동 전선에 뛰어들게 하면서, 군이 보유하고 있던 군수공장에서 민간 용품을 생산하게 함으로써, 중국의 산업화에 일조하도록 했다(Lee, 2006). 에릭 하이어 박사가 간파했듯이, 중국에서 방위산업의 민용 생산과 더불어 상업화가 성공하게 된 것은 정치적인 이유가 아닌 재정적인 이유에서 나온 것이다(Hyer, 1992: 1107). 중국군은 개혁개방 이래, 중국 지도부의 국방비 삭감에 따라 불가피하게 상업활동에 뛰어들었고 적지 않은 성과를 냈다.

군이 보유하고 있었던 군수공장에서 민간 용품을 생산해 시장에 판매함으로써, 군전민정책에 일조했으며, 이러한 중국군의 경제적 역할은 제3세대 지도부 장쩌민 시대에도 이어졌다. 장쩌민은 기본적으로 군이라는 특수 조직이 산업 영역에서 활동하는 것을 달가워하지는 않았지만, 군이 방위산업에 지속적으로 역할을 하는 것은 지지했다. 1998년에 군의 상업활동을 전면적으로 박탈하면서 군이 직접적으로 민간 영역에서 활동하는 일은 줄었으나, 군이 국가의 과학기술 발전이라는 측면에서 지속적으로 일조하는 제도적 기반을 마련하게 된다. 장쩌민 시대에도 군과 민간의 '협조 발전'이라는 기조는 이어졌으며, 후진타오 시대에는 중국 특색의 군민융합방식발전의 길을 가야 한다는 새로운 주장이 제기되었다(武希志·黃靖, 2013: 6).

4. 시진핑 시대의 군민융합정책 동향과 전망

시진핑 정부도 국방산업발전에서 군의 역할을 강조하면서 선대 지도부의 정책을 계승하고 있다. 중국의 지도부는 국방과학기술의 발전과 진보가 결국 사회발전을 가져오고, 국가의 과학기술을 한층 강화할 것으로 기대하고 있다. 군을 국가발전이라는 정책적 목표에 끌어들이려는 중국 지도부의 사상은 지속적으로 표현되고 있다. 중국 공산당 총서기와 중앙군사위원회 주석을 겸임하고 있는 시진핑은, 제12차 전인대회의 해방군대표단을 접견하는 자리에서, "경제건설과 국방건설을 이룩해 부국과 강군을 현실화해야 한다"라고 강조했다(毕京京 主編, 2014: 138). 이는 전 세계적으로 4차 산업혁명이 진행되는 이 시기에 군의 역할에 대한 중요성을 강조한 것이다. 실질적으로 중국의 우주항공 같은 분야는 인민해방군의 제2포병(로켓군)이 적극적으로 참여하여 발전을 꾀하고 있다(李升泉·刘志辉 主編, 2015: 67).

중국은 기존의 국방산업 과학기술을 동원해, 민간 영역에의 기술 이전을 꾀하고 있고, 민간기업이 국방산업에 참여하는, '민참군民參軍'의 활동이 활발하게 이루어지면서, 반대의 기술 이전의 결과들이 나오고 있다. 중국의 현역 장교이면서 국방경제학 교수인 장차오천张晓天은 '양개전변'을 위해서는 국방기술과 민간기술의 이해가 있는 인재들이 필요하다고 주장한다. 특히 정보화 시대에, 국가의 자원운용을 위해 군은 지속적으로 개입되어야 한다고 주장한다. 현재 중국은 매년 약 4~6만 명의 장교가 증강되고 있는데, 그중 과학기술 분야의 전문성을 가지고 있는 장교가 40% 정도이다(张晓天, 2009: 120). 이러한 일관된 정책이 중국의 군민융합정책을 용이하게 진행시키는 제도적 뒷받침을 하고 있다고 추론해 본다.

주지하는 바, 중국에서는 당-정-군이 힘을 합쳐 방위산업과 민간산업이 유기적으로 협력할 수 있는 기반들을 조성해 나아가고 있다. 이를 민군관계의 관점에서 본다면, 군이 당에 대해 절대적으로 복종하고 보조적인 역할을 수행하면서 민군겸용기술정책을 추진할 수 있게 된다는 점이 주목할 만하다. 중국의 인민해방군은 개혁개방 이후 경제의 구조적 과도기에 군이 보유하고 있는 무기생산 능력을 비롯한 고등과학 기술력과 더불어 군대라는 조직 특유의 효율성을 바탕으로, 민수전환정책에 대대적으로 참여했다.

중국 정부는 군대의 비당화, 비정치화 그리고 군의 국가화 같은 조류와 담론은 불온한 사상적 침투라 여기고 그에 대해서는 전면적으로 대응이 이루어져야 한다고 본다(许志功·赵小芒·赵周贤, 2010). 이는 군 본연의 의무인 '폭력의 관리' 차원을 넘어 비군사 영역에 군이 투입되어 국가경제건설에 일조하는 것을 당연하게 생각하는 군사상의 숨은 코드가 있기에 가능한 것이다. 실제로 이러한 중국의 정책은 많은 부작용도 가져왔지만, 국방과학기술과 국방산업발전이라는 측면을 함께 가져왔음을 부인할 수 없다.

중국 정부는 중장기적으로 장비건설, 항공, 신자원, 신소재산업의 4대 주요산업을 지원하면서, 우주산업, 화학공업, 전자정보, 조선산업 등의 4대 특색산업을 군민융합을 통해 발전시키려는 의도를 가지고 있다(毕京京 主编, 2014: 17~18). 시진핑 지도부는 이러한 거시적인 민군겸용 과학기술정책을 동원해 중국의 방위산업의 역량 제고는 물론이고, 민간 영역의 국제적 산업 역량을 지속적으로 가속화할 것으로 추론된다.

5. 정책적 함의 및 결론

앞에서는 중국이 국방비를 지속적으로 증액시키면서 군사현대화를 추진하는 중국의 의도에 대해 분석했다. 주지하는 바, 중국의 국방비 증액은 1차적으로 외부의 위협으로부터 국가를 보위하는 안보 영역의 목적 이외에도 국가의 경제성장 촉진을 위해 최첨단 방위산업을 육성하려는 중국 정부의 전략적 의도가 숨어 있음을 알 수 있었다.

중국의 군사적 부상과 위협은 실질적으로 다가오고 있다. 중국은 2000년대에 접어들면서 본격적으로 국방경제의 시각에서 일관성 있게 산업정책을 추진해 나아갔다. 그동안 중국의 군사적 부상에 대해서는 현실주의적 관점에서 아직 위협적이지 못하다는 것이 중론이었다. 미국의 국제전략연구소CSIS의 스콧 케네디Scott Kennedy는 중국은 모방을 할 수 있지만 혁신과 창조는 할 수 없다고 평가했다(Kennedy, 2017). 케네디 박사가 주장하는 바와 같이 중국 정부가 추진한 과학기술정책이 지적재산권 불법 도용, 기술 이전 강요, 산업 스파이 등을 통해 중국으로 유입된 것은 사실이다.

한 가지 분명한 점은 세계 첨단산업의 시장점유율을 보았을 때 중국은 기술 후진국이 아니라는 점이다. 중국 정부가 개혁개방 정책을 추진하고 지난 40여 년 동안 아무런 준비 없이 해외 기술의 불법 탈취만을 통해 국가의 첨단 방위산업과 과학기술을 바탕으로 하는 첨단산업을 육성하려 한 것은 아니다. 특히 시진핑 시기에 들어와서 군민융합정책을 국가의 대전략으로 격상시키고 시진핑 주석이 직접 진두지휘를 하면서 첨단기술산업 육성을 지도하고 있다.

중국이 오늘날의 과학기술 역량과 산업기술 역량을 보유하게 된 것은 후진국으로서 선진국의 역량을 손쉽게 받아들인 것이 크게 작용한 부분은 사실이다. 그럼에도 불구하고, 중국 정부가 조직적으로 개입하고 전략적으로 대응하지 못했다면 아무런 효과가 없었을 것으로 추론된다. 앞에서 고찰해 본 바와 같이 중국 정부는 과학기술의 발전을 위해 국방예산을 투입하고 방위산업과 민간 영역이 협력하여 시너지 효과를 얻게 하려는 전략을 추구하고 있다. 한 가지 분명한 점은 중국이 기술혁신을 목표로 하고 국가의 총력을 동원하여 산업정책을 만들어가고 있다는 점에는 주목해야 한다.

4차 산업혁명의 기술이라고 알려져 있는 정보통신, 우주항공 분야는 중국이 특히 강세를 보이는 분야이며 민군겸용기술의 측면이 강하다. 화웨이와 같은 기업이 무역전쟁의 와중에 살아남지 못한다고 하더라도 중국의 첨단기업들이 다 무너지지는 않을 것이라고 추론된다.

과거 독일이나 일본이 제2차 세계대전 패망 이후 빠르게 재건할 수 있었던 이유는 군수산업의 인재들이 민수전환을 통해 민간으로 이전되고 군수 용품에서 민간산업 용품들을 대량 생산하여 혁신적인 제조업을 만들어냈기 때문이다. 불확실성이 대두되고 있는 시기에 한국 정부는 기업들이 4차 산업혁명 시대에 선두주자로 나설 수 있도록 새로운 성장축을 만들고, 제도적으로 돕는 등 기업과 협력하여 4차 산업혁명 시대에 전략적으로 대응해야 한다. 기술 패권을 비롯한 패권 경쟁은 당분간 지속될 것으로 추론되는데, 한국은 정보통신기술과 더불어 우주항공 분야에서도 혁신을 주도할 수 있도록 산-학-정이 협력해 나아가야 할 것이다.

军事科学院军事研究所. 2008. 『中国人民解放军改革发展』. 军事科学出版社.

李升泉·刘志辉 主编. 2015. 『说说国防和军队改革新趋势』. 北京: 长征出版社.

武希志·黄靖. 2013. 『国防经济学』. 北京: 军事科学出版社.

张晓天. 2009. 『军民融合式发展的探索与实践』. 北京: 国防大学出版社.

毕京京 主编. 2014. 『中国军民融合发展报告 2014』. 北京: 国防大学出版社.

许志功·赵小芒·赵周贤. 2010. 『科学发展观是指导国防和军队建设的世界观方法论』. 北京: 解放军出版社.

Alexander, J. Davidson. 1994. "Military conversion policies in the USA: 1940s and 1990s." *Journal of Peace Research*, Vol. 31, No. 1, pp. 19~33.

Bitzingers, Richard, Michael Raška, Collin Koh Swee Lean and Kelvin Wong Ka Weng. 2014. "Locating China's Place in the Global Defense Economy." in Tai Ming Cheung(ed.). *Forging China's Military Might: A New Framework for Assessing Innovation*. Baltimore, Maryland: Johns Hopkins University Press.

Bova, Russell. 1988. "The Soviet military and Economic Reform." *Soviet Studies*, Vol.40, No.3, pp.385~405.

Brauer, Jurgen and John Tepper Marlin. 1992. "Converting Resources from Military to Non-Military Uses." *Journal of Economic Perspectives,* Vol.6, No.4, p.149.

Brooks, Stephen G. and William C. Wohlforth. 2016. "The Once and Future Superpower: Why China Won't Overtake the United States." *Foreign Affairs*, Vol.95, No.3, pp.91~104.

Carter, Ashton. 2019. *Inside the Five-Sided Box: Lessons from a Lifetime of Leadership in the Pentagon.* New York: Dutton.

Chan, Steve. 1995. "Grasping the Peace Dividend: Some Propositions on the Conversion of Swords into Plowshares." *Mershon International Studies Review*, Vol.39, pp.53~95.

Christensen, Thomas J. 2011. "The Advantages of an Assertive China: Responding to Beijing's Abrasive Diplomacy." *Foreign Affairs*, Vol.90, No.2, pp.54~67.

Cliff, Roger, John F. Fei, Jeff Hagen, Elizabeth Hague, Eric Heginbotham and John Stillion. 2011. "Shaking the Heavens and Splitting the Earth: Chinese Air Force Employment Concepts in the 21st Century." Santa Monica, CA: RAND Corporation

Cronberg, Tarja. 1994. "Civil reconstruction of military technology: the United States and Russia." *Journal of Peace Research*, Vol.31, No.2, pp.205~218.

Cypher, James M. 2015. "The Origins and evolution of military keynesianism in the United States." *Journal of Post Keynesian Economics,* Vol.38, No.13, pp.449~476.

Easton, Ian. 2013.9.26. "China's Military Strategy in the Asia-Pacific: Implications for Regional Stability." Project 2049.

Erickson, Andrew S. 2019.10.1. "China's Massive Military Parade Shows Beijing's is a Missile Superpower." *The National Interest.*

Fravel, M. Taylor and Christopher P. Twomey. 2015. "Projecting Strategy: The Myth of Chinese Counter-intervention." *Washington Quarterly*, Vol.37, No.4, pp.171~187.

Friedberg, Aaron L. 2014. *Beyond Air-Sea Battle: The Debate over US Military Strategy in Asia*, The Adelphi Series(Books on Key Security Issues). New York: Routledge.

Heginbotham, Eric, Michael Nixon, Forrest E. Morgan, Jacob L. Heim, Jeff Hagen, Sheng Tao Li, Jeffrey Engstrom, Martin C. Libicki, Paul DeLuca, David A. Shlapak, David R. Frelinger, Burgess Laird, Kyle Brady and Lyle J. Morris. 2015. "The U. S. -China Military Scorecard: Forces, Geography, and the Evolving Balance of Power, 1996–2017, RT-392-AF." Santa Monica, CA: RAND Corporation, September 2015.

Hyer, Eric. 1992. "China's arms merchants: Profits in Command." *China Quarterly*, Vol.132, p.1107.

Ikenberry, John. 2008. "The Rise of China and the Future of the West: Can the Liberal System Survive?" *Foreign Affairs*, Vol.87, No.1, pp.23~37.

Johnson-Freese, Joan. 2016. *Space Warfare in the 21st Century: Arming the Heavens.* Routledge.

Julian, Cooper. 1995. "Conversion is dead, long live conversion!" *Journal of Peace Research*, Vol.32, No.2, p.130.

Kennedy, Scott. 2017. "The Fat Tech Dragon: Benchmarking China's Innovation Drive." Center for Strategic and International Studies, China Innovation Policy Series.

Korda, Matt. 2019.8.17. "No, Mr. Stephens, the United States doesn't need more nuclear weapons." *Bulletin of the Atomic Scientists*.

Lee, Dongmin. 2006. "Chinese Civil-Military Relations: The Divestiture of People's Liberation Army Business Holdings." *Armed Forces & Society*, Vol.32, No.3, pp.437~453.

Lieberthal, Kenneth and Wang Jisi. 2012. *Addressing U. S. – China Strategic Distrust*. John L. Thornton China Center Monograph Series, No.4. Washington, D. C. : Brookings Institution.

Liff, Adam P. and Andrew C. Erickson. 2013. "Demystifying China's Defense Spending: Less Mysterious in the Aggregate." *The China Quarterly*, Vol.216, pp.805~830.

Lindsay, John R. 2014/15. "The Impact of China on Cyber security: Fiction and Friction." *International Security*, Vol.39, No.3, pp.7~47.

Mearsheimer, John J. 2019. "Bound to Fail: The Rise and Fall of the Liberal International Order." *International Security*, Vol.43, No.4, pp.7~50.

Office of the Secretary of Defense. 2019. "Annual Report to Congress: Military and Security Developments Involving the People's Republic of China 2019." *Military Review*, Septmber-October 2019.

Ross, Robert S. and Aaron L. Friedberg. 2009. "Here Be Dragon: Is China a Military Threat." *The National Interest*, Vol.103, pp.19~34.

Samuelson, Richard J. 1994. *Rich Nation, Strong Army: National Security and the Technological Transformation of Japan*. Ithaca, N. Y.: Cornell University Press.

Seligman, Lara and Robbie Gramer. 2019.8.2. "What Does the Demise of the INF Treaty Mean for Nuclear Arms Control?" *Foreign Policy*.

SIPRI. 2018.5.2. "Global military Spending remains high at $1.7 trillion." https://www.sipri.org/media/press-release/2018/global-military-spending-remains-high-17-trillion (검색일:2019.9.1)

Steinberg, James and Michael O'Hanlon. 2014. *Strategic Reassurance and Resolve: US-China Relations in the Twenty-First Century*. Princeton: Princeton University Press.

Tellis, Ashley. 2013. "Balancing without Containment: A U. S. Strategy for Confronting China's Rise." *Washington Quarterly*, Vol.36, No.4, pp.116~117.

The State Council, 2019. "China's National Defense in the New Era." The State Information Office of the People's Republic of China.

White House. 2018.10.4. "Remarks by Vice President Pence on the Administration's Policy Toward China." https://www.whitehouse.gov/briefings-statements/remarks-vice-president-pence-administrations-policy-toward-china/ (검색일:2019.9.4).

Yoshihara, Toshi and James R. Holmes. 2013. *Red Star Over the Pacific: China's Rise and the*

Challenge to U. S. Maritime Strategy. Naval Institute Press.

You, Ji. 2016. *China's Military Transformation: Politics and War Preparation.* China Today Series, Cambridge, U. K.; Malden, M. A.: Polity Press.

Zhen, Liu. 2019.10.2. "China's Latest display of military might suggests its 'nuclear triad' is complete." *South China Morning Post.*

7 일본 아베 정권의 방위산업 전략 딜레마

이정환 | 서울대학교

1. 서론

2012년 12월 26일에 출범한 제2기 아베 신조安倍晋三 정권은 전후 일본 외교안보정책의 근본적인 대변화를 추구했다. 2013년 안보정책의 최상위문서인 「국가안전보장전략」 제정, 2014년 '집단적 자위권에 대한 헌법 해석 변경의 각의 결정', 2015년 「미일방위협력지침(미일가이드라인)」의 개정과 11개 안보 관련 법안의 개정은 전후 일본 외교안보정책의 근간이었던 요시다 노선에서 일본이 이탈하고 있음을 보여준다. 휴즈(Hughes, 2015)는 비군사화 규범과 전수방위를 핵심으로 하는 요시다 노선에서 벗어나 적극적 평화주의를 전면에 내세운 '아베 독트린'으로 일본의 외교안보정책이 변화했다고 주장했다.

적극적 평화주의에 입각한 '아베 독트린'의 등장은 일본 방위산업정책의 제도 변화와 연동되어 있다. 2013년 12월 17일에 발행된 「방위계획대강 2013」은 같은 날 함께 발표된 「중기방위력정비계획(2014~2018)」과 연동되어 있다. 「중기방위력정비계획(2014~2018)」은 북한의 핵미사일 위협에 대한 대응과 동중국

해에서 중국과의 갈등에 대한 대응을 핵심 과제로 하는 「방위계획대강 2013」의 정책목표에 부합하는 방위력 강화의 방법론을 담아내고 있다. 나아가 아베 정권은 2014년 요시다 노선의 중요한 부분이었던 '무기 수출 3원칙'을 폐지하고, 이를 '방위장비이전 3원칙'으로 대체했다. '무기 수출 3원칙'이 무기 수출의 원칙 제한과 예외 허용에 입각해 있다면, '방위장비이전 3원칙'은 무기 수출의 원칙 허용과 예외적 제한을 기본 내용으로 한다. 또한, 아베 정권은 방위장비 조달의 효율화와 방위 분야 연구 역량 강화를 위해 2015년 방위장비청을 신설하는 행정조직 개편까지 이뤄냈다.

아베 정권하에서 이뤄진 방위산업정책의 변화에 대해서는 크게 두 차원의 질문이 제기되었다. 첫 번째 질문은 일본 방위산업정책 변화 원인에 대한 것이다. 이 부분에서 일본의 평화주의적 관점과 한국의 일반적 관점은 일치한다. 방위산업정책 변화가 외교안보정책 변화의 일부분인 점에서는 광범위한 동의가 있는 가운데, 소위 '아베 독트린'의 등장이 아베라는 보수 지도자의 정책 선호와 강하게 연결되어 있다는 주장이다. 아베를 비롯한 일본 내 보수적 정책결정자들이 중국의 부상과 북한의 위협을 이용하여 '강한 일본'의 복원을 원했고, 이를 정책 변화를 통해 현실화한 점은 부인하기 어렵다(노다니엘, 2014). 아베 정권이 '전후체제로부터의 탈각'을 슬로건으로 내세워 일본 안보체제에 변화를 끌어낸 것은 사실이다. 하지만 제2기 아베 정권 이전의 일본 외교안보정책의 역사적 흐름 속에서 아베 정권의 핵심 정책결정자들의 정책 선호가 과거 정권의 정책결정자들과 크게 차별화되지 않는다. 박영준(2014), 김진기(2017), 호소야(Hosoya, 2019) 등의 일본 방위산업정책과 안보정책의 변화에 대한 연구에서 발견되듯이, '방위장비이전 3원칙'의 정책 방향성은 아베 정권 이전에 이미 등장했고, 민주당 정권에서도 천천히 일본 안보정책에 반영되고 있었다.

아베 정권기 방위산업정책 변화에 대한 두 번째 질문은 정책 변화가 어떠한 결과를 내고 있는가이다. 아베 정권의 방위산업정책 변화의 원인에 대해 다소 상이한 관점을 보이더라도, 대부분은 방위산업정책의 변화가 일본 방위산업의 발전으로 연결될 것으로 전망해 왔다. 이러한 전망은 한국 내에서 일본 방위산업의 강화에 대한 우려 섞인 관찰과 연계된다. 물론 정책 변화 자체에 연구 초점이 있는 경우에는 방위산업정책 변화 이후의 일본 방위산업 분야 현황에 대해서 본격적으로 논하지 않는다. 다만, 일본 방위산업 발전에 기회가 될 수 있다는 전망은 폭넓게 공유되고 있다. 한편, 권혁기(2013), 조비연(2015), 김진기(2019) 등은 일본 방위산업정책 변화가 일본 방위산업에 미치는 영향의 제한성에 대해서 논하고 있다.

이 글은 일본 방위산업 분야에서 정책 변화와 정책 결과의 간극에 대해 주목하고자 한다. 정책 변화 자체가 정책 결과의 효과성을 담보하지 않는다. 정책 변화가 의도한 것과 실제 정책 결과 사이의 간극은 모든 정책 사례에서 언제나 발견된다. 초점은 정책 변화에서 의도와 결과 사이의 차이가 벌어진다면 그 차이의 정도는 얼마나 되고, 그 차이의 원인은 무엇인가 하는 점이다. 제2기 아베 정권 방위산업 분야의 정책 변화의 의도와 결과 사이의 간극을 평가하는 것이 이 글의 초점이다.

제2기 아베 정권 방위산업 정책이 전개된 지 6여 년이 지났다. 아베 정권 방위산업 정책의 핵심 문서인 「방위계획대강 2013」과 「중기방위력정비계획(2014~2018)」은 발간 5년이 지나서 2018년 12월 18일에 발행된 「방위계획대강 2018」과 「중기방위력정비계획(2019~2023)」으로 대체되었다. 또한 방위장비이전 3원칙'을 제정한 지도 이미 6년이 지났다. 제2기 아베 정권 방위산업 정책이 전개된 지 일정한 시간이 지난 시점에서 아베 정권이 의도한 방위산업정책의 변화가 일본 방위산업에 어떠한 변화를 가져왔는지 점검하는 것이 이 글의 의도이다.

'방위장비이전 3원칙' 제정 이후 일본 방산업체의 국제 공동 개발 참여와 해외 수출에 대한 기대가 컸다. 하지만 기대와는 달리 지난 6년 동안 일본 방산업체의 해외 수출은 지체되었으며, 일본 방위산업의 진흥은 도래하지 않았다고 판단된다. 물론 정책 변경의 효과가 나타나는 데 좀 더 시간이 걸릴 수 있으므로, 앞으로 일본 방위산업의 향방을 판단하는 데 아베 정권의 방위산업정책을 실패라고 단정 짓는 것은 무리가 있다. 이 글은 정책 변경을 통해 의도한 결과가 현실화되는 것이 6년여 동안 지체되고 있다는 점에 초점을 두고, 아베 정권 방위산업정책 변경의 의도가 현실화되는 것을 지체시키는 제약 요인은 무엇인지에 중점을 두어 아베 정권기 방위산업정책에 대해서 논하고자 한다.

일본 방위산업 진흥의 제약 요인으로 주로 논해지는 점은 일본 방위산업의 소위 '갈라파고스화'이다(清谷信一, 2010). 실질적으로 폐쇄된 일본 국내시장 속에서 자위대에 대한 방위장비 조달에만 입각해 있던 일본의 방위산업이 새로운 여건에 적응할 능력과 준비가 부족하다는 것에 초점을 둔 설명이다. 이러한 일본 방위산업 내의 제약 요인에 더불어 이 글은 일본의 외교안보정책의 중점 목표를 위한 방위력 증강의 구체적 계획 내용이 일본 방위산업의 성장과 딜레마적 관계에 있는 점을 강조하고자 한다.

이 글의 구성은 다음과 같다. 우선 전후 일본 방위산업정책의 역사적 전개 속에서 일본 방위산업의 성격을 논한 후, 제2기 아베 정권기의 방위산업정책의 성격을 민주당 정권기부터의 연속성 속에서 살펴볼 것이다. 그리고 아베 정권기 방위산업정책에 대한 기대가 지난 6년여 동안 현실화되지 못한 원인에 대해 논의를 전개하고자 한다.

2. 일본 방위산업의 역사적 전개 속 제약과 기회

1) 전후 방위산업에 대한 정책노선 갈등

전후 일본의 산업구조에서 방위산업은 주변적 위치에 머물러 있었다. 전후 시대 다양한 중공업 분야와 하이테크 분야에서 세계적 경쟁력을 확보했던 일본의 산업화 경험에 비추어볼 때, 민수 부문의 경쟁력이 방위산업으로 스핀온

spin-on될 가능성은 충분했다. 또한, 전전 군국주의 시절 방위산업 분야 중심의 산업발달 경험은 전후 일본이 방위산업 분야에서 경쟁력을 가질 수 있음을 암시해 준다. 전후 일본 방위산업의 잠재력에도 불구하고 전후 시대에 일본의 방위산업이 제한된 성장에 머물게 된 기초는 당연히 요시다 노선의 정책 지향에 있다. 전후 일본 외교안보 노선의 근간인 요시다 노선은 미일안보조약 틀 속에서 미국에 기지를 제공하는 대신 미국이 일본의 안보를 보장하는 한편, 일본은 제한된 방위력 확보(경무장)에 머무르면서 국가자원을 민수 중심의 경제발전에 집중하는 정책 지향이다(Pyle, 2008). 이러한 요시다 노선이 일본 방위산업의 발전을 제약했다고 볼 수 있다.

하지만 요시다 노선에 의한 일본 방위산업 발전의 제약이 전후 초기 일본의 국내 정책 과정에서 갈등 없이 전개된 것은 아니다. 맥아더 사령부에 의한 초기단계 점령정책에서 전전 군국주의의 토대를 허문다는 목표하에 일본의 방위산업은 철저하게 배제되었다. 하지만 냉전의 도래와 한국전쟁 발발이라는 국제 구조 환경의 변동 속에서 미국의 일본 점령정책은 경제재건을 통한 안정적인 친미정권의 유지로 변동되었다. 더 나아가 미국의 일본 점령정책에 일본의 적극적 재무장에 대한 요구가 있었음은 주지의 사실이다. 요시다 노선의 수립 과정에서 요시다 정권은 미국의 일본에 대한 재무장 요구와 충돌하면서 재무장을 제약하는 정치적 선택을 추구했다(坂元一哉, 2000).

미국의 일본에 대한 재무장 요구는 일본의 경제성장에서 방위산업을 중심으로 경제재건을 추구하는 방향성이 가능한 맥락을 만들었다. 경쟁력 있는 산업 분야에 대한 국가의 적극적 계획과 자원 투입의 성격을 갖는 발전국가의 틀 속에서, 냉전의 국제 구조는 일본이 경쟁력 있는 산업 분야로 방위산업을 택할 수 있는 가능성을 제공해 주었다. 그린(Green, 1995), 박영준(2014)이 보여주듯이, 경제성장에서 방위산업의 가능성을 인지하고 이를 정책 내용에 반영하려고 한 것은 통상산업성이었다. 일본의 산업재건을 담당하던 통상산업성은 방위산업을 성장동력의 일환으로 삼을 계획을 가지고 있었다. 통상산업성은

1952년 방위생산이 국가의 중요 산업 분야라고 선언한 바 있다. 통상산업성은 발전국가의 패러다임 속에서 산업정책의 일환으로 방위산업을 바라보았던 것이다. 냉전의 국제 구조 속에서 일본이 방위산업을 산업발전의 토대로 삼는 길을 택했다면, 이는 요시다 노선이 전후 일본에서 지속되는 데 제약 요인이 되는 사회 세력의 강화를 만들었을 것이다. 전후 국제정치학계 내에서 요시다 노선에 대한 가장 긍정적인 평가를 내렸던 나가이 요노스케永井陽之助가 미국 군수산업의 발전이 미국 외교정책에 미친 영향과 일본의 경우를 비교하면서, 전후 일본에서 방위산업이 산업구조의 중심적 부분으로 성장하는 것을 막아낸 것을 요시다 노선 안착의 핵심적 요인으로 평가하는 이유가 이 부분에 있다(永井陽之助, 1985).

1950년대 초 통상산업성에 대항해서 방위산업 중심의 경제발전에 반대했던 것은 대장성이었다. 1950년대 대장성은 방위산업을 수출산업으로 건설하려는 통상산업성의 시도를 통제하고 견제했다. 1950년대 대장성은 예산편성권을 쥐고 요시다 노선에 입각한 정책 지향을 추구했고, 이 방침 속에서 일본 방위산업에 대한 지원 정책은 현실화되지 못하게 된 것이다(박영준, 2014). 1950년대 초 대장성 대 통상산업성의 대립 구도 속에서 전후 일본의 두 기축인 요시다 노선과 발전국가는 경합적 관계로 발전할 가능성을 내포하고 있었다. 결국 대장성에 의해 요시다 노선에 입각한 민수 중심의 경제발전으로 일본의 경제발전 노선이 택해지면서 요시다 노선과 발전국가의 경합적 관계의 가능성은 현실화되지 못했다.

2) 비군사화 규범과 방위산업의 제한적 발전

1950년대 초반 통상산업성의 방위산업에 대한 높은 가치 부여는 재계의 관심과도 연결되어 있었다. 일본 발전국가에는 정부와 기업 사이에 높은 수준의 공조 관계가 존재했음이 주지의 사실이다. 실제로 방위산업의 성장산업화를 추진한 통상산업성의 노력은 방위산업 업계와 함께 추진되었다. 방위산업 관련 업계의 입장은 경제단체연합회(게이단렌) 산하 방위생산위원회를 통해서 정책 공간에 반영되어 왔다. 1950년대 게이단렌 방위생산위원회는 통상산업성, 보안청, 자민당, 미국 정부 등을 대상으로 일본의 방위산업 발전의 필요성과 효과성에 대해서 적극적인 홍보와 제안을 내놓았다(오동룡, 2016).

대장성의 반발 속에 방위산업의 성장산업화 전략이 행정을 통해 적극적으로 추진되지 못하는 상황에서, 일본의 방산업체는 자민당 내 매파와 미국의 지원 속에서 발전의 토대를 마련하고자 했다. 일본 방위산업은 1950년대 중반부터 중공업 관련 기업들의 사업 부분으로 재가동하기 시작했고, 1950년대 동남아로의 무기 수출 조사와 무기 판매를 시작했다. 1957년 제1차 방위력정비계획, 1961년 제2차 방위력정비계획, 1967년 제3차 방위력정비계획을 통해 자위대 무기의 국내 조달을 매개로 하는 방위산업 진흥책이 실시되었다(Green, 1995).

하지만 일본 방위산업의 성장은 제한적이었다. 방위산업 성장의 최대 제약 요소는 1960년대 이래로 강화된 비군사화 규범이었다. 냉전기 일본 보수 정권은 일본 사회의 평화주의와 반군사주의 문화 속에서 미일동맹을 유지하는 수단으로 비군사화 규범을 제도적으로 수용했다(Chai, 1997). 1967년 '무기 수출 3원칙'을 통해서, '공산국 국가, 유엔 결의에 의해 무기 등의 수출이 금지된 국가, 국제분쟁 중의 당사국 혹은 그 위험성이 있는 국가'에 대한 무기 수출을 금지했다. 같은 해 일본 정부는 핵무기를 제조, 보유, 배치하지 않는다는 '비핵 3원칙'을 표명했다. 1969년에는 '우주의 평화적 이용에 관한 원칙'을 통해서 일본의 우주개발은 어디까지나 과학기술 발전에 중점을 두고 기상관측위성 등의 개발에 국한한다는 정책 목표를 표명했다. 무기 수출 제한에 대한 규범은 1976년 미키 정권에서 '무기 수출 3원칙' 대상 지역에 대한 무기 수출뿐만 아니라, 3원칙 대상 이외의 지역에도 헌법 및 '외국외환및외국무역관리법' 정신에 의해 무기 수출에 신중을 기하겠다는 정부 입장을 통해서 더 강화되었다. 이러한 비군사화 규범의 수용은 일본 방위산업의 성장을 제약하는 요인이었다(박영준, 2014).

1980년대 신냉전 시대에 비군사화 규범에 입각한 방위산업 성장 제한성은 미일 군사협조의 강화 속에서 약화되었다. 첨단산업 분야에서 일본의 기술 경쟁력을 주목한 미국은 일본으로부터 군사기술 이전(대미 수출)을 촉진해야 한다는 입장을 지니고 있었고, 미일 간 군사기술 상호 교류의 제도화와 일본 군사기술의 미국으로의 이전 요청을 지향했다. 이를 위해 일본의 '무기 수출 3원칙' 재검토를 주장했고, 나카소네 정권은 이에 응답하여 미국에 대한 무기기술 이전은 '무기 수출 3원칙'에 저촉되지 않는다는 정부 입장을 구축했다. '무기 수출 3원칙'에서 미국의 예외 인정을 구체화한 것이다(박영준, 2014).

냉전기 동안 비군사화 규범의 제약 속에 성장의 한계를 지니고 있던 일본의 방위산업은 제한된 여건 속에서 '국산화'에 초점을 두어 발전했다. 세계시장에 나아갈 수 없는 여건 속에서 자위대에 대한 방위조달에 초점을 둔 여건에 적응하기 위한 노력의 일환으로 볼 수 있다. 또한 안보 의존 속에서도 미국에 대한 자주성을 확보하고자 하는 노력의 일환이기도 하다. 일본 방위산업의 '국산화' 전략은 동맹의 방기 위협에 대한 헤징hedging 전략으로 이해할 수 있다(Green, 1995). 하지만 '국산화' 전략은 일본 방위산업 '갈라파고스화'의 역사적 기점이기도 하다.

3. 2010년대 일본 방위산업정책의 변화

1) 민주당 정권과 아베 정권의 방위산업에 대한 정책 노선

방위산업 발전의 장애 요소인 비군사화 규범의 폐지 또는 완화를 주장하는 논의는 일본의 정책 공간 내에서 꾸준히 제기되어 왔다. 안보 강화 차원에서 비군사화 규범 폐지를 주장하는 측과 더불어서 방위산업 발전을 위한 비군사화 규범 폐지를 주장하는 측이 공존해 왔다. 이러한 관점은 탈냉전기 들어 더욱 강화되었다. 특히 게이단렌은 탈냉전기에 방위산업 성장론의 입장에서 방위산업의 제약 요인인 비군사화 규범의 폐지 및 방위산업의 성장동력화를 꾸준히 제기해 왔다(김진기, 2013; 오동룡, 2018).

2000년대 중반 시점에서 방위산업에 대한 제약 요인인 비군사화 규범 폐지에 대한 정치권 내 동의는 자민당에만 국한되지 않았다. 1990년대 중반 사회당의 몰락 이후 보혁 대결 구도가 사라진 일본 정치권 내에서, 1990년대 말 이래로 제1야당으로 대두된 민주당은 외교안보 분야와 경제사회 분야 모두에서 자민당과 크게 차별화되지 않는 정책 선호를 지니고 있었다. 물론 사회당도 1990년대 들어 자위대 위헌, 미일안보조약 파기의 정책 노선에서 이탈하는 모습을 보였고, 1994년 자민당과의 연립정권 수립 과정에서 공식적으로 자위대 합헌과 미일안보조약의 유지를 받아들이게 되었다. 하지만 평화주의 노선의 이데올로기 지향에서 완전히 벗어나지 않은 사회당은 1990년대 후반 미일신가이드라인 제정과 이와 연속된 주변사태법의 제정, 2000년대 유사사태법의 제정과 자위대의 아프가니스탄과 이라크에의 파병에 반대 목소리를 냈다. 냉전기의 제1야당인 사회당이 혁신정치에 강한 뿌리를 두고 있는 반면에 1990년대 말 제1야당의 위치를 차지하게 된 민주당은 보수정치에 그 뿌리를 두고 있다. 민주당은 1990년대 말 이래로 자민당 정권의 방위 관련 법안에 대한 찬성률이 매우 높았다(助川康, 2007: 15). 민주당이 반대했던 주변사태법, 이라크특조법에 관해서도, 그 반대 이유는 개념의 불명확함이라든지, 해외파병에 대한 국회 사전승인 부여의 절차적 문제 등에 있었다. 민주당의 외교안보적 측면에서의 정책 선호는 자민당과 크게 벗어나지 않는 모습을 보였다. 민주당 내에는 일본의 군사적 역할 강화와 비군사화 규범의 완화에 대해 적극적인 지지자들이 존재했다.

2009년, 민주당이 정권을 차지하기 이전에 이미 민주당의 정책 선호가 자민당과 일체감을 보였다는 점은 2009년에서 2012년, 3년 동안 존재했던 민주당 정권의 외교안보 정책의 방향성을 암시한다. 물론 2009년 하토야마 유키오를 총리로 한 민주당의 첫 번째 정권에서 민주당이 집권 전 야당 시절에 보여주던 안보 분야에서의 적극적인 태도를 찾아보기는 어렵다. 당내 정책 응집력이 특히나 부족했던 민주당은, 3년 동안 세 내각(하토야마 내각, 간 내각, 노다 내각)에서 외교안보 분야는 물론 경제사회 분야에서도 매우 큰 정책적 변화를 보였다. 동아시아 공동체를 지향하며 미국과의 거리감을 보여주었던 하토야마 내각과는 달리, 간 내각과 노다 내각은 중국과의 영토분쟁의 격화 속에서 미일동맹 강화 노선을 선명하게 드러냈다. 민주당 세 내각의 외교안보 정책에 대한 노선 차이는 중국과의 갈등이라는 상황에 대한 대응의 성격에 더해서, 각 내각의 핵심 인사들의 외교안보 정책 노선이 기본적으로 상이했던 것에서 기인하는 측면도 크다. 특히 노다 내각의 외교안보 분야 핵심 인물들은 미일동맹 강화와 일본의 방위 능력 강화를 적극적으로 지지하는 성향을 지녔다. 적극적으로 방위 역량을 강화하고 자위대의 군사활동에 대한 법적 제한성을 극복하기를 원하는 민주당 내 정책 지향성은 노다 총리의 비서관을 역임했던 나가시마 아키히사長島昭久에 의해 대표된다. 그가 2010년 방위성 정무관으로서 '무기 수출 3원칙'의 폐기를 주장했던 점은 특기할 만하다(박영준, 2014: 64).[1]

민주당 내 방위 역량 강화에 대한 정책 선호는 「방위계획대강 2010」에서 '기반적 방위' 대신에 '동적 방위' 개념이 반영되는 원인 중 하나가 된다. 또한 2011년 7월에 방위성 자문기구인 방위생산기술기반연구회는 '무기 수출 3원칙' 개정을 제언했고, 같은 해 10월 당시 민주당 정조회장 마에하라 세이지도 유사하게 '무기 수출 3원칙' 개정과 전투기 등에 대한 국제 공동 개발 및 공동 생산이 가능하도록 제도개혁을 추진할 것을 주장했다. 2011년 12월 관방장관담화를 통해 민주당 정권은 '평화구축과 인도주의적 목적'이라면 예외적으로 무기 수출을 인정하고, 공동 개발 및 생산을 미국 이외의 국가에도 확대한다는 내용

---

1 나가시마는 현재 당적을 자민당으로 옮겼다. 이는 현재 민주당을 계승하고 있는 입헌민주당 등이 제2기 아베 정권하에서 모든 정책 분야의 정책 지향성이 좀 더 선명하게 왼쪽으로 이동하고 있는 모습과 연결된다.

을 골자로 하는 '무기 수출 3원칙'의 완화를 결정하게 된다(박영준, 2014: 64).

제2기 아베 정권기 방위산업정책의 변화는 민주당 정권기 중후반부의 정책 지향성의 연속선상에 있다. 제2기 아베 정권은 출범 3개월 후인 2013년 3월 1일 미국과의 라이선스 방식으로 일본에서 생산될 F-35 전투기의 부품 수출을 '무기 수출 3원칙'의 예외로 한다는 담화를 발표했다. 이 흐름의 연속선상에서 2014년 4월 1일의 '방위장비이전 3원칙'의 각의 결정을 이해할 수 있다.

물론 아베 정권은 적극적 평화주의를 전면에 내세우고, 미일동맹 강화라는 정책목표를 위한 안보정책 변화를 현실화했다. 제2기 아베 정권기 정책 내용과 냉전기 정책 내용의 차이점은 1960~1970년대의 '무기 수출 3원칙'과 2014년의 '방위장비이전 3원칙'을 비교해 볼 때 선명하게 드러난다. 하지만 제2기 아베 정권기의 외교안보정책 전반의 변화와 그 하위의 방위산업정책의 변화는 민주 당 정권기를 포함해 그 이전부터 꾸준하게 변화가 논의되고 조금씩 정책 내용에 반영되어 온 흐름 속에서도 이해되어야 한다. 제2기 아베 정권은 그 변화의 결정적 지점을 강행 돌파하면서 외교안보정책 전반과 방위산업정책의 변화를 자신들의 유산으로 만들었지만, 제2기 아베 정권이 이러한 강행 돌파를 실행에 옮기는 것을 제약하는 허들이 오랜 시간에 걸쳐 낮아졌기 때문에 가능한 것이었다.

2) '방위장비이전 3원칙'의 안보정책적 측면과 산업정책적 측면

'무기 수출 3원칙'의 폐지와 방위산업 분야의 해외수출 및 국제교류에 대한 새로운 원칙의 수립은 2013년 12월 각의 결정된 「국가안전보장전략」에 이미 명시되어 있었다. 「국가안전보장전략」의 '국가안전보장상의 전략적 어프로치' 의 8번째 항목 '방위장비·기술 협력' 부분에는 새로운 안보 환경에 적합한 새로운 무기 수출 관련 원칙을 정할 것이 명시되어 있다. 즉 '무기 수출 3원칙'의 폐지와 '방위장비이전 3원칙'의 제정은 이미 예정되어 있었다.

2014년 4월 1일 각의 결정된 '방위장비이전 3원칙'은 다음과 같은 내용을 담고 있다.

(1) 해외 이전이 금지되는 경우를 세 가지로 명확화: ① 일본이 체결한 조약과 국제협약에 의한 의무에 위반될 경우, ② 유엔 안보리 결의에 의한 의무를 위반할 경우, ③ 유엔 안보리에 의해 평화유지 활동이 이루어지고 있는 분쟁국가로 이전되는 경우.

(2) 해외로의 방위장비와 기술의 이전은 다음과 같은 경우, 정부에 의한 투명하고 엄격한 심사에 의해 허용: ① 평화공헌, 국제 협력에 기여하는 경우, ② 일본의 안보를 위해 미국을 비롯한 일본과 안보상 협력 관계에 있는 국가와의 국제 공동 개발과 생산, ③ 동맹국들과 안보 분야에서 협력 강화, 정비를 포함한 자위대의 해외활동지원, 그리고 일본인의 안전 확보 등 일본의 안전보장에 기여하는 경우.

(3) 목적 이외의 사용과 제3국으로의 이전에 대해서는 일본 정부의 사전 동의를 의무화: ① 평화공헌, 국제 협력에 적절하다고 판단될 때, ② 부품 등을 공동 사용하는 국제적 시스템에 참여할 때, ③ 부품 등을 라이선스 제공국에 납품할 때에는 이전 지역에서의 통제관리 체계를 확인하고 일본 정부의 사전 동의 없이도 이전이 가능(김종열, 2014: 43).

이전까지 이루어졌던 타국에 대한 기술 공여 또는 장비 협력은 사안별로 예외 조치로서 이루어졌던 것이라면, '방위장비이전 3원칙'으로 인해서 방위장비의 이전을 기본으로 하고 그에 대한 제약을 예외로 관리하는 체제로 변화했다.

'방위장비이전 3원칙'이 명기하고 있는 국제 협력 또는 장비 이전은 일본의 안보정책과 연계되어 있다. 국제 협력은 방산 선진국을 대상으로 하고, 장비 이전은 동남아 국가를 염두에 둔 것이다. 국제 협력은 주로 미국 등 일본과 안전보장 협력 관계에 있는 국가와의 국제 공동 개발, 공동 생산을 의미하다. 한편, 일본 정부는 '방위장비이전 3원칙'의 운용지침을 통해 구난, 수송, 경계, 감사, 소해 등을 구체적으로 명시하며 해상 안전보장 분야를 중심으로 방위장비 부품의 해외 이전을 가능하게 했다. 이는 남중국해 도서분쟁을 둘러싸고 중국과 대립 관계에 있는 동남아 국가들을 염두에 둔 조치로 볼 수 있다.

한편, 김진기(2017)가 강조하듯이, '방위장비이전 3원칙'은 방위산업 분야의 산업진흥을 목적으로 한 산업정책적 성격을 갖는다. 일본 방위산업의 '갈라파고스화' 문제를 벗어나서 방위산업의 경쟁력을 확보하는 수단으로서 국제화라는 방법을 택한 것으로 볼 수 있다. 당시 방위성 장비정책 과장 홋지 도루堀地徹는 '방위장비이전 3원칙'이 시장 확대와 같은 경제적 관점이 아닌 안보 환경 변화에 대응하는 차원의 결과라는 점을 전제하면서도, '방위장비이전 3원칙'을 통해서 일본 방위산업의 비즈니스 확대 가능성을 언급하며, 국제시장 노출을 통해 일본 방산업체의 경쟁력 강화를 기대한다는 의견을 표명했다(淸谷信一, 2015.5.22). 이는 '방위장비이전 3원칙'이 방위산업의 산업적 토대 강화와 경쟁력 강화를 목적으로 하는 산업정책적 성격도 지니고 있음을 암시해 준다.

4. 일본 방위산업의 정체 요인

1) 일본 방위산업의 성장 기대와 부진

'방위장비이전 3원칙' 제정 이후 한국 언론에서는 일본 군수산업의 '부활', '빗장' 풀린 일본의 무기 수출, 방위산업에 '날개' 등과 같이 일본 방위산업체의 해외수출 증가에 대한 전망이 주류적이었다(조비연, 2015: 358). 더불어 무기 수출이 일본 국내의 방위 능력 강화를 통해서 일본의 '군사대국화'로 연결될 것이라는 평가도 존재했다(이재명, 2014; 정성식, 2019). 일본 국내에서도 평화주의적 관점에서 이러한 시각이 공유되었다. 스가 요시히데菅 義偉관방장관에 대한 적극적 질문으로 유명한 ≪도쿄신문≫의 모치즈키 이소코望月衣塑子가 대표적이다(望月衣塑子, 2016). '방위장비이전 3원칙'으로 대표되는 제2기 아베 정권의 정책 변화가 일본 방위산업 성장의 토대가 될 것에 대한 우려 섞인 관점이다.

역설적이게도 아베 정권의 방위산업정책 변화에 대해 기대하는 측의 이유도 일본 방위산업에 기회가 된다는 점이다. '방위장비이전 3원칙'이 발표된 날과 같은 날 게이단렌 회장 요네쿠라 히로마사米倉弘昌는 새 원칙의 수립을 적극 환영하는 코멘트를 내놓았다(日本経済団体連合会, 2014.4.1). 한 달여 후인 5월 12일 게이단렌이 개최한 세미나에서 게이단렌 방위생산위원장의 자격으로 참석한 오미야 히데아키大宮英明 미쓰비시중공업 회장은 '방위장비이전 3원칙'으로 생긴 비즈니스 기회를 현실화하기 위한 정부의 추가적 시책과 민관 협력을 주문하면서 정부의 정책 변화를 환영했다. 같은 세미나에서 미즈타니 히사카즈水谷久和 게이단렌 방위생산위원회 종합부회장도 '방위장비이전 3원칙'의 도입을 높이 평가했다(≪経団連タイムス≫, 2014.5.29).

하지만 '방위장비이전 3원칙' 도입 6년이 지난 시점에서 도입 초기 일본 방위산업의 발전에 대한 우려의 목소리와 환영의 기대는 찾아보기 어렵다. 2019년 당시 일본의 많은 언론에서 '방위장비이전 3원칙' 도입 이후 시도된 다양한 무기 수출 노력의 결과에 대한 부정적 평가가 상당수 제기된 바 있다. 이러한 부정적 평가는 '방위장비이전 3원칙'이 도입된 지 6년이 지나도록 일본의 방위장비이전, 즉 무기 수출이 현실화되고 있지 않기 때문이다. 새 원칙 도입 이후 완제품 무기 수출의 사례로 언급되었던 많은 사례들의 수출 교섭이 실패하거나 교착 상태에 빠져버렸다. 호주와의 소류급잠수함 수출 교섭, 영국과의 P1 초계기 수출 교섭, 태국과의 방공레이더 FPS3 교섭이 실패했고, 인도와의 구난비행정 US2 수출 교섭, 아랍에미리트와의 C2 수송기 수출 교섭, 필리핀과의 방공레이더 FPS3 수출 교섭은 난항에 빠지고 말았다(加藤晶也, 2019.5.12). ≪시사통신時事通信≫은 '방위장비이전 3원칙'의 일본 방산업체 해외수출 촉진 구상은 '실패'라는 방위성 관계자(익명)의 코멘트를 보도했다(≪時事通信≫, 2019.8.24).

'방위장비이전 3원칙'을 적극 환영했던 게이단렌의 평가에서도 일본 방위산업의 성장 기대가 현실화되지 못했음이 발견된다. 정부의 「방위계획대강 2018」과 「중기방위력정비계획(2019~2023)」의 계획 입안단계에서 나온 게이단렌의 방위산업정책에 대한 요구에는 정부의 방위정책 변화가 방위산업의 성장에 도움이 되지 못했다는 맥락이 발견된다. 게이단렌은 일본의 방위산업이 "시장의 국제화에 마주한 가운데 잠재력을 충분히 발휘하지 못하고 있다"라고 언급하면서, 현재 일본 방위산업의 지속가능성에 대해 우려하는 목소리를 냈다(日本経済団体連合会, 2018.6.19).

현시점에서 제2기 아베 정권의 방위산업정책 변화는 일본 방위산업의 성장으로 연결되었다고 보기 어렵다.

2) 국내 최적화된 일본 방산업체의 한계점

방위산업정책 변화가 가져올 변화에 대한 기대(또는 우려)와 부진한 결과 사이 간극의 원인은 두 차원에서 이해할 수 있다. 첫째, 방위산업의 내부 조건과 방위산업정책의 부조화이고, 둘째, 방위산업정책과 거시적 안보정책 사이의 부조화이다.

우선 일본 방위산업의 내부 조건과 방위산업정책의 부조화에 대해 살펴보고자 한다. 결론을 먼저 말하면, 일본 방산업체들은 세계시장에서 방위장비 조달의 경쟁력을 갖고 있지 못하며, 세계시장에 진출하고자 하는 의욕이나 절박함이 없어 보인다. 지난 몇 년 동안 이루어진 일본 무기 수출의 교섭 사례에서 발견되는 특징은 일본 방산업체의 소극적인 태도이다. 일본 방위산업체가 수출 교섭에 적극적으로 임하지 않는 사례가 계속해서 발견되고 있다. 대표적으로 호주로의 소류급잠수함 수출 추진 사례에서, 일본 내 잠수함 제조업체인 미쓰비시중공업과 가와사키중공업 내부적으로는 사업이 성사되는 것에 대한 기대보다 우려의 분위기가 컸다고 전해진다. 이러한 분위기는 구난비행정 제작업체인 신메이와공업에서도 발견된다(조비연, 2015: 361).

해외시장에 대한 일반론적 기대와는 달리 방산업체의 적극적 노력이 가시적으로 드러나지 않는 것은 기본적으로 일본 방산업체가 방위산업을 성장 분야가 아니라 안정 분야로 인식하고 있기 때문이다. 역사적으로 일본 방산업체들은 비군사화 규범 속에서 세계시장에 진출하는 데 제약을 가진 가운데 국내수요에 정확하게 부합하는 생산체계를 구축해 놓은 상태이다. 예를 들어, 잠수함 건조의 경우에도 미쓰비시중공업과 가와사키중공업이 해마다 교대로 1척씩 건조해서 자위대에 납품하는 생산체계를 유지해 왔다. 관련된 1500개의 하청업체도 연간 1척의 건조를 위해 필요한 설비와 인원만 유지하는 생산체계를 지녔다. 구난비행정 제작업체 신메이와공업도 약 3년에 1척씩 생산해서 방위성에 납품하는 생산체계를 지녔다. 새로운 수요를 위해서는 공급망을 변화시켜야 하기에 주저할 수밖에 없는 것이다. 이는 추가 수요를 확보함으로써 기업의 양적 확대를 추구하는 데 소극적인 태도로, 장기불황기에 많은 일본 기업들에서 발견되는 특징이기도 하다.

일본 방산업체들은 추가적 해외 수요에 대응하기 위한 공급망 확충을 실시했을 때, 미래 해외 수요를 안정적으로 보장하지 못하게 만드는 불확실성을 우려하고 있다. 이러한 불확실성을 도전으로 받아들이고 세계시장에서 살아남겠다는 경쟁적 태도가 일본 방위산업체에는 부족하다.

일본 방산업체들의 도전정신 부족은 일본 방산업체의 사업구성에서 차지하는 방산 분야의 적은 비중과 연관되어 있다. 제2기 아베 정권이 들어서기 이전 2011년 기준으로 일본 방산업체 1위인 미쓰비시중공업의 방산 분야 비중은 11%이다. 2위인 가와사키중공업은 미쓰비시중공업보다 방산 분야 비중이 다소 높지만 그 비율도 16%에 불과하다. 3위 미쓰비시전기의 방산 분야 비중은 3%, 4위인 NEC의 경우 4%이다. 전반적으로 2000년대 일본 방산업체의 방산 분야 비중은 10% 남짓이다(권혁기, 2013: 177~178).

일본 방산업체들에 방산 분야는 기업의 핵심 사업 영역이라기보다는 정부로

표 7-1 2011년도 일본 방산업체 무기거래 실적

일본 순위	세계 순위 (2009년도)	기업	금액(억 엔)	방위성 조달 비중	방산매출 비중
1	25	미쓰비시중공업	2,888	19.6%	11%
2	53	가와사키중공업	2,099	14.3%	16%
3	54	미쓰비시전기	1,153	7.8%	3%
4	64	NEC	1,151	7.8%	4%

자료: 권혁기(2013).

부터 재원 조달을 받음으로써 안정적으로 사업을 지속하는 부문으로의 위상이 강하다. 일본 방위산업의 역사에서 관찰되는 국산화 노력은 방위산업계의 실질적 독과점 상태를 낳았다. 일본 정부의 방위산업정책 변화에서 일본 방산업체들은 추가적인 정부 지원을 기대했다. 방위장비 관련 예산의 증가와 더불어, 해외수출의 경우 정부의 적극적인 행정적·재정적 지원에 대한 기대가 있었다. 하지만 후술하듯이 2010년대 일본의 방위장비 관련 예산의 증가는 일본 방위산업에 돌아가기 어려운 구조를 가지고 있었다. 해외시장에서 성공하기 위해서는 가격을 포함한 경쟁력 강화와 사업에 대한 적극적인 자세가 필요하다. 자위대 방위장비 조달에 입각해 발전한 일본 방산업체가 가격 경쟁력을 일거에 확보하기는 어렵다. 문제는 그러한 한계점을 극복하려는 적극적인 자세가 두드러지지 않는다는 점이다.

3) 직면한 안보적 필요성의 딜레마

게이단렌의 방위산업 관련 제언에서 발견되는 일관된 주장은 방위예산의 증액 필요성이다. 앞서 소개한 「중기방위력정비계획(2019~2023)」 입안단계에서 나온 게이단렌의 제언 중 첫 번째 항목이 방위예산의 증가 필요성이다. 하지만 일본 방산업체의 본뜻은 일본 방산업체로 돌아가는 방위예산의 증액 요구이다. 해외 시장에 성공적으로 진출하기 위해서는 일본 방산업체들이 경영상 건

그림 7-1 일본 방위예산의 추이

(단위: 조 엔)

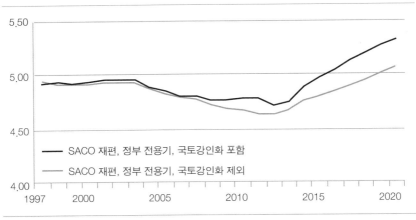

자료: 防衛省(2020).

전한 여건이 필요한데, 그를 위해서는 일본 국내에서 정부의 적극적인 지원, 즉 일본 방산업체에 대해 일본 정부가 지속적으로 발주를 늘릴 필요가 있다는 것이 일본 방산업체의 주장이다.

그림 7-1에서 볼 수 있듯이 제2기 아베 정권 들어서 일본의 방위예산은 꾸준히 증가했다. 제2기 아베 정권이 실질적으로 주도하지 않은 2013년도 예산안에서부터 방위예산은 증가하기 시작했지만, 제2기 아베 정권기에 방위예산은 꾸준히 증가했고, 2016년도에는 방위예산 편성에서 심리적 저항선 중 하나였던 5조 엔을 돌파했다. 하지만 증가하는 방위예산이 향하는 곳은 일본 방산업체의 기대와 달리 미국이었다. 방위예산의 증가 속에서 방위장비 구입액도 증가했지만, 그림 7-2에서 파악되듯, 증가한 방위장비 구입액은 일본 국내로 돌아가지 않았다. 방위장비 구입 계획에서 국내 발주액의 규모는 일정하게 유지되는 가운데, 해외 발주액이 증가하는 모양새이다. 그림 7-3에서 보듯 결국 일본의 증가한 방위예산은 미국으로부터의 무기 구입에 주로 지출되었음을 알 수 있다.

그림 7-2 방위장비 계약의 국내 비중과 해외 비중의 추이

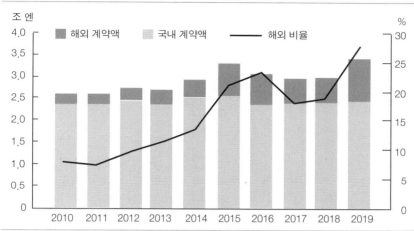

주: 방위성 자료에 근거했다. 금액은 당초 예산의 계약액이다. 2019년은 예산안의 금액이다.
자료: 前谷宏(2019.3.17).

그림 7-3 미국의 대외유상군사원조(FMS)에 입각한 일본의 수입 추이

(단위: 억 엔)

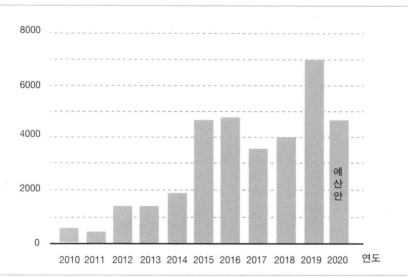

자료: 山口哲人(2019.12.21).

일본의 증가하는 방위예산이 미국으로부터의 무기 수입 증가로 귀결되고, 일본의 방산업체에 대한 발주 증가로 연결되지 않은 중요한 이유는, 일본이 2010년대에 직면한 안보 문제에 대응하기 위해 필요한 방위장비가 주로 미국에서 수입해야 하는 것들이었기 때문이다. F-35 도입에 따른 수입 증가가 기본적으로 큰 와중에, 북한의 핵미사일 문제에 대응하기 위한 미사일 방위시스템과 중국과의 동중국해 갈등에 대응하기 위한 급유기 등 미국 방위장비의 수입이 일본 정부의 방위력 증강 계획상 우선순위에 있었다.

본질적으로 일본의 2010년대 안보정책의 핵심 목표에 필요한 방위력 차원의 대응 수단은 일본의 방산업체가 아니라 미국의 방산업체가 제공할 수 있는 부분이다. 일본의 재정 여건상, 방위력 증강에 압도적 재원을 투여할 수는 없는 형편이다. 일본 정부는 안보정책의 목표에 따르는 상황에서, 미국으로부터의 무기 구입에 초점을 두고 방위력 증강 계획을 짰다고 볼 수 있다. 향후 '효율화'의 대상이 되는 기존 재래식 방위장비의 조달에 특화된 일본 방산업체에 현재 일본의 안보 환경이 호의적 요소인지 불투명하다.

일본 방위산업에 지속적인 관심을 기울여 온 저널리스트 기요타니 신이치淸谷信一가 2015년에 홋지 도루 방위성 장비정책 과장과의 인터뷰에서 처음 제기한 "'방위장비이전 3원칙'은 국내시장의 축소에 대해서 수출로 생산금액을 메꾸어 일정 규모의 생산 규모를 확보하려는 의도가 아니냐?"라는 질문은 '방위장비이전 3원칙'으로 대표되는 제2기 아베 정권의 방위산업정책과 일본 방산업체와의 관계에 대한 본질적인 부분을 지적하고 있다(淸谷信一, 2015.5.22). 안보정책의 우선순위상 '효율화'의 대상이 되는 부분의 발주에 특화된 일본 방산업체에 해외시장을 개척할 제도적 기반을 마련해 주는 차원으로서 '방위장비이전 3원칙'을 이해할 수도 있는 것이다.

5. 결론

　서론에서 언급했듯이 일본 방위산업의 해외시장 개척 부진을 일본 미디어에서 언급하는 것처럼 '실패'로 단언하기는 이르다. 6년의 시간은 일본 기업들이 변화하는 제도 여건에 맞추어 대응하는 데에 필요한 충분한 시간이 아닐 수도 있다. 일본 방산업체의 양태는 앞으로 충분히 변화할 여지가 있다. 특히 F35A 사업으로 대표되는 국제 공동 개발에의 참여가 앞으로 어떻게 진행될지 주목해야 할 것이다. 일본의 민간 부문의 해외 수요 진흥 전략이 양적 성장이 아니라 고부가가치화에 있듯이, 방위산업도 세계시장에서 시장점유율에 초점을 두지 않고 경쟁력을 지닌 소재 공급을 통한 공동 개발에의 참여가 중심이 될 것이다. 하지만 현재 일본 방산업체의 미온적 태도와 부족한 도전정신에 더해, 최근 전략물자, 특히 첨단무기에 있어서 국제 협력의 흐름이 전 세계적으로 저조한 상황은 일본 방산업체의 국제 공동 개발에의 참여 결과에 유보적인 전망을 우세하게 만들고 있다.

　기본적으로 일본의 국내 기업과 사회 전반에 만연한 현상 유지적 성격은 한 단계 도약하기 위한 도전에 불안감과 주저함을 만들고 있다. 이러한 모습이 일본 방위산업에서도 발견되고 있는 것이 사실이다. 일본 사회의 현상 유지적 성격은 일본의 제도적 정책 변화가 일본 내에서 의도한 결과를 만들지 못하는 제약 요인이 되고 있으며, 방위산업 분야도 예외가 아니다.

권혁기. 2013. 「일본 방위산업 경쟁력 분석」. ≪일본연구≫, 제20권, 165~187쪽.
김종열. 2014. 「일본의 무기 수출 3 원칙 폐지와 방위산업」. ≪융합보안논문지≫, 제14권, 6호
　41~50쪽.
김진기. 2013. 「탈냉전 이후 일본 방위산업의 발전전략에 관한 연구-일본의 재계와 무기 수출 3 원

칙의 완화」. ≪국방연구≫, 제56권, 4호, 51~75쪽.

_____. 2017. 「아베 정권의 방위산업·기술기반 강화전략」. ≪국방연구≫, 제60권, 2호, 53~78쪽.

_____. 2019. 「일본 군사관련 규범의 변화에 대한 연구: 무기 수출 3 원칙과 특정비밀보호법을 중심으로」. ≪민족연구≫, 제73권, 138~164쪽.

노다니엘. 2014. 『아베 신조의 일본』. 세창미디어.

박영준. 2014. 「일본 방위산업 성장과 비군사화 규범들의 변화」. ≪한일군사문화연구≫, 제18권, 43~75쪽.

오동룡. 2016. 「일본의 방위정책 70년과 경단련 파워」. ≪국방과 기술≫, 제447권, 66~73쪽.

_____. 2018. 「탈냉전기 일본의 방위정책 결정과 게이단렌의 역할: 게이단렌 방위생산위원회 발행 [특보] 를 중심으로」. ≪일본공간≫, 제23권, 159~213쪽.

이재명. 2014. 「동북아에서 일본의 군사적 부상과 항공우주무기체계」. ≪국방과 기술≫, 제429권, 44~57쪽.

정성식. 2019. 「일본 방위산업의 위협, 우리의 대응」. ≪국방과 기술≫, 제479권, 92~97쪽.

조비연. 2015. 「일본의 방위산업은 부활하는가?: 무기수출 금지 기조의 수정과 일본 평화주의의 미래」. ≪JPI Research Series≫, 제34권, 358~363쪽.

加藤晶也. 2019.5.12. "解禁5年、 売れぬ防衛装備海外向け実績ゼロ、 価格・性能折り合えず." ≪日本経済新聞≫.

清谷信一. 2010. 『防衛破綻―「ガラパゴス化」する自衛隊装備』. 中公新書.

_____. 2015.5.22. "防衛省の装備調達は、 これから大きく変わるキーマンの防衛省装備政策課長に聞く 上." ≪東洋経済オンライン≫.

≪経団連タイムス≫. 2014.5.29. "「防衛装備移転三原則に関するセミナー」開催." https://www.keidanren.or.jp/journal/times/2014/0529_03.html

坂元一哉. 2000. 『日米同盟の絆 -- 安保条約と相互性の模索』. 有斐閣.

助川康. 2007. "1990年代以降の防衛分野における立法と政党の態度." ≪防衛研究所紀要≫, 9巻 3号, pp.1~19.

永井陽之助. 1985. 『現代と戦略』. 文藝春秋.

日本経済団体連合会. 2014.4.1. "「防衛装備移転三原則」に関する米倉会長コメント." https://www.keidanren.or.jp/speech/comment/2014/0401.html

_____. 2018.6.19. "新たな防衛計画の大綱・次期中期防衛力整備計画に向けて." https://www.keidanren.or.jp/policy/2018/052.html (검색일:2019.10.12).

前谷宏. 2019.3.17. "防衛装備品3割が海外調達契約額9417円、 過去最高日米間取引で急増." ≪毎日新聞≫.

望月衣塑子. 2016. 『武器輸出と日本企業』. KADOKAWA.

山口哲人. 2019.12.21. "防衛, 止まらぬ米追従不利なFMS調達4700億円." ≪東京新聞≫.

≪時事通信≫. 2019.8.24. "防衛装備品、 強まる米依存."

防衛省. 2020. 『我が国の防衛と予算: 令和2年度予算の概要』. 防衛省.

Chai, Sun-Ki. 1997. "Entrenching the Yoshida defense doctrine: Three techniques for institution-alization." *International Organization*, Vol.51, No.3, pp.389~412.

Green, Michael J. 1995. *Arming Japan: Defense production, alliance politics, and the postwar search for autonomy.* New York: Columbia University Press.

Hosoya, Yuichi. 2019. *Security Politics in Japan: Legislation for a New Security Environment.* Tokyo: Japan Publishing Industry Foundation for Culture.

Hughes, Christopher. 2015. *Japan's Foreign and Security Policy Under the 'Abe Doctrine': New Dynamism or New Dead End?* London: Palgrave Macmillan

Pyle, Kenneth. 2008. *Japan rising: The resurgence of Japanese power and purpose.* New York: Public Affairs.

8 중견국의 군사혁신과 방위산업
스웨덴, 이스라엘, 한국, 터키 비교 연구

최정훈 | 서울대학교

1. 서론

현실주의가 가정하는 것처럼 모든 국가가 자국의 국력을 극대화할 유인을 가진다면, 군사혁신과 방위산업이라는 '공짜 점심'을 거절할 국가는 없을 것이다. 군사혁신military innovation, 軍事革新은 곧 군사력의 질적 향상을 의미하며, 방위산업은 국가가 자체적으로 무기를 생산할 수 있게 함으로써 국가의 자율성을 높일 뿐 아니라 방위비가 고용과 내수를 창출하는 데 쓰이게 함으로써 국방의 기회비용을 감소시킨다. 요컨대, 군사혁신과 방위산업은 국가가 국방비를 추가로 지출하지 않고도 군사력을 증진할 수 있는 수단이 된다.

그러나 이처럼 매력적인 군사혁신과 방위산업은 오늘날까지 강대국의 전유물로 여겨졌다. 역사적으로 가장 성공적인(또는 가장 잘 알려진) 군사혁신을 이뤄낸 것은 미국, 러시아 등 국제무대에서 1선급 산업 역량과 영향력을 갖춘 국가들이기 때문이다. 대규모 방위산업 기반을 갖추고 있을 뿐 아니라, 막대한 국방비 지출로 인해 새로운 기술이 개발되고 상용화되기에 적합한, 즉 규모의 경제를 달성하기 적합한 강대국을 중심으로 군사혁신이 일어나는 것은 이론뿐 아니라 역사상의 사례를 살펴보아도 알 수 있다.

군사혁신에 관한 기존 연구들은 강대국의 군사혁신 사례를 바탕으로, 군사혁신의 성패를 가르는 요인에 대한 분석에 치중해 왔다. 이에 대해서는 적절한 민군관계, 각 군 간 또는 군 내의 각 부처 간 경쟁, 군 내의 조직문화에 따른 혁신의 수용 양상 등이 언급된 바 있다(Posen, 1984; Grissom, 2006; Farrell and Terriff, 2002). 그러나 이러한 연구들은 공통적으로 강대국의 시각에서 현상을 바라보고 있다.[1] 가장 자주 인용되는 사례인, 전간기 기갑전 교리나 냉전 중 미군의 군사혁신, 비근한 예로는 걸프전 이후 미군이 내세운 '군사 분야에서의 혁명Revolution in Military Affairs; RMA' 등은 특정 국가 또는 소수의 강대국을 중심으로 어떻게 새로운 기술이 도입되고 그에 맞는 교리가 나타났는지를 조망한다.

이와 같은 연구들에 따르면, 군사혁신은 강대국의 울타리 안에서 일어나고, 그 결과물은 바깥으로 확산할 수 있어도 근원에 있는 기술 및 교리의 발전 역량은 그렇지 않다. 이는 군사혁신의 확산이 일방적이고 수동적인 수용의 과정이라는 암묵적 전제를 내포하고 있다. 요컨대, 비강대국의 군사혁신에서 관건은 외부의 혁신 결과를 얼마나 잘 받아들이느냐에 달려 있다는 것이다.

그러나 이러한 이론적 접근은 강대국에만 적용될 수 있는 일련의 가정을 전제로 삼는다. 첫째, 국가적 목표를 세우고 이를 위해 일관적인 혁신을 추진할 수 있을 정도로 해당 국가의 물적·인적 기반이 두터워야 한다. 이러한 논리에 따라 군사혁신에 관한 기존의 연구들은, 비강대국은 국력과 기술의 한계로 인해 강대국의 군사혁신을 수용하고 이에 적응할 뿐 자체적인 혁신은 제한된다

---

1 애덤스키(Adamsky, 2010)는 유의미한 예외라 할 수 있다. 그는 미국·소련과 더불어 이스라엘의 경우를 분석하면서, 이스라엘이 오히려 미국보다 첨단기술의 수용과 군사혁신에 적극적이었음을 주장하고 있다. 그러나 그는 이스라엘의 군사혁신을 특수한 문화적 요인을 통해 분석함으로써 이 글과는 접근의 방향을 달리하고 있다.

고 단정하고 있다. 이처럼 국력의 한계로 군사혁신의 수용자에 머물 수밖에 없는 국가를 기존 군사혁신 연구는 '약소국small state'으로 분류한다.

다른 한편으로, 방위산업에 관한 연구들 역시 강대국이 아닌 국가들의 방위산업 역량에 대해 부정적인 전망을 제시한다. 군사혁신을 일으킨 기술이 실제 무기체계에 반영되기 위해서는, 충분한 생산기반과 일정 이상의 군사력 소요가 겸비되어 규모의 경제가 일어날 수 있어야 한다. 두 여건이 모두 미비한 비강대국들은 새로운 기술을 개발하고 무기체계로 내어놓는 데 필요한 비용을 감수할 수 없으며, 설령 강대국에 버금가는 기술 및 산업 역량을 갖추었다고 해도 강대국의 기술을 기반으로 자신에게 필요한 개량을 일부 덧붙이는 정도, 즉 강대국의 1선급first-tier 방위산업에 종속된 2선급second-tier 방위산업을 벗어날 수 없다(Krause, 1992: 31).

실제로 냉전 종결 이후 전 세계적 군축으로 인해 비강대국의 방위산업이 위기를 맞이하고, 미국의 군사혁신이 걸프전을 통해 혁혁한 성과를 거두면서, 강대국과 비강대국의 양극화에 대한 기존 주장들은 일견 설득력을 얻는 듯했다. 그러나 그로부터 약 30년이 지난 오늘날, 몇몇 국가들을 중심으로, 나름의 경쟁력을 유지한 채 군사혁신의 추세를 추격하고 국제방위산업 시장에서도 점차 큰 입지를 확보해 나가고 있는 국가들이 두드러지고 있다. 일례로 스톡홀름 국제평화연구소SIPRI가 추산한 2018년 방위산업 수출국 순위를 보면, 이스라엘(8위), 한국(12위), 스웨덴(14위), 터키(15위) 등 중견국middle power의 존재가 두드러지며, 4년간 145%의 성장률을 보인 터키, 65%의 성장률을 보인 한국의 경우에서 볼 수 있듯 약진의 추세 또한 가파르다(Fleurant et al., 2019).

이처럼 기존의 '약소국'이라는 틀만으로는 담아낼 수 없는 현상이 점차 국제방위산업 시장에서 윤곽을 드러내고 있다. 이에 이 글은 군사혁신과 방위산업의 분야에서 이러한 국가들에 대해 '중견국'이라는 범주를 설정할 필요성을 제기한다. 강대국과 같이 광범위한 군사혁신을 이루기에는 기술적·경제적 한계가 있는 중견국들이, 그러한 한계를 우회할 수 있는 방위산업을 통해 나름대로 군사적 역량을 증진하고 군사혁신의 트렌드에 대응하고 있는 것이다.

또한 이 국가들은 적극적으로 국제 방위산업 생산망에 참여하거나 가격 경쟁력을 갖춘 플랫폼 개발을 통해 규모의 경제를 꾀하는 등, 다양한 방법으로 이러한 목표를 달성한다. 각국 나름의 국가전략적 요구에 따라, 국제 방위산업 시장으로의 통합을 통한 경쟁력 제고와 플랫폼의 자체 개발을 통한 무기자급 달성이라는 뚜렷이 다른 두 목표를 세우고 추구하는 것이다.

이러한 면이 잘 드러나는 중견국 군사혁신의 사례로 상이한 안보 환경에 있는 스웨덴, 이스라엘, 한국, 터키의 4개국을 선정, 이 국가들이 새로운 군사혁신의 도전에 직면하고 이를 극복하기 위해 노력하는 과정을 살피고자 한다.

그러한 논의를 전개하기 위해, 먼저 이 글의 제2절에서는 중견국이 방위산업 기반을 유지하면서 군사혁신에 나서는 이유를 검토하고, 이를 위해 두 가지 상이한 정책목표, 즉 효과effectiveness 대 자급self-sufficiency이라는 두 목표 중 하나를 추구할 수 있음을 주장한다. 그리고 제3절에서는 상기 4개국이 어떻게 방위산업의 재편 속에서 군사혁신을 추진하고 있으며 각국의 국방전략과 어떤 상호 연관을 이루는지를 살핀다. 이어 제4절에서는 앞에서 살펴본 구체적인 내용을 바탕으로, 다양한 환경과 전략을 가진 국가들 사이에서 나타나는 특징을 살피고 이를 통해 제2절에서 주장한 효과 대 자급이라는 중견국 군사혁신의 두 가지 모습이 어떻게 나타나는지를 조망하고자 한다.

2. 군사혁신과 국제 방위산업의 이론적 관점

1) 국제 방위산업: 중견국 군사혁신의 제약 요인

많은 국가들이 성능과 효율 면에서 우수한 강대국의 무기체계를 수입하는 대신 굳이 자국의 방위산업을 육성하려는 이유는 무엇인가? 기존의 연구를 종합하면 크게 세 가지로 정리할 수 있다.

먼저, 방위산업을 통해 무기의 생산 및 유지비의 실질적 경감 효과를 노릴 수 있을 뿐 아니라, 자국 군대를 위해 생산하는 무기체계를 외부로 수출함으로써 경제적 이익을 기대할 수 있다. 또한 첨단기술을 상용화함으로써 기술적 낙수효과spillover를 기대할 수 있다(Fevolden and Tvetbråten, 2016: 188~189).[2]

둘째로 안보 효과가 있다. 타국에 의존하지 않고 자체적으로 무기를 조달하고 개발할 수 있다는 것은 정치적으로 충분히 의미를 가진다. 동맹정책 외에도 내적 균형internal balancing이 유의미한 안보정책이 되기 위해서는, 국가자원을 국방에 투입했을 때 유의미한 군사력 향상을 기대할 수 있어야 하기 때문이다(Kurç and Neumann, 2017: 220).

위신과 정체성이 차지하는 역할 역시 간과할 수 없다. 자국산 무기체계는 '강한 군대'의 이미지를 만들어냄으로써 정부 및 군에 대한 국민의 지지를 이끌어내는 한편 국제적으로도 위신을 제고하는 수단이 된다. 나아가 군에 대한 이미지를 형성함으로써 정체성의 일부로까지 자리 잡을 수 있다(Bitzinger, 2017: 296~297; Jackson, 2019).

이처럼 방위산업의 존재가 국가 및 정부에 다방면으로 이익이 된다면, 이론적으로 모든 국가들은 자국의 방위산업을 육성하기 위해 노력할 것이며, 가급적 자국산 무기체계의 사용만을 고집할 것이다. 그러나 현실은 그렇지 않다. 자체적인 방위산업 기반을 유지하는 국가가 비교적 소수에 그치는 가장 큰 이유는 규모의 경제를 달성하기 어렵다는 데 있다. 무기체계는 한 번 생산되면 노후화되지 않는 이상 (전시를 제외한다면) 잘 소비되지 않고, 수요가 군대에 한정될 뿐 아니라 대체로 다른 용도로 전용轉用하기도 어렵다. 따라서 방위산업은

---

2 낙수효과는 정부와 군 주도의 국방 분야 연구개발 성과가 민간 영역으로 확산하는 '스핀오프' 모델에서 기대되는 경제적 효과이다. 그러나 최근 민간 영역의 기술발전 속도가 가속함에 따라, 민간의 기술을 군이 흡수하는 '스핀온' 모델로의 전이가 논의되고 있다.

다른 분야의 산업에 비해 규모의 경제를 달성하기 매우 어려운 속성을 지닌다.

특히 비강대국에 이러한 특성은 치명적인데, 국내적으로는 상대적으로 적은 국방비 지출로 인해 규모의 경제가 이루어질 만큼 무기체계를 조달할 수 없다. 따라서 국산화를 고집한다고 해도 고성능의 강대국산 무기체계에 비해 더 낮은 성능과 더 높은 가격을 감수해야 한다. 수출을 통해 규모의 경제를 이루고자 해도 국내적으로 가격을 낮추는 데 실패한 데다 고성능의 강대국산 무기체계라는 경쟁자가 존재하기 때문에 여의치 않다.

그뿐만 아니라, 기술적 추격을 통해 강대국 무기체계에 비견할 만한 성능의 무기체계를 자체 생산하는 데 성공한다 하더라도, 이러한 역량을 유지하기 위해서는 지속적인 투자가 요구된다. 군사혁신과 국방기술의 유행을 선도하는 강대국들이 지속적으로 새로운 군사기술을 개발하고 이를 적용한 신무기를 실전배치함에 따라, 중견국이 가지고 있는 방위산업 기반은 실질적으로 침식되게 된다.

이러한 내부 한계와 외부 변화로 인해 중견국의 방위산업과 이를 통한 무기 자급자족은 강대국 무기체계를 도입하는 것에 비해 일정 이상 우위를 누리기 어렵다. 일례로 냉전이 끝나고 걸프전으로 미국의 군사혁신 성과가 거시적으로 드러남에 따라, 기술선도국의 혁신을 모방·변형하던 2선급 방위산업 국가들이 치명적인 타격을 입은 것을 볼 수 있다(Krause, 1992: 128; Brzoska, 1998: 72).

따라서 강대국이 주도하는 군사혁신에 대해 중견국은 강대국의 무기체계를 도입하고 이에 자신의 교리와 전략을 맞추는 것과 이러한 불리한 여건을 감수하고 방위산업 기반을 유지하면서 자체적인 군사혁신을 추진하는 것 사이에서 갈등을 겪게 된다.

2) 중견국의 군사혁신: 동기와 가능성

군사혁신에 대한 정의는 학자에 따라 서로 다르지만, 최소한 ① 전쟁을 수행하는 방식의 변화를 수반하고, ② 군 조직 전체에 광범위한 영향력을 가지며, ③ 군의 전투력을 증강시킬 때 군사혁신이라는 표현을 사용하는 것이 적절하다고 간주된다(Grissom, 2006: 906~907).

앞에서 살펴본 것처럼, 강대국이 아닌 국가들은 기술적·경제적 한계로 인해 자체적인 군사혁신 및 방위산업 육성에 제약을 받는다는 것이 기성 이론의 주장이다. 군사혁신이 시작되고 주변국으로 전파됨으로써 기존 군사력의 가치가 하락하는 상황에서 국가들은 새로운 무기체계를 구매하거나 국산화함으로써 이에 대응하려 한다. 하지만 많은 중견국들은 국산 군사혁신의 비용과 무기체계 수입의 비용 사이에서 딜레마를 겪게 된다. 방위산업을 통한 군사혁신의 수용은 중견국으로 하여금 상당한 비용과 위험을 부담케 하기 때문이다.

강대국에 비해 평균적으로 작은 군의 규모는 방위산업에서 규모의 경제가 실현되지 못하는 원인이 되며, 국내적으로 다양한 프로젝트를 동시에 진행할 수 있는 강대국과는 달리 매 한 건의 무기개발과 획득이 담고 있는 실패의 위험도 훨씬 크게 다가올 수밖에 없다. 강대국에 비해 일반적으로 부족한 기술력은 강대국의 무기체계보다 성능 또는 생산성이 떨어지는 무기체계로 이어진다. 부족한 내부 수요를 수출을 통해 메움으로써 유지될 수 있는 중견국의 방위산업에 있어 이처럼 낮은 시장경쟁력은 치명적이다.

따라서 다음 세대의 혁신을 예측할 수도, 결정할 수도 없으며, 고유의 안보 위협에도 대응해야 하는 중견국에 방위산업 육성을 통한 군사혁신의 내재화 및 잠재적 군사 역량 강화는 매력적인 선택지이지만 그에 상응하는 위험부담도 따른다. 그러나 21세기에 접어든 이후 중견국의 방위산업 현황을 보면, 중견국들이 도태되기는커녕 강대국 주도의 군사혁신 구도에 적극적으로 대응하고 있으며, 부분적으로 성공을 거두기까지 하고 있음을 알 수 있다.

그림 8-1 국제 방위산업 시장점유율 추이(1970~2018)

(단위: %)

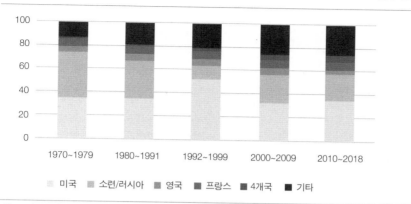

주: 그림 8-1의 계산에는 모두 SIPRI의 재래식무기 국제거래 데이터베이스를 참고했다. SIPRI 데이터
    베이스는 무기거래액을 산출하기 위해, 무기거래 시 지불된 금액뿐 아니라 무기의 가치와 군사적
    효용을 종합적으로 고려하는 TIV(Trend-Indicator Value)를 단위로 사용한다.
자료: SIPRI(2019)를 참고해 저자가 직접 작성했다.

표 8-1 4개국의 방위산업 발전 양상 비교

		스웨덴	이스라엘	터키	한국
무기 국산화 연도	전차	1934(L-60)	1979(메르카바)	2021(예정) (알타이)	1987(K1)
	항공기	1940(B 17)	1969(아라바)	2017(휘르쿠시)	1991(KT-1)
	무인기	2006(V-150)	1979(스카웃)	2013(안카)	2002(송골매)
100대 방산기업 (순위)		사브(30)	엘빗(28) IAI(39) 라파엘(44)	아셀산(54) TAI(84)	한화에어로스페이스(26) KAI(60) LIG넥스원(67)
무기자급률(%)		69.9(2017)	44(2016)	65.0(2017)	69.8(2018)

주: 100대 방산기업 순위는 Fleurant et al.(2019)의 추산 매출액을 기준으로 했다.
자료: 스웨덴(Lundmark, 2020), 이스라엘(DeVore, 2019), 터키(Sezgin and Sezgin, 2019), 한국(장원
    준·송재필·김미정, 2019).

앞서 언급한 것처럼, 21세기 이후 국제 방위산업 시장에서는 중견국의 존재
가 두드러지고 있으며, 그 발전 속도 역시 빠르다. 또한 **그림 8-1**에서 알 수 있
는 것처럼 이러한 변화는 결코 일시적인 것이 아니다. 비강대국의 비중이 냉전

표 8-2 4개국의 군사력 관련 주요 지표(2018)

	스웨덴	이스라엘	터키	한국
국방비(10억 달러)	6.22	18.5	11.9	39.2
GDP 대비 국방비(%)	1.2	5.1	1.7	2.4
인구(1000명)	10,040	8,425	81,257	51,418
현역 병력(명)	29,750	169,500	355,200	625,000

자료: International Institute for Strategic Studies(2019).

이후로 감소하기는커녕 도리어 상승하고 있는 것이다.

표 8-1과 표 8-2에 나타난 것처럼, 이 4개국은 각각 다른 방위산업 경험을 가지고 있으며, 보유한 군사력의 수준도 상이하다. 그렇다면 이처럼 상이한 경험과 환경은 구체적으로 어떠한 차이로 이어지는가? 다음 절에서 살피도록 한다.

3) 중견국 군사혁신의 유형: 효과성 대 자율성

방위산업의 경쟁력이 향상된다고 해도 중견국은 여전히 강대국과 같은 전면적인 군사혁신을 이루기는 어렵다. 다음에서 살펴볼 개별 국가의 군사혁신과 방위산업 사례에서 볼 수 있듯, 중견국의 방위산업이 가지는 우위는 특정한 분야의 몇몇 상품으로 국한되기 때문이다.

하지만 이러한 '히트 상품'이야말로 해당 국가의 안보 상황에서 가장 절실한 무기체계일 가능성이 크다. 투입할 수 있는 자본과 기술이 제한되는 상황에서, 어떤 무기체계를 개발할지 선택하는 과정에는 안보 위협과 국가정책의 우선순위가 반영될 수밖에 없기 때문이다.

그렇다면 구체적으로 중견국이 처한 안보 상황과 방위산업 및 군사혁신에 있어서의 선택과 집중 사이에는 어떠한 관계가 성립하게 되는가? 앞서 살펴본 것처럼, 국가가 방위산업을 육성하고 군사혁신을 도모하는 것은 궁극적으로 효율적인 군사력의 보유와 활용을 위한 것이라 할 수 있다.

그림 8-2 안보 상황과 군사혁신·방위산업의 관계 모델

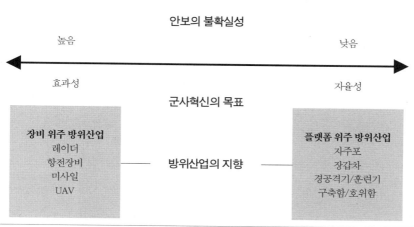

자료: 글의 논지를 요약하기 위해 저자가 직접 작성했다.

다른 강대국과의 동맹 등을 통해 안보 환경이 비교적 안정적인 국가, 다시 말해 안정적으로 강대국으로부터 무기를 공급받을 수 있는 국가의 경우, 역으로 이 구조 내에서 레버리지를 획득하기 위한 자율성의 획득을 국방정책의 목표로 삼을 유인을 가진다. 따라서 군사혁신의 목표는 군 현대화와 선진 군사기술 체득을 통해 독자적으로 투사 가능한 군사력을 확보하는 것이 되며, 방위산업 정책도 자율성을 제고할 수 있는 독자적 플랫폼 개발을 위주로 이루어지게 된다. 이러한 플랫폼 국산화 위주 정책은 냉전기 국가들이 보인 움직임과 유사한 면이 있다.

그러나 동맹체제에 편입되지 않았거나 동맹이 효과를 발휘할 것으로 기대할 수 없는 경우, 다시 말해 안보 상황의 불확실성이 높은 경우, 제한된 자원만으로 자국이 처한 안보 위협에 효과적으로 대응하기 위한 무기체계 개발이 핵심 목표로 부상한다. 따라서 군사혁신은 전반적인 강군 건설보다는 특정한 군사적 효과(특정 위협에 대한 효과적 대응 등)를 목표로 이루어지게 되며, 자국의 강

점을 살리고 나머지 부족한 부분을 수입하기 위해 국제 방위산업 시장에 적극적으로 참여, 전면적인 국산화보다는 강대국 방위산업이 채우지 못하는 틈새를 공략하는 전략이 나타난다. 그리고 이러한 틈새 공략은 자국이 필요로 하는 군사적 효과를 달성할 수 있는 무기체계의 개발과 연결된다.

반면 이러한 가설에 따르면 앞서 **표 8-2**에 나타난 것과 같은 내부 요인들, 즉 GDP 대비 군사비 지출이나 병력 규모는 큰 영향이 없다. 군의 규모나 국방비는 이러한 군사혁신 전략을 가능 또는 불가능하게 하는 요인으로 작용할 수는 있어도, 군사혁신의 방향성 자체는 기존의 전략을 완전히 수정해야 할 정도로 국내적으로 큰 변동이 없는 한 이와 무관하기 때문이다.

이처럼 안보 환경이 특정 무기체계에 대한 선택과 집중을 낳고, 방위산업이 그런 무기체계를 현실에 구현함으로써, 중견국은 국방비와 기술력이라는 한계를 넘어 군사혁신을 통해 정책적 목표를 달성할 수 있다. 이어지는 제3절에서는 앞서 소개한 4개국의 사례를 통해, 안보 위협과 국방정책, 방위산업, 그리고 군사혁신 사이에 어떻게 연계가 이루어지는지를 다루도록 하겠다.

3. 중견국 군사혁신의 사례

1) 스웨덴의 군사혁신: '총체적 방어'

스웨덴은 오랜 세월 유럽의 강군強軍으로 명성을 떨쳤다. 30년 전쟁에서 구스타브 2세 아돌프Gustav II Adolf가 이끄는 스웨덴군은 당시 유럽의 전쟁 양상에서 새로운 흐름을 주도했으며, 반대로 유럽 중심부의 군사기술을 적극적으로 수입해 국산화했다. 발트 해안의 패권을 위해 1646년 국영기업으로 설치된 화포 제작사 보포스Bofors는 오늘날까지 각종 화포에서 세계적인 기술력과 명성을 유지하고 있다.

비록 유럽 중심부의 패권 경쟁에서 밀려나면서 17세기만큼의 위상은 회복하지 못했지만, 그럼에도 불구하고 스웨덴은 2선급 방위산업 국가로서 20세기까지 그 지위를 유지했다. 제2차 세계대전 동안 중립국 지위를 유지하면서 군사기술의 도입에 힘썼으며, 냉전이 시작된 이후에는 친서방적 중립을 유지하면서 북대서양조약기구NATO와 소련 사이에서 한쪽에 의존하지 않기 위해 본격적으로 국산화에 박차를 가했다. 특히 냉전 초기 진행된 미국과의 폭넓은 군사기술 협력은 항공기 같은 당시 첨단 방위산업 분야에서의 핵심 기술이 이전되는 계기가 되기도 했다(Lundmark, 2019: 291).

그 결과 스웨덴은 사브[3] 등 대규모 국영기업 및 준국영기업을 중심으로 하는 방대한 방위산업 생태계를 구축할 수 있었고, 냉전이 중엽에 접어들 무렵에는 자체적인 전투기부터 연안함과 잠수함, 전차까지 전 방면에서의 무기 국산화에 성공했다(Berndtsson, 2019: 551). 또한 NATO와 소련 사이에서 유사한 입장을 취하고 있던 스위스, 오스트리아 등에 수출을 확대하는 한편 브라질, 호주 등으로도 판로를 개척하면서 스웨덴의 방위산업은 전성기를 구가했다. 이는 다시 자체 기술의 축적으로 이어져, 1980년 시점에서 스웨덴 방위산업은 잠수함, 휴대용 유도탄, 레이더 등 일부 분야에서 미국과 경쟁할 만한 수준의 역량을 획득하게 되었다.

그러나 냉전의 종결과 함께 스웨덴 방위산업은 위기를 맞이했다. NATO 국가 전반의 군축 분위기에 따라 스웨덴군은 대규모 감축에 착수했고, 징병제에서 모병제로의 전환을 개시했다. 탈냉전의 기조 속에서 스웨덴 정부는 국제 평화유지활동 및 유럽연합EU 신속대응군과 관련하여 군사 협력을 위한 2개 대대규모의 전투 병력을 중심으로 하고, 그 외 군은 최소한의 규모로 유지하는 군

---

3 1937년 스웨덴 항공기유한회사(Svenska Aeroplan AB)로 출범한 사브는 냉전기 스웨덴 방위산업의 중축을 이루었으며, 2018년 기준으로도 스웨덴 방위산업 생산량의 약 75%를 점유하고 있다(Lundmark, 2019: 292).

축계획을 발표했다(Regeringskansliet, 2004: 12). 이에 따라 1995년 10만 명에 육박하던 스웨덴군은 급격한 인력 감축을 겪었으며, 2010년 모병제가 전면 시행된 시점에서는 총병력이 2만 1000명에 불과하게 되었다.[4] 특히 육군의 감편이 심해, 1995년 전투부대 15개 여단, 비전투부대 100개 대대에서, 2010년 전투부대 2개 대대, 비전투부대 4개 대대로 삭감되었다.

군축 기조는 스웨덴의 전통적인 방산 수출국인 스위스, 오스트리아도 마찬가지였기에, 군에 대한 전방위 무기 공급에 최적화되어 있던 스웨덴 방위산업은 대규모 구조조정을 겪게 되었다. 그 결과 유서 깊은 보포스의 화포 부문을 포함해 많은 방위산업이 해외로 매각되고, 방위산업 관련 업무 종사자 수가 1987년 2만 7000명에서 1998년 1만 4500명으로 감소하는 등 방위산업 전반에 걸쳐 적지 않은 타격을 입게 되었다(Bitzinger, 2009: 54). 하지만 그 와중에도 핵심 사업 부문, 즉 연안함 및 대포병 레이더, 항공기, 미사일 등은 유지되었으며, 이는 2010년대 이후 스웨덴의 국방개혁에서 중대한 역할을 수행하게 된다.

이러한 상황에서 스웨덴은 점차 증가하는 러시아발 위협에 직면하게 되었다. 2015년에 발표된 스웨덴 「국방백서Sweden's Defence Policy, 2016 to 2020」는 유럽의 악화하는 안보 환경을 언급하면서, 그 대응책으로 '총체적 방어Total Defence' 개념을 제시하고 있다(Försvarsdepartementet, 2015: 4). 총체적 방어는 2004년 제시된 '네트워크 기반 방어Network-based Defence'의 수정 증보판이라 할 수 있다. 네트워크 기반 방어가 비정형·비전통적 위협에 대응해 탄력적이고 신속한 대응을 하는 데 방점을 두고 있던 반면(Regeringskansliet, 2004: 6~7), 총체적 방어는 국가 중심의 재래식·비재래식 위협에 대한 대응에 초점을 맞추고 있다. 다시금 가상 적국으로 부상하는 러시아와의 압도적인 전력 차에 대응해, 사이버전, 심리전 등 비정형적 전쟁에 대비하는 한편 재래식 전력의 확충에 나서겠다

---

4 이후 언급되는 각국의 총병력 수치 변화 추이는 모두 THE WORLD BANK(2019)에 근거한 것이다.

표 8-3 스웨덴의 방위산업 분야별 수출 실적 및 주요 상품(2000~2018)

분류	비율(%)	주요 품목 및 수출 현황
항공기	33.2	JAS-39 그리펜(4개국, 7건)*
장갑차	15.3	CV90 보병전투차(5개국, 8건)
미사일	11.1	RBS 70 대공미사일(12개국, 21건) RBS 15 대함미사일(5개국, 8건)
함정	19.3	콜린스급 잠수함(호주), 쇠오르멘급 잠수함(싱가포르)
센서류	17.5	ARTHUR 대포병레이더(12개국, 14건) 지랩 방공레이더**(15개국, 32건)
기타	3.6	차량 엔진, 화포 등

주: * 헝가리, 체코, 남아프리카공화국, 태국을 가리킨다. 이 중 헝가리와 체코는 장기 임대 형식이다.
  ** 이 중 8개국, 16건은 독일산 MEKO 200 호위함, 한국산 푸미폰 아둔야뎃급 호위함(인천급 호위
  함의 태국 수출 사양) 등 타국 플랫폼에 장착되어 판매되었다.
자료: SIPRI(2019).

는 것이다.

  하지만 발트해 건너편의 러시아를 상대로, 징병제를 재도입하지 않으면서
재래식 전력을 증강한다는 것은 결코 쉽지 않은 목표임이 자명하다. 이를 위해
2015년 「국방백서」는 무기체계의 개량 및 신규 도입을 제시한다. 특히 절대적
으로 열세에 있는 전력을 최대한 보완하기 위한 대책으로, 공군 전력의 유지
및 강화, 그리고 향토방위군Home Guard을 포함한 전군의 야전 방공태세 강화를
명시하고 있다(Regeringskansliet, 2004: 6~7).[5]

  스웨덴은 러시아와의 전면전이 발발할 경우 자국 영토를 보전할 수 없을 것
으로 예상하고 있으며, 스톡홀름을 포함한 주요 대도시와 지정학적 요충지에서
지속적인 전투가 벌어질 것을 상정하고 있다. 이러한 조건에서 총체적 방어 개
념은 "스웨덴에 대한 공격이 값비싼 대가를 치르도록" 민군의 방위 역량뿐 아니

---

5 2019년에 발표된 「국방백서」도 상기 사항에 대해 동일한 목표를 유지하고 있다(Försvarsdepartementet,
  2019: 5).

그림 8-3 JAS-39 그리펜

자료: Wikipedia Commons(2017).

라 지속 작전 능력perseverance을 갖출 것을 주문한다(Försvarsdepartementet, 2017: 2~3).

이러한 총체적 방어의 핵심이 되는 스웨덴 무기체계는 스웨덴 방위산업이 전면적인 구조조정 속에서 지속적으로 수출 실적을 쌓아온 JAS-39 그리펜Gripen, Griffin과 지랩Giraffe 방공레이더이다. 그리펜은 수출 규모로, 지랩은 계약 대상국 및 건수로 각각 2000년대 이후 스웨덴 방위산업의 최고 '효자 상품'이라 할 수 있다.

두 무기체계는 공통적으로 상기한 스웨덴의 안보 상황과 밀접한 관련이 있다. JAS-39 그리펜은 유사한 시기에 개발된 경쟁 기종들(예컨대, 미국의 F/A-18 슈퍼호넷Super Hornet이나 프랑스의 라팔Rafale)에 비해 비행 성능이 상당히 떨어진다. 대신, JAS-39는 네트워크화된 데이터링크 장비를 갖추고 있다. 다시 말해, 근접한 편대 내에서 정보를 주고받으며 효과적인 작전을 수행할 수 있다. 독특한 기체의 형상(그림 8-3 참고)은 기동성을 높임으로써 임시 활주로에서의 이착륙을 용이하게 한다. 즉 JAS-39는 전면전 발발 후 주요 방공관제시설과 비행장이 모두 무력화된 다음에도 체계적인 저항을 할 수 있도록 설계된 것이다.

한편, 지랩 방공레이더는 미국, 러시아 등 강대국의 방공레이더와는 달리,

그림 8-4 안테나를 전개한 지랩 AMB

자료: Wikipedia Commons(2018).

단거리 방공무기체계(예를 들면, RBS 70과 같은 자국산 휴대용 대공미사일)와의 연계를 염두에 두고 설계된 레이더이다. 기린이라는 이름에 걸맞게, 숲이나 언덕 같은 지형지물 사이에 위장한 상태에서 레이더 안테나만을 전개하여 가동할 수 있도록 설계되어 있어, 단거리 방공무기 위주의 야전방공체계에 최적화되어 있다. 강력하고 세밀한 추적 능력 대신 기동성에 치중한 지랩 레이더는, 미국의 패트리어트 같은 고성능 중·장거리 방공체계를 갖출 수 없는(또는 갖출 필요가 없는) 국가들로부터 상당한 호응을 얻었다.

　지랩 레이더의 또 다른 특징은 높은 확장성에 있다. 지상 방공체계뿐 아니라 함정용으로도 쉽게 전용될 수 있어, 초계함부터 경항공모함까지 다양한 함선에 탑재될 수 있는 것이다. 실제로 표 8-3에 언급된 수출 실적 중 8개국 대상 16건은 미국의 인디펜던스급 연안전투함LCS, 독일산 MEKO 200 프리깃함, 한국산

푸미폰 아둔야뎃급 호위함(인천급 호위함의 태국 수출 사양) 등에 탑재되는 형태로 수출되었다.

2019년 5월 발표된 「국방백서」는 단거리 대공미사일과 방공레이더 위주의 방공 전력 향상과 기존 그리펜 전력의 유지 및 그리펜 E 전력화 등을 러시아의 위협 증대와 미중 패권 경쟁, 브렉시트 등에 따른 지정학적 위협에 대한 핵심 과제로 제시하고 있다(Försvarsdepartementet, 2019: 5~6). 이처럼 국제 방위산업 시장의 높은 호응을 통해 경쟁력을 유지해 온 무기체계들은 스웨덴 국방전략의 핵심 요소로 작용하고 있다. 스웨덴이 처한 독특한 안보 위협 환경은 '총체적 방어' 개념의 등장과 이를 구현할 수 있는 군사혁신의 추진으로 이어졌으며, 국제시장에서 경쟁력을 유지하기 위해 노력해 온 국내 방위산업 기반은 이러한 군사혁신을 뒷받침하는 기반이 되고 있다.

2) 이스라엘의 군사혁신: 창에서 방패로

이스라엘의 군사혁신과 방위산업은 중견국 중 가장 폭넓게 연구되어 온 사례라 할 수 있다. 좁은 국토와 방어가 어려운 지리적 환경, 잠재 적국인 아랍 국가들에 비해 현저히 부족한 인력 등의 여러 불리한 조건 속에서도 군사적 승리를 연이어 거두며 주변 지역에 성공적으로 무력을 투사하고 있는 이스라엘군과, 군이 그러한 성과를 낼 수 있도록 뒷받침하는 방위산업 기반의 존재는 비강대국들이 따라야 할 일종의 모범으로 인식되었다. 하지만 이스라엘의 군사혁신과 방위산업이 항상 성공을 거두었던 것만은 아니며, 성공으로 가는 과정역시 결코 순탄하지만은 않았다.

이스라엘은 전통적으로 GDP 대비 높은 국방비 지출을 유지해 왔다. 중동전쟁이라는 국가 대 국가의 전면전이 수년 주기로 벌어졌으며, 아랍 국가와 체급에서 비교가 되지 않는 이스라엘에는 총력전이 강제되었다. 특히 중동전쟁 중사실상 유일하게 이스라엘이 패배 직전까지 몰렸던 4차 중동전쟁(1973) 전후로는 GDP 대비 국방비 지출이 30.5%(1975)를 기록하기도 했다. 캠프 데이비드 협정 이후에도 레바논과 팔레스타인에 대한 군사적 개입으로 인해 국방비 비중은 15% 안팎을 유지했다.

그러나 냉전의 종식으로 아랍 국가들에 대한 소련의 무기 지원이 끊기면서, 이스라엘의 안보 위협 인식도 변화를 겪게 되었다(Raska, 2015: 77). 이에 따라 이스라엘의 국방비 비중도 대폭 감소하여 1991년 17.7%에서 2003년 8.5%, 2018년 4.4%로 빠르게 감축되었다. 2014년부터 2016년 사이에는 건국 이래 최초로 3년 연속 국방비 총액이 감소하기까지 했다. 반면 병력 규모는 1990년 19만 1000명에서 2016명 18만 5000명으로, 일정한 수준을 유지하고 있다.

이스라엘 방위산업의 시작은 건국과 거의 동시에 이루어졌다. 중동 국가들과의 전쟁에 필요한 병기를 자체적으로 개량·개발하기 위해, 이스라엘국방산업IMI, 이스라엘항공산업[현 이스라엘항공우주산업(IAI)] 등의 대규모 산업체가 설립되었다. 특히, 이 과정에서 국방부 산하 연구기관들이 독립하거나 민간기업에 흡수되어[라파엘(1958), 엘빗 시스템스(1966) 등], 방위산업 발전의 초기단계부터 군사적 수요와 연계된 기술개발이 활발히 이루어졌다. 1967년 제3차 중동전쟁 후 서방 국가들이 이스라엘에 가한 무기 금수조치는 국산화를 통한 안보정책 자율성 확보의 유인이 되어, 메르카바Merkava 주력전차, 크피르Kfir 전투기 등 전 분야에 걸쳐 자국화가 추진되었다.

1980년대에 접어들면서 국산화 프로젝트는 대부분 성공을 거두었으며, 무인기UAV를 비롯한 첨단기술 영역에서의 역량도 상당 부분 축적되었다. 또한 IAI가 고용인 기준으로 이스라엘 최대의 기업체로 성장하고, 전체 산업인력의 약 20%가 방산 분야에 종사하는 등, 이스라엘 방위산업은 전성기에 도달했다(Bitzinger, 2009: 13).

한편, 1973년 제4차 중동전쟁의 충격은 이스라엘 군부로 하여금 동등한 층위에서의 질적 군사력 우위가 더 이상 승리를 담보하지 않는다는 결론을 내리게 만들었다. 주적이었던 이집트와 시리아가 대전차유도미사일, 자주대공포 등 소련산 무기체계를 대량 도입해, 이스라엘이 그간 우위를 점하고 있던 기갑 전력과 공군력을 상쇄하기 시작한 것이다. 이에 이스라엘군은 발전된 기술을 바탕으로 비대칭적 우위를 점유함으로써, 적성국을 억지하고 모든 적대행위를 사전에 탐지하여, 상황에 맞는 유연하고 반사적인 선제타격을 가한다는 전략 개념을 수립했다. 기술과 정보, 그리고 정밀한 선제타격에 대한 강조는 이후 이스라엘군의 전략적 사고와 조직문화의 핵심적 요소로 자리 잡았다(Adamsky, 2010: 112; Raska, 2015: 67~69). 첨단기술과 방위산업의 접목이 군사안보의 최우선 목표로 부상한 것이다. 전성기를 구가하고 있던 이스라엘 방위산업계는 그에 필요한 첨단 군사기술을 충분히 제공할 수 있었다.

그러나 냉전 종식과 군축은 이스라엘군의 전략과 방위산업 양측에 중대한 위기로 다가왔다. 이미 1980년대 중반부터 이스라엘의 전방위적 국산화는 한계에 봉착했다. 1987년 크피르의 후속 국산 전투기로 개발되던 라비Lavi의 개발이 취소된 것은 2선급 방위산업 국가가 겪는 한계를 여실히 보여주는 사례라할 수 있다. 규모의 경제를 실현할 수 없어, 미국산 F-16보다 가격 대 성능 면에서 경쟁력을 갖출 수 없었던 것이다. 안보 환경의 측면에서는 중동 국가와(상대적) 평화체제가 구축되는 한편 하마스, 헤즈볼라 등 비국가행위자의 테러 공격이나 이란, 이라크 등의 대량살상무기WMD 등 비대칭적 위협이 대두되면서 전통적인 억지 개념이 무력화될 위기에 처했다(Adamsky, 2010: 97~98). 2006년 이스라엘군이 일개 무장단체인 헤즈볼라와 벌인 제2차 레바논전에서 사실상 패배한 것은 당시 이스라엘군 내부에 발생하고 있던 이러한 문제를 여실히 보여준다(Raska, 2015: 83~84).

이에 대한 이스라엘 군부의 대안은 무인기와 사이버 전력, 그리고 미사일방어체계MD 등 방어적 무기체계의 강화를 통한 억지 효과의 달성이었다. 작게는 개별 전차와 장갑차, 크게는 국토 전역에 대한 미사일 방어체계를 갖추어, 로켓과 박격포를 활용한 공격이 소기의 성과를 거두지 못하게 제약하는 한편, 공중 및 사이버 공간에 촘촘한 정보망을 구축하여 비대칭 공격이 발생하기 전 요인

암살targeted killing이나 사이버 공격을 통해 적대적 의도가 행동으로 이어지는 것 자체를 차단한다는 것이다(Raska, 2015: 87; Rubin, 2017: 234). 이러한 전략적 변화는 2015년 이스라엘 국방부가 최초로 공개한 국방교리 문서에서도 확인할 수 있다. 해당 문서는 전시에 "모든 전구戰區, theater와 모든 층위에서 동시에 이루어지는 방어"가 공격 또는 정보수집과 동등한 수준에서 이루어져야 함을 명시하고 있으며, 방어 역량의 강화를 통한 적의 적대의도 약화 및 공격에 집중할 수 있는 환경 조성 등을 강조하고 있다(Eizenkot, 2015: 19, 24~25).

방위산업 분야에서는 전방위적 국산화 정책과 정부 주도 방위산업 발전 등의 기조를 포기하고, 정치적·군사적 이유로 이스라엘 외부에서는 구할 수 없는 기술 및 무기체계를 제외한 모든 무기체계의 획득에 경쟁을 도입했다. 그 결과 대기업 위주의 무기체계 플랫폼 산업구조에서 중소기업 위주의 특정 기술 및 하부체계 위주로의 전환이 이루어지고, 전체 무기 생산량의 75%가 수출을 전제로 생산되는 등 대규모 변화가 일어나게 되었다(DeVore, 2015: 578)

오늘날 이스라엘 방위산업은 상술한 것처럼 비강대국 방위산업 중 가장 성공적으로 첨단기술을 개발·응용하는 사례로 자주 언급되고 있다. 그러나 **표 8-4**에서 확인할 수 있듯, 첨단기술의 응용은 특정 분야에 집중되어 이루어지고 있다. 국제 방위산업 시장에서 경쟁력을 갖춘 제품을 생산하기 위해 자기화한 신흥기술은 변화하는 안보 환경에 적응하기 위한 군의 군사혁신을 가능케 하는 기반이 되고 있다. 아이언 돔Iron Dome 미사일방어체계는 그 대표적인 사례라 할 수 있다.

아이언 돔은 IAI(정확히는 IAI 산하 엘타Elta)의 레이더와 라파엘의 타미르Tamir 미사일로 이루어지는 무기체계이다. 패트리어트, S-400 등 일반적인 미사일방어용 대공미사일과는 달리, 아이언 돔은 박격포나 소형 로켓 등을 활용한 하마스, 헤즈볼라와 같은 무장단체의 공격에 대응하기 위한 목적으로 개발되었다.

현실적으로 아이언 돔과 같은 무기체계는, 설령 기술적으로 개발할 수 있다 하더라도 실전 배치하기는 어렵다. 한 발당 전략무기로서의 가치를 지닌 일반

표 8-4　이스라엘 방위산업 분야별 수출 실적 및 주요 상품(2000~2018)

분류	비율 (%)	주요 품목 및 수출 현황
항공기	15.9	서처 UAV(11개국, 16건) 헤론 UAV(10개국, 21건) 헤르메스 UAV*(14개국, 20건)**
센서류	23.2	라이트닝 타겟팅 포드(22개국, 36건) ELM-2022 등 공중레이더***(12개국, 38건) ELM-2080 등 방공레이더****(6개국, 20건)
미사일	28.1	스파이크 대전차미사일*****(21개국, 45건) 파이썬-4, 5 공대공미사일(9개국, 14건)
함정	10.9	사르급 미사일 고속정(3개국, 4건) OPV-62/64 고속정(2개국, 2건)
방공체계	7.8	바라크******(4개국, 16건) SPYDER(2개국, 2건)
기타	14.1	장갑차, 화포, 수상무기

주: * 서처-1과 서처-2, 헤르메스-450과 헤르메스-900, 헤론과 헤론-TP 등 같은 계열의 UAV를 합산한
　　수치이다.
　　** 주(駐)말리 유엔 평화유지군에 대한 임대를 포함한 것이다.
　　*** 전투기용 ELM-2032·2052 포함한 것이다.
　　**** 장거리 방공레이더 ELM-2080(그린파인), 중거리 다기능레이더 ELM-2084 등 포함한 것이다.
　　***** 스파이크-SR / MR / LR / ER / NLOS 등 같은 계열의 미사일을 합산한 수치이다.
　　****** 바라크-1, 인도와 공동 개발한 바라크-8, 함정용 수직발사형(VLS)을 합산한 수치이다.
자료: SIPRI(2019).

적인 탄도탄과는 달리, 아이언 돔이 상정하는 요격 대상인 박격포나 사제 까삼 Qassam 로켓은 단가가 수십에서 수백 달러에 불과하기 때문이다. 이러한 무기 체계를 필요로 하는 안보 환경에 처한 국가가 이스라엘 외에는 거의 없다는 점도 역시 아이언 돔 체계 개발의 어려움을 더한다. 수출을 통한 규모의 경제 효과도 거둘 수 없는 것이다.

　　아이언 돔이 개발되고 실전에까지 배치될 수 있었던 배경에는 든든한 방위 산업 기반이 있다. 즉 개발사인 라파엘과 IAI가 아이언 돔이 필요로 하는 것과 유사한 다른 무기체계를 광범위하게 수출하고 있기에, 아이언 돔 자체에서는 발생하지 않는 규모의 경제 효과가 방위산업체 전반을 놓고 보았을 때는 발생 하고 있다고 볼 수 있다. **표 8-4**에서 확인할 수 있듯, IAI는 ELM-2080 계열 방

그림 8-5 하마스의 까삼 로켓 공격에 대응하여 발사되는 아이언 돔

자료: Israel Defense Forces and Nehemiya Gershuni-Aylho.

공레이더의 대규모 수출을 통해, 라파엘은 스파이크와 파이썬 미사일의 대규모 수출을 통해 각각 아이언 돔에 필요한 전문성과 생산의 효율성을 획득하고 있다.

3) 터키의 군사혁신: 재정의되는 군의 역할

터키의 방위산업은 오스만 튀르크 시기의 근대화 시도로부터 그 기원을 찾을 수 있지만, 무기를 수입하거나 자국 내에서 무기를 생산하는 데 그치지 않고 독자적인 방위산업 기반을 양성해 기술과 무기체계 개발에 이르게 하기 위한 노력이 본격적으로 시작된 것은 1974년 키프로스 전쟁부터였다. 당시 소련 다음으로 최대의 안보 위협이라고 할 수 있는 그리스와의 전쟁에서 터키는 국지적인 군사적 성공을 거두었으나, 곧 서방 국가들의 무기 금수조치에 직면했다. 이를 계기로 방위산업 육성정책의 필요성이 범정부적인 공감을 얻게 된 것이다(Bağci and Kurç, 2017: 38~39).

이에 따라 육군전력증강기금Turkish Land Forces Reinforcement Trust이 창설되고(이후 1987년 해·공군 기금과 통합해 터키국방재단Turkish Armed Forces Foundation으로 발전한다), 이를 바탕으로 아셀산Aselsan[6] 등 대형 방위산업체들이 설립되는 등, 무기체계의 자급을 목표로 정책적 투자가 추진되었다. 1984년에는 미국산 F-16 전투기의 현지 면허생산을 위해 터키항공산업Turkish Aerospace Industries: TAI이 설립되어 육·해·공 무기체계의 자급을 위한 기초를 다지기도 했다.

그럼에도 불구하고 21세기에 접어들 때까지 터키 방위산업의 성과는 미진했다. 가장 큰 이유는 NATO를 통해 미국산 무기체계를 도입하고 군 조직 역시 미군 교리를 답습함에 따라, 국산화의 유인이 유지되지 못한 데 있었다(Kurç, 2017: 262~263). 이로 인해 자국산 무기체계에 대한 일관된 획득계획이 유지되지 못하면서, 군 전체 무기체계의 국산화율이 2011년에야 50%에 도달하고 ATAK 공격헬기 사업이나 차세대 주력전차 사업 등 1990년대의 군 현대화 사업들이 10여 년간 성과 없이 표류하는 등 여러 문제가 발생했다.

한편, 터키는 1952년 NATO 가입 이후 냉전의 최전선에서 소련의 지중해 및 중동·발칸 방면 진출을 막는 지정학적 교두보로서의 역할을 수행해 왔다. 이를 위해 터키군은 대규모 재래식 전력을 유지했다. 풍부한 인구를 바탕으로 징병제를 유지한 덕에 터키군은 병력만으로 따졌을 때 미군에 이어 NATO 내 2위에 해당하는 대군으로 성장했다. 냉전 이후에도 한동안 이러한 기조는 계속되어, 1991년 80만 4000명에 달하던 현역 병력은 1999년 84만 명을 기록해 정점에 달했다.

냉전 이후에도 터키가 대규모 재래식 전력을 유지한 것은 당시 터키의 안보 위협에 대한 인식에서 그 원인을 찾을 수 있다. 동남부의 쿠르드 반군(쿠르디스탄노동자당: PKK)과 이를 지원하는 것으로 의심받는 시리아의 알아사드 정권,

---

6 공식 명칭은 국방전기공업(Askerî Elektronik Sanayii)이다.

그리고 에게해의 도서 영유권 문제를 놓고 군사적 대립을 지속하는 그리스의 존재로 인해, 터키는 자국이 처한 안보 위협이 냉전 종결 후 오히려 커졌다고 인식한 것이다. 이러한 인식의 이면에는 비대해진 군부의 영향력도 무시할 수 없는 비중을 차지했다. 이에 따라 터키군은 '2.5개 전역', 즉 그리스·시리아와의 양면 전쟁과 PKK와의 게릴라전을 동시에 수행할 것을 전제로 하고 군사력의 현대화보다는 양적 우위 유지에 치중할 수밖에 없었다(Ayman and Gunluk-Senesen, 2016: 36).

그러나 2002년 레제프 타이이프 에르도안Recep Tayyip Erdoğan이 이끄는 정의개발당Adalet ve Kalkinma Partisi: AKP이 집권하면서 이러한 상황은 중대한 변화를 겪게 된다. 그리스와의 데탕트를 추구하고(비록 큰 성과는 거두지 못했지만) 중동을 적극적 개입의 대상으로 바라보게 되면서, 터키는 NATO를 통한 집단 안보에 보다 소원한 입장을 취하며 독자적 안보 노선으로 선회하게 된다(Oğuzlu, 2013: 787). 또한 국방 분야에서는 서방으로부터의 개입을 우려하지 않고 자유롭게 중동에 대한 무력 개입을 가능케 하기 위해 서방제 무기를 수입하거나 국내에서 라이선스 생산하는 기존 정책으로부터 독자개발 및 생산을 추구하는 노선으로의 선회를 모색하게 되었다(Lesser, 2010: 258).

이러한 국방 및 방위산업 정책의 전환에는 국제정치뿐 아니라 국내정치적 요인도 일정 부분 작용했다. 아셀산을 비롯해 1970년대에 설립된 방위산업체들은 터키국방재단을 통해 군부와 밀접하게 연계되어 있었다. 이들은 1970년대 이후 국산화 정책에서 독점적 지위를 차지하고 있었고, 따라서 군부의 영향력을 견제하려는 에르도안 정부에는 걸림돌이 되었다. 이에 에르도안 정부는 군의 현대화를 내세우며 대규모 군축을 추진하는 한편, 방위산업의 경쟁력 제고를 목표로 내세워 군이 독점하던 국내 방위산업 시장에 오토카Otokar, BMC, RMK 등 민간기업을 참여시켰다(Kurç, 2017: 270). 그 결과 현역 인원은 2005년 61만 6000명, 2015년 51만 2000명으로 급격히 감소했으며, 밀겜MilGem 초계함 프로젝트 등 군 산하기관이 주도하던 무기체계 개발 프로젝트는 민간기업들에

양도되었다.

다른 한편으로는 1990년대 이전까지 타국으로부터 무기체계를 직수입하거나 현지 면허 생산하는 데 머물러 있던 대외 협력의 수준을 끌어올려, 수입을 전제로 한 기술 협력 또는 기술 이전 등을 통한 자국 방위산업 발전을 도모하기 시작했다. 일례로 터키는 2000년대 초반 한국과의 방위산업 협력을 통해 K-2 흑표 전차, K-9 자주포 등의 기술을 도입했으며, 이를 바탕으로 알타이Altay 전차를 개발하기도 했다.

이러한 정책은 짧은 시간 안에 가시적인 성과를 내고 있다. 2007년 터키 산업부는 최초로 방위산업 전략정책(『방위산업전략 2007~2011』)을 발간해, 2011년까지 무기 자급률을 50%까지 끌어올린다는 목표를 제시했는데, 기한 내에 자급률 52%를 달성했으며, 3년 후인 2014년에는 이 비율이 60%까지 제고되었다. 또한 장기적인 국방과학기술 개발, 국산 UAV 개발 장기 로드맵 등 다방면으로의 전략적 로드맵이 수립되었으며, 이는 AKP의 안정적인 집권과 맞물려 오늘날까지 상당 부분 이행되고 있는 것으로 평가된다(Kurç, 2017: 263; Sezgin, and Sezgin, 2019: 350~351). 이에 따라 터키의 국산 무기체계는 빠르게 경쟁력을 획득하고 있으며, 외국으로부터의 직접 도입과 공동 생산이 차지하던 비중을 대체하고 있다. 수출에 있어서도 가파른 성장세를 보여, 불과 10여 년 전만 해도 기술을 공여해 주던 한국과 방위산업 시장에서 경쟁하기에 이르렀다(이철재, 2019.5.19).

터키 국방전략은 상술한 것처럼 명확한 적국을 상정하는 전통적인 노선에서 선회하여, 중동 지역에 대한 적극적인 개입과 국내·국외의 구분에 영향을 받지 않고 효과적으로 지역에 투사될 수 있는 현대화된 재래식 군사력 구축을 골자로 한다(Ayman, 2016: 39). 이러한 터키 국방전략은 터키가 이슬람 국가ISIS의 출현을 계기로 적극적으로 시리아 및 이라크에 대한 다자적 군사 협력 및 일방적 군사개입에 나서면서 더욱 구체적으로 드러나고 있다.

2010년대를 거치며 빠르게 부상하고 있는 터키 방위산업의 수출 실적을 살

표 8-5 터키의 방위산업 분야별 수출 실적 및 주요 상품(2000~2018)

분류	비율 (%)	주요 품목 및 수출 현황
항공기	1.1	바이락타르-2 UCAV(2개국, 2건)
장갑차	45.9	코브라 APV(18개국, 23건) ACV-15 ACV(4개국, 7건) 에즈더 APV(4개국, 4건)
미사일	17.9	CIRIT 대함미사일(아랍에미리트) SOM 공대지 순항미사일(아제르바이잔)
함정	25.8	밀젬 초계함/경호위함*(파키스탄, 1건) MRTP 미사일고속정(3개국, 5건)
화포	8.2	판터 자주포(1개국, 2건) T-300 자주방사포(2개국, 2건)
기타	1.1	항공기용전자전 장비 등

주: *은 밀젬 프로젝트로 개발된 모든 함정의 수출 실적 총합이다. 밀젬은 국산 함정(Milli Gemi) 건조
를 목표로 하는 신형 초계함 및 경호위함 개발 및 건조 프로젝트이다. 이를 통해 아다급 초계함, 이
스탄불급 다목적호위함, 그리고 이스탄불급의 파키스탄 수출 사양인 진나급 경호위함 등이 개발·
건조되었다.
자료: SIPRI(2019).

펴보면, 이러한 국방정책 노선에 부응하는 방향으로 주력 생산품이 편중되고
있음을 확인할 수 있다.

표 8-5에서 확인할 수 있듯, 21세기에 접어들면서 터키의 주력 방위산업 수
출 품목으로 부상하고 있는 무기체계 중 가장 두드러지는 것은 장갑차, 그중에
서도 코브라Cobra 장륜장갑차이다. 전통적으로 지상군 무기체계 개발을 담당하
던 아셀산이 아닌 민간 자동차제조사 오토카가 제작하고 있는 코브라 장갑차는
1997년 개발 이후 지속적으로 개량이 이루어지고 있으며, 터키군을 비롯해 서
남아시아·중앙아시아 및 아프리카 등지의 지상군에 의해 널리 채용되고 있다.

코브라 장갑차를 비롯해 터키가 수출하고 있는 아크렙Akrep, 에즈더Ejder 등
장갑차의 공통점은 지뢰와 급조폭발물IED, 대전차화기 등에 대한 높은 방호력
이다(Akalın, 2012: 38~43). 1990년대 PKK를 대상으로 한 대게릴라전 전훈이 반
영된 이 장갑차들은, 이라크전 발발과 그 이후의 혼란 속에서 IED와 휴대용 대
전차화기(RPG-7 등)의 위협이 대두되면서 중동 및 카프카스 국가를 시작으로 널

리 수출되기 시작했다. 미국에서 도입한 M113 장갑수송차량APC을 개량하고, 특히 IED 및 지뢰 공격에 대한 방호력을 갖추기 위해 장갑을 증설한 ACV-15 역시 21세기에 접어들면서 판로가 확장되고 있다.

육군의 현대화 과정에서 기계화 비율을 높이고 비정규전 상황에서 보병의 기동성과 생존성을 높이기 위해 도입된 장갑차는 터키의 군사 역량 향상 및 국익 추구에 적잖이 기여하고 있다. 일례로 2016년 8월 북부 시리아의 ISIS 점령 지역을 대상으로 진행된 유프라테스 방패Euphrates Shield 작전에서 터키군이 친터키 민병대에게 공여한 ACV-15 장갑차는 터키군 기갑부대와 민병대 간의 긴밀한 연계를 가능케 함으로써 작전이 성공적으로 완수되는 데 중대한 역할을 했다고 평가되고 있다(Jager, 2016). 터키군이 투입한 구형 M60 전차가 ISIS의 대전차미사일에 피격되어 적지 않은 피해를 입는 등 터키군의 현대화에 아직 미진함이 많음이 노출되기도 했으나, 유프라테스 방패 작전과 뒤이은 올리브가지Olive Branch 작전은 터키군이 NATO의 틀 내에서도, 중동의 역내 정치에 있어서도 유의미한 역할을 수행할 수 있음을 증명하는 계기가 되었다(Kasapoğlu, 2018.7.6). 이처럼 터키 방위산업은 군이 새롭게 정의된 국가안보정책을 효과적으로 수행할 수 있는 기반으로 작용하고 있다.

4) 한국의 군사혁신: 자주국방의 관철을 위한 노력

한국 방위산업에 대해서는 다분히 양면적인 평가가 가능하다. 한편으로는 80%에 달하는 국산화율을 자랑하며 모방·복제 위주의 3선급 방위산업 역량을 2선급으로 끌어올린 성공 사례로, 다른 한편으로는 국가의 정책적 지원과 다른 중견국에 비해 거대한 내수시장(한국군)을 지지대로 삼아 겨우 버티고 있는 불안정한 애물단지로도 볼 수 있다(Bitzinger, 2019: 391~392).

한국의 방위산업이 본격적으로 시작된 것은 1970년대로 흔히 인식된다. 데탕트와 주한미군 철수 논의에 따른 안보 환경의 불안과 중공업 육성의 필요성이라는 경제적 수요가 결부되어, 국가 주도의 방위산업 육성을 통한 '자주국방'과 중화학공업 발전이 동시에 도모되었다는 것이다(Kwon, 2018: 19). 이미 1970년 국방과학연구소를 설립하고 소화기(소총, 박격포, 무반동총 등) 위주의 국산화 계획(1·2차 번개사업)을 추진하고 있던 박정희 정부는, 1973년 '방위산업에 관한 특별조치법'을 제정하여 본격적인 국가 주도적 국산화 정책에 착수했다. 또한 그와 동시에 대규모 전력증강계획(율곡사업)을 추진, 대북 억지 능력을 강화하고 군 전투력을 향상시키는 정책이 진행되었다. 그러나 레이건 행정부 출범으로 주한미군 철수 논의가 사그라들고 율곡사업의 성과로 대북 전력 격차가 일부 감소하면서, 냉전 종식 무렵까지 한국 방위산업의 발전은 정체되어 있었다(라미경, 2015: 228~231).

냉전이 한반도를 제외하고 막을 내리면서, 방위산업 정책도 다시 한번 전환의 시기를 맞이했다. 아직 한국군이 북한에 비해 양적으로 열세인 상황에서, 주한미군 축소와 전시작전통제권 환수 등의 논의가 이루어지고 북한의 핵개발이 진행되는 등, 1990년대에 접어들어 한국은 이전에 비해 매우 복잡한 안보 환경에 처하게 되었다(Raska, 2015: 96). 노태우 행정부가 이러한 상황에서 "한국 방위의 한국화" 표어를 제시하면서, 무기 자급을 통한 자주국방 노선에 다시금 힘이 실리게 되었다. 이후 노무현 행정부에서 '국방개혁 2020'이 제도화되고 1990년대 초반부터 축적된 기술적 역량이 본격적으로 효과를 발휘하기 시작하면서, 한국 방위산업도 점차 수출시장에서 경쟁력을 획득하게 되었다. K-9 자주포, KT-1 훈련기 등 한국 방위산업의 '효자상품' 1세대들이 등장하기 시작한 것이다. 비록 실제 영업수익이나 생산성 등 경제적 지표에 있어서는 많은 한계를 보였지만, 구체적인 성과를 드러내기 시작한 한국 방위산업은 2000년대 이후 한국군이 한미동맹 틀 내에서 자율성을 제고하는 한편 기술집약적인 군 구조로의 전환을 시작할 수 있게끔 하는 주요 요인 중 하나로 작용했다(Moon and Lee, 2008: 118).

이러한 성공의 파급효과로 전 행정부의 자주국방 노선에 대해 회의적인 입

표 8-6 한국의 방위산업 분야별 수출 실적 및 주요 상품(2000~2018)

분류	비율 (%)	주요 품목 및 수출 현황
항공기	22.7	T-50* 고등훈련기(4개국, 5건) KT-1 훈련기(4개국, 7건)
함정	46.9	마카사르급 상륙함**(3개국, 5건) 인천급 호위함(2개국, 3건)
화포	28.8	K-9 자주포(7개국, 8건)
기타	1.6	장갑차, 휴대용 대공미사일 등

주: * T-50 고등훈련기의 경공격기 개수형인 FA-50을 포함한 실적이다.
  ** 인도네시아 해군의 수주로 건조되었다.
자료: SIPRI(2019).

장을 취했던 이명박 행정부도 방위산업을 '신성장동력' 산업으로 인정하고 연구개발 투자를 확대하는 등 2000년대 중후반 이후 한국 방위산업의 발전에는 관성이 붙기 시작했다(라미경, 2015: 231~232). 2000년대 중반 이후 「국방백서」에서도 이러한 관점을 확인할 수 있다. 일례로 2003년 「국방백서」는 '자위적 방위 역량'의 조기 확보를 목표로 K-9 자주포, 한국형구축함KDX-II 획득, F-15K 도입 등 무기체계 개발과 획득을 통한 전력 증강을 명시하고 있다(국방부, 2003: 60). 2006년 「국방백서」는 방위력 개선을 위한 무기체계 개발·도입에 덧붙여 방위산업 분야 기술투자 및 국제시장에서의 판로 개척을 정책목표로 명시하고 있으며(국방부, 2006: 82~83), 2010년 「국방백서」에서는 방위력 개선과 전력 증강을 위한 구체적인 전략적 목표들(실시간 전장 감시 능력 향상, 네트워크 중심전 수행 능력 확보, 방위산업의 효율성 제고 등)이 제시되고 있다(국방부, 2010: 116).

한국 방위산업은 표 8-6에서 확인할 수 있는 것처럼 타 중견국에 비해 완성된 플랫폼 위주의 수출 구조를 갖추고 있는 것으로 파악된다. K-9 자주포와 T-50 고등훈련기는 그 대표 격이라 할 수 있는 무기체계이다. 이 무기체계들은 한국 방위산업 정책의 목표인 안보정책의 자율성 획득과 밀접한 관련이 있다.

한국군이 개발 또는 운용한 다른 자주포와 비교했을 때 K-9 자주포에서 가장 두드러지는 점은 사거리와 화력에 있다. K-9 이전의 주력 자주포였던 K55

그림 8-6 K-9 자주포

주: 사진의 K-9 자주포 뒤에 있는 차량은 K-9과 함께 개발된 K-10 탄약보급장갑차이다.
자료: 권순삼·국방시민연대(Defense Citizen Network)

(미 M109A2 자주포의 면허 생산)의 사거리는 24km, 그보다 더 이전의 자주포였던 M110 자주포는 16.8km로, 군사분계선 이북의 북한군 포병자산에 대한 타격이 제한되었다. 반면 K-9 자주포의 사거리는 40km에 달하며, 급속사격(15초 동안 3발 발사), 동시탄착 사격[7] 등 높은 생존성과 순간화력 모두를 확보했다(조창현 외, 2018: 96~99). 미군에 비해 공중 전력이 부족하여 독자적으로는 휴전선에 배치된 북한군의 포병 전력을 상대할 수 없을 것으로 전망되는 한국군에 있어 K-9의 개발 및 도입은 이처럼 더 자율적인 군사작전을 가능케 한다.

다른 한편으로 T-50 고등훈련기는 탐색개발 이후의 개발 과정을 국방과학연구원이 아닌 민간기업(삼성항공 → KAI)이 진행한 최초의 사례이다(한영희·김호성, 2012). 1989년 F-16의 도입 대가로 미국 제너럴 다이내믹스로부터 항공기술을 지원받게 된 것을 계기로, 한국형 초음속기의 개발 가능성이 논의되기 시작

---

[7] TOT(Time on Target) 사격이라고도 불리며, 서로 다른 각도로 빠르게 포탄을 발사해 동시에 표적에 도달토록 하여 화력을 극대화하는 사격 방식이다.

했다. 1997년 금융위기에도 불구하고 KAI는 개발을 순조롭게 진행해, 해외구매 대상으로 논의되던 BAE 시스템스의 호크Hawk 대신 획득 대상으로 결정되어 2003년 양산이 승인되기에 이른다.

그런데 T-50은 단순히 해외 항공기술을 국산화한 계기에 그치지 않고 한국 국방정책의 한 축으로 작용하게 된다. 당시 한국 공군이 운용하고 있던 F-5 E/F가 노후화되어 전력에 공백이 발생하게 되자, 해외에서 별도로 F-5가 담당하던 로우low급 전투기 역할에 맞는 항공기를 수입하는 대신 이미 도입하기로 한 T-50을 개조하여 운용하게 된 것이다. T-50은 2013년 시제기의 개조가 완료된 뒤 2016년까지 60기가 인도되었으며, 이후 T-50과는 별도로 필리핀, 이라크로 수출되었다(국방과 기술, 2016).

이처럼 한국 방위산업의 발전은 자주국방이라는 목표의 달성에 어느 정도는 근접했다고 할 수 있으며, 이를 위한 핵심 무기체계가 국제 방위시장에서 경쟁력을 가지고, 국제 방위산업 시장에서의 수요가 다시 방위산업의 발전으로 이어지는 선순환 구조가 드러나고 있음을 알 수 있다.

4. 중견국의 군사혁신

1) 중견국의 군사혁신 전술: 비용의 분산

앞서 제2절에서 살펴본 것처럼, 기존 이론에 따르면 국제 방위산업 시장에서 중견국은 첨단 군사기술을 개발하지는 못하지만, 자신의 안보 환경에 맞게 군사기술의 동향에 적응함으로써 틈새를 공략할 수 있다. 하지만 강대국이 주도하는 군사혁신은 기존 군사기술의 효용을 떨어뜨리며, 첨단기술의 복잡성을 높임으로써 모방과 복제를 어렵게 만든다. 부족한 기술력과 영세한 내수시장(군)으로 인해 그렇지 않아도 비효율적인 중견국 방위산업은 따라서 강대국 군

그림 8-7 FA-50 경공격기

자료: Korea Aerospace Industries.

사혁신 앞에서 위기를 맞이하리라 예측할 수 있다.

실제로 제3절에서 살펴본 것처럼 스웨덴, 이스라엘처럼 1980년대 미국의 군사혁신 이전부터 자체적인 방위산업을 육성해 오던 국가들은 강대국발 군사혁신의 추세에 적응하지 못하고 전면적 국산화 노선을 포기해야 했다. 기술 외적인 요소로 냉전 종식에 따른 1990년대 군축 기조는 자국 내수시장과 국제 방위산업 시장을 동시에 위축시킴으로써 위기를 가중시켰다.

그러나 이러한 위기가 연이어 닥치며 대규모 재조정을 겪었음에도 불구하고 중견국 방위산업의 시장지배력이 유지되고 심지어 확대되고 있음을 제3절의 각국 사례를 통해 확인할 수 있다. 이는 스웨덴, 이스라엘이 냉전기에 추진했고 한국, 터키가 현재 추진하고 있는 전방위적 국산화정책의 성과라기보다는, 국제 방위산업 시장에 존재하는 틈새를 효과적으로 공략한 결과라고 할 수 있다.

스웨덴의 그리펜이나 한국의 FA-50 같은 로우급 전투기들이 미·러 등 강대국과 비교적 대등하게 국제시장에서 경쟁할 수 있는 이유는 근본적으로는 강대국이 겪는 안보 위협과 비강대국이 겪는 위협의 차이에서 기인한다고 볼 수 있다. 다른 강대국과의 안보경쟁을 상정하고 개발·운용되는 무기체계는 주변에 강대국에 비길 만한 안보 위협이 없는 상황에서는 예산 낭비일 수 있는 것이다.

또한 중견국 군사혁신의 산물이 국제 방위산업 시장에서 경쟁력을 발휘하는 현실은 여러 기성 연구가 주장하는 것처럼[8] 첨단 군사혁신이 강대국에 국한되지는 않을 가능성을 시사한다. 군사혁신이 여러 무기체계가 통합되어 제조되는, 최신예 스텔스 전투기와 같은 최첨단 플랫폼만을 위주로 이루어지는 것은 아니기 때문이다. 일례로 미군이 이라크전에서 경험한 IED 위협은 차체의 설계 변경과 장갑의 증설만을 통해 대응 가능한 것이었지만, 그럼에도 불구하고 그러한 해결책에 도달하기까지는 적지 않은 시간이 걸렸다(Friedman, 2013: 14~22). 터키의 장갑차가 2000년대 후반부터 빠르게 판로를 넓힐 수 있었던 것은 중견국 방위산업의 '적응'이 기존 이론이 예상하는 것보다 더 큰 효과를 낳을 수 있음을 방증한다.

따라서 강대국의 군사혁신 속에서 중견국이 나름의 군사혁신 목표, 즉 별도의 교리를 정립하거나, 변화한 안보 환경에 맞추어 기존 군사력을 변화시키는 등의 목표를 세우고 이를 위해 독자적인 무기체계를 개발하는 것은, 기존 이론이 예측하는 것보다 이론적·현실적으로 실천 가능한 대안이 될 수 있다. 물론 이를 위해서는 해당 '틈새'가 규모의 경제를 담보할 수 있을 정도로 크거나, 아니면 틈새 공략에 필요한 적응의 비용이 감당할 수 있을 만해야 한다는 전제가 성립해야 한다. 국제 방위산업 시장에서 네트워크를 형성하여 비용을 분산하는 전략은 이런 상황에서 빛을 발한다.

지금까지 살펴본 것처럼, 중견국 방위산업은 강대국만큼은 아니어도 국제 방위산업 시장에 대한 적극적 관여를 바탕으로 성립할 수 있다. 그런데 국제

---

8 예컨대, 오늘날의 첨단 군사기술이 가진 복잡성이 꾸준히 높아지고 있어 20세기 이전에 비해 모방과 복제가 어렵다는 주장이 있다(Gilli and Gilli, 2019).

방위산업 시장에서 중견국이 맺는 관계는 판매자 또는 소비자로 쉽게 개념화하기 어려운 복합성을 가진다. 한편으로 판매자로서 중견국은 소비자인 국가들에 무기체계와 더불어 자국 기술, 면허 생산권 등을 판매할 수 있다. 기술 이전과 현지 생산을 전제로 진행되고 있는 한국-인도네시아 방산 협력이나 이스라엘-인도 협력이 그 대표적인 예이다.

가격 대비 성능이 뛰어나거나 순수하게 성능에서 우위에 있는 강대국 무기체계에 비해 상대적으로 경쟁력이 떨어지는 중견국산 무기체계는, 오히려 그렇기 때문에 잠재적 구매자들에게는 더욱 매력적이다. 특히 단기적으로 직면한 안보 위협에 대응할 필요가 없는 국가들에는 조금 성능이 떨어지는 무기체계를 도입하는 대신 자국 산업 및 기술 기반에 도움이 되는 조건으로 절충 교역offset을 추진하는 것이 유리할 수 있다. 대표적인 경우로 기술 이전을 전제로 이루어지고 있는 한국과 인도네시아의 FA-50 및 KF-X 사업 관련 협력과 스웨덴 및 서유럽 기업들의 대규모 투자를 전제로 이루어진 헝가리와 체코의 그리펜 도입 사례가 있다(Lazar, 2019).

또한 같은 중견국 사이에서도 군사기술의 수용 수준에 따라 이러한 형태의 거래가 이루어질 수 있는데, 터키가 자국의 알타이 주력전차 개발 과정에서 한국 K-2 전차의 기술 이전을 받은 사례나, 한국이 참수리급 고속정의 개발 과정에서 스웨덴제 CEROS 레이더의 기술을 이전받아 이후 인천급 호위함의 건조 과정에서는 국산화한 레이더를 장착한 사례 등이 대표적이라 할 수 있다.

역으로, 강대국이 자국이 홀로 개발하기에는 효율이 떨어지는 무기체계를 획득하기 위해 공동 개발을 제의하는 경우도 있다. 일례로, 아이언 돔의 개발 이면에는 이스라엘이 이전 애로Arrow 미사일방어체계를 개발하면서 미국과 수립한 긴밀한 양자 협력 관계가 있었다. 물론 이전부터 이스라엘이 독자적으로 레이더와 미사일 분야에서 경쟁력 있는 기술력을 확보하지 못했다면 이러한 협력은 존재하기 어려웠겠지만, 미국이 애로와 아이언 돔 프로젝트에 레이시언, 보잉 등 자국 방위산업체를 공동으로 참여시키면서 제공한 자금 지원 없이

표 8-7 4개 중견국의 무기 수출 대상국 현황(2000~2016)

순위	스웨덴		이스라엘		한국		터키	
	국가	비율	국가	비율	국가	비율	국가	비율
1	호주	11.0	인도	33.1	인도네시아	24.7	아랍에미리트	21.5
2	남아공	9.0	미국	7.7	터키	22.4	투르크메니스탄	16.8
3	싱가포르	7.8	터키	7.3	이라크	6.9	사우디아라비아	16.0
4	태국	6.1	아제르바이잔	7.3	영국	6.4	파키스탄	10.7
5	파키스탄	5.6	싱가포르	4.6	필리핀	4.8	말레이시아	9.5
6	체코	5.1	베트남	3.7	인도	4.8	아제르바이잔	3.8
7	헝가리	5.0	콜롬비아	3.2	태국	4.7	오만	3.3
8	네덜란드	4.6	스리랑카	2.9	페루	4.2	이라크	2.9
9	아랍에미리트	4.3	한국	2.6	방글라데시	3.4	조지아	2.6
10	스위스	4.1	이탈리아	2.4	말레이시아	2.7	바레인	2.1

자료: SIPRI(2019).

이스라엘이 독자적으로 초기 개발비를 감수하는 것 역시 불가능에 가까웠을 것이다(Gutfeld, 2017: 944).

마지막으로 소비자로서 중견국은 자국의 내수시장을 이용해 구매력을 발휘, 강대국으로부터 더 유리한 조건으로 군사기술을 이전받을 수 있다. T-50 고등 훈련기의 개발 배경에 있는 제너럴 다이내믹스로부터의 기술 이전이나, 터키의 장갑차 개발에 밑바탕을 제공한 M113 장갑차 개량 프로젝트AIFV 공동 참여 등이 그 예이다.

이처럼 중견국은 무기체계 개발을 통한 군사혁신을 추진하면서 공동 개발, 기술 이전을 대가로 한 판매, 기타 절충 교역 등을 통해 협력자들을 비교적 용이하게 확보할 수 있으며, 이는 기술을 이전받는 쪽에는 혁신의 위험비용 감소로, 이전하는 측에는 무기체계 양산에서의 규모의 경제 효과 달성으로 이어진다. 다시 말해 중견국 무기체계가 시장에서 경쟁력을 가지는 현상 이면에는 적극적인 안보정책 및 방위산업 정책을 통한 지원과 개입이 있는 것이다.

1990년대 중반 이후 빠르게 진전되고 있는 국제 방위산업 시장의 지구화는,

방위산업 분야에서의 양자 협력, 특히 무기 공동 개발에 관한 협력의 빠른 증가로 이어지고 있다(Kinne, 2016). 이러한 환경 속에서 **표 8-7**과 같은 양자 네트워크를 구축함으로써 중견국은 자국의 군사혁신을 위한 협력 대상국을 확보할 수 있다.

자국 방위산업 상품 그 자체의 경쟁력과 자국 안보 환경에 맞는 무기체계를 확보하여 군사혁신을 추진하고자 하는 목적의식의 결합은 중견국 방위산업이 자신의 체급 이상으로 판로를 개척하고 자체 기술 기반을 유지할 수 있는 원동력이 된다.

2) 중견국의 군사혁신 전략과 방위산업

지금까지 논의한 중견국 군사혁신과 방위산업의 동향을 정리하면 **표 8-8**과 같다. 이를 통해 확인할 수 있는 것처럼, 각각의 중견국은 자신이 처한 안보 환경에 맞추어 군사력을 증진하기 위해 나름의 군사혁신을 추진하고 있으며, 방위산업은 각국이 필요로 하는 군사적 역량을 제공하는 기반이 되고 있다.

전통적 중견국인 동시에 방위산업에 있어서도 오랜 세월 동안 중견국으로서 입지를 다져온 스웨덴은 냉전 이후 다시금 지정학적 갈등이 부활하는 상황 속에서 '총체적 방어' 교리의 도입을 통한 군사혁신을 꾀하고 있다. 스웨덴 방위산업의 주력 상품인 JAS-39 그리펜 전투기와 지랩 방공레이더는 스웨덴의 군사전략이 꾀하고 있는 군사교리의 변화, 즉 최대한의 억지효과를 발휘하는 방어 위주의 군사력 건설과 직결되는 특성을 가지고 있다.

중견국 방위산업과 군사혁신 모든 면에서 예외적인, 또는 모범적인 사례로 널리 언급되는 이스라엘의 경우에도, 특정 분야에 대한 선택과 집중이 나타난다. 무인기와 레이더, 미사일에 집중된 이스라엘 방위산업의 구조는 냉전 이후 안보 환경의 변화로 과거의 공세지향적 교리를 새롭게 정립하는 과정을 뒷받침하고 있다. 아이언 돔과 같이 이스라엘만의 특수한 환경에 맞추어진 첨단무

표 8-8 4개 중견국의 군사혁신 전략 요약

국가	스웨덴	이스라엘	터키	한국
안보 위협	러시아의 지정학적 위협	비국가행위자, 무장단체의 부상	중동 지역의 불안정	북한의 비대칭 전력 및 재래식 전력
국방정책	방어 역량 강화를 통한 최대한의 억지효과 확보		지역 강국으로서의 국력 투사	한미동맹 내 자율성 획득
주요 무기체계	JAS-37 그리펜 지랩 레이더	각종 UAV 방공레이더 미사일 등	코브라, 에즈더 등 각종 장갑차	K-9 자주포 T-50/FA-50
군사혁신 효과	'총체적 방어'를 위한 비대칭적 방어 역량 확보	무장단체의 비대칭공격 방어를 통한 억지효과 달성	역내 유연한 전력투사를 위한 군사적 기반 획득	군 현대화로 자율적인 작전 능력 확보

자료: 저자가 요약·정리한 것이다.

기체계의 개발과 운용은 유사한 무기의 대량생산과 수출을 통한 규모의 경제 효과 없이는 불가능할 것이다.

1970년대 이후 자주국방이라는 뚜렷한 목표의식을 가지고 기술의 축적과 국산화를 추진해 온 한국은 21세기에 접어들면서 그동안 들인 투자의 성과가 조금씩 나타나는 단계에 있는 것으로 보인다. 비록 내부 문제가 없는 것은 아니며 스웨덴, 이스라엘 등, 더 전통적인 방위산업계의 중견국에 비하면 부족한 면이 있지만, 그럼에도 불구하고 K-9 자주포와 T-50 고등훈련기의 예에서 확인할 수 있듯 그간의 성과로 개발된 무기체계들은 안보정책에서의 자율성 증대라는 국가전략적 목표를 향해 나아가는 길을 돕고 있다.

이 글에서 다루는 국가들 중 '신참'에 해당하는 터키 역시 자율성 있는 안보정책을 위해 방위산업에 대한 투자를 시작했으나, 에르도안 집권 이전까지는 뚜렷한 결과가 나타나지 않았다. 그러나 21세기에 접어들어 AKP의 집권이라는 국내정치적 변수와 이라크전과 ISIS의 발흥이라는 역내 안보 환경의 변화가 겹치면서, 터키는 중동 지역 내에서 지역 강국으로서 좀 더 적극적인 역할을 수행하려 하고 있으며, 코브라를 비롯한 신형 장갑차량들은 역내에 유연하고

그림 8-8 중견국 군사혁신과 방위산업의 지향점

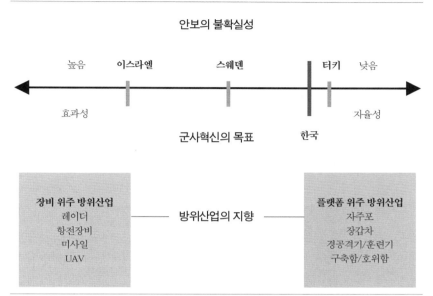

자료: 이 글의 내용을 바탕으로 저자가 직업 작성했다.

신속하게 군사력을 투사하고자 하는 터키의 새로운 안보정책과 맞닿아 있다.

그림 8-8과 같이 이상의 내용을 종합해 보면, 불확실한 안보 상황에 가장 많이 노출된 이스라엘이 이에 대응하기 위한 효과성 위주의 군사혁신을 추진하고 있으며, 방위산업 역시 이에 맞추어 나아가는 모습을 보이고 있음을 알 수 있다. 또한 반대로 상대적으로 안정적인 안보 상황에 놓여 있는 터키는 낙후된 자국군을 중앙집권적으로 현대화하는 과정에서 플랫폼 위주의 방위산업 육성 정책을 펼치고 있다. 또한 안보 위협 대상이 되는 러시아와 직접 마주하지는 않지만, 무력충돌이 일어날 경우 국력과 군사력의 차이가 명백하여 비대칭적인 방어전략을 추구할 수밖에 없는 스웨덴은 그리펜 전투기와 같은 플랫폼의 개발과 장비 위주의 개발을 동시에 추진하는 모습을 보인다.

이상의 세 국가 중 한국은 터키의 사례에 상대적으로 가까운 움직임을 보이

는 것으로 판단된다. 북한과의 대치라는 위협 요인이 있음에도 불구하고 한미
동맹을 통해 일정한 안보를 보장받는 한국은, 앞서 살펴본 것처럼 미국과의 양
자관계 속에서 보다 높은 자율성을 누리기 위해 국방개혁을 추진해 왔다. 그 결
과 플랫폼 위주의 방위산업 정책이 이루어져 왔으며, 오늘날까지 비교적 성공
리에 발전해 온 방위산업 수출 역시 이러한 맥락에서 이해할 수 있을 것이다.

5. 결론 : 중견국의 자리를 찾아서

군사혁신과 방위산업은 본질적으로 강대국의 영역에 속하는 것으로 여겨져
왔다. 강대국만이 기본적인 틀을 잡고 전체적인 흐름을 좌우할 수 있으며, 그
가운데 비강대국들이 나름의 전략을 발휘할 수 있는 여지는 없다는 것이다. 그
러나 이 글을 통해 살펴본 네 국가들, 강대국이라고 칭하기에는 규모가 작지만
비강대국으로 묶어버리기에는 무시할 수 없는 존재감을 가진 국가들의 방위산
업을 살펴보면, '2선급' 국가, 또는 '약소국'이라는 용어만으로는 모두 담을 수
없는 독특한 면모가 나타남을 볼 수 있다.

첨단기술을 국력의 한계로 직접 개발하지 못하는 중견국들은, 대신 새로운
기술을 자신이 원하는 방향으로 응용함으로써 군사혁신의 흐름에 적응할 수
있다. 또한 그런 적응의 산물이 국제 및 국내 방위산업 시장에서 경쟁력을 가
질 수 있도록 하기 위해 중견국 방위산업은 기술 이전·협력, 현지 생산 등 다양
한 방식으로 다른 국가들과의 네트워크를 형성함으로써 위험부담과 비용을 분
산시킨다.

그럼에도 불구하고 강대국과 같이 전방위적인 군사혁신을 추진하기에는 한
계가 있으므로, 중견국의 방위산업은 소수의 무기체계, 또는 특정 영역에 치중
하는 경향을 보인다. 강대국과는 달리 기술적·경제적 한계로 모든 분야에서의
국산화가 불가능할 뿐 아니라 무기를 직접 도입한다는 좀 더 합리적인 선택지

가 존재하기 때문이다. 반면 선택과 집중의 대상이 되는 무기체계들은 변화하는 안보 환경에 적응하기 위한 핵심 역량과 밀접한 관련이 있으며, 중견국 군사혁신의 중핵이 된다.

이때 어떠한 역량에 집중할지를 놓고 중견국 군사혁신과 국가안보전략, 그리고 방위산업의 연계가 나타난다. 이 글에서 보인 것처럼, 중견국이 처한 안보 환경이 불확실할 경우, 감당할 수 있는 범위 내에서 원하는 군사적 효과를 얻는 것이 우선시되며, 방위산업 역시 첨단기술이 적용된 장비와 '틈새' 무기체계 위주로 조성된다. 반면 이미 동맹이나 집단안보체제를 통해 상대적으로 안정적인 안보 환경에 놓인 경우, 그러한 구조 내에서 강대국의 군사혁신 성과를 흡수하여 자율적인 군사력을 건설하려는 유인이 작용하게 된다.

물론 지금까지 살펴본 중견국 방위산업과 군사혁신이 항상 성공을 거두는 것은 아니다. 수출 판로의 이면에는 수많은 실패 사례가 있으며, 중견국의 군사혁신 역시 실제 능력에 비해 목표치가 너무 높아 고배를 마시기도 한다. 그럼에도 불구하고 군사라는 가장 현실주의적인 논리가 강하게 작동하는 영역에서도 중견국이 나름의 자리를 찾아갈 수 있다는 것은 주목할 만한 의의가 있다.

≪국방과 기술≫. 2016. "FA-50 경공격기 최종호기 출하 기념식 개최." 제453호(2016.12), 10~11쪽.
국방부. 2003. 「참여정부의 국방정책」.
_____. 2006. 「국방백서」.
_____. 2010. 「국방백서」.
권순삼·국방시민연대(Defense Citizen Network), "K-9 Thunder Self-propelled Artillery of the ROK Armed Forces." https://en.wikipedia.org/wiki/K9_Thunder#/media/File:K-9thunder.jpg(검색일: 2020.3.2).
라미경. 2015. 「한국 방위산업에 대한 비판적 고찰」, ≪한국동북아논총≫, 제77권, 223~242쪽.
이철재. 2019.5.19. "한국서 배운 전차 수출한 터키… 방산 '형제의 난'". ≪중앙일보≫.
장원준·송재필·김미정. 2019. 「2018 KIET 방위산업 통계 및 경쟁력 백서」. 산업연구원.

조창현·박천출·조민수·최종환. 2018. 「K9 자주포를 통해 바라본 한국 자주포의 역사와 차세대 개발방안」, ≪국방과 기술≫, 제470권, 92~103쪽.

한영희·김호성. 2012. 「국방획득정책과 T-50 고등훈련기 연구개발의 성공사례」, ≪한국혁신학회지≫, 제7권, 1호, 115~135쪽.

Adamsky, Dima. 2010. *The Culture of Military Innovation: The Impact of Cultural Factors on the Revolution in Military Affairs in Russia, the US, and Israel*. Stanford, CA: Stanford University Press.

Ayman, Gulden and Gulay Gunluk-Senesen. 2016. "Turkey's Changing Security Perceptions and Expenditures in the 2000s: Substitutes or Compliments?" *The Economics and Peace and Security Journal*, Vol.11, No.1, pp.35~45.

Akalın, Cem. 2012. "An Overview on Turkish Land Platforms." *Defence Turkey*, Vol.37, No.7, pp.30~49.

Bağci, Hüseyin and Çağlar Kurç. 2017. "Turkey's Strategic Choice: Buy or Make Weapons?" *Defence Studies*, Vol.17, No.1, pp.38~62.

Berndtsson, Joakim. 2019. "The Market and the Military Profession: Competition and Change in the Case of Sweden." *Defense & Security Analysis*, Vol.35, No.2, pp.190~210.

Bitzinger, Robert A. 2009. *The Modern Defense Industry: Political, Economic, and Technological Issues*. Santa Barbara, CA: ABC Clio.

_____. 2017. "Asian Arms Industries and Impact on Military Capabilities." *Defence Studies*, Vol.17, No.3, pp.295~311.

_____. 2019. "The Defense Industry of the Republic of Korea." in Keith Hartley and Jean Belin(eds.). *The Economics of the Global Defence Industry*. New York: Routledge.

Brzoska, Michael. 1998. "Too Small to Vanish, too Large to Flourish: Dilemmas and Practices of Defence Industry in West European Countries." in The Politics and Economics of Defence Industries, edited by Efraim Inbar and Benzion Zilberfarb. London: Routledge.

DeVore, Marc R. 2015. "Defying Convergence: Globalisation and Varieties of Defence-Industrial Capitalism." *New Political Economy*, Vol.20, No.4, pp.569~593.

_____. 2019. "Armaments after Autonomy: Military Adaptation and the Drive for Domestic Defence Industries." *Journal of Strategic Studies*, DOI: 10.1080/01402390.2019.1612377.

Eizenkot, Gadi. 2015. "Official Strategy of the Israel Defense Forces." Belfer Center for Science and International Affairs(trans.). https://www.belfercenter.org/israel-defense-forces-strategy-document (검색일: 2019.10.7).

Farrell, Theo and Terry Terriff. 2002. "The Sources of Military Change." in Theo Farrell and Terry Terriff(eds.). *The Sources of Military Change: Culture, Politics, Techonolgy*. Boulder, CO: Lynne Rienner Publishers.

Fevolden, Arne Marin and Kari Tvetbråten. 2016. "Defence Industrial Policy – a Sound Security

Strategy or an Economic Fallacy?" *Defence Studies*, Vol.16, No.2, pp.176~192.

Fleurant, Aude, Alexandra Kuimova, Diego Lopes Da Silva, Nan Tian, Pieter D. Wezeman and Siemon T. Wezeman. 2019. "The SIPRI Top 100 Arms-producing and Military Services Companies, 2018." SIPRI Fact Sheet(December 2019). https://www.sipri.org/publications/2019/sipri-fact-sheets/sipri-top-100-arms-producing-and-military-services-companies-2018(검색일: 2019.10.11).

Försvarsdepartementet(Ministry of Defense). 2015.6.1. "Sweden's Defence Policy, 2016 to 2020."

_____. 2019. "The Swedish Defence Commission's White Book on Sweden's Security Policy and the Development of the Military Defence 2021-2025."

Försvarsdepartementet. 2017.12.20. "Resilience: The Total Defence Concept and the Development of Civil Defence 2021-2025."

Friedman, Norman. 2013. *This Truck Saved My Life! : Lessons Learned from the MRAP Vehicle Program*. Washington D. C.: US Department of Defense.

Gilli, Andrea and Mauro Gilli. 2019. "Why China Has Not Caught Up Yet: Military-Technological Superiority and the Limits of Imitation, Reverse Engineering, and Cyber Espionage." *International Security*, Vol.43, No.3, pp.141~189.

Grissom, Adam. 2006. "The Future of Military Innovation Studies." *Journal of Strategic Studies*, Vol.29, No.5, pp.905~934.

Gutfeld, Arnon. 2017. "From 'Star Wars' to 'Iron Dome': US Support of Israel's Missile Defense Systems." *Middle Eastern Studies*, Vol.53, No.6, pp.934~948.

International Institute for Strategic Studies(IISS). 2019. *The Military Balance: The Annual Assessment of Global Military Capabilities and Defence Economics*. London: Routledge.

Israel Defense Forces and Nehemiya Gershuni-Aylho. "A missile from the Israeli Iron Dome, launched during the Operation Pillar of Defense to intercept a missile coming from the Gaza strip." https://en.wikipedia.org/wiki/Iron_Dome#/media/File:Flickr_-_Israel_Defense_Forces_-_Iron_Dome_Intercepts_Rockets_from_the_Gaza_Strip.jpg(검색일: 2020.3.2).

Jackson, Susan T. 2019. "'Selling' National Security: Saab, YouTube, and the Militarized Neutrality of Swedish Citizen Identity." *Critical Military Studies,* Vol.5, No.3, pp.257~275.

Jager, Jeff. 2016. "Turkey's Operation Euphrates Shield: An Exemplar of Joint Combined Arms Maneuver." *Small Wars Journal*. https://smallwarsjournal.com/jrnl/art/turkey%E2%80%99s-operation-euphrates-shield-an-exemplar-of-joint-combined-arms-maneuver#_ednref49(검색일: 2019.12.20).

Kasapoğlu, Can. 2018.7.6. "A Robust Fighting Force: Turkey Remains a NATO Pillar." Italian Institute for International Political Studies: Commentary. https://www.ispionline.it/it/pubblicazione/robust-fighting-force-turkey-remains-nato-pillar-20939(검색일: 2019.12.21).

Kinne, Brandon J. 2016. "Agreeing to Arm: Bilateral Weapons Agreements and the Global Arms Trade." *Journal of Peace Research*, Vol.53, No.3, pp.359~377.

Korea Aerospace Industries. "FA-50 Fighting Eagle First Delivery." https://www.flickr.com/photos/koreaaero/12201649244(검색일: 2020.3.2).

Krause, Keith. 1992. *Arms and the State: Patterns of Military Production and Trade.* New York: Cambridge University Press.

Kurç, Çağlar. 2017. "Between Defence Autarky and Dependency: The Dynamics of Turkish Defence Industrialization." *Defence Studies*, Vol.17, No.3, pp.260~281.

Kurç, Çağlar and Stephanie G. Neumann. 2017. "Defence Industries in the 21st Century: a Comparative Analysis." *Defence Studies*, Vol.17, No.3, pp.219~227.

Kwon, Peter Banseok. 2018. "Mars and Manna: Defense Industry and the Economic Transformation of Korea under Park Chung Hee." *Korea Journal,* Vol.58, No.3, pp.15~46.

Lazar Zsolt. 2019. "Success and Failures of the Gripen Offsets in the Visegrad Group Countries." *Defense & Security Analysis,* Vol.35, No.3, pp.283~307.

Lesser, Ian. 2010. "The Evolution of Turkish National Security Strategy." in Celia Kerslake, Kerem Öktem and Philip Robins(eds.). *Turkey's Engagement with Modernity: Conflict and Change in the Twentieth Century.* Palgrave Macmillan.

Lundmark, Marin. 2019. "The Swedish Defence Industry: Drawn between Globalization and the Domestic Pendulum of Doctrine and Governance." in Keith Hartley and Jean Belin(eds.). *The Economics of the Global Defence Industry.* Routledge.

Moon, Chung-in and Jin-young Lee. 2008. "The Revolution in Military Affairs and the Defence Industry in South Korea." *Security Challenges,* Vol.4, No.4, pp.117~134.

Oğuzlu, Tarik. 2013. "Making Sense of Turkey's Rising Power Status: What Does Turkey's Approach Within NATO Tell Us?" *Turkish Studies,* Vol.14, No.4, pp.774~796.

Posen, Barry R. 1984. *The Sources of Military Doctrine: France, Britain, and Germany Between the World Wars.* Ithaca: Cornell University Press. Kindle edition.

Raska, Michael. 2015. *Military Innovation in Small States: Creating a Reverse Asymmetry.* London: Routledge.

Regeringskansliet(Government Offices of Sweden). 2004. "Swedish Government Bill 2004/05:5 Our Future Defence – the Focus of Swedish Defence Policy 2005-2007." 2004.10

Rubin, Uzi. 2017. "Israel's Defence Industries-an Overview." *Defence Studies*, Vol.17, No.3, pp.228~241.

Sezgin, Selami and Sennur Sezgin. 2019. "Turkey". in Keith Hartley and Jean Belin(eds.). *The Economics of the Global Defence Industry.* Routledge.

SIPRI. 2019. "SIPRI Arms Transfers Database." https://www.sipri.org/databases/armstransfers(검색일: 2019.12.3).

Wikipedia Commons. 2017. Tuomo Salonen, Finnish Aviation Museum. "File:Saab JAS 39 Gripen at Kaivopuisto Air Show, June 2017 (altered) copy.jpg" https://en.wikipedia.org/wiki/File:Saab_JAS_39_Gripen_at_Kaivopuisto_Air_Show,_June_2017_(altered)_copy.jpg(검색일: 2019.10.15).

_____. 2018. "File:EGLF - Giraffe AMB (42723328695).jpg" https://commons.wikimedia.org/wiki/File:EGLF_-_Giraffe_AMB_(42723328695).jpg (검색일: 2019.10.15).

World Bank. 2019. "Armed Forces Personnel, Total." https://data.worldbank.org/indicator/MS.MIL.TOTL.P1 (검색일: 2019.12.1).

9 한국의 드론 전력 강화와 방위산업 발전 방안
이스라엘 방위산업 사례의 함의를 중심으로

성기은 | 육군사관학교

1. 서론

이 글의 목적은 한국의 방위 역량 제고를 위해 "어떻게 하면 드론 전력의 강화와 관련 방위산업의 발전을 동시에 추구할 수 있을까?"라는 질문에 대한 대답을 찾는 것이다. 방위산업의 특수성으로 인해 국가에서 필요로 하는 무기체계의 개발 및 도입이 실패로 끝나거나, 특정 무기체계에 대한 비효율적인 생산과 소비가 장기간 유지되는 현상이 발생하기도 한다. 이 글에서는 드론과 방위산업의 특수성에 초점을 맞추어 드론의 효율적인 전력화와 관련 방위산업의 발전을 동시에 추구할 수 있는 방법을 제시하고자 한다.

세계적으로 드론의 수요는 폭발적으로 증가하는 추세이며 수요 충족에 필요한 드론 생산기업 역시 빠르게 증가하고 있다. 한국에서 무인항공기를 최초로 도입하여 사용하기 시작한 분야는 군사 부문이다. 이후 국내에서도 다양한 분야의 드론 수요가 발생했으며, 이를 충족시키기 위해 국내의 기업들이 드론을 개발 및 생산하고 있다. 한국의 육·해·공군 각 병종은 무인전투체계의 필요성에 대해 충분히 인식하고 있으며, 각 병종의 작전 개념에 맞추어 운용 개념을 개발하고, 작전 효율성을 연구하며 작전 요구 성능을 구체화하고 있다.

한국군의 드론 전력 도입과 관련된 특징은 다음과 같이 요약할 수 있다. 첫째, 한국군의 모든 병종(육·해·공군 및 해병대)에서 도입을 원하는 무기체계 이다. 인구 감소로 인한 병역자원의 감소와 인권을 중시하는 사회적 분위기로 인해 한국군의 모든 병종은 무인전투체계의 도입에 큰 관심을 보이고 있다. 드론을 중심으로 한 무인전투체계는 모든 병종에서 활용 가능한 전투체계이며, 지상·공중·해상 및 해저 모든 영역에서 전투 효과성을 발휘할 수 있는 무기체계로 평가받는다. 둘째, 드론의 전력화와 관련하여 병종 간의 갈등이 상존한다. 거대 관료집단의 특성 중 하나는 모든 하위집단들이 상위집단 전체의 이익을 추구하기보다는 하위집단 자신의 이익을 추구한다는 것이다. 드론의 도입이 모든 병종에서 요구되는 상황에서 각 병종들은 상대적으로 더 많은 예산을 더 빨리 획득하여 드론을 도입하기 위해 경쟁한다.

이 글에서는 이스라엘 방위산업의 성공 사례를 기반으로 방위산업 시장의 구조와 군수품 조달과 관련된 제도에 초점을 맞추어 드론 전력의 강화와 방위산업의 발전을 위한 방안을 제시했다. 이스라엘은 건국 이후부터 꾸준히 방위산업을 육성해 왔으나 냉전의 해체 이후 방위산업 분야의 위기를 겪었다. 이러한 위기 상황에서 이스라엘은 규제의 개혁과 시장구조의 변화를 통해 방위산업을 한 단계 도약시킬 수 있었다.

일반적으로 방위산업 시장은 수요 독점적 구조monopsony를 가지고 있다. 수요 독점시장이란 공급자 측에는 다수의 행위자가 존재하지만, 수요자 측에는 단일 행위자가 존재하는 시장의 구조를 의미한다. 공급 독점시장monopoly과 마찬가지로 수요 독점시장 역시 가격의 왜곡현상과 기업의 기술개발 인센티브 저하로 인해 시장실패 현상이 발생할 수 있다. 한국의 군수품 조달 기능을 수행하는 방위사업청에서 제시하고 있는 군수품 조달의 원칙은 통합 사업관리 및 통합 구매, 표준화 및 규격화로 요약할 수 있다. 사업의 효율성과 품질관리의 용이성 향상 및 경제적 구매를 목적으로 설정된 군수품 조달의 원칙이 방산시장의 수요 독점적 시장구조를 강화하여 수요자와 공급자 모두가 원하지 않는 결과를 얻게 할 수 있다.

드론 전력의 효율적 강화와 관련 방위산업의 발전을 위해서는 군수품 조달의 제도 개선을 통한 수요 독점적 시장의 구조 변화가 이루어져야 한다. 육·해·공군 각 병종은 작전 지역의 특수성에 따라 상이한 작전 요구 성능을 갖춘 드론의 도입을 추구할 것으로 예상된다. 그러나 통합 사업관리 및 통합 구매, 표준화 및 규격화의 원칙은 각 병종이 요구하는 상이한 요구 성능의 드론 획득을 제한하며 수요 독점적 시장의 구조를 강화시키는 제도화된 규제라고 볼 수 있다. 수요 독점적 구조가 강화된 군사용 드론시장에서 연구개발에 필요한 초기 비용 투자 인센티브가 저하되고, 국가는 작전 요구 성능이 떨어지는 드론을 조달받게 된다.

군수품 조달과 관련된 제도를 개선하여 방산시장의 수요 독점적 구조를 경쟁적인 구조로 변화시킬 수 있다. 각 군이 요구하는 작전 요구 성능을 표준화하기보다는 작전 지역의 특수성을 고려하여 각 군에 필요한 드론을 획득하는 것이 바람직할 것이다. 이와 같은 규제의 완화는 기업들의 초기 비용 투자 인센티브를 강화시킬 뿐만 아니라, 각 군의 작전 요구 성능을 충족하는 드론 도입을 가능하게 할 것이다. 제도 개선을 통한 시장구조의 개혁은 기업의 기술 잠재력과 군대의 기술 적응력을 향상시켜 관련 산업의 발전과 국가안보의 확충을 달성하는 데 기여할 것이다.

제2절에서는 드론산업의 현황과 육·해·공군의 드론 전력화 요구에 대해 살펴본다. 국·내외 드론시장은 매우 빠른 속도로 성장하고 있으며, 각 병종은 군사용 드론의 도입에 큰 관심을 보이고 있다. 제3절에서는 이스라엘 방위산업의 간략한 역사와 함께 이스라엘 방위산업의 성공이 주는 함의에 대해 살펴본다. 제4절에서는 방위산업 시장의 구조와 군수품 조달 제도에 대해 살펴본다. 수요 독점적 시장에서 발생하는 시장의 실패를 분석하고 방위사업관리규정에서 제

시하는 군수품 조달의 원칙이 어떻게 수요 독점시장의 구조를 강화하는지 제시했다. 제5절에서는 드론 전력의 효율적 강화와 관련 산업을 발전시킬 수 있는 방안에 대해 제시했다. 제도화된 규제의 개선을 통해 수요 측과 공급 측 모두 경쟁하는 시장구조의 형성이 어떻게 기업의 기술 잠재력과 군대의 기술 적응력을 제고시키는지에 대해 분석했다.

2. 드론산업의 발전과 전력화 요구

1) 드론산업의 발전

국내에서 드론의 생산은 군사적 필요에 의해 시작되었다. 1990년 국방과학연구소Agency for Defense Development: ADD와 한국항공우주연구원Korea Aerospace Research Institute: KARI에서 공동으로 무인 항공전투체계 개발을 시작했으며, 2002년부터 본격적으로 양산을 시작하여, 육군에 의해 전력화되었다. 한국군이 최초로 도입한 무인정찰기는 한국항공우주산업Korea Aerospace Industries: KAI에서 생산했다. 육군에서 최초로 도입한 무인 항공전투체계는 '송골매'다. 군단급 부대에 배치되어 주·야간 항공정찰 임무를 수행하는 송골매의 제원을 살펴보면, 길이 4.8m, 폭 6.4m이며, 시속 150km의 속도로 4~5시간 비행할 수 있도록 설계되었다. 한국 육군의 주력 무인항공체계인 송골매는 미군이 보유한 무인전투체계 중 그룹 2 또는 그룹 3에 속하는 전투체계로서 미군도 유사 무인항공체계를 사·여단 및 군단급 부대의 감시 및 정찰에 활용하고 있다.[1] 현재 군단급 부대

---

[1] 미군은 중량, 고도, 속도 등을 기준으로 무인 항공전투체계를 5개의 그룹으로 나누고 있다. 그룹 1은 대대급 이하의 부대에서 활용하는 소형 무인기이며, 최상위 그룹인 그룹 5는 공군 및 해군, CIA에서 직접 운용하는 무인항공체계이다. 한국군에 도입 예정인 글로벌 호크(Global Hawk)는 그룹 5에 속하

에 배치되어 항공정찰 임무를 수행하는 송골매 이외에도 '리모아이-006'이 일부 대대급 부대에 배치되어 있다. 리모아이는 시속 75km의 속도로 1.5시간 동안 비행할 수 있도록 설계되었다.

2002년 군사용 드론이 실전 배치되어 활용되기 시작했지만, 민간 부문에서 무인항공기의 수요가 증가하기 시작한 것은 최근이다. 민간 부문에서 무인항공기의 활용이 본격화된 것은 2015년부터라고 할 수 있다.[2] 민간 영역에서 무인항공기가 도입되기 시작한 분야는 방송과 농업 분야이다. 방송 분야에서는 근접 촬영이 어려운 지역을 대상으로 무인항공기를 활용한 촬영을 시작했으며, 농업 분야에서는 토양 및 농경지 조사, 살포, 작물 관측에 무인항공기를 활용하기 시작했다. 이후 측량 및 탐사, 건축과 토목, 운송 등으로 그 활용 범위가 확대되는 추세이며, 민간 부문의 다양한 요구를 충족시키기 위해 다수의 기업들이 무인항공기 산업에 뛰어들고 있다. 국방 분야 이외의 공공 분야에서 드론의 활용에 가장 큰 관심을 갖는 분야는 국토교통 분야이다(국토교통부, 2017). 국토교통부는 2017년 공공 건설과 하천관리 및 산림보호, 국가통계 조사 등의 용도에 드론을 활용하겠다는 계획을 발표했으며, 이를 실현하기 위한 중·장기 발전계획을 발표하기도 했다.

현재 드론을 제작 및 생산하는 한국의 민간기업은 약 10여 개이다(김경훈, 2019: 15~17). 군사용 드론을 개발 및 제작하는 방위산업체는 한국항공우주산업, 대한항공, 유콘시스템이다. 한국항공우주산업은 이미 군단급 무인 항공정찰기인 송골매를 생산하여 판매하고 있으며, 유콘시스템은 대대급 무인 항공정찰기인 리모아이를 생산하여 판매하고 있다. 대한항공은 현재 사·여단급에

는 최신예 무인 항공전투체계이다. 글로벌 호크는 시속 629km로 36시간 비행이 가능한 세계 최고 수준의 무인정찰기이다(장윤석, 2018: 58).

2 2013년 정부에 신고된 민간용 무인항공기의 개체 수는 195대였으며, 2014년에는 354대로 신고 개체 수가 증가했다. 그러나 2015년 921대를 시작으로 매년 두 배 이상의 증가 추세를 보여 2017년까지 신고된 무인항공기의 개체 수는 3894대이다(김경훈, 2019: 8~10).

서 활용 가능한 무인 항공정찰기를 개발하고 있다. 민수용 무인항공기를 개발 및 생산하는 기업은 코스닥 상장기업 4곳과 비상장기업 3곳이 대표적이다. 상장기업으로는 LG U+, 삼코Samco, 베셀Vessel, 에어스브이가 있다. LG U+는 드론의 원격 관제기술을 보유하고 있으며, 주로 안전진단, 국토조사 및 농작물 모니터링 분야에서 사업을 수행하고 있다. 삼코는 수직이착륙 기술 등의 특허기술을 보유하고 있으며, 주로 지도 제작용 드론을 생산한다. 베셀은 드론 자율운영시스템 기술을 보유하고 있으며, 공공 분야에 활용되는 드론을 생산한다. 에어스브이는 상대적으로 뒤늦게 관련 산업에 뛰어들었지만 소형 레저용 드론 생산을 중심으로 급속히 성장하고 있는 기업이다. 비상장기업으로는 CJ 대한통운, 그리폰다이나믹스, 유콘시스템이 있다. CJ 대한통운은 주로 운송용 드론을 개발하고 있으며, 현재 중량 3kg 이하의 수화물을 운송할 수 있는 드론 개발에 성공했다. 그리폰다이나믹스는 외부의 진동과 충격을 흡수하는 드론 관련 기술을 보유하고 있으며 해상 구조 및 수색, 풍력발전기 점검용 드론을 개발하여 생산하고 있다. 유콘시스템의 경우 대대급 무인 항공정찰기 이외에도 측량, 산림 감시, 재난 감시용 드론을 생산하고 있다.

군사용 및 민수용 드론을 개발 및 생산하는 한국 기업들의 세계시장 점유율은 매우 낮은 수준이다.[3] 군사용 드론의 경우 최첨단 기술을 보유하고 있는 미국과 이스라엘 기업들의 시장점유율이 높으며, 민수용 드론의 경우 비교적 가격이 저렴한 제품을 생산하는 중국 기업들의 시장점유율이 우세하다. 미국은 보잉, 노스럽 그러먼 등의 기업들을 중심으로 군사용 드론의 우세를 유지하고

---

3 평가하는 방식에 따라 드론산업 관련 기업들의 시장점유율을 계산하는 방식은 달라질 수 있다. 군사용 드론의 경우 미국의 보잉이 세계 최첨단의 군사용 무인 항공기술을 보유하고 있으며, 가장 첨단화된 군사용 무인항공기를 생산하고 있는 것으로 평가받는다. 그러나 2019년 현재 민간용 드론시장의 점유율이 가장 높은 기업은 중국의 DJI이다. DJI는 드론 촬영기술과 항공 제어기술에서 독보적인 위치를 차지하고 있으며, 가격 경쟁력이 강하여 세계 민간 드론시장 생산의 60% 이상을 점유하고 있다 (Aerospace and Defense Analyst Team of Markets and Markets, 2019).

있으며, 구글, 아마존, 3D 로보틱스 등의 기업들이 제조·유통·물류 등의 분야에서 드론산업에 뛰어들고 있다. 중국은 상대적으로 가격이 저렴한 농업용 및 상업용 드론 분야에서 높은 세계시장 점유율을 유지하고 있다. 대표적인 기업으로는 DJI, 샤오미, 지로XIRO, 엑스에어크래프트Xaircraft 등이 있다. 이 기업들은 주로 소형의 촬영용 및 레저용 드론을 생산하고 있으며, 지로의 경우 사람이 탑승할 수 있는 1인용 드론을 개발하고 있다.

한국 기업들의 세계시장 점유율이 저조한 주요한 원인은 관련 기술의 부족이라고 할 수 있다. 한국 기업들은 군수용 드론의 경우 세계 16대 군수산업 선진국 중 9위의 기술 수준을 보유한 것으로 나타났으며, 현재 미국의 군사용 항공기술 대비 80% 수준을 유지하는 것으로 분석되었다(국방기술품질원, 2019a). 민간용 드론의 경우 국내 드론산업의 기술 수준은 세계 최고의 기술 수준 대비 60% 수준이며, 핵심 부품에 대한 해외 의존도가 높다는 평가를 받고 있다(김경훈, 2019: 1). 드론의 활용 분야가 확대됨에 따라 세계 드론시장의 규모도 엄청나게 확대될 것으로 예상되며, 군사용 무인항공기뿐만 아니라 민간용 무인항공기 관련 기술개발이 시급하다.

2) 각 군의 전력화 요구

한국 육·해·공군 모두 무인 항공무기체계의 도입에 큰 관심을 보이고 있으며, 운용 개념의 발전과 작전 효과 분석 및 요구 성능 구체화에 매진하고 있다. 이는 새로운 무기체계의 도입을 시작하는 단계에서 나타나는 현상이다. 특정 무기체계를 도입하기 위해서 사용자인 군은 새로운 무기체계를 어떻게 운용할 것인지에 대한 분석을 시작한다. 운용 개념의 확립이란 전쟁 수행을 위해 필요한 다양한 군의 기능들 중에서 어떤 분야에서 어떤 목적으로 활용할 것인지를 구체화하는 것이다. 운용 개념이 확립되면 다음 단계로 작전 효과를 분석한다. 전쟁에 필요한 특정 기능에 특정 무기체계를 활용했을 때 어떠한 전투 효과가

표 9-1 한국 지상군의 드론봇 발전 방향

구분		현재	2030년
드론	기능	정찰(정보)	정찰 + 정찰·타격(제병협동)
	운용 범위	적 지역(근거리)	적 지역(원거리) + 아 후방
	운용 지역	지작사 ~ 대대(전방)	지작사/2작사 ~ 분대(전·후방)
	형상	고정익 비행체	고정익 비행체 + 멀티콥터 + 미사일/포 발사
	운용 형태	단일 드론	단일 드론 + 군집 드론 + 미사일/포 발사 드론
로봇	기능	기동	기동 + 대기동 + 방호 + 작전 지속지원 등
	운용 지역	지상	지상 + 지하 + 공중 + 건물 내부 등
	형상	무기체계 형상(차량 위주)	무기체계 형상 + 생체모방형
	운용 형태	단일 로봇	단일 로봇 + 군집 로봇 + 착용형(웨어러블) 로봇

자료: 육군교육사령부(2018).

발생하는지에 대해 연구하는 단계이다. 연구를 통해 전투 효과가 입증되면 특정 무기체계의 작전 요구 성능과 규격을 구체화하여, 특정한 규격과 특정 수준의 성능을 보유한 무기체계의 도입을 추진한다.

현재 한국에서 무인전투체계의 도입에 가장 큰 관심을 갖는 것은 육군이다. 육군은 이미 송골매나 리모아이와 같은 무인 항공전투체계를 도입했으나, 지상에서 활동하는 무인전투체계 도입에도 관심을 갖고 있으며, 정찰용이 아닌 공격용 무인항공기를 도입하기 위해 노력 중이다. 한국 지상군이 추구하는 무인전투체계의 발전 방향은 표 9-1과 같이 요약할 수 있다.

한국 육군은 무인전투체계를 드론체계와 로봇체계로 구분하여 운용 개념을 발전시키고 있다. 드론은 항공무기체계를 의미하며, 로봇은 지상무기체계를 의미한다. 드론의 경우 현재는 정찰 기능만을 수행하지만, 추후 정찰과 타격 기능을 동시에 수행하는 드론까지 도입될 전망이다. 운용 범위와 지역 역시 이전보다 넓은 범위에서 활용할 수 있는 드론의 도입을 추진하며, 현재 사용 중인 고정익 단일 드론 운용에서 다양한 형상을 가진 드론의 군집 운용으로 개념을 발전시켜 나가고 있다. 로봇의 경우 현재 지상에서의 차량 형태를 갖는 단일 로봇을 개발 중이지만, 미래에는 다양한 기능을 가진 생체모방형 군집로봇의 활용으로 운용의 개념을 발전시켜 나가고 있다. 한국 육군은 전투원과 드론봇이 함께 지상정찰 및 전투, 수송 기능을 수행하는 유·무인 복합전투체계의 작전 효과를 분석하는 수준이며, 이를 위해 2018년 9월 '드론봇 전투단'을 창설하여 작전 효과 분석을 위한 테스트베드로 활용하고 있다. 이후 전투 효과에 대한 연구가 완료되면 작전에 요구되는 성능과 규격을 구체화하여 본격적으로 무인전투체계를 도입할 것으로 예상된다.

해군의 무인전투체계 도입은 육군에 비해 속도가 늦어질 것이라고 예측할 수 있다. 현재 해군은 무인 해양전투체계의 운용 개념을 발전시켜 나가고 있는 단계이다. 해군이 활용하고자 하는 무인전투체계는 UMSUnmannded Maritime System이며 UMS는 수상 무인전투체계Unmanned Surface Vehicle: USV와 해저 무인전투체계Unmanned Underwater Vehicle: UUV로 구분할 수 있다. 무인 해양전투체계는 다음과 같은 필요성에 의해서 개발이 요구된다. 첫째, 위험 및 오염 지역, 유인전투체계의 접근이 어려운 지역으로까지 해양작전의 영역을 확대할 수 있으며, 둘째, 효과적으로 장시간 감시 및 정찰이 가능하며, 셋째, 유인전투체계에 비해 획득과 운용비가 절감된다는 것이다.

무인 해양전투체계는 무인수상정USV과 무인잠수정UUV으로 구분하여 운용 개념이 발전될 것으로 예상된다(김인학, 2019). 무인수상정의 경우 정보수집, 감시 및 정찰, 대기뢰전 및 대잠 및 대함전에 활용이 가능하며, 수상 및 해저의 통신을 원활하게 해주는 통신 노드의 역할을 수행할 수 있을 것이라고 판단하고 있다. 육군과 비교하여 가장 구별되는 분야는 대기뢰전과 대잠 및 대함전에 무인전투체계를 활용한다는 것이다. 해저에 설치된 기뢰의 탐지 및 제거에 무인수상정을 운용하겠다는 개념을 발전시키고 있으며, 전방 해역에 침투한 적의 함정과 잠수정을 조기에 탐지하고 화력을 유도하는 용도로 운용하고자 하는 계획을 발전시킬 것으로 예상된다. 무인수상정은 기뢰 탐지 및 제거, 대잠전 및 통신노드의 기능을 수행하는 방향으로 운용 개념이 발전되고 있다. 해저에 설치된 기뢰의 탐지와 제거는 매우 위험한 작전이기 때문에 무인잠수정을 운용하여 기뢰를 탐색하고 제거하는 것은 인명 손실의 감소라는 매우 큰 효과가 기대된다. 대잠전 수행을 위해 무인잠수정이 단순히 탐색 및 경계 활동을 하는 것이 아니라 적 지역의 해저에 매복하여 적 잠수함의 초기 이동단계부터 탐지할 수 있도록 운용 개념을 발전시키고 있다.

무인 해양전투체계의 운용 개념은 원격통제에서 자율성 확대의 방향으로, 무인수상정 중심에서 무인잠수정 중심으로 발전하고 있다. 현재 무인 해양전투체계 운용 개념은 원격통제 및 무인수상정 위주로 발전되어 있지만, 통제의 방식과 전투 수행 플랫폼의 다양화를 통해 더 넓은 지역에서 효과적으로 무인 해양전투체계를 발전시켜 나가는 추세이다. 무인 해양전투체계 발전의 최종 목표를 무인수상정과 무인잠수정으로만 이루어진 함대가 인간의 통제 없이 자율적으로 해양작전을 수행하는 것으로 설정할 가능성이 높다.

현재 무인 해양전투체계 발전의 가장 큰 장애물은 관련 기술의 부족이다. 한국의 무인 해양전투체계 기술 수준은 무인 지상전투체계 및 무인 항공전투체계 기술에 비해 그 수준이 낮은 것으로 평가받는다(국방기술품질원, 2015). 무인 지상전투체계의 경우 생체모방기술을 제외한 대부분이 선진국 수준인 것으로 평가되며, 무인 항공전투체계의 경우 자율항법 기능 및 원격제어 기능은 선진국 수준인 것으로 평가받는다. 그러나 무인 해양전투체계 기술의 경우 현재 한국의 기술 수준은 소형 무인잠수정을 개발할 수 있는 수준이다. 선체를 설계하고 제작하는 기술은 선진권의 수준이지만, 추진·통신·자율항법은 중위권에 머물고 있고, 센서의 경우는 하위권이다.

무인전투체계의 도입에 가장 소극적인 병종은 공군이라고 평가할 수 있다. 미국과 이스라엘의 경우 공군이 무인 항공전투체계 개발과 운용에 있어 가장 핵심적인 역할을 수행하는 것으로 평가받는다. 최신예 무인 항공전투체계의 개발에 앞장서고 있으며, 파괴력이 가장 크고 원거리를 비행할 수 있는 항공무인체계는 미국 공군에서 주로 운용 중인 것으로 분석된다(Stulberg, 2007). 이스라엘 역시 무인 항공전투체계의 개발과 운용에 공군이 앞장서고 있으며, 이스라엘은 무인항공기만으로 구성된 전투비행단을 보유하고 있다(장윤석 외, 2018: 58).

무인 항공전투체계의 발전은 공군 조직의 이익을 고려해 보았을 때 환영받지 못할 수도 있다. 무인 항공전투체계의 도입은 유인 항공전투체계의 도태를 불러올 수 있다. 기술의 발전으로 무인전투체계의 작전 지속성과 파괴력이 유인전투체계를 압도할 경우, 전투기 중심의 유인 항공전투체계는 도태될 가능성이 높으며, 이는 전투기 조종사의 숫자를 감소시킬 수 있다. 모든 관료적 집단의 가장 큰 이익 중 하나는 집단 구성원의 숫자를 유지하거나 늘리는 것이다. 공군 내부적으로 전투기 조종사 숫자의 감소는 조직의 이익에 대한 심대한 위협으로 평가될 수 있으며, 이에 따라 무인 항공전투체계의 도입에 큰 관심을 갖지 않을 수 있다.

미래 한국 공군의 핵심 임무와 전투력 발전 방향을 요약하면 다음과 같다(설현주·길병옥·전기석, 2017: 90~102). 공군은 공중·우주·사이버 영역의 통제 임무, 정보·감시·정찰 임무, 원거리 정밀타격 임무, 방호와 지속 작전 임무의 다섯 가지를 미래의 핵심 임무로 인식하고 있다. 이를 위해 가정 먼저 제시되는 전투력 발전 방향은 항공 전력의 현대화 추진이다. 항공 전력의 현대화란 다목적·군사 위성의 도입, 최신예 전투기의 도입, 차세대 지대공 미사일의 도입을 의미한다. 추가적으로 독자적 미사일 방어체계 구축 및 조기경보기와 공중 급유기의 확보를 추진할 것으로 예상된다. 무인 항공전투체계는 우주 전력 및 최신예 전투기 전력에 비해 도입 우선순위가 후순위인 것으로 평가된다. 현재 공군의 무인 항공전투체계 운용의 핵심은 지상기지에 대한 감시 및 정찰 기능의 수행이다. 육군의 경우 이미 2000년대 초반부터 무인정찰기를 활용하여 접적지역의 감시와 정찰을 실시해 왔다. 공군은 2017년부터 공군이 보유하고 있는 지상기지의 경계를 위해 무인항공기를 활용하고 있다.

제2절에서는 한국 드론산업의 현황과 각 병종별 드론의 전력화 상황에 대해

분석했다. 현재 한국의 드론산업은 선진국에 비해 낮은 기술력으로 인해 세계 시장 점유율이 저조한 상태이지만, 국내와 해외의 드론 수요가 폭발적으로 증가하면서 기술발전과 대량생산을 위해 매진하고 있다. 한국 육·해·공군의 병종별 드론 도입 추진 현황을 분석해 보았을 때, 운용 개념의 발전과 전투 효과 분석에서는 육군이 가장 앞선다고 평가할 수 있다. 해군의 경우 해양작전에서의 무인 해양전투체계의 운용 개념을 발전시키는 단계이며, 기술적 한계로 인해 무인 해양전투체계를 도입하기까지는 많은 시간이 소요될 것으로 예상된다. 공군의 경우 무인전투체계에 대한 관심이 상대적으로 낮으며, 공군이 보유하고 있는 지상기지에 대한 감시 및 정찰 임무에 드론을 활용하고 있다.

3. 이스라엘 방위산업의 성공

한국과 이스라엘은 안보 상황과 경제구조를 비교해 보았을 때 유사한 부분이 많다. 이스라엘은 주변의 아랍 국가들로부터 지속적으로 안보 위협을 받고 있으며, 레바논 및 팔레스타인과 지속적인 국경 분쟁을 겪고 있다. 한국 역시 북한으로부터 심대한 안보 위협을 받고 있으며, 휴전선 부근의 저강도 군사 분쟁이 지속적으로 발생하고 있다. 경제적 측면에서 한국과 이스라엘 모두 작은 내수시장을 보유하여 수출 지향 산업의 육성을 통해 경제를 발전시켜 왔으며, 서비스업과 공업의 비중이 높은 산업구조를 갖고 있다(KOTRA 텔아비브 무역관, 2018: 1~3). 1인당 GDP는 이스라엘이 한국에 비해 약 20% 높은 수준이며 경제적 불평등의 정도는 유사하다(OECD). 안보 상황과 경제구조는 유사한 측면이 많지만, 방위산업 분야에서는 큰 차이가 있다. 이스라엘 방위산업은 국가 총수출의 약 10%를 차지하며, 생산품의 70% 이상을 수출하고 있지만(국방기술품질원, 2019b: 707~710), 한국 방위산업은 국가 총수출에서 차지하는 비중이 미미하며, 생산품의 대부분을 내수용으로 소비하고 있다.

제3절에서는 유사한 안보 상황과 경제구조를 가진 한국과 이스라엘 간에 왜 이러한 차이가 발생했는지에 대해 살펴보고, 이스라엘 방위산업의 사례가 한국에 주는 함의를 제시한다.

1) 방위산업의 발전

이스라엘은 미국, 러시아, 프랑스와 같은 선진국에 비해 방위산업이 뒤늦게 발전한 방위산업 분야의 후발 산업국이다. 이스라엘의 방위산업은 산업 생산 발전과 수출 증대의 견인차 역할을 하며, 방위산업 분야에서 개발된 기술이 민간 부문 산업에 적용되는 사례가 많은 것으로 평가된다(Dvir and Tishler, 2000; 최기일, 2016). 이스라엘의 방위산업이 처음부터 국가의 중요 산업이자 수출 산업이었던 것은 아니다. 주변국과의 군사적 분쟁과 국제체제의 변화와 같은 위기 상황 속에서 이스라엘은 방위산업을 효과적으로 발전시켜 현재와 같은 모습으로 성장했다.

제2차 세계대전의 종전 이후 건국된 이스라엘은 건국 당시부터 심각한 안보 불안에 시달렸기 때문에 안정적인 군수품의 조달이 국가의 생존과 직결되었다. 건국 초기 이스라엘은 군수품의 국내생산 원칙을 세웠지만 기반 산업과 기술의 한계로 인해 주로 소형 무기체계만을 국내에서 생산했다. 1960년대까지 이스라엘 방위군이 필요로 하는 중요 무기체계를 공급했던 국가는 프랑스였다. 그러나 1967년 발생한 제3차 중동전쟁 이후 프랑스는 이스라엘에 대한 무기금수 조치를 단행했으며, 이스라엘은 새로운 군수품 조달처를 찾아야만 했다(지일용·이상현, 2015). 1960년대 후반부터 이스라엘은 무기의 주요 공급국을 프랑스에서 미국으로 전환했으며, 중요 무기체계의 국내생산을 위해 적극적으로 방위산업을 발전시켰다. 1970년대와 1980년대 이스라엘 방산업체에 의한 무기생산은 급격히 증가했으며 이스라엘은 전차와 장갑차, 전투기 및 해군함정과 같은 대형 무기체계의 국산화를 추구하기 시작했다(DeVore, 2017).[4] 이 시기 이스라엘의 국영 방산업체인 IAI와 IMI는 폭발적으로 성장했다.

안보 위협으로 인해 성장한 이스라엘의 방위산업은 1990년대 안보 상황의 변화로 인해 경제적 위기를 맞이했다. 이스라엘은 주변 아랍국들과의 관계 개선과 냉전의 해체를 경험하게 되었다. 이는 국내외의 무기 수요 하락이라는 결과를 가져왔으며 방위산업 전반의 장기적 침체를 예견했다. 그뿐만 아니라 대형 무기체계의 국산화 추진으로 인해 누적되었던 문제점들이 1980년대 말부터 심각해지기 시작했다. 세계적으로 대형 무기체계의 수요가 하락한 상황에서 작은 내수시장을 보유한 이스라엘의 방위산업은 신무기 개발 및 생산에 투입된 엄청난 비용이 판매를 통해 얻는 이익을 초과하기 시작했다.[5] 이스라엘의 방위산업은 경제적 위기를 해소하기 위한 특단의 대책이 필요했다.

방위산업의 심각한 위기 속에서 이스라엘이 선택한 문제해결 방식은 시장의 자유화와 민영화로 요약할 수 있다(최기일, 2016; 장원준, 2014; Dvir and Tishler, 2000). 1990년대 이스라엘 정부는 이스라엘 방위군이 요구하는 군수품 조달의 절차에 관한 법규를 개정했는데, 그 주요 내용은 방산시장의 개방과 자유화이다. 냉전기 이스라엘 정부와 이스라엘 방위군은 방위산업의 생산자이자 소비자였다. 이스라엘은 이스라엘 방위군이 요구하는 군수품을 국영기업에서 생산하여 소비하는 수요와 공급이 모두 독점적인 형태의 시장구조를 가지고 있었다. 냉전기 이스라엘의 군수품이 이스라엘 방위군에 조달되는 과정에서 유사한 제품을 생하는 기업들 간의 입찰을 통한 경쟁은 없었다. 1992년 이스라엘은

---

4 1970년대와 1980년대에 이스라엘의 방위산업은 급격히 성장했다. 1984년을 기준으로 프랑스의 무기 금수 조치가 이루어진 1967년과 비교했을 때, 방위산업의 생산은 약 20배 증가했으며, 이스라엘 방위군 무기체계의 44%를 이스라엘 방산업체가 생산한 제품으로 충당했다.

5 1990년대 미국의 방위산업 역시 대형 무기체계의 수요 하락으로 큰 위기를 겪었으며, 이 시기부터 일부 무기 생산업체는 가격이 저렴하며, 단순한 무기체계를 개발하여 국제시장에서의 수요를 충족하고자 했다. 대형 무기체계 판매의 한계와 드론의 효용성을 확인한 미국 방산업체는 1990년대부터 드론의 개발을 본격화했다(Caverley and Kapstein, 2012: 128~129; Hall and Coyne, 2014: 453~458; Gholz and Sapolsky, 2000: 25~26).

군수품의 조달 과정에서 경쟁적인 입찰이 가능한 경우 반드시 민간 방산업체를 입찰에 참여하도록 하는 법을 제정했으며, 1995년에는 모든 군수품을 경쟁입찰을 통해 조달하도록 규제하는 법안을 제정했다. 두 가지 법안의 제정으로 이스라엘 방위산업 시장의 구조는 공급 독점의 모습을 탈피하게 되었다. 이스라엘군이 요구하는 군수품을 공급할 수 있는 업체는 경쟁 입찰을 통해 선정되었으며, 민간 부문에서도 자생적으로 군수품을 생산하는 소규모의 기업들이 나타나기 시작했다.

경쟁 입찰 제도의 도입을 통한 시장구조의 변화와 함께, 이스라엘 정부는 국영기업의 민영화를 추진했다. 이스라엘은 무기체계의 연구 및 개발과 생산의 모든 기능을 국영기업이 담당했다. 냉전기 무기체계를 생산하는 이스라엘의 국영기업들은 폭발적으로 성장했으나, 1990년대 방위산업의 위기가 찾아왔고, 거대해진 국영기업의 적자 폭은 지속적으로 증가했다. 이스라엘은 적자 폭이 큰 국영기업의 민영화를 위해 2000년대 초반부터 국영기업을 공공기업으로 전환하기 시작했다. 가장 먼저 공공기업으로 전환된 기업은 연구개발을 위해 국영기업으로 설립된 라파엘이다. 국영 방산기업 최초로 라파엘은 2002년 공공기업으로 전환되었으며, 지상무기체계를 주로 생산하는 IMI Ta'as는 2012년 노·사·정의 합의에 의해 완벽히 민영화되었다. 국영기업의 민영화와 함께, 민간 방산기업의 자발적인 구조조정이 나타났다. 감시정찰 무기 및 지휘통제체계를 주로 생산하는 엘빗 시스템스는 민영 방산기업으로서 다른 기업들을 인수 및 합병하고 기업의 규모를 거대화할 경쟁력을 제고했다.

2009년부터 2018년까지의 기간을 대상으로 했을 때, 이스라엘은 세계 8위의 무기 수출국이며, 세계 무기시장의 약 3%를 점유하고 있다.[6] 미국과 러시아를 포함한 5대 강대국들이 세계 무기시장의 70% 이상을 점유하고 있다는 점을 고

---

6 해당 기간 동안 미국과 러시아는 세계 무기시장의 55%를 점유하고 있다. 독일, 프랑스, 중국이 각각 5~7%를 점유하고 있다(국방기술품질원, 2019b: 21~25).

러했을 때, 이스라엘과 같은 중견국이 세계 방산시장의 3% 점유율을 가지고 있다는 것은 이스라엘 방위산업이 성공했음을 보여주는 지표라고 할 수 있다. 이스라엘 방위산업의 특징 중 하나는 방위산업체들의 수출지향 정책이라고 할 수 있다. 이스라엘은 지난 10년 동안 국내 수요를 충분히 충족한 가운데, 생산품의 70% 이상을 지속적으로 수출해 왔다. 이스라엘의 방위산업 생산은 국가 산업생산의 약 10%를 차지하며, 전체 수출의 약 10%를 차지하고 있다.

2) 성공의 요인과 함의

이스라엘 방위산업은 근본적으로 두 가지의 구조적인 약점을 가지고 있다. 첫 번째 약점은 작은 내수시장이다. 이스라엘 방위군 현역 장병의 규모는 약 17.7만 명이며 총인구의 약 2%가 현역 군인이다(외교부, 2019: 59). 병력 숫자로만 비교했을 때 한국군의 약 4분의 1 수준이다. 그러나 전차, 장갑차, 야포, 전투기와 같은 무기체계의 보유 및 비축량은 한국군과 유사하다.[7] 방위산업의 특성상 작은 내수시장은 생산을 위한 설비투자 및 신제품 개발을 제한한다. 대규모 군대를 보유한 국가의 방산기업들은 생산을 위한 설비투자에 들어가는 비용을 대량 판매를 통해 회수할 수 있다. 그러나 협소한 내수시장을 보유했으며 해외 판매도 불투명한 상황이라면 기업들은 생산을 위한 설비투자에 소극적일 수밖에 없다.

두 번째 약점은 해외 마케팅의 한계이다. 내수시장이 협소하더라도 해외 판매에 대한 기대가 있다면 기업들은 설비투자 및 신제품 개발에 비용을 지불할 수 있다. 세계 무기시장은 경제적 논리에 의해서만 작동되지 않으며 다양한 정

---

7 이스라엘 방위군의 경우 실제 사용 중인 무기체계와 함께, 유사시 동원 전력들이 활용할 예정인 비축 무기체계의 보유량이 매우 많다. 전차와 장갑차의 경우 실제 사용 중인 숫자에 비해 4배 이상을 보유하고 있으며, 전투기의 경우 실제 사용 중인 전투기 숫자의 2분의 1을 비축하고 있다.

치적 이해관계에 큰 영향을 받는다(장원준, 2014; Tishler et al., 2005, Hall and Coyne, 2014; Davis, 2019). 따라서 미국이나 러시아와 같은 강대국들의 방산기업은 국가의 국제정치적 영향력을 활용한 마케팅에 큰 강점을 가지고 있다. 그러나 이스라엘과 같은 중건국이나 약소국들의 방산기업은 품질 및 가격 경쟁력이 있다고 하더라도, 국제정치적 영향력의 부재로 인해 마케팅에 실패하는 경우가 빈번하다.

위와 같은 두 가지 근본적인 약점과 함께 이스라엘 방위산업은 두 가지 구조적인 강점을 가지고 있다. 첫 번째 강점은 병역제도로부터 기인하는 민군관계이다(Swed and Butler, 2015; Dvir and Tishler, 2000). 이스라엘은 성별에 대한 차별이 없는 징병제를 유지하고 있다. 이스라엘 국민 대부분이 이스라엘 방위군에서의 사회화 과정을 경험한다. 이러한 경험은 이스라엘 방산기업들이 이스라엘 방위군이 필요로 하는 무기체계의 효율적 생산을 가속화하며, 군과 방산기업의 긍정적 관계 설정에 기여한다. 특히, 최근 성장하고 있는 중소 방산기업들에서는 근로자들의 군대 사회화 경험이 기업의 신제품 개발 및 안정적 조직 운영에 큰 기여를 하는 것으로 나타나기도 했다.

두 번째 강점은 연구 및 개발에 대한 지속적 투자이다(장원준, 2014; 장원준 외, 2016; DeVore, 2017). 탈냉전과 함께 시작한 이스라엘 방위산업 위기의 큰 원인 중 하나는 해외 수요의 하락과 함께 국내 수요의 하락이었다. 이스라엘 국방부는 1980년대 말부터 누적되어 온 국영 방산기업의 적자 문제를 해결하기 위해 산업의 규모를 축소하고 국방비의 규모를 줄였다. 1990년 이스라엘은 GDP의 약 14%를 국방예산으로 지출했지만, 2018년에는 GDP의 약 4%를 지출했다(SIPRI, 2020). 이스라엘의 GDP 대비 국방비 규모는 약 30년 만에 4분의 1로 줄어들었다. 이렇게 국방비의 규모를 줄여가는 상황에서도 R&D 비용은 유지되거나 증가했다. 2000년 이후부터 이스라엘은 국방비의 약 10%를 연구 및 개발에 투자했다. 전체적인 국방비의 규모가 줄어드는 상황에서 연구 및 개발에 들어가는 비용은 축소되기 쉽다. 그러나 이스라엘은 국방비를 줄였음에도 불구하고 연구 및 개발에 들어가는 비용을 지속적으로 유지하고 있다.

　이스라엘 방위산업의 구조적 약점과 강점은 지속적으로 존재했기 때문에, 냉전 이후 이스라엘 방위산업 성공의 원인으로 제시하기에는 한계가 있다. 이스라엘 방위산업의 성공을 설명하기 위해서는 탈냉전기 이스라엘 방위산업에서 발생한 변화를 찾아보아야 한다. 탈냉전기 이스라엘 방위산업이 보인 첫 번째 변화는 시장구조의 조정이다(지일용·이상현, 2015; 장원준, 2014; 최기일, 2016; Dvir and Tishler, 2000). 앞서 설명한 바와 같이 냉전기 이스라엘은 공급과 수요가 모두 독점적인 방위산업 시장의 구조를 가지고 있었다. 그러나 탈냉전과 함께 시작된 방위산업의 위기 속에서 이스라엘 정부는 방산업체를 민영화하기 시작했으며, 경쟁적인 입찰 제도를 도입하여 시장에서 경쟁이 발생하도록 유도했다. 시장구조의 변화로 인해 민영 방산기업들이 나타나기 시작했으며, 자생적인 구조조정으로 경쟁력을 강화했다. 탈냉전기에 발생한 두 번째 변화는 틈새시장 전략이다(Caverley and Kapstein, 2012). 탈냉전기 이스라엘은 대형무기체계의 수요 하락을 경험했을 뿐만 아니라, 이스라엘이 생산한 대형무기체계의 수출 능력이 미국과 러시아에 비해 현저히 떨어진다는 사실을 인식했다. 이를 극복하기 위해 이스라엘은 지휘통제체계, 감시 센서, 저공비행 드론과 같이 강대국이 개발에 덜 몰두하는 분야를 개발하는 데 힘썼으며 수출에 성공했다. 시장의 자유화와 틈새시장 전략은 단순히 이스라엘 방위산업의 발전에만 기여한 것은 아니다. 방위산업의 발전과 함께 이스라엘 방위군의 기술 적응력을 향상시키고 국가의 방위력 개선에도 기여했다(DeVore, 2017). 이스라엘 방위군에서 복무 후 전역한 예비역들은 첨단기술을 다루는 방산기업에 취업하여 이스라엘 방위군이 요구하는 무기체계를 신속히 개발했다. 결과적으로 이스라엘 방위군은 적의 새로운 전략이나 무기체계를 극복하기 위한 신무기를 신속히 개발하여 실전에 활용할 수 있는 능력이 향상되었으며, 이는 이스라엘의 국가안보를 확충하는 데도 기여했다고 할 수 있다.

　이스라엘은 한국과 유사한 안보 상황과 경제적 구조를 가지고 있으며, 한국과 같이 방위산업 분야의 후발 주자이다. 탈냉전으로 인해 발생한 이스라엘 방위산업의 위기 속에서 이스라엘은 시장구조를 변화시켜 시장에서 경쟁이 발생하도록 유도했으며, 강대국들이 관심을 덜 갖는 분야에 집중 투자하여 무기의 수출을 늘릴 수 있었다.

4. 방위산업 시장의 구조와 관련 제도

국가안보를 제고하기 위한 방위산업의 중요성 및 방위산업의 경제발전에 대한 긍정적 효과에 대해 많은 연구들이 있다(Benoit, 1978; DeVore, 2017; Kurç and Neuman, 2017; 이오생, 2018; Jung and Hong, 2018). 경제학 분야에서는 일반적으로 완전경쟁시장 조건하에서 산업의 발전과 성장이 가장 유리하다고 본다. 그러나 방위산업의 경우 국가안보와 관련되어 있다는 특수성과 생산제품이 무기라는 특수성으로 인해 완전경쟁시장 조건하에서 성장하지 못한 것이 사실이다. 제4절에서는 방위산업의 특수성으로 인해 발생하는 독특한 시장구조에 대해 살펴보고, 한국의 무기획득체계와 이를 규제하는 '방위사업관리규정'[8]에 대해 소개한다.

1) 방위산업 시장의 구조

방위산업이란 "방산물자를 생산하거나 연구개발하는 업"을 의미한다.[9] 국내

---

8 방위사업청훈령 제435호, 방위사업관리규정(2018.6.5. 일부개정 및 시행).
9 방위사업법 제3조 제8호. 방위산업의 정의에서 제시하는 방위산업 물자는 군수품 중 안정적 조달원 확보 및 엄격한 품질보증이 필요한 물자로서 방위사업청장이 산업부장관과 협의하여 지정하도록 규정되어 있다.

방위산업 분야에서 생산하는 중요 물자 중 하나는 한국군의 핵심 무기체계이다. 한국군이 보유하고 있는 무기체계 중 일부는 외국 기업으로부터의 수입을 통해 조달하지만, 다수의 무기체계는 국내에서 생산된 제품을 기업으로부터 구입해 조달한다.[10] 방위산업 시장의 최근 트렌드는 '기업의 거대화'와 '산업의 내수화'의 두 가지 키워드로 요약해 볼 수 있다. 냉전의 종식 이후 국제 분쟁의 주요 형태가 국가 간의 전쟁에서 내전으로 전환됨에 따라 국가 간의 전쟁에서 활용되었던 대형 무기체계들의 수요가 감소한 반면, 내전에서 주로 활용되는 소화기의 수요가 증가했다. 그러나 결과적으로 세계적 수준의 방위산업 시장은 냉전이 종식된 이후 그 규모가 점차 줄어들고 있는 추세이다(Caverley, 2017; Kurç and Neuman, 2017). 방위산업 시장의 규모가 점차 축소됨에 따라 방위산업 시장에 있는 기업들은 인수와 합병을 통해 시장에서의 생존력을 제고시키고자 노력했으며, 결과적으로 방위산업 시장의 기업들은 거대화되었다. 방위산업 물자를 생산하는 기업들의 거대화와 함께 산업의 내수화 현상이 나타나고 있으며, 특히 아시아 지역의 국가들에서 이 현상이 가장 현저하게 발생하고 있다(Coulomb, 1998; Bitzinger, 2015). 경제학 분야의 일반적인 상식은 완전경쟁 시장 조건에서 산업의 성장과 발전이 가장 잘 이루어질 것이라고 예측하지만, 방위산업 시장에서 생산되는 제품의 특수성으로 인해 정부의 내수시장 보호와 시장개입이 빈번히 발생해 왔다. 특히 아시아 국가들의 경우 다양한 원인들로 인해 국가 간의 군사적 경쟁이 격화되고 있으며 국가안보의 제고를 위해 다수의 아시아 국가들이 방산물자의 국내 개발 및 생산에 전념하고 있다.

세계 대부분 국가의 방위산업 시장구조는 유사한 형태를 띤다. 앞서 설명한

10 방위산업의 국산화율은 완제품 대비 국산화율과 주요 구성품 대비 국산화율로 구분할 수 있다. 방위산업진흥회의 조사에 따르면 2018년 기준 한국의 방위산업 분야 국산화율은 완제품 대비 69.8%, 주요 구성품 대비 68.7%로 나타났다. 방산물자들 중 국산화율이 가장 낮은 분야는 항공 분야로서 완제품 대비 및 주요 구성품 대비 모두 40%대이며, 국산화율이 가장 높은 분야는 통신전자 분야로서 두 가지 지표 모두에서 90% 이상인 것으로 조사되었다(양영철 외, 2019)

그림 9-1 공급 독점시장과 수요 독점시장

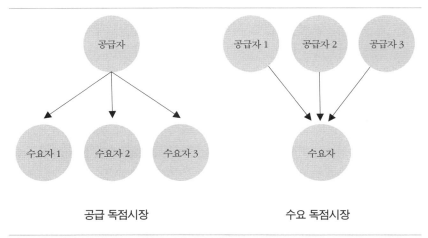

자료: 이 글의 내용을 바탕으로 저자가 직접 작성했다.

바와 같이 완전경쟁시장의 형태보다는 독점시장의 형태를 갖고 있다. 독점시장의 가장 대표적인 형태는 공급 독점시장이다. 공급 독점시장이란 제품의 공급을 한 기업이 독점하는 형태의 시장구조를 의미한다. 반면 방위산업 시장은 공급 독점시장이 아닌 수요 독점시장의 조건하에서 작동된다. 공급자 측에는 다수의 기업이 제품을 생산하지만, 그 제품을 소비하는 수요자 측에는 국가 이외에는 다른 수요자가 존재하지 않는다. 일부 첨단무기체계를 생산하는 기업은 자국 이외에 타국에도 제품을 판매할 수 있지만, 첨단무기체계의 경우 대부분의 국가에서는 수출과 기술 이전을 엄격히 통제하고 있다.[11]

그림 9-1은 공급 독점시장과 수요 독점시장의 형태를 보여주고 있다. 그림 9-1의 좌측에 있는 공급 독점시장은 나타난 바와 같이 공급자 측에는 단일한

---

11 군사용 드론시장에서도 유사한 형태의 현상이 발생한다. 미국의 최신예 무인정찰기인 글로벌 호크의 경우 미국 정부의 승인을 받은 이후에 타국에 판매할 수 있다. 최근 미국 정부가 한국에 대한 글로벌 호크 판매를 승인했다(권해림, 2019.7.31).

행위자가 있으며, 수요자 측에는 다수의 행위자가 존재한다. 공급 독점시장이 발생하는 원인은 다양할 수 있으나,[12] 대체로 공급 독점으로 인해 발생하는 결과는 매우 명확하다. 완전경쟁시장에 비해 수요자에 대한 제품의 공급량이 적으며 가치에 비해 높은 가격이 책정되는 가격 왜곡현상이 발생한다. 결과적으로 수요자는 더 비싼 가격으로 더 적은 양의 제품을 소비한다.

그림 9-1의 우측에 있는 수요 독점시장에는 나타난 바와 같이 공급자 측에는 다수의 행위자가 존재하는 반면 수요자 측에는 단일한 행위자만 존재한다. 수요 독점시장에서도 가격의 왜곡현상이 발생한다. 공급자 측에 다수의 행위자가 있어 수요자 측의 단일 행위자는 더 낮은 가격으로 제품을 구매할 수 있게 된다. 그러나 여러 산업 분야에서 현실적으로 수요 독점시장의 상황이 조성될 확률은 매우 낮다. 대표적인 수요 독점시장이 노동시장이다. 노동을 제공하는 공급자는 다수이지만, 이들을 고용하는 수요자는 극소수이기 때문에 독점적인 형태가 되며 이에 노동자들의 임금이 낮게 책정되는 사례이다.

앞서 설명한 바와 같이 방위산업 시장의 구조는 수요 독점시장에 가까운 구조이다.[13] 수요자 측에는 단일 행위자인 국가가 있지만, 공급자 측에는 동일한 방위산업 물자를 생산하는 다수의 기업들이 있다. 이와 같은 시장 조건에서 수요자인 국가는 공급자인 여러 방산기업 간의 경쟁을 활용하여 기술 발전을 유도하고 낮은 가격에 수준 높은 방위산업 물자를 구매할 수 있을 것이라고 예측

---

12 경제학에서는 독점시장이 발생하는 대표적 원인에 대해 다음과 같이 요약한다. 설비투자에 거액이 드는 산업의 경우, 정부가 특수한 목적으로 특정 기업에 독점적 지위를 보장하는 경우, 원재료를 독점적으로 소요한 경우, 기업의 시장전략으로 인수 및 합병을 하는 경우가 있다. 이 외에도 다양한 원인이 있을 수 있다(Mankiw, 2015).

13 머호니(Mahoney, 2017)는 미국의 민간 군사기업 시장의 구조에 대해 분석했다. 정보분석 분야의 경우는 수요 독점시장의 형태를 가지고 있으며, 대형 군수지원의 분야는 공급 독점시장의 형태를 가지고 있다. 근접보호(close protection)와 관련된 서비스 시장은 경쟁시장으로 분류된다. 머호니는 미국의 민간 군사기업 시장에서 미국 정부에 가장 유리한 시장의 구조는 정보분석과 같은 수요 독점시장이라고 제시한다(Mahoney, 2017).

할 수 있다. 그러나 현실적으로 수요 독점시장에 가까운 방산시장에서 수요자인 국가가 유리한 결과를 얻기는 쉽지 않다.

　방산시장에서 국가에 유리한 시장 결과가 발생할 확률이 낮은 이유는 다음과 같다. 첫째, 방산물자를 생산하는 기업들은 첨단무기체계의 생산을 위한 연구 및 개발에 많은 투자를 할 인센티브가 줄어들게 되고, 국가가 요구하는 첨단무기체계를 생산할 만한 기술개발에 실패할 확률이 높다(Caverley, 2017; Gilli and Gilli, 2016, Hall and Coyne, 2014). 최첨단기술이 가미된 신예 무기체계를 수요자인 국가가 필요로 하는 상황에서 공급자인 방위산업 기업들은 첨단기술개발을 위해 연구 및 개발 분야에 엄청난 초기 비용을 지불해야 한다. 둘째, 공급자 측에 존재하는 다수의 기업 간 경쟁으로 인해 기업들은 시장가격을 보장받지 못한다. 기업의 입장에서 만약 국가가 요구하는 기술개발에 성공하여 제품을 생산하게 되고, 그 제품들을 국가에 조달하여 원하는 이윤을 얻을 수 있다면, 기업은 연구 및 개발에 소요되는 초기 비용을 투자할 것이다. 그러나 기술개발에 성공해 국가가 요구하는 성능을 가진 방산물자를 생산할 수 있다고 하더라도, 다수의 공급자들이 경쟁하는 구조 속에서 제품의 시장가격을 보장받을 수 없다. 이와 같은 두 가지 원인으로 인해 수요 독점적 시장구조에 가까운 방산시장에서 수요자인 국가와 공급자인 기업 모두 원하는 시장 결과를 얻지 못하게 된다. 결과적으로 기업의 기술개발은 위축되고, 국가의 안보 증진은 실패하게 된다.

　지금까지 방위산업 시장의 구조로 인해 발생하는 시장의 실패를 살펴보았다. 수요 독점적 구조에 가까운 방위산업 시장은 기업의 기술개발 인센티브를 저해하며, 국가의 안보 증진에도 도움이 되지 않는다는 사실을 확인했다. 이러한 문제를 해결하기 위해 연구 및 개발에 소요되는 엄청난 초기 비용을 수요자인 국가가 투자하기도 하며, 경우에 따라서는 첨단기술이 요구되는 방산물자에 한하여 시장가격을 보장해 주는 조치를 취하기도 한다. 군사용 드론시장 역시 수요 독점적 구조에 가까운 시장이라고 할 수 있다. 국방부는 작전 효율성을 극대화하기 위해 고도의 성능을 가진 드론을 요구할 가능성이 높지만, 정작 드론을 생산하는 기업 측에서는 연구 및 개발에 소요되는 엄청난 비용을 지불할 인센티브가 적다.

2) 한국의 무기획득 체계와 제도

한국의 무기획득 체계와 제도는 앞서 설명한 수요 독점적 시장구조로 인해 발생하는 시장의 실패를 불러올 가능성이 있으며, 특히 드론과 관련된 획득체계와 제도는 국가와 기업 모두에 불리한 결과를 야기할 수 있다. 한국의 무기획득체계를 간략화하면 **그림 9-2**와 같다.

먼저 육·해·공군 각 병종은 특정 무기체계의 운용 개념과 전투 효과를 분석한 후 작전 요구 성능을 구체화하여 합동참모본부로 획득을 건의한다. 합동참모본부는 각 병종에서 요구한 무기체계에 대한 운용 개념과 전투 효과성이 합동참모본부에서 추구하는 합동 작전 개념 및 합동 전략에 부합하는지에 대해 검토한다. 합동참모본부의 검토 결과 각 병종이 요구하는 무기체계가 합동 작전 개념 및 합동 전략에 부합한다고 판단될 경우 국방부에 획득을 건의한다. 국방부는 합동참모본부의 건의에 대해 국방예산 상황과 관련 기술 수준 등을

그림 9-2 무기 획득체계

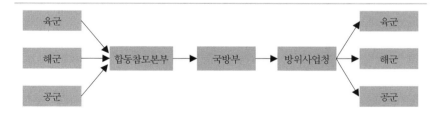

자료: 이 글의 내용을 바탕으로 저자가 직접 작성했다.

고려하여 구매와 연구개발 중 하나의 획득 추진전략 및 계획을 수립한다. 국방부의 획득 추진전략 및 계획에 의거하여 방위사업청은 각 병종이 요구하는 무기체계를 구매하거나 연구개발을 통해 자체 생산한 제품을 각 군에 조달하여 무기체계는 전력화된다.[14]

정형화된 무기체계 획득 과정에서 수요 독점적 시장구조를 강화시키는 제도가 존재한다. 국방부는 합동참모본부의 건의에 따라 획득 추진전략 및 계획을 수립한다. 이때 사전에 방위사업청과의 협의를 통해 구매와 연구개발 중 하나의 획득추진전략 및 계획을 선택하여 방위사업청으로 전달하게 된다. 국방부의 획득추진전략 및 계획을 전달받은 방위사업청은 국방부의 요구에 따라 구매 또는 연구개발을 통한 생산의 절차를 진행하는데, 이때 방위사업청의 군수품 조달 메커니즘을 규제하는 제도는 '방위사업법,' '방위사업법 시행령,' '방위사업법 시행규칙,' 및 '방위사업관리규정'이다. 제4절에서는 방위사업청의 작동 메커니즘을 가장 미세하게 규제하는 '방위사업관리규정'에 초점을 맞춘다.

방위사업관리규정은 방위사업청에서 규정하는 내부 훈령으로서 방위사업법을 포함한 상위 법령에서 위임한 사항에 대한 시행을 규제한다. 방위사업관리규정에서 규제하는 몇 가지 제도가 방산시장의 수요 독점적 구조를 강화하여 시장의 실패를 불러올 가능성이 있다. 첫 번째 제도는 통합사업관리 등에 관한 규정이다.[15] 이 조항에서 규제하는 방위사업 수행의 기본 원칙 중 하나는 단위사업별로 통합사업관리팀을 구성하고 운영하는 통합사업관리제의 시행이다. 단위사업이란 유사한 무기체계를 하나의 단위사업으로 구성하고 이 무기체계 전반을 하나의 사업관리팀에서 관리한다는 것이다. 이러한 규정의 제도화 목

---

14 한국과 같은 민주주의 국가의 경우 의회의 승인과 예산의 할당이 무기체계 도입에 매우 중요한 요소로 작용하기도 한다. 그러나 해당 주제는 이 글의 범위를 벗어나므로 다음 연구에서 더 검토하고자 한다(Weiss, 2017).

15 방위사업청훈령 제435호, 방위사업관리규정 제16조.

적은 방위력 개선사업의 효율적인 수행이다. 두 번째 제도는 군수품 조달의 원칙에 대한 규정이다.[16] 이 규정에서는 조달해야 할 대상이 동일 연도 내 동일 품목인 경우에는 이를 통합하여 조달함을 원칙으로 한다고 정한다. 일부 예외적 사유를 제시하고 있지만 드론의 도입과 관련된 사업에 적용하기에는 한계가 있다. 이러한 규정을 제도화한 이유는 제품의 구매 수량을 증가시켜 방산물자 생산에 소요되는 단가를 하락시키고 결과적으로 저렴한 가격에 방산물자를 구매할 수 있기 때문이다. 세 번째 제도는 표준화 및 품질관리에 대한 규정이다.[17] 이 규정에서는 조달해야 할 제품의 표준 품목을 지정하도록 함을 원칙으로 하되 표준화에 제한이 되는 품목에 대해서는 제한 표준 품목, 시용 품목, 비표준 품목, 상용 품목으로 분류하도록 규제하고 있다. 표준 품목의 지정을 규제하는 이유는 군수품 모델의 다양화를 방지하고 경제적인 구매를 유도하며 원활한 군수 지원 등을 위해서라고 명시하고 있다.

방위사업관리규정 중 앞서 제시한 세 가지 제도를 종합하면 다음과 같이 요약할 수 있다. 방위사업청은 특정 무기체계를 획득할 때 조달해야 할 유사한 품목들을 하나의 표준모델로 지정하여 통합 구매함을 원칙으로 하고, 하나의 통합된 사업팀에서 구매로부터 배치에 이르는 절차를 관리한다는 것이다. 이러한 획득 절차의 메커니즘이 제도화된 이유는 방위력 개선사업의 효율적 수행과 경제적인 구매 및 품질의 유지를 위해서이다. 관련 규정의 제정 목적으로만 보았을 때는 매우 타당해 보이며, 국가안보의 증진과 국가 예산의 절약에 큰 기여를 할 수 있다고 평가할 수 있다. 그러나 이렇게 제도화된 무기체계 획득규정은 시장의 실패를 야기할 수 있는 수요 독점적 시장의 구조를 강화시킬 수 있다.

16 방위사업청훈령 제435호, 방위사업관리규정 제332조.
17 방위사업청훈령 제435호, 방위사업관리규정 제587조.

육·해·공군 각 병종은 합동 전략에 기반한 합동 작전 개념을 구현하기 위해 유사한 무기체계의 획득을 건의할 수 있다. 이때, 획득하고자 하는 무기체계가 유사하더라도 각 병종별로 무기체계가 운용되는 환경이 다를 수 있다. 유사한 무기체계라도 운용되는 환경이 상이할 경우 작전 요구 성능이 상이할 수 있다. 각 병종별로 상이한 작전 요구 성능을 갖는 유사한 무기체계의 획득을 건의하는 경우 합동참모본부나 국방부의 규제가 아닌 방위사업청의 제도화된 규제에 의해 표준화된 하나의 품목으로 구매될 가능성이 있다. 앞서 설명한 바와 같이 국방부는 무기체계의 획득전략 및 계획을 방위사업청에 전달하기 이전에 방위사업청과의 협의를 통해 완성된 무기체계 획득전략 및 계획을 전달한다. 국방부와 방위사업청의 협의 과정에서 국방부의 획득전략이나 계획이 방위사업청의 방위사업관리 원칙에 위배되는 경우 방위사업청은 국방부에 수정을 요구할 수 있다. 이 단계에서 국방부는 방위사업청의 요구에 따라 획득하고자 하는 무기체계의 작전 요구 성능을 단순화하여 표준화된 작전 요구 성능을 갖춘 단일 품목의 무기체계 획득 전략 및 계획을 수립할 수 있다.

유사한 무기체계의 표준화는 사업관리의 효율화, 경제적 구매 가능성 증대, 품질관리의 용이성 등 다양한 장점이 있다. 그러나 각 병종의 다양한 요구를 충족시키지 못한다는 단점과 함께 수요 독점적 시장구조가 강화된다는 단점도 있다. 수요자 측의 국가가 표준화된 단일 무기체계의 조달을 기업들에 강요할 경우 기업들은 표준화된 작전 요구 성능과 연계된 기술의 개발에만 매진하게 되므로 다양한 기술 발전을 저해할 수 있다. 이와 같은 시장구조의 강화는 무기체계를 생산하는 기업들의 연구 및 개발 인센티브를 제한하며, 결과적으로 한국군의 기술적응력을 저하시킬 수 있다.

5. 드론 전력의 강화를 위한 발전 방안

수요 독점적 형태에 가까운 방위산업 시장의 구조와 방산물자 관리 및 조달에 관한 제도로 인해 공급자인 기업의 기술혁신 인센티브는 저하되고, 수요자인 국가의 안보증진 요구는 충족되지 못하는 현상에 대해 살펴보았다. 제5절에서는 군사용 드론시장의 구조와 무인무기체계 획득과 관련된 제도에 초점을 맞추어 드론산업의 발전과 드론의 효과적인 전력화를 통해 공급자와 수요자 모두가 원하는 시장 결과를 얻는 방법에 대해 제시하고자 한다. 수요 독점적 시장의 구조와 이를 강화하는 제도로 인해 발생하는 문제를 해결하는 방법은 시장의 구조를 변화시키는 것이다. 드론 전력의 강화를 위해 필요한 조치를 요약하면 제도의 개선을 통해 수요자 측의 경쟁을 유도하여 수요자 측과 공급자 측 모두에게 경쟁적인 시장구조를 조성하는 것이다.

한국군 최초의 무인 항공전투체계인 송골매는 국방과학기술연구소와 한국항공우주연구원이 공동으로 개발했다. 1990년 무인정찰기의 도입 필요성이 제기되었을 때, 국내에는 관련 기술을 보유하거나 생산하는 기업이 없었으며, 유사 무기체계를 가지고 있는 외국 기업들 역시 해외 수출이 통제된 실정이었다. 12년에 걸친 국방과학기술연구소와 한국항공우주연구원의 연구개발 노력 끝에 2002년 한국 최초의 군사용 드론인 송골매가 실전 배치되었다. 송골매의 도입 필요성이 제기된 시기는 현재와 같은 드론산업 시장이 형성되기 이전으로 민간용 드론이 폭넓게 상용화되지 않았다. 민간 부문에서의 드론 수요가 충분하지 않았던 당시의 시장 상황에서 기업에는 드론의 생산을 위한 연구개발비를 투자할 인센티브가 없었다. 따라서 국가는 군의 요구에 따라 무인정찰기의 전력화를 위해 연구개발에 소요되는 초기 비용을 투자했다.

군수품 조달 원칙은 민수품과 군수품의 호환성 증대를 중요한 원칙으로 제시하고 있다.[18] 즉, 군에서 요구하는 특정 군수품이 민수용으로 상용화된 경우 연구개발을 통한 획득보다 민수용으로 개발된 상용품을 획득하도록 규제하고 있다. 이와 같은 규정의 근본적인 목적은 경쟁 조달의 환경을 조성하여 경제적인 구매를 유도하기 위함이다. 그러나 송골매의 사례와 같이 국내에 민수용으로 개발된 상용품이 없을 경우 국가는 연구개발비를 투자하여 무기체계를 획득하거나 민수용 또는 군수용으로 개발된 외국의 무기체계를 획득해야 한다. 송골매의 사례 이외에도 전차와 장갑차, 전투기, 군함과 같이 군에서만 운용되는 군수품의 경우 상용화된 민수품이 없기 때문에 국가가 직접 연구개발비를 투자하여 군수품을 획득하게 된다. 또한, 국내에 민수용 상용품이 없다는 조건에서 해외 기업이 무기체계를 생산하는 경우 국가는 직접 연구개발을 하지 않고 해외 기업으로부터 무기체계를 구매할 수 있다. 그러나 특정 조달 품목으로 분류된 품목을 제외하고는 국내 조달을 우선 검토해야 하며, 외국 기업이 판매를 원하더라도 외국 정부의 승인이 없는 한 국외 조달은 불가능하다.

세계적으로 드론시장은 상당히 성장한 상태이며, 국내에도 10여 개 기업이 군수용 및 민수용 드론을 생산하고 있다. 국내 조달 우선의 원칙과 민수품 및 군수품의 호환성 증대 원칙을 고려했을 때, 드론 전력은 상용화된 민수품을 구매하는 획득의 절차가 진행될 가능성이 높다. 육군은 2019년 민간 방위산업체에서 생산하고 있는 무인정찰기를 조달하여 육군의 군단급 부대와 대대급 부대에 배치하고 있다. 미래 각 군에 배치되어 전력화될 드론들은 민수용 상용품 또는 민간 부문에서 군수용으로 특수 개발한 제품일 가능성이 높다. 군사용 드론의 획득 절차가 본격화될 경우 군사용 드론의 시장구조는 수요 독점적 시장의 형태를 가질 것으로 예상된다.

드론의 전력화에 가장 큰 관심을 보이는 병종은 육군이다. 해군과 공군에 비해 육군이 무인전투체계에 많은 관심을 갖는 이유는 인구 감소로 인한 가용 병역자원의 감소와 북한의 대량살상무기 억제력 제고이다. 그러나 해군과 공군

---

18 방위사업청훈령 제435호, 방위사업관리규정 제332조.

이 드론의 전력화에 전혀 관심이 없다고 볼 수는 없다. 공군은 최근 지상 공군 기지의 경계와 감시를 위해 드론을 전력화하기 시작했으며, 해군 역시 무인잠수정과 무인수장정 이외에 무인 항공전투체계의 도입을 검토하고 있다. 드론의 전력화를 위해 육군은 지상작전사령부 소속의 드론봇 전투단을 창설하여 무인전투체계의 운용 개념을 개발하고 있으며 작전 효율성을 분석하고 있다. 가까운 미래에 육군은 무인전투체계의 작전 요구 성능을 구체화하여 다양한 무인전투체계의 획득을 시도할 것으로 예상된다. 공군과 해군의 경우 육군에 비해 무인전투체계 획득을 위한 소요 제기 과정의 속도가 느리기는 하지만, 무인전투체계의 필요성을 인식하고 있으며 무인전투체계의 획득을 위한 노력을 지속할 것으로 예상된다.

각 군에서 요구하는 드론의 작전 요구 성능은 각 군이 전투를 수행하는 환경에 따라 상이할 것으로 예상된다. 다영역 작전의 개념이 발전하고 있는 추세에서 육·해·공군 모두 전통적으로 전투를 수행하던 영역을 벗어나 타 병종의 영역이라고 간주해 왔던 영역에서 작전을 수행할 가능성이 높아졌지만, 중요 작전은 각 군의 전통적인 영역에서 수행될 것이다. 육군은 지상작전에 적합한 성능을 보유한 드론을 요구할 것이며, 해군은 해양작전에 적합한 성능을, 공군은 공중작전에 적합한 성능을 보유한 드론을 요구할 가능성이 크다. 각 영역이 갖는 작전 환경의 특수성으로 인해 각 군이 요구하는 드론의 작전 요구 성능은 달라질 것으로 예상된다.

각 군의 드론 전력화 요구에 대해 합동참모본부와 국방부는 합동 전략과 합동 작전 운용 개념, 가용 예산과 전반적인 국방정책 방향 등을 고려하여 획득 및 전력화 추진 계획을 작성한다. 획득 및 전력화 추진 계획은 방위사업청의 제도화된 규제의 범위 안에서 수립된다. 방위사업청의 중요 군수품 조달 원칙은 규격화 및 표준화에 기초한 통합 조달과 통합 사업관리이다. 이때, 각 군의 작전 환경 특수성을 고려한 상이한 드론의 도입 요구는 방위사업청의 조달 원칙과 충돌하는 현상이 발생한다.

방위사업청의 군수품 조달 원칙은 수요자와 공급자 모두에게 불리한 수요 독점적 방산시장의 구조를 강화시키기 위해서 수립된 것이 아니다. 또한, 특정 관료집단의 지엽적 이익을 보장하기 위해 수립된 것이라고도 볼 수 없다(West, 2015). 방위사업청이 위와 같은 군수품 조달 원칙을 수립한 근본적인 이유는 구매가격의 하락, 사업관리 및 품질관리 효율화를 위해서이다. 그러나 결과적으로 방위사업청이 제시하고 있는 군수품 조달 원칙에 의해 각 군이 작전을 수행하는 영역의 특수성이 무시된 표준화 및 규격화된 드론이 획득 및 전력화될 수 있다.

　무인전투체계의 발전 방향 중 드론의 '모듈화'가 제시되기도 한다(장윤석 외, 2018). 육군은 군사용 드론을 정찰드론, 공격드론, 지원드론으로 분류한다. 정찰드론은 조기경보와 표적 식별, 중요 시설 경계 및 감시의 기능을 수행하며, 공격드론은 적 전력에 대한 타격 기능을 수행한다. 지원드론은 통신 중계, 지뢰 탐지 및 조명, 군수품 수송, 화생무기에 의한 오염 지역 제독 등의 임무를 수행한다. 다양한 기능을 모두 수행할 수 있는 드론을 도입하여 작전 상황별 필요에 따라 드론이 다양한 임무를 수행할 수 있는 체계를 수립하는 것이 드론의 모듈화이다. 드론의 모듈화 방안은 군수품 조달의 원칙과 충돌되지 않는 것처럼 보일 수 있다. 그러나 육군에서 제시하는 드론의 모듈화는 지상작전의 특수성이 고려된 표준화 방안이라고 할 수 있다. 지상과 해양 그리고 공중은 각기 다른 각 군의 작전 환경을 조성하며 각 군의 작전 환경적 특수성이 고려된 작전 요구 성능을 충족하는 드론이 도입되어야 할 것이다.

　방위사업청이 제시하고 있는 군수품 조달 원칙에 의해 군사용 드론시장의 수요 독점적 형태가 강화될 것으로 예상된다. 민수용 상용드론에 대한 기술을 보유하고 있더라도 드론을 생산하는 기업들은 표준화 및 규격화된 작전 성능을 갖춘 드론을 생산하기 위해 연구개발을 해야 한다. 그러나 연구 및 개발에 소요되는 과도한 초기 비용과 공급자 간 경쟁으로 인한 가격 예측성의 제한 때문에 드론 생산기업의 군사용 드론 개발 인센티브는 저하되고, 각 군은 작전

환경의 특수성이 고려된 요구 성능을 갖춘 드론을 획득하는 데 실패할 수 있다. 근본적으로 수요 독점적 성격이 강한 방위산업 시장의 구조가 군수품 조달 원칙에 의해 더욱 강화되고, 수요자인 국가와 공급자인 방산기업 모두 불합리한 시장 결과를 얻게 된다.

수요 독점적 특성으로 인해 발생하는 시장의 실패를 예방하는 방법은 매우 단순하다. 시장의 수요 독점적 특성을 약화시켜 수요자 간의 경쟁을 유도하는 것이다. 군사용 드론시장에서 예상되는 시장의 실패를 예방하는 방법은 군사용 드론시장의 수요 독점적 특성을 약화시키는 것이다. 이를 위해 수요 독점적 시장의 특성을 강화시키는 제도의 개선이 필요하다. 앞서 제시한 바와 같이 방위사업청의 군수품 조달 원칙은 각 군의 특수성을 배제한 표준화 및 규격화된 군사용 드론의 생산을 요구하여 군사용 드론시장의 수요 독점적 구조를 더욱 강화한다. 따라서 군사용 드론시장의 실패를 예방하기 위해서는 각 군이 요구하는 드론을 표준화할 통합적으로 조달하고 관리하기보다는 각 군의 작전 환경적 특수성이 고려된 드론을 조달하고 관리해야 할 것이다.

각 군이 요구하는 수준의 성능을 갖춘 드론의 도입은 군사용 드론시장의 수요 독점적 특성을 약화시키고 궁극적으로는 군용 드론사업과 국가의 안보가 동시에 발전하는 결과를 얻을 수 있다. 각 군의 상이한 작전 성능 요구를 충족하기 위해 방위산업 기업들은 각 군의 요구에 맞추어 다양한 기술들을 개발하기 위해 노력할 것이다. 수요자 측의 경쟁이 발생하는 경우 공급자 측의 기술개발 인센티브는 상승한다. 독점적 수요자 조건에서 다수의 공급자들이 기술개발에 성공하더라도 독점적 수요자의 이익에 따라 단일 공급자만 시장에서 이익을 얻을 수 있다. 그러나 요구가 상이한 다수의 수요자가 존재할 경우 공급자는 특정 수요자에 대한 공급에 실패하더라도 다른 수요자에게 공급할 수 있는 기회가 발생한다. 수요자의 요구가 상이하지만, 공급자는 특정 수요자의 요구에 의해 개발된 기술을 다른 수요자의 요구에 맞도록 조정할 수 있다. 관련 기술이 전무할 때보다, 특정 수요자에 대한 공급에 실패했더라도 관련된 유사 기술을 보유하고 있을 때 공급자는 다른 수요자의 요구에 맞는 제품을 개발할 수 있는 잠재력이 커진다. 결과적으로 상이한 작전 성능을 요구하는 다수의 수요자로 이루어진 방위산업 시장의 구조가 기업들의 기술개발 잠재력을 향상시키게 된다.

　방산기업들의 기술개발 잠재력 향상은 국가안보의 확충에 기여한다. 단순히 각 병종의 특수화된 요구 성능에 충족하는 드론의 전력화로 인해 국가안보가 확충되는 것이 아니라, 군대의 기술 적응력을 높여 국가안보가 확충된다(DeVore, 2017). 무기 획득체계 절차의 개선과 연구개발 투자를 통해 군대의 기술 적응력이 향상된 대표적인 사례가 이스라엘이다(DeVore, 2017; Caverley, 2017). 이스라엘은 프랑스, 미국으로부터의 무기 수입에 의존적인 무기획득체계를 가지고 있었다. 그러나 주변 아랍 국가들의 공군력 및 해군력 강화로 인해 이스라엘에 대한 해상 봉쇄 가능성이 높아졌다. 이에 대응하여 이스라엘은 군수품 시장의 내수화를 추진했다. 내수화 성공 이후 탈냉전으로 찾아온 방위산업의 위기를 시장구조의 변화와 틈새시장 전략으로 극복할 수 있었다. 결과적으로 이스라엘에서는 기술 잠재력이 강한 방산기업들이 나타나기 시작했다. 예상하지 못했던 주변 아랍 국가들의 전술과 무기체계가 등장했을 때 이 방산기업들은 아랍 국가들의 전술과 무기체계를 무력화시키는 이스라엘의 무기체계를 신속히 개발했고, 이스라엘군은 해당 무기체계를 전력화할 수 있었다. 또한, 기술 잠재력을 갖춘 이스라엘 방산기업들은 미국 중심의 세계 방산시장에서 틈새를 노려 미국이 개발하지 않은 무기체계를 우선적으로 개발하여 수출하기도 했다. 이스라엘 방산기업의 대표적인 틈새전략 성공 사례가 군사용 드론이다. 이스라엘 방산기업들은 저고도에서 운용되는 소형 군사용 드론시장을 주도하며, 미국 방산기업들은 고고도에서 운용되는 대형 군사용 드론시장을 주도한다. 한국도 군사용 드론시장에 대한 제도화된 규제를 완화하면 다양한 수요자들이 생길 것이고 방산기업들의 기술 잠재력은 강화될 것이며, 군대의 기술 적응력이 제고되어 결과적으로 국가의 안보가 확충될 것이다.

6. 결론

이 글에서는 드론의 효과적인 전력화와 관련 방위산업의 발전을 유도할 수 있는 제도 개선을 통한 시장구조의 변화에 대해 분석했다. 세계적으로 드론산업은 폭발적으로 성장하고 있으며, 국내에서도 10여 개의 기업들이 군수용 및 민수용 드론을 생산하고 있다. 드론 전력이 본격적으로 도입되는 시기가 도래할 때, 국가는 군사용 드론을 별도로 연구개발하여 전력화하기보다는 민수품으로 상용화된 제품을 구매하여 전력화할 가능성이 크다. 육·해·공군 각 군은 병종별 작전 환경의 특수성에 따라 전력화하고자 하는 드론의 작전 요구 성능을 상이하게 요구할 가능성이 높다. 그러나 군수품 조달의 원칙과 방위산업시장의 수요 독점적 구조는 각 군이 요구하는 상이한 드론의 도입을 제한한다. 통합사업관리 및 통합구매, 표준화 및 규격화 원칙에 기초하여 제도화된 규제는 각 군이 요구하는 상이한 작전 요구 성능을 단순화시켜 표준적으로 만들 가능성이 높다.

표준화 및 규격화된 드론의 조달 제도와 군사용 드론산업 시장의 수요 독점적 구조 때문에 기업의 연구개발 인센티브는 저하될 뿐만 아니라, 육·해·공군 모두 작전 효율성이 떨어지는 드론을 획득하게 된다. 수요자인 국가와 공급자인 기업 모두 원하는 결과를 얻지 못하는 시장의 실패를 경험하게 되는 것이다. 제도와 시장구조로 인해 발생하는 시장실패를 예방하기 위해서는 제도의 개선을 통한 시장구조의 변화가 요구된다. 표준화 및 규격화된 작전 요구 성능을 추구하기보다는 각 군이 요구하는 작전 요구 성능에 부합하는 드론을 획득하는 방향으로 제도를 개선해야 한다. 군수품 조달 제도의 개선은 수요 독점적 시장의 구조를 약화시키고 다수의 수요자들이 존재하는 시장의 구조를 만들어 낸다. 공급자인 기업의 입장에서 특정 수요자에게 제품을 판매하는 데 실패하더라도, 다른 수요자에게 제품을 판매할 수 있는 기회가 있기 때문에 기업의 기술개발 인센티브는 높아지고 각 군은 작전 요구 성능에 부합하는 제품을 획득할 수 있을 것이다.

방위산업 분야의 경쟁시장 구조가 갖는 문제점은 다음과 같이 제시되기도 한다. 계약기간이 짧고, 기업에 대한 감독의 비용이 증가한다(Mahoney, 2017). 그러나 이러한 문제점은 드론과 관련된 분야에서는 도리어 장점으로 작용할 수 있다. 드론의 도입과 관련된 계약은 단계적으로 소량만 하는 것이 국가안보 확충에 도움이 된다. 드론의 운용과 관련된 비행 및 센서의 기술은 급속히 발전하고 있다. 기술개발의 속도를 고려했을 때, 장기간 대량의 드론을 일시적으로 도입하기보다는 소량의 드론을 단계적으로 도입하는 것이 수요자에게 유리하다. 방산기업들의 생산과 제품의 품질을 관리 및 감독하는 데 상대적으로 많은 비용이 발생하지만, 공급자 간 경쟁이 치열할수록 강한 경쟁력을 갖는 공급자를 빨리 파악할 수 있다. 도입 초기에 발생하는 관리 및 감독 비용은 시장의 경쟁 정도에 따라 결정될 것이다.

제도 개선을 통한 시장구조의 변화는 산업의 경쟁력을 높일 뿐만 아니라, 수요자인 국가의 이익에도 부합한다. 국가가 특정 무기체계를 도입하여 전력화하는 근본적인 이유는 국가안보의 확충이다. 기술 잠재력이 강한 다수의 방위산업 기업은 군대의 기술 적응력을 높여준다. 예상하지 못한 적의 전술이나 적의 무기체계가 등장했을 때, 이에 대응하기 위한 새로운 무기체계의 전력화가 신속히 추진되어야 한다. 새로운 무기체계의 신속한 전력화를 위한 필요조건은 기술 잠재력이 강한 방위산업 기업이다. 국가가 요구하는 새로운 무기체계를 신속하게 생산할 수 있는 환경에서 국가의 안보가 증진된다.

제9장에서는 군사용 드론시장의 구조와 방위사업관리규정에 초점을 맞추어 드론의 효과적인 전력화와 관련 방위산업의 발전 방안에 대해 제시했다. 다영역 작전 개념이 발전하는 상황에서 육·해·공군 각 군은 유사한 무기체계의 획득을 요구할 가능성이 높다. 그러나 각 군의 작전 환경이 다르기 때문에 요구하는 작전 성능은 다소 차이가 있을 것으로 예상된다. 미래에 각 군이 요구할 것으로 예상되는 유사한 무기체계를 더 많이 발굴하여 이 무기체계들이 좀 더

효율적으로 획득될 수 있는 제도를 발전시키는 것은 방위산업의 발전에 기여할 뿐만 아니라 국가안보의 확충에도 기여할 것이다.

국방기술품질원. 2015. 「국방과학기술수준조사서」. 국방기술품질원.
_____. 2019a. 「국가별 국방과학기술 수준조사서」. 국방기술품질원.
_____. 2019b. 「2019 세계 방산시장 연감」. 국방기술품질원.
국토교통부. 2017. 「드론산업 발전 기본계획(안)」.
권해림. 2019.7.31. "美 韓에 무인정찰기 군수지원' 1조1000억원 규모 판매 승인". ≪중앙일보≫. https://news.joins.com/article/23540197(검색일: 2019.11.3).
김경훈. 2019. 「드론 산업테마 보고서: 신규 수요 발굴 및 기술 격차 극복을 통한 산업 활성화 필요」. 한국IR협회 테마 보고서.
김인학. 2019. 「전장 환경 확장을 위한 해양무인체계의 역할 및 전망(국방/해양로봇)」. 2019 地·海·空 자율시스템 컨퍼런스 발표자료집(2019.7).
방위사업청훈령 제435호. '방위사업관리규정'(2018.6.5. 일부개정 및 시행).
방위사업법 제3조 제8호.
설현주·길병옥·전기석. 2017. 「2035년 한국 미래 공군 작전개념 및 핵심임무 연구」. 공군본부 정책연구 보고서. 90~102쪽.
양영철·최공영·김지수·윤자연. 2019. "한국의 방위산업 연례분석 2019". KIDA Brief, 2020-자원-18. www.kida.or.kr/content/3/2/5/view.do(검색일: 2019.11.3).
외교부. 2019. 「2019 이스라엘 개황」. 서울: 외교부. 59쪽.
육군교육사령부. 2018. 「드론봇 전투체계 비전」. 드론봇 전투발전 컨퍼런스 발표자료집(2018.4).
이오생. 2018. 「신 성장동력으로서의 방위산업발전을 위한 군사용 드론 발전방향」. ≪군사논단≫, 제93권, 37~68쪽.
장원준. 2014. 「주요국 방위산업 발전정책의 변화와 시사점」(정책자료 2014-220). 산업연구원.
장원준·김미정·민현기·이춘주. 2016. 「국방 연구개발 체제의 환경 변화와 발전 과제」(연구보고서 2016-786). 산업연구원.
장윤석·정항래·최종근·차도완·이주애·최현철·킨시다산·류민지·박제민. 2018. 「軍의 드론봇 전투체계 발전방향 연구」. 육군본부 정책연구 보고서.
지일용·이상현. 2015. 「방위산업 후발국의 추격과 발전패턴: 한국과 이스라엘의 사례연구」. ≪국방정책연구≫, 제31권, 1호, 133~170쪽.
최기일. 2016. 「이스라엘 국방획득 추진정책과 방위산업 주요 현황에 관한 연구」. ≪방위산업학회지≫, 제23권, 2호, 71~88쪽.

KOTRA 텔아비브무역관. 2018. 「이스라엘 경제 무역 동향」. KOTRA 경제동향 보고서. 1~3쪽.

Aerospace and Defense Analyst Team of Markets and Markets. 2019. "Drone Package Delivery Market by Solution, Duration, Range, Package Size, Region Global Forecast to 2030." Markets and Markets.

Benoit, E. 1978. "Growth and Defense in Developing Countries." *Economic Development and Cultural Change*, Vol.26, No.2, pp.271~280.

Bitzinger, Richard. 2015. "Defense Industries in Asia and the Technonationalist Impulse." *Contemporary Security Policy*, Vol.36, No.3, pp.453~472.

Caverley, Jonathan D. 2017. "Slowing the Proliferation of Major Conventional Weapons: The Virtues of an Uncompetitive Market." *International Affairs*, Vol.31, No.4, pp.401~418.

Caverley, Jonathan D. and Ethan B. Kapstein. 2012. "Arms Away: How Washington Squandered itd Monopoly on Weapon Sales." *Foreign Affairs*, Vol.91, No.5, pp.125~132.

Coulomb, Fanny. 1998. "Adam Smith: A Defense Economist." *Defense and Peace Economics*, Vol.9, No.3, pp.299~316.

Davies, Andrew. 2019. "Book Review: Global Defense Procurement and the F-35 Joint Strike Fighter." *Security Challenges*, Vol.15, No.1, pp.79~81.

DeVore, Marc R. 2017. "Commentary on the Value of Domestic Arms Industries: Security of Supply or Military Adaptation?" *Defense Studies*, Vol.17, No.3, pp.242~259.

Dvir, Dov and Asher Tishler. 2000. "The change role of the defense industry in Israel's Industrial and technological development." in Judith Reppy(ed.). *The Place of the Defense Industry in National System of Innovation*. Ithaca: Cornell University Press.

Gholz, Eugene and Harvey M. Sapolsky. 2000. "Restructuring the U. S. Defense Industry." *International Security*, Vol.24, No.3, pp.5~51.

Gilli, Andrea and Mauro Gilli. 2016. "The Diffusion of Drone Warfare? Industrial, Organizational and Infrastructural Constraints. Military Innovations and Ecosystem Challenges." *Security Studies*, Vol.25, No.1, pp.50~84.

Hall, Abigail R. and Christopher H. Coyne. 2014. "The Political Economy of Drones." *Defense and Peace Economics*, Vol.25, No.5, pp.445~460.

Jung, Hagyo and Dennis Hong. 2018. "A Study on the Military Application of Commercial Drone." *Journal of the Korea Association of Defense Industry Studies*, Vol.25, No.1, pp.66~77.

Kurç, Caglar and Stephanie G. Neuman. 2017. "Defense Industries in the 21st Century: A Comparative Analysis." *Defense Studies*, Vol.17, No.2, pp.219~277.

Mahoney, Charles W. 2017. "Buyer Beware: How Market Structure Affects Contracting and Company Performance in the Private Military Industry." *Security Studies*, Vol.26, No.1, pp.30~59.

Mankiw, Gregory. 2015. *Principle of Economics* 7th Edition. Boston: Cengage Learning.

OECD. "OECD Income Inequality data." http://data.oecd.org (검색일: 2020.4.3).

SIPRI. 2020. "SIPRI Military Expenditure Database." https://www.sipri.org/databases/milex (검색일: 2020.4.10).

Stulberg, Adam N. 2007. "Managing the Unmanned Revolution in the U. S. Air Force." *Orbis*, Vol.51, No.2, pp.251~265.

Swed, Ori and John S. Butler. 2015. "Military Capital in the Israeli Hi-tech Industry." *Armed Forces and Society*, Vol.41, No.1, pp.123~141.

Tishler, Ascher, Kobi Kagan, Oren Setter and Yoad Shefi. 2005. "Defense Structure, Procurement and Industry: The Case of Israel." in Stefan Markowski, Peter Hall and Robert Wyle(eds.). *Defense Procurement and Industrial Policy: A Small Country Perspective*. London: Routledge.

Weiss, Mortiz. 2017. "How to Become a Fist Mover? Mechanism of Military Innovation and the Development of Drones." *European Journal of International Security*, Vol.3, No.2, pp.187~210.

West, Gretchen. 2015. "Drone On: The Sky's the Limit-If the FAA will Get Out of the Way." *Foreign Affairs*, Vol.94, No.3, pp.90~97.

첨단 방위산업의 네트워크와 규범

10 군-산-대학-연구소 네트워크*
게임의 밀리테인먼트

양종민 | 서울대학교

1. 서론

　미국과 소련 간 냉전은 각각의 사회에 안보에 대한 긴장을 고착시키면서 동시에 기술의 우위를 점유하기 위한 경쟁체제였다. 냉전 시대의 보이는 적의 위협은 미국의 패권 장악과 유지에 대한 명분과 함께 군산학복합체가 확장할 수 있는 계기를 마련했다. 냉전 시기 미국의 군산학복합체는 이러한 긴장과 경쟁을 자양분으로 성장할 수 있었다. 반면, 탈냉전에 접어들면서 직면한 적이 사라지자 미국의 군산학복합체는 지금까지의 과대 성장으로 인한 경제적·사회적 비용 부담에 대한 비판에 맞닥뜨렸다. 레이건 행정부 시기 군사비 지출이 정점에 이르렀던 1980년대 중반 이후, 연방정부의 국방예산이 서서히 줄면서

* 이 글은 서울대학교 국제문제연구소 미래전연구센터에서 지원한 '4차 산업혁명과 첨단 방위산업: 정치경제학의 시각' 프로젝트를 위해 집필되었으며, 진행 과정에서 ≪국제정치논총≫, 제60집 4호, 335~382쪽에 게재되었음을 밝힌다.

군산학복합체는 위기를 맞지만, 민간기술을 적극적으로 군사안보 부문에 이용하면서 비용을 절감하고, 세계적으로는 기술 우위 점유 전략으로 전환하면서 그 명맥을 유지할 수 있었다. 미국의 군산학복합체는 거대한 규모를 유지하면서 경제, 사회, 외교, 안보, 기술 등의 여러 분야에서 영향력을 발휘해 왔다.

신흥 안보가 이슈로 떠오르고 있는 지금의 현실에 대응해서 변화하는 군산학복합체와 미국에서 독특하게 나타나는 안보의 사회화와 경제화를 진단하는 작업이 시급하다. 냉전과 탈냉전 시기 전통 안보의 차원에서 무기체계를 개발하고 유지하기 위해 군산학복합체가 작동하고 있었던 것과 달리, 신흥 안보 차원에서의 군산학복합체는 디지털 기술 혁명과 함께 나타나는 새로운 환경을 바탕으로 사회적으로 더욱 넓은 영향력을 끼치는 모습이 될 가능성을 보여주고 있다.

전통 안보와 신흥 안보의 이슈가 혼재하는 불확실한 미래 환경에 미국 군산학복합체는 어떻게 대응하고 있는가? 아이젠하워가 경고했듯이, 군산학복합체가 어떻게 미국 사회에 경제, 정치, 심지어 정신적으로 스며들고 있는가? 이 글은 미국 군산학복합체가 미국 사회 속으로 스며드는 현상과 동시에, 신기술의 측면에서 민간 부문의 빠른 발전 속도에 대한 적극적 대응의 예로 문화산업과의 결합을 든다. 군산학복합체는 어떻게 문화산업과 함께 안보 분야의 기술을 생산하고 있는가? 그리고 문화산업과 결합하여 만드는 안보 관련 문화상품은 어떠한 경제적·사회적 의미를 가지는가? 이러한 질문에 답하기 위해, 이 글은 군사를 주제로 한 두 개의 게임과 게임을 개발한 군-산-학-연 네트워크Institute for Creative Technology: ICT가 개발한 〈풀 스펙트럼 워리어Full Spectrum Warrior〉와 MOVESModeling, Virtual Environments, and Simulation Institute가 개발한 〈아메리카 아미 America's Army〉의 사례를 이용한다. 이들이 게임을 개발하고 사용하는 과정을 살펴보면서 미국 군산학복합체의 정치경제적 의미를 도출한다.

이 글은 크게 네 부분으로 구성된다. 제2절에서는 이 글을 국제정치학에 위치시키기 위해 문화산업과 연계한 미국 군산학복합체를 이론적으로 보면서,

이 연계과정이 미국에서 독특하게 나타나는 기술혁신 시스템과 무관하지 않음을 밝힌다. 제3절은 문화산업, 특히 게임과 안보 분야가 어떻게 연계하고 있었는지를 역사적으로 살펴보고, 제4절에서 연계의 모습이 최근에 어떻게 나타나고 있는지를 경험적으로 검토한다. 제5절은 군산학복합체의 문화 분야로의 확장이 가지는 경제적·사회적·심리적인 의미를 도출하고, 결론에서는 글의 논의를 종합·요약하고, 간략하게나마 한국에 주는 함의를 제시한다.

2. 이론적 배경

1) 문화와 안보의 연계

제2차 세계대전 이후 현재까지, 전 세계를 아우르는 미국의 군사적·경제적·문화적 패권은 전쟁과 안보라는 차원에서 생산·재생산되고 있다. 미국은 제2차 세계대전과 냉전 시기에는 보이는 적으로부터 승리하기 위해서 전쟁을 수행하고, 준비하고, 이에 정당성을 부여하고자 힘을 쏟은 반면, 탈냉전 시기에는 보이는 적이 사라진 상황에서도 미국의 패권에 대항할 가능성이 있는 가상의 적을 상정하고 이들의(잠재적이지만 현실적인) 대항에 미리 준비해야 한다는 논리를 펴고 있다. 냉전이 종식되면서 전 세계적으로 평화가 도래할 것이라는 기대와는 달리, 여전히 군사적인 갈등은 지속되고, 안보 분야의 취약점은 늘어가면서 군사안보 분야는 오히려 확장되어 가는 모습을 보인다.

문화산업은 국가 이외의 사적 행위자가 소유한 문화콘텐츠를 생산·유통하여 경제적 이익을 추구하는 산업으로 정의된다. 사적인 이윤의 창출[1]을 목적으

---

1 이러한 관점에서 문화산업이라는 용어는 자본주의적으로 대량생산되는 대중문화에 불과하다는 프랑크푸르트학파의 견해와도 맞닿아 있다. 아도르노와 호크하이머는 고급문화와 달리 문화산업은 콘텐

로 하는 이 산업은 문화를 생산한다는 차원에서 사회적인 의미를 생산하는 데에 직접 관여한다(Hesmondhalgh, 2007). 미국은 가장 강력하고 거대한 문화산업을 가지고 그 정치적·경제적 패권을 유지해 왔다. 대부분의 미국 문화산업은 수평적으로 그리고 수직적으로 미국을 기반으로 하는 초국적 미디어 관련 기업들에 의해서 소유되고 있다(Mirrlees, 2016: 103~130). 월트 디즈니, NBC-유니버설, 타임-워너 등은 미국을 비롯해 전 세계적으로 미디어-엔터테인먼트 시장을 장악하고 있는 초국적 기업이고, 마이크로소프트와 애플은 정보기술IT 분야에서, 아마존과 이베이는 온라인 거래 시장에서 세계적 패권을 장악하고 있다. 할리우드의 많은 기업과 넷플릭스는 영화와 드라마에서 경쟁하고 있고, 구글, 페이스북, 유튜브 등도 미국의 디지털 플랫폼 시장에서 강자로 자리매김하고 있다.

군사안보 부문과 문화 부문은 정치경제적으로 다른 모습을 가진다. 즉 다른 목적이 있으며, 각 부문 또한 다른 조직으로 구성되어 있고, 다른 구조를 보여준다. 기본적으로 군사안보 부문은 정치 영역에 속하지만, 문화 부문은 경제 영역에 속한다. 군사안보 부문은 전쟁과 안보에 관한 모든 사안을 다루지만, 문화 부문은 문화콘텐츠와 이와 관련한 서비스를 시장에 공급하고 이윤을 추구한다. 행위자의 성격이 다르다는 차원에서 군사안보 부문은 문화 부문을 직접 소유하여 통제하지 않는다. 또한, 문화 부문은 언제나 미국 군사안보 부문의 군사적 행동이나 이를 뒷받침하는 안보에 대한 논리를 찬성하거나 이에 대

츠를 만들어내는 차원에서 그 생산자가 대중, 또는 인간이 아닌 산업적인 구조에 의해서 상품으로 생산된 것으로, 도구적 합리성이 지배하고 관료제화된 자본주의사회에서 이윤의 도구로 사용되는 모습을 비판적으로 바라본다. 문화산업에서 만드는 대중문화는 사물화된 의식을 조장하고, 대중의 자의적인 의식을 무력화함으로써 자본주의 체제가 유지, 재생산될 수 있도록 기능한다는 것이 이들의 주장이다(Adorno and Horkheimer, 1944/2002). 하지만 이 글의 목적은 문화산업을 비판적으로 분석하고자 하는 것이 아니고, 문화산업이 만드는 문화콘텐츠가 대중, 또는 소비자에 의해서 해석될 수 있다는 가능성을 열어두고, 이 대중에 의한 의미의 생산이 문화콘텐츠가 본래 가지고 있는 의미와 소통할 수 있다는 차원에서 맥을 달리한다.

해 정당성을 적극적으로 부여하는 문화콘텐츠를 만드는 것은 아니며, 오히려 비판적으로 미국의 군사적 패권 행위를 바라보기도 한다(Morwood, 2014; Payne, 2016).

그런데도 지금까지 미국 군사안보 부문과 문화 부문은 지속적으로 연계, 협력하여 미국의 정치적·경제적·문화적 패권의 기틀을 다져왔다. 제1차 세계대전부터 지금까지, 미국 국방성은 시장 중심의 문화산업에 직간접적으로 영향력을 행사했다. 국방성은 문화콘텐츠 안에 미국 군사 부문이 군사안보적으로 움직일 수 있도록 정당성을 부여하는 의미를 포함하게 하거나, 문화산업이 군사 부문의 논리에 어긋나는 문화콘텐츠를 생산하지 못하도록 하는 방법을 이용했다(Anderson, 2006; Boggs and Pollard, 2007; Martin and Steuter, 2010; Mirrlees, 2016; Stahl, 2010). 문화산업은 문화콘텐츠 안에 군사주의Militarism를 교묘히 섞으면서 군사적 행위에 정당성을 부여했다. 대중은 문화콘텐츠를 소비하면서 군사주의의 영향을 받게 되며, 미국 군사 부문은 이러한 대중의 지지를 직간접적으로 받는다(Mirrlees, 2017: 408).

미국 군사안보 부문은 적극적으로 엔터테인먼트 산업을 이용했다. 제1차 세계대전 동안에 만들어진 대중정보위원회Committee on Public Information: CPI(또는 위원장의 이름을 따서 크릴위원회라고도 한다)는 프로파간다를 생산했는데, 이를 주로 할리우드가 만드는 영화에 접목하여 대중에게 퍼뜨렸다. 대중정보위원회는 할리우드 영화 시나리오를 검토하면서, 영화들이 미국이라는 국가의 이익, 다시 말해 정부가 원하는 메시지를 포함하고 있는지를 판단했다(Creel, 1920: 281). 제2차 세계대전 시기에는 전시 정보국Office of War Information: OWI하에 영화국Bureau of Motion Pictures: BMP을 두어 할리우드 영화산업과의 연계를 꾀했다(Mirrlees, 2017: 410). 전시 정보국과의 협력을 통해 미국 문화산업은 군사안보 부문의 소위 전달자 역할을 했다(Doherty, 1993: 5). 냉전기부터는 국방성의 공보국Public Affairs이 이러한 할리우드 영화산업에 관한 전반적인 업무를 했다. 군사와 전쟁을 다루는 영화 시나리오를 검토하고, 새롭게 만들며, 선택된 영화의 촬영을 지원하면서 영향력을 행사했다(Robb, 2004; Suid, 2002). 탈냉전기에 접어들면서, 적극적 프로파간다의 필요성이 떨어졌다. 이로 인해 미국의 군사안보 부문과 문화 부문, 특히 할리우드와의 관계가 멀어진 것처럼 보이지만, 실제로는 간접적인 연계가 지속되고 있다. 미국 국방성은 여전히 공보국Public Affairs Office을 운영하고 있다. 공보국 안에 엔터테인먼트 미디어실Special Assistant for Entertainment Media을 두어 문화산업의 여러 미디어 콘텐츠, 예를 들어 전쟁과 군사를 주제로 하는 TV 프로그램, 영화, 뮤직비디오, 심지어 게임에 우호적인 이미지와 이야기들을 만드는 데에 도움을 주고 있다(Mirrlees, 2017: 408, 411).

이렇게 미국 문화산업과 국방성이 밀접하게 연계해서 콘텐츠를 생산하고, 문화를 통해 군사안보 패권을 생산·재생산하는 모습을 다루는 연구는 여러 부문에 걸쳐서 광범위하게 이루어지고 있다. 허버트 실러는 문화 부문과 국방 부문 간에 서로 이익이 되는 연계의 모습을 군산복합체에서 커뮤니케이션 산업의 역할을 중요시하면서 본다(McChesney, 2001: 48; Mosco, 2001: 27). 실러는 군산커뮤니케이션 복합체는 미국의 산업적·군사적·문화적 패권 확장에 중요한 역할을 해왔다고 주장한다(Schiller, 1992: 206~207). 실러는 미국 국방성과 커뮤니케이션 산업, 그리고 문화산업 간의 연계를 살펴보면서, 새로운 미디어 통신기술의 발전이 심화되면서 미국의 군사적·상업적 영향력이 커졌음을 밝힌다(Schiller, 1992: 206~207). 그는 미국의 커뮤니케이션 미디어 산업이 제국적 차원의 경영을 위한 트로이의 목마가 되고 있다고 짚었다(Schiller, 1976: 9).

문화산업과 군사안보 부문의 연계는 밀리테인먼트Military+Entertainment: Militainment의 개념으로 이어진다. 미국 군사안보 부문은 전쟁과 안보를 다루는 대중문화 콘텐츠의 생산기지로서 문화산업을 이용했다. 20세기 초반 전쟁을 중심으로 하는 프로파간다와, 20세기 중후반에 형성된 전쟁의 도덕적 정당성, 그리고 이야기에 극적인 스펙터클을 적극적으로 부여했다. 이 밀리테인먼트는 미디어 매체들이 다양화되면서 확장되는 모습을 보인다. 다시 말해, 군산커뮤니케이션 복합체는 밀리테인먼트가 만드는 즐길 수 있는 문화콘텐츠의 소비와 함께 굳건해진다. 복합체의 영향력은 영화뿐만 아니라 TV 프로그램, 광고, 그리고 게임에 이르기까지 넓어지고 있다(Anderson and Mirrlees, 2014: Stahl, 2010). 특히, 로저 스탈은 이러한 전쟁에 대한 미학적인 모습을 군사 부문과 엔터테인먼트 부문의 복합적인 융합으로 파악한다. 그는 1991년 걸프전이 엔터테인먼트 산업에 의해서 깨끗하고 위생적인 모습으로 재포장되었다고 주장한다. 기술을 매개로 해서 표현되는 이 밀리테인먼트의 전쟁은 대중에게 이라크침공을 마치 스포츠 경기를 보듯, 리얼리티 TV 프로그램을 보듯, 게임을 하듯이 느끼게 했다. 이러한 밀리테인먼트의 대중 소비자들은 실제로는 존재하지않는 가상의 시민-군인의 그 중간 어딘가에 위치하게 된다. 결과적으로 대중문화를 통해 전쟁은 "즐길 수 있는" 행위가 되었다는 것이다(Stahl, 2010: 3~4).

한편, 데어 데리언은 문화산업과 군사안보 부문의 연계, 특히 할리우드와 실리콘밸리, 그리고 군사 부문이 밀접하게 연계되는 모습을 군-산-미디어-엔터테인먼트 네트워크Military-Industrial-Media-Entertainment Network: MIME Network로 개념화한다. 그는 군산복합체의 기술 혁신 네트워크가 미디어와 엔터테인먼트 산업과연계하면서 전쟁을 어떻게 '도덕적'으로 재구성하는지를 살핀다. 이 네트워크안에서 만들어지는 새로운 가상의 연합체는 기술을 매개하여 도덕적으로 포장된 전쟁을 확산한다. 그럼으로써 미국의 패권에 지속성을 부여한다. 밀리테인먼트 콘텐츠는 전쟁에서 도덕적인 책임이 지워진 상태로 표현되면서 결과적으로 전쟁과 평화의 구분을 모호하게 한다. 즉, 대중문화 콘텐츠의 소비자들은죽음을 경험할 수도 있지만, 이 죽음이 본질적으로 가지는 비극적 결말을 경험하지 않아도 되는 독특한 상황에 처한다. 그에 의하면, 군-산-미디어-엔터테인먼트 네트워크는 단순하게 즐길 수 있는 게임을 새롭게 생산한 것이 아니라 여러 가지의 게임의 방식 중에 소비자가 도덕적으로 보이는 게임만을 선택할 수있도록 안내하는 역할을 하고 있다(Der Derian, 2009).

미국 군사안보 부문과 문화 부문은 그 특성과 성격이 다르므로 언뜻 보기에연결이 되지 않는 것처럼 보인다. 하지만 앞에서 언급한 여러 이론적 개념들은 사실 두 부문이 밀접하게 연계·협력하고 있고 이는 미국의 군사적·경제적·문화적 패권을 생산·재생산하는 데에 이용되고 있음을 알 수 있다. 문화산업의 군사화, 또는 군사 부문과 문화 부문 사이의 관계에 대한 논의는 주로 할리우드 영화산업을 중심으로 연구되었다(Der Derian, 2009: 166). 그만큼 미국 문화산업에서 할리우드 영화산업이 차지했던 비중이 경제적으로나 문화적으로 상당했기 때문이다. 반면에, 이 글에서 주로 다루는 게임에 관한 연구는 거의 없다고 해도 과언이 아니다. 몇몇 연구가 있지만, 영화산업을 중심으로 형성되는 네트워크에서 단순히 매체 확장의 측면이나 게임 콘텐츠가 가지는 문화적 의미에 집중한다.[2] 게임이 영화에서 파생된 대중문화 매체가 아닌 나름의 역사를 지니고 있다는 점과 현재 게임이 전체 문화산업에서 차지하는 비중이 작지 않다는 점을 고려해 볼 때, 게임과 군사안보가 어떻게 접점을 만들어왔고, 현재 어떻게 연계되고 있는지를 살펴보는 것은 의미가 있다.

2) 기술혁신 시스템

게임을 통해서 미국 군사안보 부문과 문화산업의 연계를 국제정치학적으로 살펴보는 이유는 단순히 전체 문화산업에서 게임이 차지하는 비중에만 기인하지 않는다. 우리는 그 안에서 미국이 가지는 독특한 기술혁신 시스템 변환의 모습을 살펴볼 수 있기 때문이다. 군산학복합체의 기술 연구개발과 기술의 사용에 대한 특징적인 모습들은 소위 국가혁신 시스템 National Innovation System 안에

---

2 매체의 측면으로 게임을 다루고 있는 연구는 Stahl(2010)과 Der Derian(2009)을 들 수 있고, 복합체의 산물로서 게임 콘텐츠가 가지는 문화적 의미에 집중하는 연구로는 Payne(2016), Allen(2011; 2017), Nieborg(2009), Pasanen(2009), Li(2003) 등이 있다. 이 글과 비슷하게 게임 개발에 초점을 맞춘 연구로는 Andersen and Kurti(2009)가 있지만, 복합체가 모색되던 1997년의 보고서에서부터 펜타곤과 엔터테인먼트 산업의 연계가 시작된 것으로 파악하고 있으므로, 연계의 시초부터 밀리테인먼트를 파악하는 이 연구와는 맥을 달리한다.

서의 기술혁신체제로 개념화할 수 있다. 다시 말해, 기술 연구개발과 사용에 관해 특정 행위자들의 상호작용이 패턴화된 궤적을 그린다는 기술혁신체제의 패러다임은 게임의 밀리테인먼트를 위한 군산학연 복합체에서 그대로 나타난다. 우리는 이러한 궤적을 파헤침으로써 미국의 기술, 경제, 문화적 패권의 생산과 재생산의 메커니즘을 살펴볼 수 있다.

기술혁신체제는 상호 협력을 통해 새로운 기술을 만들고 전파하는 민간 부분과 공공 부문의 네트워크(Freeman, 1987), 또는 새롭게 만들어지는 지식을 생산하고 전파하는 과정에서의 관계(Lundvall, 1992) 등으로 다양하게 정의되지만, 기술지식을 창출하고 전파하는 데에 행위자 상호작용이 전제되는 점을 공유한다. 이러한 체제 내에서 기술혁신은 다양한 행위자들과 그룹 사이에 복잡하게 얽혀 있는 상호 관계를 통해 이루어지고, 일정한 패턴을 형성함으로써 하나의 시스템을 만든다. 다시 말해, 기술이 만들어지고 사적·공적 행위자의 상호작용을 통해서 특정 지식이 창출되는 과정은 특정 국가가 가지는 기술혁신 시스템, 그리고 그 안에서 만들어지는 독특한 과정이 존재한다. 따라서 기술혁신은 행위자의 합리적인 선택에 의해서 만들어진 과정이라기보다는, 기술을 생산하고 사용하는 특정화된 패러다임에 의해 일종의 제도화된 패턴에 의한다(김미나, 2006: 44).

국가 경제발전의 요인으로 기술혁신에 대한 관심은 슘페터의 경제발전에서의 기술적 요소의 강조에서 시작됐다. 여기에서 중요한 부분은 그 기술혁신을 어떻게 만들어내고 어떠한 목적으로 사용하느냐는 차원에서의 여러 행위자 간의 상호 관계가 형성된다는 것이다. 제2차 세계대전 이후 미국이 세계 패권국으로 자리매김한 것은 미국이 고유하게 보유한 대량생산 산업과 첨단기술 산업의 발전과 무관하지 않다. 민간 부문과 공공 부문의 기술 연구개발에 대한 적극적인 투자가 경제발전의 요인으로 간주될 수도 있지만(Nelson, 1996), 첨단기술의 연구개발이라든지, 세계시장에서 그 국가의 기업이 가지는 경제적 효율성은 단순히 규모의 경제라는 차원에서만 이해될 수 있는 것은 아니다. 단순하게 어떠한 기술을 연구개발하고 대규모의 자원을 투입해서 생산성을 만드는지가 아니라, 가용 자원이 어떻게 국가 수준에서 관리되고, 그 사용에 있어 조직되는지에 대한 방식에 의존한다고 할 수 있다(Freeman, 1992: 169~187). 다시 말해, 기술혁신체제에서는 기술을 생산하고 사용하는 차원에서 지식 상호 관계, 공공 부문과 민간 부문의 상호작용을 중요시한다.

전간기와 제2차 세계대전 시기에 미국의 기술혁신체제는 스핀오프 패러다임spin-off paradigm으로 확립된다. 이 시기의 미국에서 만들어지고 사용된 첨단과학기술은 안보·군사 부문의 주된 목적으로 만들어진 과학기술프로젝트에 기반했다(Alic et al., 1992). 이렇게 생산된 기술은 민간 부문으로 전이되고 파생되어 새로운 산업을 생성하고 이를 통해 시장에서 이윤을 창출하는 데에 이용되었다. 무기체계의 기반이 되는 과학기술을 연구하고 개발하기 위한 소위 빅 프로젝트는 민간 부문에서 기업들이 단독으로 비용을 투자하여 감당할 수 없는 기술 부문에 집중되었다. 이러한 기술혁신체제로 인해 만들어진 항공우주산업, 반도체산업, 컴퓨터산업은 스핀오프 패러다임의 예로 많이 언급된다.

기술혁신체제의 스핀오프 패러다임으로 인해 제2차 세계대전 이후 미국은 독점적인 지위를 차지할 수 있었다. 특히 항공우주산업, 반도체산업, 컴퓨터산업 등의 첨단산업은 군사안보 부문에서 민간 부문으로 기술이 파생되고 이전되지 않았다면 만들어질 수 없었다고 해도 과언이 아닐 정도로 스핀오프 패러다임은 미국 기술혁신체제에서 중요하게 자리매김했다. 이 산업들의 시장에서의 우위는 공공 부문의 간접적인 기술지식의 교류, 지원의 패러다임에 기반했다.

군사안보 부문의 빅 프로젝트에 참여했던 민간 부문의 과학자나 엔지니어들이 프로젝트의 결과를 토대로 민수시장용 제품을 만들어내는 과정을 통해 군사안보 부문에서 민간 부문으로 기술의 스핀오프 현상이 이루어진다. 기술혁신체제 차원에서 패러다임의 확립은 기술의 연구개발의 주된 의도가 어디에 있었는지가 중요하다. 스핀오프 패러다임은 기술 연구개발의 원래의 목적이 민간 시장의 상품을 생산하는 데에 있지 않고, 군사안보 부문에서 쓰일 무기체계 등의 발전에 있으며, 본래 의도되지 않은 상태에서 민간 부문으로 이렇게 만들어진 기술이나 기술을 기반으로 하는 상품이 파생되어 나오는 점을 강조한다.

이렇듯, 스핀오프 패러다임은 군사안보 부문을 위해서 연구개발된 기술이 민간 부문으로 파생되는 모습을 자연스러운 과정으로 상정한다. 즉 파생 과정에서 그 특정 부문에 맞게 재구성하고 변환시키는 데 필요한 관리를 따로 하지 않고 비용을 따로 들이지 않아도 되는 기술혁신체제라는 것이다. 이는 시장중심 경제체제에서의 정부의 역할을 최소화한다는 미국의 원칙과 배치되지 않는다. 왜냐하면, 스핀오프 패러다임에서 기술 연구개발의 주된 행위자는 공공 부문의 행위자들인데 이들의 의도는 군사안보 부문에 한정되어 기술을 만들어내는 것이고, 그 기술이 자연스럽게 민간 부문으로 흘러 들어가서 시장경제활동에 직접적으로 개입하지 않고도 발전을 도모할 수 있는 메커니즘이 만들어졌기 때문이다.

그러나 1970년대에 들어 미국 기술혁신체제의 패러다임 전환이 일어난다. 소위 스핀온 패러다임spin-on paradigm으로 일컬어지는 이 변환은 기술지식의 연구개발과 그 사용에서 행위자 간의 상호작용 메커니즘이 스핀오프 패러다임에 상정된 것과 반대로, 즉 민간시장에 공급되는 상품의 생산에 필요한 기술들이 먼저 민간 부문의 행위자들에 의해 만들어지고 이 지식들이 군사안보 부문으로 전이·파생되는 과정을 그리고 있다(Samuels, 1994: 26; Lorell et al., 2000: 26). 이러한 패러다임 변환은 민간 부문 시장에서 신흥 강자인 독일과 일본의 등장과 미국 기업들의 시장에서의 상대적인 효율성 감소(Samuels, 1994), 군사안보 부문의 빅 프로젝트에 투입되던 미국 국방예산의 감소를 야기한 세계정세의 변화(Molas-Gallart, 1997: 367)와 함께, 첨단기술의 개발과 사용의 스핀오프 패러다임에 대한 경제적 비효율성 비판(Lichtenberg, 1995)에 기인한다.

이념적으로 공산주의에 대항하는 서구 자유민주주의의 첨병 역할을 하면서,

경제적으로 막강한 기술 패권을 기반으로 세계를 주도하는 상황에서는 미국 기술혁신체제가 가지고 있었던 비효율성은 어느 정도 용인되었다. 군사안보 부문에서의 기술혁신이 민간 부문으로 자동적으로 흘러 들어가지 않아 활용되지 않더라도 이미 주도하고 있었던 민간 부문의 경제력으로 보완할 수 있었다. 따라서 군사안보 부문의 빅 프로젝트에 들어가는 자원의 비효율적 투입에 대한 비판은 관심 밖에 있었다. 하지만 1970년대에 새롭게 급성장한 일본과 독일이 세계무대에 등장하고 이로 인해 미국 산업은 세계시장에서 경쟁력이 지속적으로 약화되었다. 뒤이어 냉전 체제가 해체되면서 막대한 국방비 지출에 대한 문제가 미국 내에서 제기되면서 군사안보 부문의 비효율적 프로젝트에서부터 무리하게 민간 부문의 성장을 이끄는 방식에 대한 비판의 소리가 높아졌다. 스핀오프 패러다임이 상정하고 있었던 자연스럽고 비용이 들지 않는 기술 이전은 실제 상황에서 그대로 이루어질 수 없었다. 군사안보 부문에 필요한 기술이 복잡해지고, 특수화되면서 이를 민간 부문의 시장에서 사용하기 위해서는 더욱 많은 비용이 들어갈 수밖에 없는 상황으로 더 이상 용인될 수 없었다. 오히려 탈냉전 이후에 축소되고 있는 국방예산의 한계를 넘으면서 유지되어야만 하는 국방력을 확보하기 위해서는 시장경제의 논리에 의해서 민간기업이 연구개발하는 첨단기술이나 상용 기성품commercial off-the-shelf products을 군사안보 부문에 도입해야 한다는 주장이 제기되었다(Mowery, 2012; Leske, 2018).

이와 동시에 나온 개념이 바로 민군겸용기술이다. 민군겸용기술은 말 그대로 군사안보 부문과 민간 부문에 모두 활용될 수 있는 기술을 일컫는다. 민군겸용기술은 두 가지의 차원으로 구성된다. 우선 국가안보와 민간산업의 경쟁력을 함양하는 데 중요한 가치를 지니지만 아직까지 두 부문 모두 보유하지 못한 기술을 공동으로 연구개발한다는 의미가 있다. 두 번째로는 양 부문의 경쟁력을 높이기 위해 상대방이 이미 보유한 첨단기술을 자유롭게 이전하고 이전받는 메커니즘, 즉 스핀오프와 스핀온이 모두 작동하는 기술혁신체제의 기술 자체를 의미한다. 스핀온 패러다임을 강조하면서, 후자의 개념이 널리 사용되지만(Alic et al., 1992: 5~8), 이는 문제가 있다. 실제로는 유기적인 연결이 되고 있음에도 불구하고, 민간에서 사용되는 기술과, 군사안보를 위해서 사용하는 기술, 그리고 이러한 기술을 만들어내는 연구개발 과정이 두 부문 중 어느 한 부문에 치우쳐 있다는 문제와 함께, 기술지식의 혁신과 이전을 선형적으로만 인식하고 있어서, 지속적인 연구개발의 환류 모델과는 간극을 가진다. 이와는 달리, 전자는 미국 군산학복합체의 모습을 그대로 반영한다. 기술지식의 혁신을 위한 연구개발이 공동으로 이루어지는 공간으로서 군산학복합체는 기술혁신체제의 네트워크가 형성되는 모습을 보이며 핵심 기술이 만들어지는 공간으로서, 양 부문이 연계되는 일종의 회색지대의 역할을 한다. 따라서 이러한 군산학복합체를 통해 민간 부문과 군사안보 부문의 상호작용을 통한 진정한 의미의 겸용기술의 연구개발을 살펴볼 수 있다.

앞으로의 장에서 살펴볼 수 있듯이, 미국 군사 부문과 게임의 만남으로 만들어지는 밀리테인먼트의 형성과 발전은 미국의 기술 연구개발과 그 사용에서 보이는 기술혁신체제의 패러다임의 전환과 맥을 같이한다. 다시 말해서 게임의 군산학연 복합체의 역사에서 미국에서 특수하게 나타났던 기술혁신체제의 패러다임을 그대로 살펴볼 수 있고, 그렇기 때문에 기술, 지식의 생산과 사용에 대한 정치적인 의미를 함축하고 있는 밀리테인먼트 군산학연 복합체를 살펴보는 것이 의미가 있다.

3. 게임과 군사안보의 만남

게임과 전쟁의 관계는 고대 인류가 시작되는 시기로 거슬러 올라가지만,[3] 게

---

3 전쟁과 게임 간의 관계는 인류 문명이 시작되던 시기로 거슬러간다. 전쟁의 긴 역사만큼 인간은 전쟁과 함께 놀았다. 재미를 얻기 위한 여러 가지의 게임이 내면에서는 전쟁의 수행방식을 이해하기 위해

임은 냉전 시기의 컴퓨터 기술의 발전에서 파생되었다고 할 수 있다. 군사 부문의 기술을 연구하던 대학의 연구소에서 개인이나 집단의 재미를 위해서 만들어졌던 게임은 컴퓨터 메인 프레임의 크기와 가격이라는 한계를 넘지 못했지만, 한 방위산업체에서 우연히 만들어진 콘솔 하드웨어는 연구소의 범위를 넘어 게임의 대중화를 시도한다. 물론 이 게임이 시장에 처음으로 선보인 것은 아니었으므로 그다지 주목받지 못했지만, 게임과 군사안보 부문이 만나는 중심에 방위산업체가 있었다는 의미를 생각하게 한다. 이렇게 만들어진 기술은 이후 게임산업의 발전에 중요한 역할을 한다. 더불어 이러한 기술들은 다시 군사안보 부문으로 연결되어 군사 부문의 훈련기기에 필요한 핵심 기술로 사용된다. 이 지점에서 군-엔터테인먼트 복합체the Military-Entertainment Complex: MEC가 나타나게 되었다. 군-엔터테인먼트 복합체는 미국 미디어 산업과 국방성을 이어주는 연결고리의 역할을 한다(National Research Council, 1997).

1) 군사기술의 게임화: 스핀오프

20세기의 컴퓨터 기술의 발전은 게임산업이 태동하기 위한 기반을 마련했다. 컴퓨터 기술 발전은 1930년대 대공황으로 인한 사회정치적인 영향에서 기인한다. 미국은 제2차 세계대전에 참전하기 전까지 고립주의를 고집했다. 고립주의는 미국에 평화를 가져다주었지만, 제1차 세계대전 시기 이미 비대해진 군사안보 부문의 불황을 가져왔다. 일본의 진주만 공습은 미국이 고립주의에서 벗어나 적극적으로 전쟁에 참여하는 계기를 만들었고, 미국의 제2차 세계대전의 참전으로 인해 군사안보 부문이 역동적으로 움직이게 되었다. 더불어 기업들이 정부를 위해서 새로운 기술의 무기를 개발하고, 더불어 무기를 사용할

서 만들어진 것이라고 할 수 있다. 그래서 홀터는 게임의 놀이 행위와 전쟁에서 나타나는 시뮬레이션 간에 상호 관계가 있다고 주장한다(Halter, 2006).

수 있게 하는 시스템을 개발하면서 미국 경제는 전쟁의 흐름을 이용해 강화되었다. 이러한 전쟁물자의 조달을 위한 경제체제는 아이젠하워 시절 전쟁물자를 비축하고 준비하는 생산 네트워크로 발전했고 군산복합체로 공고화되었다(Archibong, 1997: 35).

냉전 시기에 군사안보 부문은 실제로 전쟁이 벌어지지 않았음에도 불구하고 산업발전에 속도를 가하게 되는데, 이는 세계 초강대국이었던 미국과 소련 간의 군사안보적 긴장이 지속되었기 때문이다. 냉전은 국가적으로, 산업적으로 언제 일어날지 모르는 전쟁을 준비해야 한다는 논리를 가지고 수요를 창출했다. 미국과 소련 사이의 우주 공간을 위한 경쟁, 미사일을 더 많이, 위력적으로 만들기 위한 경쟁에서 볼 수 있듯이, 상대방으로부터 자신을 보호하는 원동력은 바로 기술적·경제적 우위를 점유하는 데에서 나왔다(Douglass, 1999). 전쟁이 길어지면 길어질수록, 안보에 대한 긴장이 고조되면 고조될수록, 미국 군산복합체는 산업과 금융, 그리고 기술개발의 자생적이고 위력적인 시스템을 공고히 한다.

냉전에서의 기술 우위 정책은 미국 전역에 걸친 컴퓨터 기술 관련 연구소의 네트워크를 형성했다. 이들이 가지는 네트워크의 분산성은 기술 혁신이 여러 분야로 파생되는 데에 중요한 역할을 한다. 게임산업과 군사안보 부문 간의 연계를 알기 위해서는 먼저 컴퓨터 기술 발전의 역사와 그것이 군사기술로 전환되는 과정에 대해 이해해야 한다. 전자계산기와 천공카드 시스템으로부터 컴퓨터가 개발되는 과정에서 투영된 미국 과학기술 부문과 군사안보 부문과의 관계는 게임의 태동과 함께 게임산업이 등장하는 환경을 조성했기 때문이다.

컴퓨터 기술의 발전은 컴퓨터가 설치된 연구소 연구원들의 놀이 문화와 합쳐져서 게임을 만들어낸다. 미국 정부는 강력한 성능을 갖춘 컴퓨터가 필요했다. 컴퓨터를 통해 미사일의 탄도를 계산해야 했고, 원자폭탄기술을 가지기 위해서는 먼저 복잡한 데이터를 처리할 수 있어야 했기 때문이다(Dillon, 2011: 2). 미국 정부는 컴퓨터 기술을 발전시키기 위해 막대한 재원을 쏟기 시작했고, 냉전의 긴장은 과학기술개발 혁신체제를 탄생시켰다. 컴퓨터 기술과 관련해서 혁신체제는 분산 네트워크의 성격으로 인해 게임이라는 의도하지 않은 산물을 만든다. 연구소에 있었던 컴퓨터를 가지고 새롭고 재미있는 것을 하고자 하는 개인과 집단적인 문화4는 게임을 개발하는 데 필요한 기술적인 기반을 다지는 데 중요한 역할을 했다. 초기 게임은 이들의 문화에서 시작되었다.

게임은 컴퓨터를 운용하던 연구소에서 개발되었다. 컴퓨터 화면으로 구현되는 게임의 시초는 삼목Noughts and Crosses, OXO이라고 할 수 있다. 삼목은 1952년에 초기 대형 컴퓨터 중 하나였던 에드삭Electronic Delay Storage Automatic Calculator: EDSAC을 기반으로 구현되었다. 당시 케임브리지 대학교 박사과정이었던 알렉산더 더글러스Alexander Douglas는 인간과 기계의 교류에 대한 논문을 위해서 게임을 개발했다고 한다. 이렇게 초기 대형 컴퓨터들은 탄도 계산이나 복잡한 데이터 처리를 위해서 주로 대학 연구소에 설치되어 있었다. 초기 컴퓨터들을 통해 기본적인 형태를 갖춘 게임이 개발되지만, 컴퓨터 설치비와 크기 때문에 게임이 연구소 이외의 공간으로 퍼질 수 없었다(Dillon, 2011: 3~4). 그러나 게임산업이 태동하기 위한 필수조건, 즉 게임개발기술이 만들어졌다는 점에서는 이견이 없다.

또 다른 초기 게임은 윌리엄 히긴보텀William Higinbotham의 두 사람을 위한 테니스Tennis for Two이다. 히긴보텀은 브룩헤이븐 연구소the Brookhaven National Laboratories in New York에서 근무하던 물리학자였다. 맨해튼 프로젝트에도 참여했던 히긴보텀은 연구소의 아날로그 진공관 컴퓨터를 이용해 게임을 만들게 된다. 컴퓨터는 군사적 목적으로 사용되었는데, 제2차 세계대전 당시 핵무기의

---

4 이러한 개인, 집단적인 문화를 해커 문화로 표현하기도 한다. 컴퓨터를 다루는 능력이 창의성과 합쳐지면서 재미를 추구하는 문화를 만들어냈다. 여기에서 말하는 해커는 컴퓨터와 관련한 문제를 풀기 위해서 창의적인 방법을 추구하는 대학생이나 대학원생 그룹을 의미한다. 해커 문화의 발전에 대해서는 Thomas(2002)를 참조할 것.

탄도를 측정하는 데 쓰였다. 연구소는 핵 기술의 평화적 이용을 대중에게 알리는 역할도 동시에 했는데, 당시 미국 사회에서는 컴퓨터나 새롭게 만들어지는 기계가 전쟁의 도구로 쓰이는 문제가 있는 물건들이라는 부정적인 인식이 있었기 때문이다. 연구소는 '방문자의 날'을 통해 핵물리학 기술이 안전하다는 것을 보여주고자 했다. 방문자의 날은 그저 연구소가 제공하는 자료나 일반인은 이해하기 어려운 기계들을 구경하는 지루한 행사였다. 1958년 히긴보텀은 방문자들이 흥미를 느끼도록 컴퓨터에 오실로스코프 화면을 부착해서 테니스 게임을 모사한 게임을 만들었다(Burnham, 2003: 28). 게임은 인기가 있었으나, 상업적인 목적이 아니라 과학기술을 즐기는 목적으로 발명했으므로 히긴보텀은 특허를 신청하지 않았다(Lambert, 2008.11.7; Baer, 2005: 17). 이렇게 초기 게임은 기술적 한계와 개발자의 의지 부족으로 인해 연구소의 한계를 넘지 못했다. 하지만 이들의 작업은 컴퓨터가 군사 부문에서만 쓰이는 계산을 위한 거대한 기계가 아니라 엔터테인먼트 용도로 쓰일 수 있다는 개념을 구현했다는 점에서 의의를 지닌다.

미국 대학 연구소는 게임 개발 환경으로서 해커 문화가 등장한 곳이기도 하다. MIT가 그중 하나인데, 해커 문화는 TMRCTech Model Railroad Club라는 그룹이 주도했다(Dillon, 2011: 6). MIT에는 스트로보를 이용한 실험을 하는 방사선 연구실radiation laboratory이 있었다(Burnham, 2003: 34). 이 연구실은 1951년 군사기술 연구소였던 링컨 연구실로 흡수·통합되는 과정에서(Levy, 2001: 27), 링컨 연구실이 개발한 최신 시스템인 TX-0을 받았는데 이 컴퓨터는 PDP-1Programmed Data Processor-1이라는 컴퓨터 게임 역사상 중요한 메인프레임의 기반이 된다(Kent, 2001: 17). 컴퓨터는 고가의 장비였기 때문에 아무나 사용할 수 없는 기계였다. 하지만 TMRC의 학생들은 연구를 위해 컴퓨터에 접근할 수 있었다(Dillon, 2011: 6). TMRC의 학생들은 새로운 기술과 함께 실험하는 것을 좋아했으며, 더욱 새롭고 재미있는 방법으로 기존의 기술을 이용할 수 있을지에 대해서 고민했다. 이들은 결국 1962년에 〈스페이스워!Spacewar!〉[5]라는 게임을 개발하는 데 성공한다. PDP-1이 다른 대학 연구소에 설치되면서, 게임도 미국 전역으로 퍼져나갔다. 하지만 여전히 하드웨어가 고가였기 때문에 이 게임은 일반 대중에게 알려지지 않은 채 연구원들만의 전유물에 머물렀다.

초기 게임들은 ─ 논문을 위한 것이든지, 방문자의 흥미를 위해 제공되었든지, 대학 연구소에서 컴퓨터에 심취한 연구원들에 의한 것이든지 간에 ─ 이후 산업이 등장하는 초석을 다졌다. 기술이 발전하면서 컴퓨터를 구성하는 부품의 가격이 내려갔고, 컴퓨터는 연구소에 설치된 고가의 기계가 아닌 일반 소비자가 사용할 수 있는 가정용품이 됐다(Selnow, 1987: 53). 마그나복스Magnavox는 아타리Atari[6]가 게임시장에서 상업적으로 성공한 것을 보고 뒤늦게 시장에 진입한 회사였다. 마그나복스의 오디세이는 게임산업의 역사에서는 그저 하나의 콘솔에 불과하지만, 미국 게임산업이 군사 부문과 만나는 또 하나의 접점을 형성했다는 차원에서 중요하게 다룰 필요가 있다.

2) 게임기술의 군사화: 스핀온

게임 콘솔 개발은 미국 군사안보 부문과 맞닿은 접점에서 이루어졌다. 컴퓨터 기술의 발전이 군사적인 목적에서 시작되었던 것과 마찬가지로 게임 콘솔

---

5 게임은 두 명의 플레이어가 할 수 있게 되어 있다. 스크린에 구현된 가상의 공간에 두 개의 우주선이 위치하고, 각 플레이어는 두 우주선을 조종해서 미사일을 발사하여 상대방 우주선을 맞추면 승리한다. 상업적 판매를 목적으로 만들어지지 않았기 때문에 게임의 개발로 개발자들은 이익을 얻지 못했다. PDP-1에서 구동되는 공개 소스 소프트웨어로서, 미국 전역의 연구소로 퍼져나간 이후에 게임은 재구성되거나 자신들의 고유한 아이디어로 업그레이드되기도 했다.

6 아타리의 창업자인 놀란 부시넬(Nolan Bushnell), 그리고 게임 〈퐁(Pong!)〉은 게임산업의 역사에서 빼놓고 설명할 수 없을 만큼 중요하다. 아타리라는 이름은 대중에게 게임이라는 문화산업을 널리 알리는 계기가 되었다. 연구소에서 구현된 게임들은 게임을 즐기기에 복잡했으며, 비싼 하드웨어가 기반이 되어야 했다. 하지만 아타리의 퐁은 직관적이었기 때문에 이용자가 쉽게 접근할 수 있었다. 하지만 이 글에서는 군사안보 부문과 문화산업이 만나는 군-산-학-연 네트워크를 중심으로 논의를 진행하기 때문에 군사안보 부문과 관련되지 않는 아타리의 게임은 다루지 않는다.

도 군사안보 부문과 밀접한 관계를 맺고 만들어졌다. 마그나복스의 오디세이는 미국 방위산업체에 근무하던 연구원에 의해서 개발된 게임 콘솔이다. 그리고 콘솔 개발에 이용된 게임기술은 군사 시뮬레이션 기술로 이전되어 다시 군사안보 부문으로 파급된다. 오디세이의 핵심 기술을 개발한 랠프 베어Ralph H. Baer는 샌더스Sanders Associates[7]에서 근무하는 엔지니어였다. 당시 베어가 근무했던 샌더스는 방위산업체로서 전술 감시 및 정보 시스템, 레이더 시스템 등의 연구를 하는 동시에 미군에서 쓰이는 전자기기를 제작하는 회사였다.

1966년 베어는 가정용 TV에 연결해서 방송을 보는 것 이외의 것을 할 기계를 구상한다. 기계는 TV에서 게임을 할 수 있도록 구현하는 장치였다(Baer, 2005: 16). 게임 장치를 구현하기 위해 샌더스는 좋은 환경을 가지고 있었다. 베어는 군사기술을 구현하기 위해 쓰이는 좋은 품질의 부품을 사용할 수 있었고, 전문적인 지식을 갖춘 동료들과 협업을 할 수 있었으며, 방위산업체의 풍부한 경제적인 지원을 받을 수 있었다. 물론 방위산업체에서 게임이라는 생소한 기술을 만드는 일 자체가 터무니없었지만, 샌더스는 게임을 만드는 데 도움을 주었다. 방위산업체 안에서 각 연구실은 각각 고유한 업무를 가지고 있었고, 매우 민감한 기술을 다루기 때문에 엄격하게 분리되어 있었기 때문이다. 그래서 베어는 연구실 동료와 함께 자유로이 게임 콘솔을 개발하기 위해 일종의 부업을 할 수 있었다(Kent, 2001: 21).

샌더스의 운영진 대부분은 베어의 게임 개발 계획에 비관적이었다. 방위산업체가 경험이 없는 엔터테인먼트 산업에 뛰어드는 것은 모험이었기 때문이다. 하지만 샌더스의 사장은 베어의 제안을 받아들였고, 게임 개발 프로젝트는

---

7 뉴햄프셔주의 나슈아를 기반으로 하는 방위산업체이다. 1951년에 설립되어 1986년에 매각되었다. 1986년 거대 방위산업체인 록히드마틴에 매각되어 자회사로 존재하다가 1995년 록히드마틴으로 인수합병된다. 2000년에 록히드마틴은 약 17억 달러를 받고 샌더스를 BAE 시스템스에 매각했다(Marie, 2000.7.14).

계속될 수 있었다(Baer, 2005: 29~30). 당시 방위산업체에서 주된 고객인 정부를 배제하고 놀이를 위한 기계를 만드는 결정은 쉽지 않은 일이었다. 하지만 샌더스의 이러한 결정은 경제적으로 합리적이었다.

방위산업은 대단위의 프로젝트를 정부로부터 수주하여 이윤을 창출한다. 민수시장을 위해 개발되는 연구와 달리 정부로부터 수주하는 연구는 그 규모만큼이나 연구자원이 대량으로 투입될 수밖에 없다. 문제는 연구가 언제나 성공하는 것은 아니었고, 아무리 연구비를 투입해도 결과적으로 정부 입찰에 성공하지 못하면 결과에 대한 대가는 받지 못하게 된다. 개발된 기술은 쓸모없어진다. 방위산업체가 정부조달에 실패하면 적자에 시달릴 수밖에 없다. 그래서 방위산업체들은 기술의 공급 경로를 다변화함으로써 재정을 유지하려 한다. 샌더스에서 베어의 연구도 마찬가지였다. TV는 대부분의 미국 가정에 이미 퍼져 있었다. 베어의 게임 개발 프로젝트가 성공한다면 잠재적으로 샌더스가 얻을 수 있는 경제적인 이익은 굉장했다. 군사안보 부문의 연구를 위해서 만들어진 회로기술을 통해서 민간시장에서도 수익을 낼 수 있다면 샌더스는 더할 나위 없이 좋은 상황을 만들 수 있었다.

1967년에 베어는 게임 콘솔 시제품을 만든다. 브라운 박스라고 이름 지어진 시제품(Baer, 2005: 55)은 세계 최초의 가정용 게임 콘솔로서 기계식 스위치를 가진 갈색 상자 모양의 본체와 두 개의 다이얼을 가진 조종기로 구성되었다. 브라운 박스는 샌더스가 만들어낸 의외의 개발품이었지만, 샌더스를 재정적 어려움에서 구해낸 효자이기도 했다. 1960년대 샌더스를 비롯한 미국의 방위산업체들은 정부의 국방비 지출 감소로 압박을 받고 있었다. 냉전 상황에서 안보에 대한 피로감은 국방비의 삭감을 요구하게 했고 방위산업체에 투입되던 자금은 줄어들었다(Archibong, 1997: 39). 샌더스도 마찬가지였다.[8] 게임 콘솔은

---

8 한때 1만 명에 육박하던 샌더스의 직원 수는 4000명까지 줄었다(Kent, 2001: 24).

샌더스가 민간시장에 도전해 볼 만한 아이템이었으나, 샌더스는 방위산업체였기 때문에 민간시장 마케팅의 경험은 없었다. 그래서 샌더스는 마케팅이 가능했던 마그나복스와 협력하여 베어의 게임 콘솔은 오디세이라는 이름을 달고 시장에 출시되었다(Donovan, 2010: 24; Bedi, 2019: 21; Baer, 2005: 58).

이후 베어는 텔레스케치Telesketch, HECHome Electronics Center, 케이블 메이트 Cable-Mate와 같은 게임과 관련한 프로젝트를 계속한다. 이 프로젝트들은 상용화에 실패하지만, 기술은 군사안보 부문의 프로젝트로 전환되어 재사용되었다. 이렇게 베어가 샌더스에서 개발한 게임 관련 기술을 다시 군사적인 목적의 시뮬레이션 관련 기술로 전환하게 되는 데에는 두 가지의 요인이 작용했다. 첫째, 1970년대 후반에 일어난 게임산업의 지각변동이다. 초기 게임시장은 〈퐁〉의 성공으로 폭발적으로 성장했다. 하지만 비슷한 게임들이 시장에 초과 공급되고 새로운 게임이 유입되지 않아 시장은 불안정해졌다. 또한 마이크로칩의 단가가 낮아지면서 이러한 초과 공급의 양상은 소프트웨어와 함께 하드웨어에서도 나타났다. 시장의 불안정은 게임산업의 생존마저 의심하게 했다. 이런 상황에서 샌더스는 게임 프로젝트를 지속할 유인이 없었다. 둘째, 샌더스는 기본적으로 방위산업체였다. 베어의 게임기술 개발로 인해 샌더스는 재정 위기에서 벗어날 수 있었다. 하지만 샌더스의 주된 사업 영역은 군사안보 부문으로 샌더스는 이 부문의 기술을 개발하고 상품을 조달했다. 샌더스는 군사안보 부문과 게임산업의 교차점에 있었지만, 원래 사업을 버리면서 모험을 할 필요는 없었다. 동시에 미국 정부의 정책은 냉전에서의 기술 우위의 전략으로서 선회하고 있었다. 미국 방위산업체로서 샌더스는 이러한 전략을 따라가야만 하는 숙명을 가지고 있었다.

1970년대 후반 게임시장의 붕괴는 방위산업체였던 샌더스에 이미 가지고 있던 게임 기술을 군사안보 부문으로 전이하도록 했다. 샌더스에서 베어에게 주어진 연구과제는 그동안 축적된 게임 개발에 대한 기술을 이용해 대화형 비디오 훈련 교육 시스템Interactive Video Training and Education System: IVTS을 만들어내는 것이었다. 이는 무기 시뮬레이션을 통해서 무기를 운용하는 데 필요한 기술적 훈련을 할 수 있도록 하는 시스템[9]이었다.

게임 개발을 위해 연구된 지식을 어떻게 '다른 방식으로' 발전시켜 군사안보 부문으로 전환시킬 수 있을지에 대해 베어는 알고 있었다(Baer, 2005: 163~164). 게임시장의 붕괴는 샌더스로 하여금 새로운 시장으로 완전히 전환하지 못하도록 막았고, 샌더스가 원래 방산업체였다는 사실은 게임 기술을 다시 군사안보 부문으로 전환하여 IVTS를 만들 수 있게 했다. 이 시스템은 게임 부문과 미국 군사안보 부문이 다시 한번 만나는 계기가 된다. 이전의 만남이 군사안보 부문의 기술이 엔터테인먼트 부문으로 확장—파급되는 모습을 보여주었다면, 이번의 만남은 엔터테인먼트를 위해서 만들어진 기술이 군사안보 부문으로 파급되는 그 반대의 모습을 보여주었다.

더군다나, 베어의 IVTS는 샌더스의 다른 연구실과 합작하여 확장된 모습의 시뮬레이션 기술을 미국 군사안보 부문에 공급했다. 샌더스의 국방 시스템 부서Defense System Division는 당시 보병이 탱크를 저지할 수 있는 무기 시스템Light Ant-Tank Weapon: LAW 기술을 연구하고 있었는데 이들은 베어의 IVTS가 LAW와 결합될 수 있다면 더욱 실용적이고 현실성 있는 효과를 낼 수 있을 것으로 생각했다. 결합을 위한 방법은 의외로 간단했다. IVTS를 위해서 만들어진 소총을 어깨에 멜 수 있는 크기의 포로 개조하고, LAW에서 구현되는 탱크를 베어가 연구했던 시뮬레이션 기술을 통해 스크린에 구현했다(Baer, 2005: 164). 이렇게 샌

---

9 IVTS는 오디세이의 게임을 위한 소총을 사용했다. 시스템은 화면에 나타난 타깃을 소총으로 맞추면 즉시 물체가 사라지는 식으로 만들어졌기 때문에 타격 여부를 직관적으로 알 수 있었다. 당시 사용되었던 래스터 주사법을 이용해서 시뮬레이션은 더욱 현실감 있게 구현되었고, 타깃의 크기에 따라 거리의 원근감을 표현할 수 있었다(Baer, 2005: 163). 시스템에는 상용화되었던 오디세이를 개발할 때 사용했던 기술과 하드웨어가 기본적으로 사용되었으나, 이후에 상용화되지 못한 프로젝트에서 전환된 기술도 사용되었다. 대표적인 예는 HEC이다. HEC에서 사용되었던 기술을 IVTS를 만드는 데 사용했다. 이러한 훈련교육 시스템은 시뮬레이션 기술을 이용하기 때문에 실제 훈련보다 비용이 적게 들었고, 훈련의 지속성을 담보할 수 있었으며, 훈련 성과에 대한 지도를 더욱 효과적으로 할 수 있었다.

더스는 게임 콘솔 기술을 만들었지만, 게임 기술을 군사안보 부문으로 확장시키면서, 게임 군산복합체, 또는 군-엔터테인먼트 복합체의 모습을 보여주었다.

샌더스의 사례를 시작으로 미국 군사안보 부문은 게임산업에서 연구개발된 시뮬레이션 기술을 적극적으로 사용한다. 예를 들어, 미국 육군은 아타리의 게임 배틀존을 이용하여 전투 훈련 시뮬레이터를 만든다. 브래들리 트레이너라는 이름을 가진 군사 훈련 시뮬레이션 프로그램은 가상의 적 탱크와 헬리콥터의 구현을 위해 육군에서 제공된 재원을 이용했다(Stahl, 2010: 96). 새롭게 기술을 만드는 데 투입되어야 하는 비용을 절감하면서, 훈련의 효율성을 높일 수 있었기에 미국 군사안보 부문은 게임 기술을 적극적으로 이용하는 모습을 보였다.

4. 밀리테인먼트의 네트워크

1) 적극적 연계 모색

게임의 기술지식과 문화 상상력은 군사안보 부문으로 파생된다. 미 해병대의 모델링 시뮬레이션 관리국Modeling and Simulation Management Office은 1인칭 슈팅 게임인 〈둠 2Doom 2〉[10]을 재구성하여 마린 둠Marine Doom이라는 집단 전투 훈련 시뮬레이션 프로그램을 만들어 사용했다. 이후, 미 해병대는 MAK 테크놀로지MAK Technology와 함께 마린 익스페디셔너리 유닛 2000Marine Expeditionary Unit 2000

---

10 1994년 발매된 둠 시리즈의 두 번째 작품이다. 둠 시리즈는 울펜슈타인에서 시작된 1인칭 슈팅 게임이 독립된 장르로서 본격화되었다는 데에 의미가 있다. 당시 2D 게임이나 매우 조악한 3D 게임이 주류였던 시절에 진보적이고 혁신적인 3D 그래픽을 선보였으며, 네트워크 대전을 지원하면서 멀티플레이의 대중화를 이끌었다.

을 만들게 되는데 이것은 민간 게임산업이 미국 군사안보 부문과 공식적으로 합작하여 만든 첫 게임으로 기록되었다(Pasanen, 2009: 7~8).

간헐적으로 보이는 엔터테인먼트 부문과 군사안보 부문의 연결은 이후 1990년 대에 들어서 좀 더 제도화된 모습으로 나타난다. 가장 눈에 띄는 군-산-학-연 네트워크는 남캘리포니아 대학교University of Southern California에 설치되었던 ICT Institute for Creative Technology와 미국 해군대학원Naval Postgraduate School: NPS에 설치 되었던 MOVES였다. 이 두 연구소를 통해 게임산업에 관련한 군산학복합체가 어떠한 기능을 하고 있는지 살펴볼 수 있다.

이러한 연구소들은 갑자기 나타나지는 않았다. 미국 정부는 군사안보 부문 과 게임산업 간의 협력 관계를 모색하고자 했다. 미국 국립연구위원회the Nation-al Research Council: NRC 산하의 컴퓨터·전기통신 분과위원회Computer Science and Telecommunications Board는 「모델링과 시뮬레이션: 엔터테인먼트와 국방의 연계 Modeling and Simulation: Linking Entertainment and Defense」(1997)에서 미래에 있을 협력 관계의 모습을 그려놓았다. 위원회는 보고서에서 기존에 단편적·단기적으로 존재하던 민간 부문과 국방 부문의 관계를 어떻게 하면 더욱 공고히 하고 지속 적으로 유지할 수 있을지에 관해 가이드라인을 제시했다. 또한 미래에 군사안 보 부문에서 쓰일 수 있는 시뮬레이션 기술에 대해서 정리하고, 엔터테인먼트 산업, 특히 게임산업이 어떻게 하면 이러한 시뮬레이션 기술 발전에 공헌할 수 있는지에 대해서 다루었다. 시뮬레이션 기술은 국방 부문에서 더욱 효율적인 훈련 ― 기술을 통해서 많은 인원을 동시에 관리할 수 있고, 새로운 전술과 혁신적인 무 기 시스템을 그대로 적용할 수 있다는 차원에서 ― 을 가능하게 하므로 중요하게 다 루어져야 한다(National Research Council, 1997: 1).

보고서는 시뮬레이션 기술을 중심으로 엔터테인먼트 산업과 방위산업 사 이의 접촉 횟수와 강도가 늘어날 것으로 예상한다. 위원회는 군사안보 부문에 서 미래에 필요한 시뮬레이션 기술로서 다음과 같은 네 가지를 제시하고 있다. ① 여러 가지 감각적 몰입의 방법을 통합해서 효과적으로 구현할 수 있는 복합 시뮬레이션 환경, ② 구현된 환경 안에서 사용자와 사용자 간에, 그리고 사용자와 환경 간에 소통할 수 있는 인터페이스, ③ 여러 개의 컴퓨터를 연결해서 운용할 수 있는 초고속 네트워크 기술을 통해 소프트웨어와 하드웨어가 연동할 수 있는 상호 운용을 위한 표준, ④ 인공지능 기술을 통해 컴퓨터로 구현되는 시뮬레이션 환경의 생성과 빠른 재생성(National Research Council, 1997: 28~29).

위원회는 보고서의 많은 부분에서 엔터테인먼트 산업과 방위산업 간의 성격의 차이에서 오는 '문화적 장애물'을 어떻게 하면 줄일 수 있을지 고민한다. 엔터테인먼트 산업과 방위산업은 그 성격과 목적 등의 차원에서 다른 모습을 하고 있는데, 크게 보면 기술개발을 위해서 설정하는 시간, 비즈니스 모델의 차이에서 오는 수익 구조, 기술 연구 자체의 목적, 지적재산권의 사용의 차원에서 서로 다른 모습을 가지고 있다고 지적한다(National Research Council, 1997: 87~88; Herz and Macedonia, 2002). 엔터테인먼트 산업은 '재미'를 추구하는 상품을 만들어 시장에 공급하고 이를 통해 이익을 창출한다. 재미를 위해서 현실적이지 않은 서사 구조와 과장된 표현을 사용하며, 행위에 관한 결과가 명확하지 않은 환경이 자연스럽게 받아들여진다. 반면에 방위산업에서 시뮬레이션 기술은 현실성이 주가 되어야 한다. 시뮬레이션 환경에서 행위와 결과는 컴퓨터를 기반으로 가상적으로 구현되는 것이지만, '현실성'을 가지고 있어야 한다(National Research Council, 1997: 27). 위원회는 엔터테인먼트 산업과 방위산업 간의 차이는 서로의 접점을 늘리면서 공유할 수 있는 부분을 넓혀나가야 한다는 원론적 선언의 차원에서 그친다. 이들의 '자기 예언적' 선언은 1990년대 후반의 군-산-학-연 네트워크가 현실화하면서 그 열매를 맺는다.

2) ICT와 MOVES

(1) 네트워크의 형성

앞에서 언급한 보고서를 만든 컴퓨터·전기통신 분과위원회 의장은 마이크

자이다Mike Zyda였다. 자이다는 보고서에서 제기된 문제와 이를 해결할 수 있는 권고사항을 기초로 엔터테인먼트 산업과 방위산업을 연계하는 방안을 구체화했다. 이 연계의 중심에는 대학 연구소[11]가 있는데 남캘리포니아 대학교 University of South California; USC를 중심으로 엔터테인먼트 산업 관계자와 전공 대학생, 대학원생, 그리고 실리콘밸리의 IT 관련 산업이 함께하는 ICT를 창설하기 위한 계획에 착수한다. 미국 육군은 1999년에 자이다의 제안을 받아들여 USC에 4500만 달러 상당의 연구용역 계약을 맺고, 그 목적으로 ICT를 만들었다. 연구소는 민간의 엔터테인먼트 산업, 미국 육군, USC의 연구진이 연계하여 시뮬레이션 기술을 개발하는 데에 그 목적이 있다(Institute for Creative Technologies, 2013).

이러한 목적을 실현하기 위해서 ICT는 엔터테인먼트 산업에서 전문가들을 영입하고, 이들이 가진 지식과 기술을 접목하여, 미국 육군에서 사용할 수 있는 군사적 목적의 시뮬레이션 기술을 개발한다. 예를 들어 파라마운트 그룹의 총괄 부사장이었던 데이비드 워트하이머, 남캘리포니아 대학교의 엔터테인먼트 기술 센터장이었던 제임스 코리스, 할리우드와 방송사의 시나리오 작가들, 그리고 미국 국방성에서 육군 연구 프로그램을 총괄하던 캐시 코미노스가 ICT의 기술개발을 위해서 영입되었다(Turse, 2009: 77). 대학 연구소가 엔터테인먼트 산업과 방위산업을 연계하는 중심지의 역할을 하게 된 것이다.

이러한 연계의 모습은 2003년 ICT가 〈풀 스펙트럼 커맨드Full Spectrum Command; FSC〉라는 이름의 시뮬레이션 훈련 게임을 만들면서 결실을 맺는다. 이 게임은 게임의 형식을 빌렸지만, 실제 전장에서 군인들이 해야 하는 기본적인 행동요

---

11 이 글에서 다루는 두 개의 연구소만이 미국 군사 부문과 엔터테인먼트 산업의 결합으로 나타난 것은 아니다. ICT가 만들어진 같은 해에 IAT(the Institute for Advanced Technology at the University of Texas at Austin)라는 이름으로 연구소가 만들어진다. 이 연구소는 텍사스 주립대학교, 텍사스 A&M 대학교, 그리고 육군이 공동으로 만든 연구소로서 근처의 포트 후드(Fort Hood)에서 필요로 하는 디지털 환경과 시뮬레이션 기술을 적극적으로 이용하도록 도와주는 역할을 했다(Bloom, 2004.3.5).

령을 훈련하기 위한 목적으로 만들어졌다. ICT가 훈련 시뮬레이션 프로그램을 게임 기반으로 만들게 된 것은 병사들이 게임에 익숙한 세대이므로 게임을 통한 훈련이 효과적일 수 있다고 판단했기 때문이다. 이후, ICT는 민간 게임 개발 스튜디오였던 판데믹 스튜디오Pandemic Studios와 협업하여 〈풀 스펙트럼 커맨드〉를 상용화하고 이를 〈풀 스펙트럼 워리어Full Spectrum Warrior: FSW〉라는 이름으로 출시했다. ICT는 게임시장에서의 게임 배급에 관한 전문적인 경험이 없었기 때문에 민간 버전의 게임인 〈풀 스펙트럼 워리어〉는 게임 배급사 THQ에 의해 시장에 배급되었다(Smith, 2016.8.23; Dyer-Witheford and de Peuter, 2009: 141~142; Korris, 2004).

〈풀 스펙트럼 워리어〉에 대한 게임시장의 반응은 좋았다. 게이머들 사이에서 게임은 육군의 전문적인 지식과 함께 그들의 자본이 투입된 현실적 시뮬레이션이라는 입소문을 타고 인기를 끌었으며, 시장의 인기를 반영하듯 E3 Electronic Entertainment Expo 2003에서 최고의 오리지널 게임과 최고의 시뮬레이션 게임 상을 받았고(Silver and Marwick, 2010: 330; Chen, 2003), 2003년에는 PC 게이머 & 컴퓨터 게이밍 월드PC Gamer and Computer Gaming World에서 선정하는 상위 10개의 게임 중 하나를 차지하기도 했다. 이러한 상업적인 성공에 힘입어, ICT는 육군과 재계약을 하게 되는데, 총 1억 달러 상당의 계약을 맺음으로써 이 당시까지 USC가 받았던 연구계약 중 최고 금액을 기록했다(Turse, 2009: 76).

자이다는 ICT의 설립에서 그의 계획을 멈추지 않았다. 당시 미국 육군은 잘 알려져 있다시피 입대자가 감소하는 추세였다. 미 육군사관학교 경제학 교수였던 케이시 와딘스키 대령Colonel Casey Wardynski[12]은 1999년 육군의 입대자 감소가 심각한 수준에 이르자 이에 대한 해결책을 고심하고 있었다(Stahl, 2010: 109; Li, 2003: 12). 대령은 젊은 세대의 게임에 대한 인기를 실감하고, 이들의 입

---

12 와딘스키 대령은 이후 아미 게임 프로젝트(Army Game Project)를 총괄하는 미 육군의 경제 및 병력 분석부(the Office of Economic and Manpower Analysis)의 장을 맡게 된다(Halter, 2006: xvii).

대를 독려하기 위해서 게임을 이용할 수 있다는 인식 아래에 적절한 장소를 물색하는 중이었다. 자이다는 와딘스키 대령에게 접근해서 ICT와 비슷한 구조를 가진 연구소를 미국 해군대학원에 만들기로 합의했다. 이렇게 육군의 예산으로 만들어진 MOVES는 해군대학원의 연구 인력을 중심으로 와딘스키 대령이 상정하는 게임을 이용한 훈련 시뮬레이터 기술을 만드는 환경을 제공할 수 있었다(Zyda et al., 2003; Davis and Bossant, 2004: 20).

2000년부터 공식적으로 시작된 MOVES의 게임 프로젝트는 '오퍼레이션 스타 파이터Operation Star Fighter'로 명명되었다. 미 해군대학원의 전문가 마이크 캡스Mike Capps 교수가 프로젝트에 합류했고, 대학원생들이 그래픽 알고리즘과 몰입 시뮬레이션 기술을 활용하여 게임을 개발했으며, 육군은 개발에 필요한 데이터들을 지원했다(Zyda et al., 2003: 28; Davis and Bossant, 2004: 10). MOVES는 게임 프로젝트를 위해서 당시 최신의 게임엔진이었던 에픽 게임스Epic Games의 언리얼엔진 2 Unreal Engine 2를 사용했다. 이는 이 게임 프로젝트의 결과물이었던 〈아메리카 아미〉 게임의 시장에서의 성공에 도움을 주는데, 최신의 미들웨어를 사용함으로써 그만큼 게임 개발의 바탕이 되는 기술을 개발할 필요가 없으므로 개발 과정을 단축해 주고, 다양한 사양에서도 최신의 그래픽 기술을 구현할 수 있도록 했기 때문이다(Allen, 2011: 47).

앞에서 언급했던 모델링과 시뮬레이션에 관한 보고서에서 짚고 있는 것과 마찬가지로 엔터테인먼트 산업과 방위산업이 만나서 게임을 제작하는 과정은 쉽지 않은 일이었다. 하지만 MOVES는 게임의 군-산-학-연 복합체로서 그 산물인 〈아메리카 아미〉 게임을 출시함으로써 두 산업 간의 '문화적 장애물'이 극복될 수 있는 과제였음을 보여주었다. MOVES의 게임은 재미있고 그럴듯한 게임이었을 뿐만 아니라 게임이 개발되기 위한 목적, 즉 젊은 세대에게 미국 육군이 추구하는 비전을 설득하고 그들이 이에 자연스럽게 동조하여 입대하게 만드는 목적을 실현할 수 있게 되었다.

2002년 E3에서, MOVES에서 만든 게임 〈아메리카 아미〉 시리즈의 첫 번째

타이틀이 처음으로 대중에게 공개됐다. 미국 육군이 만들었다는 사실 때문에 타이틀에 대한 대중의 기대는 발매 전까지 그리 크지 않았다. 같은 날에 블리자드의 〈워크래프트 3Warcraft 3〉가 발매되었기 때문이다. 하지만 〈아메리카 아미〉가 발매되면서 대중의 관심과 호기심은 커졌다. 게임은 미국 육군의 원래 목적을 그대로 달성하게 했다. "16세부터 24세의 젊은 세대 중 30%가 게임을 통해 육군에 대해서 좋은 인상을 가지게 되었고, 게임은 지금까지 있었던 모병을 위한 광고수단의 효과를 합한 것보다 더 큰 결과"를 보여주었다(Singer, 2009.11.7). 에드 홀터는 게임의 인기에 대해 "실제 육군이 육군을 다루는 게임을 통해서 승승장구하던 게임산업의 중심에 서게 되었다"라고 말했다(Halter, 2006: xviii). 게임시장에서의 성공을 통해 미국 육군은 게임산업에서 기능성 게임이라는 장르의 선두주자로 자리매김했다. 이러한 군사안보 부문의 엔터테인먼트 산업으로의 확장은 2003년 E3에서 보여준 육군의 퍼포먼스를 통해 극에 달한다. 게임의 홍보를 위해 로스앤젤레스 컨벤션 센터 주위를 도는 헬리콥터에서 육군 병사들이 레벨을 타고 내려와 군중 사이를 헤집으며 행사장을 호위하는 퍼포먼스를 했던 것이다(Halter, 2006: vii~viii).

(2) 네트워크의 현재

〈아메리카 아미〉 게임의 폭발적인 인기와는 별도로(Mezoff, 2009.2.10), MOVES는 「모델링과 시뮬레이션」 보고서에서 지적하고 있는 두 산업 간의 차이로 인해 내부적으로 고통받고 있었다. 게임의 다음 시리즈를 위해 육군은 게임산업계에서 짧은 시간 안에 해결할 수 없는 기능을 추가해 달라고 요구했다. 이러한 기능을 개발하기 위해서 MOVE의 인력들은 예상되는 개발 기간의 연장과 함께 예산의 증액 또한 요구했지만, 미 육군은 게임산업의 고유한 속성을 이해하지 못하고 위계적으로 명령을 하달하기만 했으며, 예산도 늘려주지 않았다(Zyda et al., 2005: 4~5).

2003년 게임의 두 번째 버전인 〈아메리카 아미: 스페셜 포스Special Forces〉가

출시된다. 게임이 발매된 직후, MOVES는 어떠한 집단이 연구의 중심에 있었고 게임 개발에 대한 공적을 가져가야 하는지에 대한 문제에 휩싸인다. 미국 육군은 주된 예산이 육군의 게임 프로젝트에서 투입되었고, 게임 개발을 위한 데이터와 연구 인력도 제공했으며, 심지어 게임 자체의 이름도 '미국 육군'을 쓰고 있으므로 모든 공적은 육군이 가져야 한다고 주장했다. 이에 반해 해군은 연구소가 해군대학원에 자리 잡고 있고, 해군의 연구 인력의 도움 없이는 게임을 만들 수 없었을 것이라는 논리로 육군이 모든 게임에 대한 공적을 가져가는 것에 대해 불만을 제기했다. 해군대학원은 육군 게임 프로젝트를 총괄하고 있는 경제 및 병력분석부Office of Economic and Manpower Analysis: OEMA에 해군대학원에 있는 MOVES가 육군 게임을 주로 개발했다는 사실을 공표하지 않는다면 프로젝트 자체를 다른 곳으로 옮겨야 할 것이라고 통첩했다(Allen, 2017: 131).

당시 자이다는 MOVES의 게임 플랫폼을 이용해서 또 다른 군의 훈련 프로그램을 만들기 위한 프로젝트를 진행했다. '에어포스 프로젝트Air Force Project'라는 이름으로 행해진 이 프로젝트는 미국 공군의 예산 47만 달러가 투입되어서 공군이 수행하는 수송 호위 모의 훈련을 위해 시뮬레이션 프로그램을 개발하는 것이었다. 하지만 이 프로젝트는 육군에 의해 중단된다. MOVES가 미국 국방성의 예산을 육군의 게임 프로젝트를 위해서 받았지만, 허가 없이 공군의 수주를 받고, 두 군데에서 받은 예산을 전용했다는 지적이 있었기 때문이다(Depart of Defense Office of Inspector General, 2005). 이를 계기로 육군 게임 프로젝트를 총괄했던 OEMA는 MOVES와의 게임 개발에 대한 계약을 파기하고, 캘리포니아의 포트 오드Fort Ord에 있는 아메리카 아미 퍼블릭 애플리케이션America's Army Public Application 팀으로 프로젝트를 옮기게 된다(Allen, 2017: 131). 이렇게 해서, 대학 연구소를 중심으로 했던 군-산-학-연 네트워크는 내부조직 간의 경쟁으로 인해 유기적인 모습을 공고히 하지 못하고 결국 무너졌다. 게임 개발자 집단이 가지는 게임산업의 특수성과 군사안보 부문의 방위산업이 가지는 경직성이 조화되지 못해 나타난 결과였다.

이후 〈아메리카 아미〉 게임은 게임시장에서 처음에 보여주었던 혁신적인 모습을 보여주지 못하고 그저 그런 게임에 머무르게 된다. 그 후 민간 게임 배급업체였던 유비소프트와 함께 두 개의 속편 ― 아메리카 아미: 라이즈 오브 솔저 Rise of a Soldier, 아메리카 아미: 트루 솔저스True Soldiers ― 이 출시되었지만, 대중으로부터 좋은 평가를 얻지 못한다. 한편, 육군 게임 프로젝트에서 만들어진 〈아메리카 아미〉 플랫폼은 군사안보 부문과 비상용 부문으로 더욱 파급되는 모습을 보여주었다. 2007년에 플랫폼은 육군의 증강현실 프로젝트와 연계되어 육군의 홍보 수단Virtual Army Experience으로 쓰였다(McElroy, 2007.7.25). 또한 월터 리드 육군 병원은 게임 플랫폼을 개조하여 운전 시뮬레이션 프로그램을 개발하여 운용했다. 이 프로그램은 의족이나 의수를 착용한 환자가 운전을 원활하게 할 수 있도록 도와준다. 미 육군과 비영리조직인 프로젝트 리드 더 웨이 Project Lead the Way와의 협업은 2008년에 시작되었는데, 게임을 이용해서 중고등학생의 물리 교육에 가상 시뮬레이션 기술을 통해 실험할 수 있게 하는 프로그램을 개발했다(U. S. Army, 2008.9.19).

요컨대, 〈아메리카 아미〉가 개발되는 과정에서 볼 수 있는 것은, 「모델링과 시뮬레이션」 보고서에서 언급하고 있는 것과 마찬가지로 엔터테인먼트 산업과 군사 부문이 서로 다른 특성, 다른 목적, 다른 스타일, 다른 일의 순서 등을 가지고 있음에도 불구하고, 이러한 어려움을 충분히 극복할 수 있다는 가능성이었다. 하지만 초기의 성공과는 달리, 그 이후의 내부 잡음으로 인한 연구소의 네트워크 중심으로서의 위치의 상실은 군사 부문과 엔터테인먼트, 특히 게임산업의 접목이 실제로는 굉장히 복잡하고 쉽지 않음을 보여준다.

5. 게임의 밀리테인먼트

1) 안보의 경제화

근대 국민국가에서 군산복합체가 가지는 큰 의미 중 하나는, 군산복합체는 자본주의가 발전하고 공고히 되는 데에 큰 축을 담당해 왔으며, 그 영향력의 차원에서 사회경제적으로 강력한 집단으로 성장해 왔다는 것이다. 군사안보 부문은 근대 국가를 유지하는 데 필수라는 점을 인정하면서도, 전쟁 준비와 안보라는 명목하에 군사력을 평시에도 유지, 보수, 관리하기 위해 전체 경제에서 차지하는 부분이 상시화되고, 때로는 전쟁을 위해서 경제를 돌리는 상황이 나타났다. 군사안보 부문이 생산력을 제고하기 위한 경제활동이 아님에도, 현대 자본주의의 한 축으로 항상 작동하고 있으며, 그 경제에 미치는 군사안보 부문의 영향이 구조화되고 고착화되는 모습을 생각해 볼 수 있다. 전쟁을 통해 독점적인 폭력수단을 집중 이용하면서 경제를 부흥하고 일자리를 만드는 군사 케인스주의(Galbraith, 1967/2007)까지 의심의 눈초리를 돌리지 않아도, 국가는 군산복합체를 통해 '안보'를 경제에서의 큰 부분으로 편입시키고 구조화하여 자생력을 가지고 영향력을 확장했다.

군산복합체는 기본적으로 군사안보 부문을 위해 존재한다. 민간 부문에서 직접 사용할 수는 없지만, 특수한 유형의 상품을 생산하고 공급한다. 이러한 차원에서 군사안보 부문은 경제적인 행위자이다. 찰머스 존슨은 펜타곤이 미국 정부의 핵심적인 경제 행위자이며, 군사안보 부문을 위해서 만들어지는 상품이 미국 전체 생산의 25%를 차지한다고 말한다. 이는 미국을 기반으로 한 다국적 군수기업들의 세계시장 장악 추세와 더불어 그 영향력을 국가 경제에서 세계 경제로까지 넓히면서 자생적 구조를 더욱 확고히 하고 있다.

일반적으로 군산복합체가 만드는 안보의 경제화는 군산복합체가 가지는 속성에 기인한다. 안보의 획득과 유지라는 정치적 요소와 함께 기술 혁신과 이윤의 생성이라는 경제적 요소가 만나는 지점에 위치하고 있기 때문이다. 이러한 점에서 김진균과 홍성태는 군산복합체가 현대사회의 경제구조가 왜곡되어 있음을 보여준다고 지적한다(김진균·홍성태, 1996: 25). 이러한 차원에서 군산복합체를 둘러싼 안보의 경제화는 현대 자본주의의 구조적인 변화를 의미한다. 이는 군산복합체가 어떻게 만들어지고 현대사회에서 성장하는지를 보는 것이 단순히 군사전략적 차원만이 아니라 경제적 차원에서도 설명되어야 하는 이유이기도 하다. 세계대전을 겪으면서 급격하게 팽창한 국방예산은 전쟁이 끝나고 나서도 줄지 않았고, 군사안보 부문이 정치 세력화되면서 시장과의 관계에서도 그 영향력을 강화하고 있다는 점은, 바로 군산복합체가 가지는 안보의 경제화라는 의미를 극명하게 보여준다고 하겠다.

여기까지는 일반적인 군산복합체, 또는 군수산업이 지금까지 보여주었던 현대사회에서 도출되는 의미이다. 그렇다면 엔터테인먼트의 군-산-학-연 네트워크에도 이러한 군산복합체의 안보의 경제화라는 명제가 그대로 적용될 수 있는가? 네트워크의 형성과 발전의 시대는 군산복합체의 형성과 발전의 시대와 맥을 같이하지 않는다. 오히려 미국의 국방예산이 줄고 있는 상황에서 앞에서 언급한 것과 같이 군사무기류의 최종제품과 무기체계에 필요한 생산수단을 생산하는 군산복합체의 논리를 그대로 적용하기는 어려울 것이다. 하지만 군사안보 부문의 경제적 차원의 영향력이 줄었다고 할 수 없다. 밀리테인먼트의 네트워크를 통해 일반 군산복합체가 생성한 경제적 영향력이 더욱 넓은 영역으로 퍼진다. 다시 말해, 기술을 생산하고 사용하는 차원에서 문화 부문과의 연계 속에서 더욱 교묘하게 자생력을 공고히 하고 있다고 하겠다. 예를 들어, 할리우드에서 만드는 전쟁 관련 영화들은 노골적인 군국주의에 반대하는 한편, 미국의 군사안보 부문의 방어를 위한 전쟁, 즉 애국을 위한 전쟁의 필요성을 부각한다. 결과적으로 군-산-학-연 네트워크의 경제적 이익을 가져오는 동시에 군사안보에 대한 정당성을 일반 대중에게 퍼뜨리는 역할을 하고 있다.

게임산업은 문화산업 중 그 영향력 면에서 위세를 떨치고 있다. 게임은 이전에는 단순히 어린아이들의 놀이를 위한 전유물로 치부되던 시기를 지나 현재는 더욱 넓은 소비자 계층을 모으고 있으며 문화로서 자리매김하고 있다. 군사 안보 부문과 함께 개발한 게임은 게임산업이 구축한 넓은 소비자층에 '안보'의 문제를 여타의 문화 매체보다 효과적으로 다다를 수 있게 하는 통로를 만들고 있다.

MOVES의 게임 〈아메리카 아미〉는 순수하게 상업적 수익을 위해 만들어진 다른 게임들과 비교해서 경제적으로 효율적이지 않았다. 즉 개발에는 비용이 많이 들어가고, 시장에서 얻을 수 있는 수익은 적었다. 물론 이미 블록버스터화된 할리우드 영화 제작에 들어가는 평균 비용보다는 낮았지만(Nichols, 2009), 게임 개발에 들어간 비용만 500만 달러가 투입되었고, 마케팅에 들어가는 비용까지를 합하면 1600만 달러에 육박했다(Hodes and Ruby-Sachs, 2002.8.23). 당시 막대한 개발비와 엄청난 마케팅비가 들었던 다른 게임이 약 1000만 달러를 비용으로 지출했다는 점을 생각해 볼 때, 이 게임은 민간 개발사의 입장에서는 버려야 하는, 경제적으로 실패작이었다.

그러나 미국 육군은 이 비용을 쉽게 상쇄할 수 있었다. 오히려 육군의 관점에서 게임은 경제적 효율성을 가지고 있었다. 민간인을 군대에 입대시키기 위해서 미국 정부가 모집하는 데에 개인당 약 1만 5000달러 정도가 든다고 한다. 단순하게, 게임을 통해서 400명만 입대시킬 수 있다면, 600만 달러의 비용을 절약할 수 있다(Hodes and Ruby-Sachs, 2002.8.23). 게임이 나오기 전 3년간 신규 입대자가 계속 줄고 있던 상황은 미국 육군에는 모집 비용의 상승을 의미했고, 게임은 새로운 마케팅을 위한 매체로 그 비용을 상쇄할 수 있었다(Wardynski, Lyle and Colarusso, 2010: 31).

또한, 게임은 잠재적 입대자에게 미리 미국 육군에 대한 정확한 정보를 주어 훈련과정에서 입대 전에 예상했던 바와 달라 포기하는 이들의 수를 줄여주었다. 당시 12만 명의 전체 신규 입대자를 모집하기 위해서는 약 20억 달러를 지출해야 했는데, 이들 중에 입대 후 훈련 중에 자신의 예상과는 달라 포기하는 이탈자가 전체의 20%인 약 2만 4000명에 달했고, 결과적으로 모집을 위해 사용한 4억 달러가 무용지물이 되는 상황이 발생하고 있었다(Zyda, 2003). 잠재적 입대자들이 게임을 통해 훈련에 대한 지식을 미리 얻고, 준비를 하고 들어와 훈련 중에 이탈하지 않게 만들 수 있다면, 게임이 육군에 얻어다 주는 경제적 효율성은 계산된 비용보다 훨씬 클 수밖에 없다.

이렇게 군-산-학-연의 네트워크에서 만들어진 게임이 보이는 부분과 보이지 않는 부분까지 뿌리 깊게 자리 잡아 경제적으로 의미 있는 결과를 만들어내고 있는지를 살펴볼 수 있다. 이는 단기간에 드러나는 수치로 나타낼 수 있는 것은 아니지만, 군사안보 부문과 민간 부문의 이익이 만나는 지점에서 게임의 개발이 군사의 경제화라는 혼종성hybridity을 보인다는 점에서 더욱 주의 깊게 봐야 할 필요가 있다(Li, 2004: 104). 〈풀 스펙트럼 워리어〉의 경우, 2013년을 기점으로 더는 시장에 공개되지 않아 일반 게이머들은 이 게임을 즐길 수 없지만, 군사안보 부문에서는 지금까지도 이용되고 있다. 게임은 전장에서 군인들이 얻을 수 있는 외상 후 스트레스 장애를 진단하고, 그 정도를 측정하는 데에 도움을 주고 있다(Smith, 2016.8.23). 2014년까지 등록된 게이머가 1500만 명이 넘었을 만큼 인기가 있는 〈아메리카 아미〉의 경우, 2005년 조사에 의하면 전체 미 육군 입대자 중에 40%가 이 게임을 한 적이 있다고 답했고, 잠재적 입대자 계층인 16세에서 24세의 미국인 중에 30% 이상이 이 게임을 알고 있다고 대답했다(Stahl, 2010: 107).

2) 안보의 사회화

밀리테인먼트의 군-산-학-연 네트워크가 가지는 현대사회에서의 중요한 의미는 바로 안보의 사회화이다. 이는 문화 부문과 군사안보 부문이 교차하는 지점에서 생산되는 밀리테인먼트 콘텐츠가 가지는 사회에 대한 영향을 찾는 과정에서 드러난다. 군사안보 부문이 게임이라는 문화매체를 어떻게 이용하는지에 대한 의도와 그 의도가 콘텐츠에 어떻게 스며 있는지를 보면서, 우리는 만들어지고 포장된 의미가 사회로 파고들어 영향력을 행사하는 과정을 이해할 수 있다.

안보의 사회화는 국가가 안보를 획득하기 위해 군사안보 부문의 행위의 정당성을 얻고자 하는 의도에서 나온다. 사회적으로 안보를 합리화해서 그 정당성을 확보하고, 행위가 필요한 특정 시기에 자원을 원활하게 동원하기 위해 특정 이념, 그 이념이 깃든 이미지를 사회에 스며들게 하는 과정이다. 이 과정에서 문화콘텐츠는 실제 전장을 현실감 있게 재현하면서, 잠재적으로 위협이 될 수 있는 적에 대한 이미지를 담아 콘텐츠 소비자가 자연스럽게 받아들여 주기를 원하는 소위 '의도가 담긴 매체'의 역할을 하게 된다(Kellner, 1995: 93).

물론 이러한 의도는 군사안보 부문에서만 '주입'되지는 않는다. 대중매체에서 전장, 군사에 관련한 이미지가 어떻게 그려지는지, 그 의도가 어디에 있는지에 따라, 군사안보는 사회적으로 뒷받침되는 차원으로 그려질 수도, 그려지지 않을 수도 있다. 예를 들어, 언론으로 알려진 베트남전의 참혹상은 미국 사회에서 반전 여론을 이끌어내는 데 크게 기여했고, 뉴스 매체에 의해 전해진 걸프전의 이미지들은 전쟁을 보고 즐길 수 있는 오락으로, 깨끗해서 도덕적으로 문제가 없는 행위로 인식되도록 했다. 여기에서 중요한 점은 어떻게 군사안보의 '가치'가 일반인들의 삶에 스며들어 군사적인 요구들이 정상 또는 가치 있는 것으로 받아들여지는지의 '군사화'가 사회적으로 벌어지고 있다는 것이다 (Regan, 1994; Bowman, 2002; Davis and Philpott, 2012).

안보의 사회화는 푸코의 생체권력biopower, 또는 통치성governmentality의 차원에서도 살펴볼 수 있다. 근대국가의 등장으로부터 발휘되기 시작한 생체권력의 기제를 통해 전쟁과 안보에 대한 권력도 아주 어려서부터, 그리고 아주 작은 계기들을 통해서 개인의 내면 속에서 무의식화되고 상징적으로 작동한다. 군사를 테마로 하는 게임을 비교했을 때, 민간 개발사에서 만들어진 게임은 주로 청소년이 즐길 수 없는 연령 제한을 가지고 있는 반면, 〈아메리카 아미〉는 미국 ESRB 기준으로 13세 이상이 이용 가능한 틴Teen 등급을 가졌다. 청소년들이 게임을 접하고 그 속에서 재미를 느끼는 사이, 이들은 전쟁을 항상 준비해야 하는 것으로 인식하고, 결과적으로 미국의 안보·군사 부문의 역할과 필요성을 부지불식간에 동의하게 된다는 것이다.

앞에서 언급한 〈풀 스펙트럼 워리어〉와 〈아메리카 아미〉를 통해 알 수 있는 안보의 사회화는 게임이 군사안보 부문과 민간 문화 부문 양 방향에서 공히 사용되고 있다는 점을 고려했을 때, 두 방향에서 살펴볼 수 있다. 즉, 게임의 시뮬레이션 기술이 군인들의 전장에 대한 인식과 행위에 대한 준비에 어떠한 영향을 주는지가 군사안보 부문에서의 안보의 사회화라고 한다면, 민간 문화 부문에서의 안보의 사회화는 게임에서 그려진 미국 군사 부문의 이미지가 어떻게 게이머들에게 군사주의를 조장하게 되는지를 봄으로써 알 수 있다.

우선 게임은 군사안보 부문에서 군인들의 훈련에 직접 이용된다. 이러한 차원에서 게임은 단순 재미를 위해서 사용된다기보다는 특정 기능을 위해서 만들어진 기능성 게임의 역할을 한다. 기능성 게임에서, 특히 몰입감을 주는 시뮬레이션 기술이 구현된 게임을 통해 군인들은 훈련을 하는데, 이 게임을 통해 실제 전장에서 맞닥뜨릴 수 있는 상황에 대해 미리 준비할 수 있지만 결과적으로는 전장에서의 폭력에 무감각해진다(Nichols, 2009). 게임 속의 프로그램과 같은 상황에 실제로 맞닥뜨리면 마치 시뮬레이션 게임을 하듯 도덕적·윤리적인 고민 없이 살상행위를 할 수도 있는 것이다. 또한 실제 전장의 상황을 구현하기 어려운 상황에서 구현하거나, 같은 시스템을 가지고 많은 부분에 이용할 수 있다는 것 자체도 훈련의 효율성을 끌어올리는 데에 도움을 준다. 게임 시뮬레이션을 통해서 게임을 플레이하는 이에게 전장에서 어떻게 행동해야 하는지에 대한 동기를 부여할 수도 있다. 더불어 시스템 자체를 분산적이지만 서로 연결되도록 만들 수 있기 때문에 획일적이고 다소 경직된 프로토콜을 주입하기보다는 군인이 유동적으로 판단하고 행동할 수 있게 하며, 실제 훈련보다 안전하며, 조직의 입장에서 즉각적인 피드백을 가능하게 하고 새로운 전술을 구성하기 위한 데이터를 모을 수 있다는 장점이 있다. 시뮬레이션 기술은 다양하게 구현될 수 있다. 이는 실제 전장에서의 군인 개개인의 상황, 즉 운용해야 하는 장비들이 복잡해지고 그로 인해 한꺼번에 여러 가지 일을 처리해야 하는 상황과 절묘하게 맞아떨어지고 있다(Army Science Board, 2001).

또한 게임은 군인이 아닌 사람들이 게임을 하면서 미국 육군에 대한 정보를 알게 하고, 육군이 내세우는 가치[13]를 재미를 통해 경험하는 기회를 제공하려는 목적을 명시적으로 가진다(Nieborg, 2009). 입대자가 줄어 새로운 돌파구가 필요했기 때문에 육군은 새로운 마케팅 방식으로서 게임을 택했다. 게임은 잠재적 입대자들에게 미국 육군이 어떤 가치를 가지고 무슨 일을 하는지를 미리 보여줌으로써 이들이 관심을 가지게끔 만들며 입대 후의 생활을 미리 체험할 수 있게 한다. 게임을 다운로드하기 위한 웹사이트나 게임 관련 커뮤니티 또는 게임 중에 나타나는 광고에 지속적으로 노출됨으로써, 게이머들은 미국 육군 입대를 위한 사이트에 호기심으로라도 접근하게 된다. 일반인들이 군사안보 부문과 점점 멀어지고 있는 상황에서 게임은 이러한 간극을 메울 수 있는 자연스러운 매체로 이용될 수 있었던 것이다.

이러한 안보의 사회화는 밀리테인먼트의 기본 속성, 군사안보 부문과 민간인들의 정치적·사회적 삶이 밀접하게 연결되면서, 군사안보 부문이 주입하는 그들의 가치를 비판 없이 받아들이고, 결과적으로서 군사안보 부문에 자연스럽게 정당성을 부여하는 모습으로 나타난다. 게임을 즐긴다는 행위 자체가 민간인이 실제 전장을 체험하게 하면서 군사주의를 조장하게 된다는 것이다. 이는 군사를 테마로 하는 게임들이 이용자들에게 '미국은 정당한 전쟁을 수행하는 행위자'라는 인식을 주입하고(Crogan, 2003: 280), '군사주의화된 세계관'을 조장하며(Payne, 2016: 241), (명확하게 드러나는) 우리 편과 나머지는 모두 (명확

---

13 미국 육군은 충성, 의무, 존경, 봉사, 명예, 정직, 용기의 7개 핵심 가치를 내세우고 있다(America's Army, 2020).

하게 표현될 수 없는 보이지 않는 희미한) 적으로 판단하는 다소 윤리적이고 당위적인 차원에서의 게임 내의 표현에 대한 체화를 기반으로 미국이 행해야만 하는 미래의 전쟁을 준비하게 하는 제도화의 모습(Allen, 2011)으로 드러난다.

6. 결론

지금까지 살펴본 바와 같이, 미국의 군사 부문과 문화 부문의 만남은 미국의 세계 패권을 군사적·경제적·문화적으로 생산·재생산하고 있다. 이는 미국 군사 부문과 게임의 연계로서 만들어지는 밀리테인먼트의 형성과 발전에서 극명하게 드러난다. 밀리테인먼트는 군산복합체를 넘어, 군-산-학-연구소의 네트워크 복합체를 통해 현실화되고 있다. 이 글은 밀리테인먼트의 복합체가 형성되기까지 미국의 군사 부문과 문화 부문, 특히 게임이 어떻게 접점을 만들고 있었는지를 역사적으로 살펴보았다. 밀리테인먼트에 대한 연구가 문화산업 중 영화 부문에 치우쳐 있었다는 사실에 비추어볼 때, 그동안 잘 알려지지 않았던 게임 부문에까지 논의를 확장시켰다는 점에서 이 연구는 의미를 더한다.

이 글은 게임 부문의 밀리테인먼트의 형성과 발전에서 기술의 연구개발과 사용이라는 기술혁신체제의 면모에 주목했다. 미국 군사안보 부문과 민간 부문의 연계에서 나타나는 기술 연구개발과 사용에 대한 독특한 기술혁신체제의 패러다임 전환은 게임의 밀리테인먼트에서도 그대로 나타난다. 기술 연구개발과 사용에 있어 관련된 행위자들의 상호작용이 패턴화된 궤적을 그린다는 기술혁신체제의 패러다임은 스핀오프, 스핀온, 민군겸용기술의 모습으로 나타나며, 밀리테인먼트 복합체의 정치적 의미를 기술지식 생산의 메커니즘을 통해 찾을 수 있게 한다. 이러한 관점에서 이 글에서 다룬 두 가지의 게임은 게임, 시뮬레이션, 군사훈련, 그리고 민간 부문과의 연결고리를 혼합하여 잠재적인 위험을 관리하고, 안전한 통합을 향상시키기 위해 미래에 집중한 장기적인 안목에 기반해 만들어진 것이다(Army Safety Office, 2010.12.26).

또한 미국 군사안보 부문과 문화 부문의 연계로 만들어지는 밀리테인먼트의 군-산-학-연 복합체는 그동안 군산학복합체에 가해졌던 안보의 경제화에 대한 비판과 무관하지 않음을 밝히면서, 민간 시장에 투입되는 문화물, 또는 문화상품에 군사안보 부문의 관점이 교묘히 섞여들어 사회적으로 영향을 미친다는 안보의 사회화까지도 확장되고 있다는 점을 보여주었다. 선전, 선동의 의도를 가지고 문화매체를 이용하여 대중에게 의미를 주입했던 것과 달리, 게임의 의미는 게임의 내용이 대중에게 경험을 통해서 내재화되는 단계를 거쳐 구체화된다는 차원에서 더욱 교묘한 매력을 가지고 있다고 할 수 있다.

이 글의 논의에서 파생되는 향후의 연구과제는 무엇인가? 우선 이 글은 밀리테인먼트를 생산하는 차원에서 그 메커니즘을 분석하는 데에 초점이 맞추어져 있다. 단순하게만 알고 있는 미국의 군사안보적·문화적 패권이 만들어지는 과정을 입체적으로 보여주는 계기를 마련했다는 점에서 의미가 있다. 하지만 패권의 완성은 그것이 어떻게 대중, 소비자, 수용자에게 받아들여지는지를 규명해야 한다. 이러한 맥락에서 잠재적인 입대자로서, 미국 군사안보 부문의 군사적 행위에 대한 동조자로서, 밀리테인먼트의 소비자에 초점이 맞추어진 작업이 이어져야 할 것이다. 더 나아가 정보화 시대에 멈춰 있는 기술혁신체제의 패러다임에 대한 이론적 작업이 4차 산업혁명 시대의 변화와 함께 이어져야 한다. 스핀온과 스핀오프를 넘어 민군겸용기술의 개념이 잡아내지 못하는 현실을 어떻게 개념화할 수 있는가? 4차 산업혁명시대의 미국형 기술혁신체제는 어떠한 모습을 가지고 있는가?

이러한 작업들은 궁극적으로 한국에서의 군-산-학-연 복합체와 그 안에서의 기술지식연구, 밀리테인먼트의 복합적 사용에 대한 실천적 모색으로 연결되어야 함은 물론이다. 미국에서 나타난 독특한 밀리테인먼트의 모습을 탐구한 이 글의 논의는 그동안 민간 부문의 역량만으로 세계시장에서 성공 가도를 이끌었던 한국 게임산업에 하나의 돌파구를 마련해 줄 수 있다는 차원에서 매우 유용한 이론적·경험적 궤적을 제시할 것이다. 특히 한국 군사안보 부문이 어떻게 문화 부문과 만나 시너지 효과를 만들어낼 수 있는지 구체적인 방안을 제시할 수 있다는 차원에서 그 함의를 생각해 볼 수 있다.

김미나. 2006. 『정책과 제도의 구조적 경쟁력』. 한국학술정보.
김진균·홍성태. 1996. 『군신과 현대사회: 현대 군사화의 논리와 군수산업』. 문화과학사.

Adorno, Teodor. W. and Max. Horkheimer. 1944/2002. "The Culture Industry: Enlightment as Mass Deception." in G. S. Noerr(ed.). *Dialectic of Enlightment.* Stanford: Stanford University Press.
Alic, John A., Lewis M. Branscomb, Harvey Brooks, Ashton B. Carter and Gerald L. Epstein. 1992. *Beyond Spinoff: Military and Commercial Technologies in a Changing World.* Boston, MA: Harvard Business School Press.
Allen, Robertson. 2011. "The Unreal Enemy of America's Army." *Games and Culture*, Vol.6, No.1, pp.38~60.
_____. 2017. *America's Digital Army: Games at Work and War.* Lincoln: University of Nebraska Press.
Anderson, Robin. 2006. *A Century of Media, A Century of War.* New York: Peter Lang Publishing Inc.
Anderson, Robin and Martin Kurti. 2009. "From *America's Army* to *Call of Duty*: Doing Battle with the Military Entertainment Complex." *Democratic Communique,* Vol.23, No.1, pp.45~65.
Anderson, Robin and Tanner Mirrlees. 2014. "Special Issue: Watching, Playing and Resisting the War Society." *Democratic Communique*, Vol.26, No.2.
_____. 2020. "The Army Values." the U. S. Army Website. https://www.army.mil/values/(검색일: 2020.2.21).
Archibong, Victor. 1997. "The Military-Industrial Complex and the Persian Gulf War: Ike's Caveat." in Paul Leslie(ed.) *The Gulf War as Popular Entertainment: An Analysis of the Military Industrial Complex.* Lewiston, N. Y.: E. Mellen Press.
Army Safety Office. 2010.12.26. "Army Gaming." the U. S. Army Website Article. https://www.army.mil/article/49876/army_gaming(검색일: 2020.2.21).
Army Science Board. 2001. "Manpower and Personnel for Soldier Systems in the Objective

Force." https://apps.dtic.mil/sti/pdfs/ADA403619.pdf(검색일: 2020.2.21).

Baer, Ralph H. 2005. *Videogames: In the Beginning*. Springfield, N. J.: Rolenta Press.

Bedi, Joyce. 2019. "Ralph Baer: An interactive life." *Human Behavior & Emerging Technologies*, Vol.1, No.1, pp.18~25.

Bloom, Aubrey. 2004.3.5. "TCAT presents visualization technology to national legislators." Texas A&M Engineeing News. https://tees.tamu.edu/news/2004/03/05/tcat-presents-visualization-technology-to-national-legislators/(검색일: 2020.2.21).

Boggs, Carl and Leslie Thomas Pollard. 2007. *The Hollywood War Machine*. Paradigm Publishers.

Bowman, K. 2002. *Militarization, Democracy, and Development: The Perils of Praetorianism in Latin America*. University College, P. A.: Penn State University Press.

Burnham, Van. 2003. *Supercode: A Visual History of the Videogame Age 1971-1984*. Cambridge, MA: the MIT Press.

Chen, Andrew. 2003. "The Best of E3." *HWM*.

Creel, George. 1920. *How We Advertised America*. New York: Harper & Brothers.

Crogan, Patrick. 2003. "The Experience of Information in Computer Games." Melbourne DAC, the 5th International Digital Acts and Culture Conference 2003. Melbourne, School of Applied Communication, RMIT, Melbourne, Australia.

Davis, Matt. and Simon Philpott. 2012. "Militarization and Popular Culture." in K. Gouliamos and C. Kassimeris(eds.). *The Marketing of War in the Age of Neo-Militarism*, New York, NY: Routledge. pp.42~59.

Davis, Margaret and Phillip Bossant. 2004. *America's Army PC Game Vision and Realization*. San Francisco, CA: U. S. Army and the MOVES Institute.

Department of Defense Office of Inspector General. 2005. "Development and Management of the Army Game Project." Report No.d-2005-103. https://www.dodig.mil/reports.html/Article/1116937/development-and-management-of-the-army-game-project/ (검색일: 2020.2.21).

Der Derian, James. 2009. *Virtuous War: Mapping the Military-Industrial-Media-Entertainment Network*. 2nd edition. New York and London: Routledge.

Dillon, Roberto. 2011. *The Golden Age of Video Games: The Birth of a Multi-Billion Dollar Industry*. Boca Raton, London, and New York: CRC Press.

Doherty, Thomas. 1993. *Projections of War: Hollywood, American Culture, and World War II*. New York: Columbia University Press.

Donovan, Tristan. 2010. *Replay: The History of Video Games*. New Jersey: Yellow Ant.

Douglass, John Aubrey. 1999. "The Cold War, Technology and the American University." *Research and Occasional Paper Series*. https://cshe.berkeley.edu/sites/default/files/publications/1999_the_cold_war_technology_and_the_american_university.pdf (검색일: 2020.2.21).

Dyer-Witheford, Nick and Greig de Peuter. 2009. *Games of Empire: Global Capitalism and Video*

Games. Minneapolis: University of Minnesota Press.

Freeman, Christopher. 1987. *Technology Policy and Economic Performance: Lessons from Japan*. London: Frances Pinter.

Freeman, Christopher. 1992. "Formal Scientific and Technical Institutions in the National System of Innovation." in B. A. Lundvall(ed.). *National Systems of Innovation: Towards a Theory of Innovation and Interactive Learning*. London: Pinter. pp.169~187.

Galbraith, John. 1967/2007. *The New Industrial State*. Boston: Princeton University Press.

Halter, Ed. 2006. *From Sun Tzu to Xbox: War and Video Games*. New York: Thunder's Mouth Press.

Herz, Jessie C. and Michael R. Macedonia. 2002. "Computer Games and the Military: Two Views." *Defense Horizons,* April. pp.1~8.

Hesmondhalgh, D. 2007. *Cultural Industries*(2nd ed.). New York: Sage.

Hodes, Jacob and Emma Ruby-Sachs. 2002.8.23. "'America's Army' Targets Youth." The Nation. https://www.thenation.com/article/archive/americas-army-targets-youth/ (검색일: 2020.2.21).

Institute for Creative Technologies. 2013. "USC Institute for Creative Technologies: Overview." ICT Website. http://ict.usc.edu/wp-content/uploads/overviews/USC%20Institute%20for%20Creative%20Technologies_Overview.pdf (검색일: 2020.2.21).

Kellner, D. M. 1995. *Media Culture: Cultural Studies, Identity and Politics between the Modern and Post-Modern*. New York, NY: Routledge.

Kent, Steven. 2001. *The Ultimate History of Video Games: From Pong to Pokemon and Beyond*. New York, NY: Random House.

Korris, James H. 2004. "Full Spectrum Warrior: How the Institute for Creative Technologies Built a Cognitive Training Tool for the XBox." Proceedings of the 24th Army Science Conference. http://ict.usc.edu/pubs/FULL%20SPECTRUM%20WARRIOR-%20HOW%20THE%20INSTITUTE%20FOR%20CREATIVE%20TECHNOLOGIES%20BUILT%20A%20COGNITIVE%20TRAINING%20TOOL%20FOR%20THE%20XBOX.pdf (검색일: 2020.2.21).

Lambert, Bruce. 2008.11.7. "Brookhaven Honors a Pioneer Video Game." *The New York Times*. https://www.nytimes.com/2008/11/09/nyregion/long-island/09videoli.html?_r=2 (검색일: :2020.2.21).

Leske, Ariela D. C. 2018. "A review on defense innovation: from *spin-off* to *spin-in*." *Brazilian Journal of Political Economy,* Vol.38, No.2, pp.377~391.

Levy, Steven. 2001. *Hackers: Heroes of the Computer Revolution*. New York, NY: Penguin Books.

Li, Zhan. 2003. "The Potential of America's Army the Video Game as Civilian-Military Public Sphere." Master's Thesis in Comparative Media Studies. MIT. https://dspace.mit.edu/bitstream/handle/1721.1/39162/55872555-MIT.pdf (검색일: 2020.2.21).

Lichtenberg, Frank R. 1995. "Economic of defense R&D." in T. Sandler and Keith Hartley(eds.).

Handbook of Defense Economics. New York: Elsevier.

Lorell, Mark A., Julia F. Lowell, Michael Kennedy, Hugh P. Levaux. 2000. *Cheaper, Faster, Better? Commercial Approaches to Weapons Acquisition*. Santa Monica, CA: RAND.

Lundvall, Bengt-Åke(ed.). 1992. *National Systems of Innovation: Towards a Theory of Innovation and Interactive Learning*. London: Pinter.

Marie, Anne. 2000.7.14. "Lockheed Martin Agrees to See Sanders Unit to BAE Systems." *The Wall Street Journal*. https://www.wsj.com/articles/SB963520490931725161 (검색일: 2020.2.21).

Martin, Geoff and Erin Stuter. 2010. *Pop Culture goes to War: Enlisting and Resisting Militarism in the War on Terror*. London, UK and Boulder, CO: Lexington Books.

McChesney, Robert W. 2001. "Herb Schiller: Presente!." *Television & New Media*, Vol.2, No.1, pp.45~50.

McElroy, Justin. 2007.7.25. "America's Army coming to arcades." Engadget. https://www.engadget.com/2007/07/25/americas-army-coming-to-arcades/ (검색일: 2020.2.21).

Mezoff, Lori. 2009.2.10. "America's Army game sets five Guiness World Records." US Army Articles. https://www.army.mil/article/16678/americas_army_game_sets_five_guinness_world_records (검색일: 2020.2.21).

Mirrlees, Tanner. 2016. *Hearts and Mines: The US Empire's Culture Industry*. Vancouver: UBCPress.

_____. 2017. "Transforming *Transformers* into Militainment: Interrogating the DoD- Hollywood Complex." *American Journal of Economics and Sociology*, Vol.76, No.2, pp.405~434.

Molas-Gallart, Jordi. 1997. "Which way to go? Defence technology and the diversity of 'dual-use' technology transfer." *Research Policy*, Vol.26, pp.367~385.

Morwood, N. 2014. "War Crimes, Cognitive Dissonance and the Abject: An Analysis of the Anti-War Wargame 'Spec Ops: The Line'." *Democratic Communique*, Vol.26, No.2, pp.107~121.

Mosco, Vincent. 2001. "Herbert Schiller." *Television & New Media*, Vol.2, No.1, pp.27~30.

Mowery, David C. 2012. "Defense-related R&D as a model for "Grand Challenges" technology policies." *Research Policy*, Vol.41, No.10, pp.1703~1715.

National Research Council. 1997. *Modeling and Simulation: Linking Entertainment and Defense*. Washington, DC: The National Academy Press.

Nelson, Richard. R. and Paul. M. Romer. 1996. "Science, Economic Growth and Public Policy." in B. Smith and C. Barfield(eds.). *Technology, R&D and Economy*. Washington D. C.: Brookings Institution and the American Enterprise Institute.

Nichols, Randy. 2009. "Target Acquired." in Nina B. Huntemann and Matthew Thomas Payne(eds.). *Joystick Soldiers: the Politics of Play in Military Video Games*. New York, NY: Routledge.

Nieborg, David B. 2009. "Training Recruits and Conditioning Youth." in Nina B. Huntemann and Matthew Thomas Payne(eds.). *Joystick Soldiers: the Politics of Play in Military Video Games*. New York: Routledge.

Pasanen, Tero. 2009. *The Army Game Project: Creating an Artifact of War*. Master's Thesis in Art and Culture Studies. University of JYVÄSKYLÄ.

Payne, Matthew T. 2016. *Playing War: Military Video Games after 9/11*. New York: New York University Press.

Regan, Patrik. 1994. *Organizing Societies for War: The Process and Consequences of Societal Militarization*. Westpoint, CT: Praeger.

Robb, David L. 2004. *Operation Hollywood: How the Pentagon Shapes and Censors the Movies*. Amherst, NY: Prometheus Books.

Samuels, Richard J. 1994. *Rich Nation, Strong Army: National Security and the Technological Transformation of Japan*. Ithaca, NY: Cornell University Press.

Schiller, Herbert. 1976. *Communication and Cultural Domination*. Armonk, NY: M. E. Sharpe.
_____. 1992. *Mass Communication and American Empire*. Boston: Beacon Press.

Selnow, Gary. 1987. "The Fall and Rise of Video Games." *the Journal of Popular Culture*. Vol. 21, No. 1, pp. 53~60.

Silver, David and Marwick Alice. 2010. "Internet Studies in Times of Terror." in Pramod K. Nayar(ed.). *The New Media and Cybercultures Anthology*. Chichester, West Sussex, UK: Wiley-Blackwell.

Singer, Peter. 2009.11.7. "Video Game Veterans and the New American Politics." Washington Examiner. https://www.washingtonexaminer.com/video-game-veterans-and-the-new-america n-politics(검색일: 2020.2.21).

Smith, Ed. 2016.8.23. "In the Army Now: The Making of 'Full Spectrum Warrior'." VICE. https:// www.vice.com/en_uk/article/qbnkwq/in-the-army-now-the-making-of-full-spectrum-warrior-140(검색일: 2020.2.21).

Stahl, Roger. 2010. *Militainment, Inc.: War, Media and Popular Culture*. New York and London: Routledge.

Suid, Lawrence H. 2002. *Guts and Glory: The Making of the American Military Image in Film*. Lexington: University Press of Kentucky.

Thomas, Douglas. 2002. *Hacker Culture*. Minnesota: University of Minnesota Press.

Turse, Nick. 2009. *The Complex: How the Military Invades our Everyday Lives*. New York, NY: Metropolitan Books.

U. S. Army. 2008.9.19. "New Army game applications look to boost tech interests." US Army Article. https://www.army.mil/article/12589/new_army_game_applications_look_to_boost_te ch_interests(검색일: 2020.2.21).

Wardynski, Casey, David. S. Lyle and Michael. J. Colarusso. 2010. *Accessing Talent: The Foundation of a U. S. Army Officer Corps Strategy*. Carlisle, PA: U. S. Army War College.

Zyda, Michael. 2003. *The MOVES Institute's America's Army Operations Game*. Monterey: Naval Postgraduate School.

Zyda, Michael, Alex Mayberry, Jesse McCree and Margaret Davis. 2005. "From Viz-Sim to VR to Games: How We Built a Hit Game-Based Simulation." in W. B. Rouse and K. R. Boff(eds.). *Organizational Simulation: From Modeling & Simulation to Games & Entertainment*. New York: Wiley Press.

Zyda, Michael, John Hiles, Alex Mayberry, Michael Capps, Brian Osborn, Russ Shilling, Martin Robaszewski and Margaretet Davis. 2003. "Entertainment R&D for Defense." *Computer Graphics and Applications IEEE*, Vol. 23, No. 1, pp. 28~36.

11 방위산업 세계화의 정치경제

국가와 시장, 그리고 네트워크

박종희 | 서울대학교

1. 서론

역사사회학자 찰스 틸리Charles Tilly는 "전쟁이 국가를 만들었고 국가가 전쟁을 만들었다war made the state and the state made war"라는 유명한 말을 남겼다(Tilly, 1975: 42). 전쟁 수행war-making이 국가의 본질적 성격을 규정하는 가장 일차적이면서도 중요한 역할이며, 동시에 국가는 그러한 능력을 바탕으로 다양한 전쟁을 벌여왔음을 일컫는 말이다. 틸리의 이 역사적 관찰은 21세기의 국제관계를 이해하는 데에도 여전히 타당한가? 핵무기의 확산과 냉전의 종식, 국제기구의 등장, 그리고 강력한 초강대국 미국의 존재는 국가 간 전쟁의 가능성을 대폭 감소시켰음이 분명하다. 따라서 전쟁과 국가의 상호 규정적 성격은 근대국가 초기 혹은 두 차례 세계대전이라는 비극적 경험 이전에만 적용 가능한 것이 아닌가 하는 의문이 들 수 있다.

그러나 안타깝게도 인류를 충분히 공멸시킬 수 있는 핵무기가 확산되고 냉전이 끝난 세계에서도 전쟁과 국가의 상호 규정성은 여전히 작동 중이다. 다만 현대국가는 전쟁 수행이 아니라 전쟁 준비war-preparation를 자신의 본질적 성격으로 규정하고 전쟁 발생의 유무와 관계없이 끊임없이 무기를 개발하고, 무기체계를 개선하며 경쟁 국가의 무기체계를 압도하기 위해 노력한다. 이른바 '항구적 전쟁 준비 상태permanent state of wartime readiness'가 현대국가의 특징이라고 할 수 있다.

방위산업은 현대국가의 항구적 전쟁 준비 상태를 통해 가장 큰 이익을 얻고 가장 빠르게 성장하는 산업이 되었다. 바로 이 점을 누구보다도 먼저 인지하고 경고한 것은 미국의 제34대 대통령 드와이트 아이젠하워Dwight D. Eisenhower (1890~1969)였다. 그는 고별사에서 방위산업의 비대화와 이로 인한 정치적 영향력의 확대를 경고했다.

> 우리는 막대한 규모의 항구적인 방위산업을 만들어낼 수밖에 없었습니다. …… 우리는 매년 모든 미국 기업의 순소득보다 더 많은 액수의 돈을 군사·안보에 지출합니다 …… 정부의 각위원회에서 군산복합체가 부당한 영향력을 행사하지 않도록 경계해야 합니다. 잘못된 권력의 부상이 가져올 재앙적인 파국의 가능성은 항상 존재합니다. 우리는 절대로 이러한 권력이 우리의 자유와 민주적 과정을 위태롭게 하는 것을 허용해서는 안 됩니다(Eisenhower, 1961).

그러나 아이젠하워가 우려했듯이 미국의 군산복합체는 지속적으로 성장했으며 미국 정부는 지속적으로 막대한 양의 국방비를 지출했다. 항구적 전쟁 준비 상태의 필요성은 그때그때 새로운 위협을 발견함으로써 어렵지 않게 구성해 낼 수 있었다.

이 글은 방위산업과 방위산업품의 수출입 네트워크의 구조적 특징을 살펴보는 것을 목적으로 한다. 이를 통해 방위산업이 다른 산업에 비해 갖는 근본적인 차이를 강조할 것이다. 근본적 차이는 크게 세 가지로 정리할 수 있다. 첫째, 방위산업에 대한 국가 개입은 방위산업의 특성상 사라지지 않을 것이며, 방위산업이 고도화(자본과 기술의 집약, 산업의 집중)됨에 따라 더욱 증가할 것이다. 둘째, 방위산업의 국제교역이나 전략적 제휴는 '시장'에 의해서가 아니라 '국가'에 의해 결정되거나 근본적으로 제약된다. 셋째, 방위산업은 바로 위와 같은 정부 개입과 정치적 제약으로 인해 생산과 유통, 판매에서의 비효율성을 지속적으로 노출할 것이다.

이를 위해 이 글은 먼저 방위산업의 특징과 구조적 변화를 간단히 정리할 것이다. 여기서 방위산업의 세계화에 대한 현실주의와 자유주의의 입장을 구분할 것이다. 다음으로는 방위산업의 세계화 과정을 1940년부터 2018년까지 전 세계 무기 수출입 네트워크를 통해 분석한다. 분석의 초점은 무기 수출입 네트워크의 구조적 특징을 기술하는 것으로 하되, 이 과정에서 커뮤니티 구조, 시간적 변화, 네트워크 권력의 배분과 같은 구조적 속성에 주목할 것이다. 분석에 사용된 자료는 스톡홀름 국제평화연구소SIPRI에서 확보했다. 기술 분석 뒤에는 F-35 3군 통합 전투기Joint Strike Fighter: JSF(이하 F-35로 약칭)를 사례로 선택하여 방위산업의 세계화에 대한 현실주의와 자유주의 시각을 비교 분석한다. 마지막으로 방위산업의 세계화가 직면한 도전과 변화 방향을 살펴보는 것으로 글을 맺을 것이다.

2. 방위산업의 특징과 구조적 변화

세계 방위산업시장은 수익 체증의 성격을 지닌 방위산업의 특성으로 과점시장의 특징을 가지고 있다. 기업의 신규 진입이 어렵고 연구개발비가 대규모로 투입되며 기업과 정부 간의 관계가 산업의 발전에 누적적인 영향을 미친다. 이러한 공급 측면의 요인 외에 수요 측면에서 보면 거의 모든 방위산업 제품의 구입은 정부 차원에서 이루어진다. 제품의 기획에서 생산, 소비까지의 전 과정이 정부구매government procurement의 형태로 진행되기 때문에 방위산업과 정부와의 관계는 유치산업보호, 관리무역, 그리고 산업정책 등으로 설명되는 긴밀한 유착관계를 보인다. 방위산업의 국제무역에 있어서도 국가의 개입은 전방위적으로 이루어진다. 이미 제품의 기획단계에서 수출입 흐름이 결정되는 산업은 방위산업이 유일하다. 방위산업의 위와 같은 특성(과점적 시장구조, 정부와의 긴밀한 유착관계, 정부구매시장, 국가 간 관계에 의해 통제되는 수출입 네트워크, 절충 무역)은 방위산업과 그 교역 네트워크의 분석이 일반적인 산업에 대한 분석과 다를 수밖에 없다는 점을 시사한다. 그 대표적인 예가 방위산업에서만 관측되는 절충 무역offset의 관행이다.[1]

그러나 이러한 전방위적인 정부 개입과 정치적인 산업의 특징에도 불구하고 방위산업 내의 기업 간 경쟁은 산업의 내재적 변화를 추동한다. 정치적으로 제약된 시장 안에서 방위산업체들은 서로 살아남기 위한 치열한 경쟁을 벌인다. 제품시장에서 수요자인 국가를 대상으로 벌이는 경쟁이 한 축이라면 자본시장에서 인수 합병, 공동 개발, 전략적 제휴, 해외투자와 같은 기업 간 협력을 둘러싸고 벌이는 경쟁이 또 하나의 축이다. 1990년대부터 방위산업은 동종업체 간 전략적 제휴 및 인수 합병, 해외투자 등이 증가하면서 자본집중화와 대형화라는 중대한 변화를 경험하고 있다. 그 결과 현재 세계 방산업체는 록히드마틴(미국), 보잉(미국), BAE 시스템스(영국), 노스럽 그러먼(미국), 레이시언(미국), EADS(프랑스, 독일, 스페인), UAC(러시아) 등과 소수의 기업들로 구성되어 있다. 특히 미국은 록히드마틴, 보잉, 노스럽 그러먼, 레이시언, 제너럴 다이내믹스, 핼리버튼Halliburton 등 주요 방산업체 대부분을 보유하여 방위산업 경쟁에서 압도적 우위를 점하고 있다.

---

1 절충 무역이란 구상 무역(barter trade)의 일종으로 판매자가 구매자에게 기술 이전이나 대체 수입과 같은 반대급부를 약속하는 것을 말한다. 무기 구입의 경우 거래액의 규모가 크고 구매자가 정부이기 때문에 반대급부를 요구하는 것이 관행이 되었고, 한국도 1982년부터 절충 교역 제도를 도입해서 시행하고 있다(한남성 외, 2003).

방위산업의 생산과 판매에 대한 국가의 정치적 제약과 제품개발 및 정부구매를 둘러싼 방위산업체 기업 간의 치열한 시장경쟁은 방위산업의 구조적 변화를 결정하는 두 가지 동인이라고 볼 수 있다. 이 두 동인은 서로 유사한 방향으로 움직이는 경우가 많다. 예를 들어 미국 국방부는 항공 및 항공 전자구성품 분야에서 기업 간 합병을 촉구하는 작업을 1993년에서 1998년 사이에 집중적으로 진행하여 방산기업의 집중화와 대형화를 유도했다. 그러나 방위산업에서 국가와 시장은 항상 서로 협력적인 것만은 아니다. 오히려 길항拮抗 관계를 보이는 경우가 많다. 방위산업에 대한 정치적 제약이 너무 강하면 방위산업 자체가 무기화될 것이다. 각자의 방산기업을 육성하고 해당 방산기업은 생산과 판매를 전적으로 국가에 의존하는 종속성과 비효율성을 보일 것이다. 방산기업 육성과 보호를 둘러싼 국가 간 경쟁이 등장하게 될 것이다. 반면 시장경쟁이 정치적 제약을 압도하면 방위산업의 국제화가 진행되어 생산과 판매에서 초국적 네트워크가 등장할 것이다. 생산이 세계화되면서 소비 역시 세계화되어 무기 수입이 증가하고 군비 경쟁이 심화될 것이다.

　　그렇다면 국가(혹은 정치적 제약)와 시장(혹은 방위산업 내의 기업 간 경쟁) 중에서 방위산업의 변화에 더 중대한 영향을 미치는 요인은 무엇인가? 이에 대한 학자들의 시각은 크게 둘로 나누어진다. 먼저 복합 상호 의존론complex inter-dependence의 관점에서 스티븐 브룩스Stephen Brooks는 방위산업의 발전을 지배하는 힘은 기업 간 경쟁, 즉 시장이며, 다국적 방산기업의 등장은 국가들의 상호 의존을 심화시켜 군사적 정복의 비용을 증가시킬 것이므로 결과적으로 전쟁 가능성을 줄일 것이라고 말한다(Brooks, 2005: 161~206). 자유무역과 경제의 상호 의존성 증가가 전쟁의 기회비용을 증가시켜 전쟁을 억지할 것이라는 주장이 방위산업으로 넘어온 것이다.

　　조너선 케이블리Jonathan D. Caverley는 브룩스의 이러한 낙관론이 근거 없는 것이라고 비판한다. 케이블리는 방위산업의 세계화는 철저히 미국에 의해 기획된 것이며 미국의 정치적 영향력을 극대화하는 방향으로만 진행될 뿐, 복합 상호 의존론에서 기대하는 효과를 낳을 가능성은 거의 없다고 주장한다(Caverley 2007). 케이블리는 미국 방위산업이 가진 압도적인 기술력과 자본력, 시장지배력을 고려하면 미국은 자국의 방위산업이 자급자족의 폐쇄경제의 길로 가는 것보다 비대칭적 상호 의존의 길로 나아가는 것이 훨씬 유리하다고 판단한다고 주장한다. 즉 자급자족의 길이 아닌 상호 의존의 길이 반드시 브룩스가 생각하는 것과 같이 대등한 국가 간 관계 속에서 진행되는 것이 아니라 오히려 미국 중심의 단극체제를 더욱 심화시키는 길이 될 수 있다는 것이다.

그 단적인 예를 케이블리는 '프라임 계약자prime contractor'의 영향력에서 찾고 있다. 프라임 계약자는 방산계약상의 주요 계약자로 전체 시스템을 통합적으로 관리하는 책임과 권한을 가진다. 예를 들어 F-35 프로젝트에서 항공기의 프라임 계약자는 록히드마틴이며 엔진의 프라임 계약자는 프랫앤위트니Pratt & Whitney이다. 이 프라임 계약자는 전체 부품 조달과 관리, 생산 네트워크를 통제하는 핵심 행위자이며 프라임 계약자가 다른 부품 공급자와 맺는 관계는 경제적 효율성에 의해서 결정되는 것이 아니라 정치적으로 결정되는 경우가 많다. 이 프라임 계약자를 대체할 수 없는 한, 방산기업의 협력체계는 수평적인 것이 아니라 수직적인 것이며 협력업체 선정 기준은 경제적 효율성이 아니기 때문에 협력업체 선정 권한은 전적으로 프라임 계약자에게 주어진다고 볼 수 있다. 케이블리에 따르면 프라임 계약자를 다수 보유한 미국은 이와 같은 이유로 자급자족보다는 상호 의존을 원한다고 주장한다.

브룩스의 입장을 방위산업의 세계화에 대한 자유주의적 시각이라고 부른다면 케이블리의 입장은 방위산업의 세계화에 대한 현실주의적 시각이라고 부를 수 있다. 이 두 시각 중에서 어느 시각이 더 타당한지를 묻는 것은 곧 방위산업의 세계화를 추동하는 힘이 국가(혹은 국가의 지시를 받는 기업)에 의해 주도되는지 아니면 시장(혹은 국가의 지시로부터 자유로운 기업)에 의해 주도되는지를 묻는 것과 다르지 않다.

3. 방위산업의 세계화 현황

  그림 11-1은 전 세계 무기 수출입 총량을 TIVTrend-indicator Value로 측정하여 보여주고 있다. TIV는 정확한 무기 분야에서 무역량을 추정하기 위해 SIPRI에서 도입한 개념으로 교역된 상품의 군사적 가치와 생산비를 반영하여 측정된다. **그림 11-1**에서 보이는 것처럼 무기 교역량은 제2차 세계대전 후 1980년까지 매년 급증하다가 1980년대 전 세계적인 군축과 데탕트의 분위기 속에서 점차 줄어들었다. 그러나 21세기에 접어들면서 9·11과 같은 테러리즘의 증가와 내전의 심화 등의 변화를 맞이하여 증가 추세로 반전된 뒤, 최근 다시 하락세를 보이고 있다.

  이러한 변화를 제대로 이해하기 위해서는 수요 측면의 변화와 공급 측면의 변화를 모두 고려해야 할 것이다. 수요 측면의 변화는 국제정치적 사건, 국방비 증감 등의 요인이 중요한 지위를 차지하며, 공급 측면의 변화는 무기기술의 변

그림 11-1 총방산수출량(주문 기준)

(단위: 10억 달러)

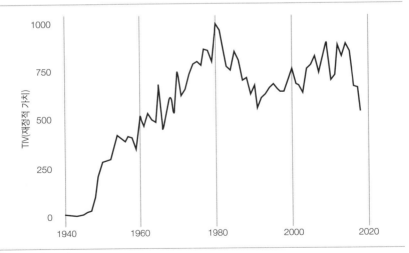

자료: SIPRI(2020a).

그림 11-2 2000년대 이후 주요 방위산업 선진국의 국방비 지출 변화(GDP 대비 국방비 지출)

(단위: %)

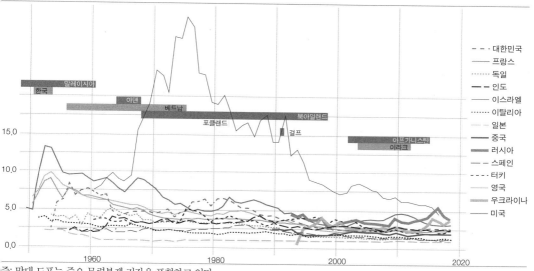

주: 막대 도표는 주요 무력분쟁 기간을 표현하고 있다.
자료: SIPRI(2020b).

그림 11-3 2000년대 이후 주요 방위산업 선진국의 국방비 지출 변화(GDP 대비 국방비 지출)

(단위: %)

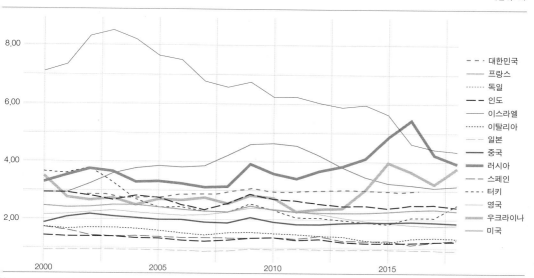

자료: SIPRI(2020b).

화, 국방 관련 기업의 인수 합병, 국방산업정책의 변화 등을 꼽을 수 있다.

그림 11-2는 주요 국가들의 국방비 지출의 변화를 연대별로 보여주고 있다. 그림에서 가장 큰 변화를 보이는 국가(그림 11-2의 가장 위의 선)는 이스라엘이다. 이스라엘의 국방비 지출은 1973년 욤키푸르 전쟁 이후 급격히 상승했다가 그 직후에 급감하는 것을 확인할 수 있다. 이스라엘을 제외한 나머지 국가들은 대부분 냉전 이후 점차 감소하는 양상을 보이고 있다.

그림 11-3은 2000년대 이후의 국방비 지출 변화상을 보여주고 있다. 미국의 국방비 지출은 2010년까지 상승하다가 그 뒤로 하강하는 모습을 보이는 반면 러시아는 2016년까지 매우 가파르게 상승하다가 2017년부터 하강하고 있다. 러시아와 군사 대립 중인 우크라이나 역시 2015년까지 급격히 상승하다가 잠시 정체를 보이고 있다. 다른 국가들의 국방비 지출은 큰 변화를 보이지 않고 있다.

그림 11-4는 주요 무기 수출국과 수입국을 보여주고 있다. 그래프를 읽을 때, 해당 자료가 1948년부터 2018년까지의 모든 자료를 집계한 것이라는 점과 가로축과 세로축의 범위가 상이하다는 점에 유의할 필요가 있다. 무기 수출국은 소수의 국가들에 집중되어 있는 반면, 무기 수입국은 다수의 국가들 사이에 분산되어 있음을 확인할 수 있다. 미국, 영국, 프랑스, 소련, 독일, 이탈리아, 러시아, 중국이 주요 무기 수출국인 반면, 주요 무기 수입국은 인도, 터키, 파키스탄, 이집트, 조지아, 사우디아라비아, 태국 등이다.

TIV가 수출액의 규모를 보여준다면, 방위산업의 발전 정도를 측정할 수 있는 또 하나의 지표는 얼마나 다양한 무기를 수출하는지이다. 그림 11-5는 방위산업이 가장 발달한 미국의 수출무기 종류를 시대별로 보여주고 있다. 미국의 방산수출품 종류는 시간이 지남에 따라 점차 증가하고 있다. 특히 2010년대 이후에는 방산수출품의 종류가 급증하고 있다. 20세기 후반 방위산업의 구조 개편을 통해 소수의 우수 방위산업 기업들이 인수 합병을 통해 살아남았고 이들은 첨단기술을 활용한 다양한 무기를 개발하여 전 세계 방위산업 시장에 중요

그림 11-4 주요 무기 수출국(가로)과 수입국(세로): 1948~2018 자료 합계(TIV기준).

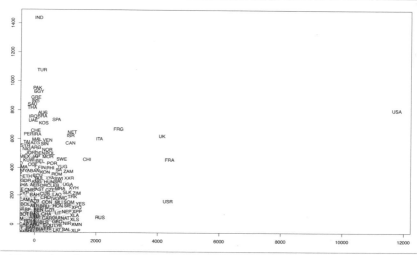

자료: SIPRI(2020a).
이하 모든 방위산업 관련 현황 도표는, SIPRI(2020a)의 데이터베이스를 바탕으로 저자가 편집한 것임을 밝힌다.

그림 11-5 미국 방산수출품 종류(1950~2018)

(단위: 개)

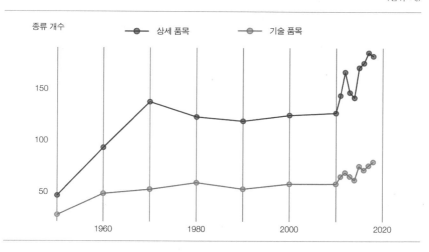

그림 11-6 허브 중심도와 권위 중심도

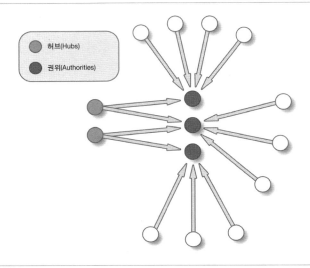

자료: Sentinel Visualizar.

한 영향력을 가지고 있는 것으로 평가된다.

방향성 네트워크에서 허브란 많은 노드들에게 링크를 거는 노드를 말하며 허브 중심도hub centrality로 측정한다. 반대로 많은 노드들이 링크를 거는 노드는 '권위'를 가진 노드이며 권위 중심도authority centrality로 측정한다. 무기 수출입 네트워크에서 허브란 세계 무기 수입국들에 무기를 판매하는 주요 방산 선진국을 말한다. 이들은 프라임 계약자를 보유하고 있어서 세계 무기 수출입 네트워크의 기술적 변화를 주도하고 있으며 자국 및 수입국과 긴밀한 협력 관계를 누리고 있다. 무기 수출입 네트워크에서 권위는 주요 무기 수입국 지위를 나타낸다. 미국을 제외한 주요 무기 수입국은 그렇지 않은 국가들(무기를 자급자족하거나 무기체계를 쇄신하지 않는 국가들)에 비해 기술적으로 더 높은 수준의 군사력을 가지고 있을 가능성이 크다. 미국은 세계에서 가장 우수한 방위산업을 가지고 있기 때문에 교역 수준과 무관하게 높은 수준의 군사력을 유지할 수 있다.

그러나 주요 무기 수입국은 주요 무기 수출국에 대해 대등한 영향력을 행사하기 어렵다. 판매자가 구매자보다 우위에 있는 방위산업의 특성 때문이다.

그림 11-7과 **그림 11-8**은 무기 수출입 네트워크의 구조적 변화 과정을 시간대별로 보여주고 있다. 두 가지 네트워크 정보를 시각화하여 반영했다. 첫째 정보는 수출입 규모이며 TIV 주문액을 로그변환한 값으로 계산했다. 시각화를 위해서 6으로 나눈 값(weight/6)으로 링크의 굵기를 표시했다. 수출입 국가를 구분하지는 않았지만 무기 수출입 네트워크의 특성상 수출 국가는 소수의 방위산업 선진국으로 제한되어 있다는 점에 유의해서 해석하면 된다. 링크의 굵기는 곧 해당 사회적 관계의 심도depth를 보여준다고 할 수 있다.

두 번째 정보는 네트워크 권력이다. 무기 수출입 네트워크는 수입과 수출이 구분되는 방향성 네트워크directed network이기 때문에 방향성에 대한 정보가 배제된 중심도 개념은 무기 수출 네트워크의 사회적 관계를 제대로 반영하기 어렵다. 예를 들어 무기 수입에 전적으로 의존하는 나라와 무기 수출에 전적으로 의존하는 나라는 방향성 정보가 없다면 비슷한 사회적 지위를 가진 것으로 간주될 것이다. 그러나 무기 수출입 네트워크의 특징을 고려하면 자국의 방위산업이 무기를 특정 국가에 수출할 수 있다는 점은 수입과는 차원이 다른 중요한 정보를 제공한다. 전 세계적으로 경쟁력 있는 방위산업을 유지하고 있거나 중요한 프라임 계약자를 확보하고 있다는 것만으로 해당 국가는 무기 수출입 네트워크에서 중요한 지위에 있다고 추론할 수 있다.

1) 1950~1980년 무기 수출 네트워크

그림 11-7은 1950년부터 1980년까지의 무기 수출 네트워크를 10년 단위로 요약하여 시각화한 것이다. 냉전 초기 전 세계 무기 수출 네트워크는 미국과 영국, 소련이라는 세 개의 중심적 행위자로 나뉘어 있음을 쉽게 확인할 수 있다. 1950년대에는 미국과 영국 중심이었던 자본주의 진영의 주요 방위산업 수

그림 11-7 무기 수출 네트워크(1950~1980, TIV 가중치 적용)

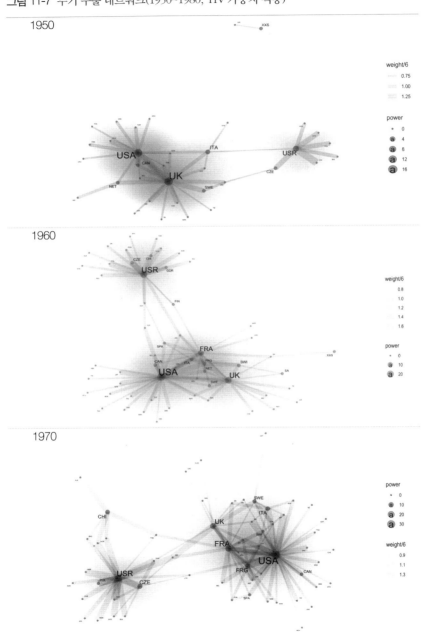

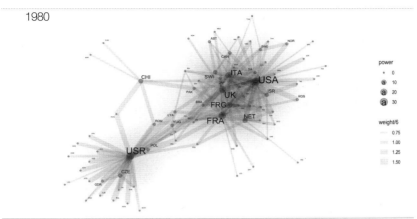

1980

주: 노드의 크기는 허브 중심도에 비례하며 링크의 굵기는 TIV 주문을 로그변환한 값에 비례한다.
자료: SIPRI(2020a).

출국은 1960년대와 1970년대를 거치면서 프랑스, 서독, 이탈리아, 스웨덴, 네덜란드 등의 국가들을 포함하게 된다. 공산주의 진영의 경우 소련과 체코슬로바키아가 주요 방위산업 수출국으로 부상했다. 흥미로운 점은 양 진영 사이에 리비아, 유고슬라비아, 인도, 파키스탄이 자리 잡고 있다는 점이다. 이 국가들은 주요 방위산업 수입국으로 국방에 필요한 방위산업 제품을 양 진영으로부터 수입할 수 있었는데, 이는 냉전 당시 이들 국가의 전략적 중요성 혹은 중립성과 관련된다고 볼 수 있다.

2) 1990~2018년 무기 수출 네트워크

그림 11-8은 1990년부터 2018년까지의 무기 수출 네트워크를 보여준다. 이 시기는 냉전이 끝나고 미국 중심의 단극 질서가 서서히 부각되는 시기였으며 동시에 내전과 테러리즘, 영토분쟁이 전 세계적으로 확산되는 시기였다. 가장 놀라운 변화는 냉전 시기 동안 지속적으로 관측되어 온 블록이 사라지고 주요

그림 11-8 무기 수출 네트워크(1990~2018, TIV 가중치 적용)

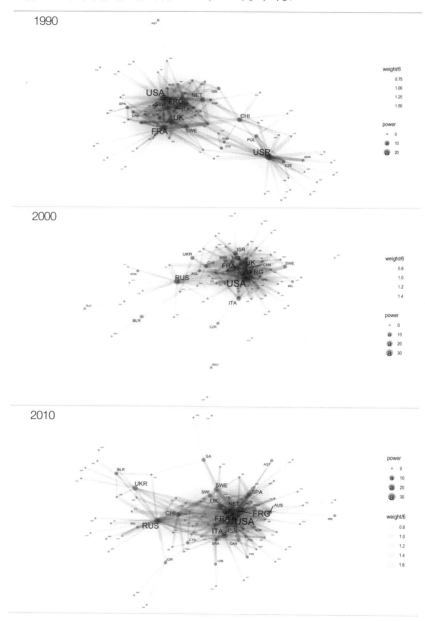

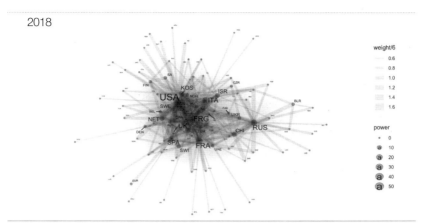

주: 노드의 크기는 허브 중심도에 비례하며 링크의 굵기는 TIV 주문을 로그변환한 값에 비례한다.
자료: SIPRI(2020a).

방산수출국이 네트워크의 중심을 구성하는 중심-주변부 네트워크core-periphery network로 변화하고 있다는 점이다. 2010년대까지 다소 거리를 두고 떨어져 있던 러시아-중국 블록이 점차 미국, 영국, 프랑스, 독일 중심의 블록으로 이동하면서 하나의 중심부를 구성하는 방향으로 변화하고 있다. 이러한 중심-주변부 네트워크로의 변화는 방위산업품의 무역 네트워크가 일반적인 무역 네트워크와 매우 유사해진 것이라고 해석할 수 있다. 그렇다면 무기 수출 네트워크의 시간적 변화가 이제 방위산업도 다른 산업과 마찬가지로 이념과 국가 간 관계의 장벽을 넘어 전 지구적 가치사슬 네트워크를 따라 수출과 수입이 이루어질 수 있음을 의미하는가?

그림 11-8만으로는 이에 대한 판단이 어렵다. 가장 중요한 이유는 **그림 11-8**은 방위산업 교역의 총량만을 보여줄 뿐, 국가 간 무기 경쟁의 가장 첨예한 대립을 이루는 첨단 무기 분야에서의 교역 규모를 보여주지는 않기 때문이다. 즉 방위산업 수출입의 많은 부분이 일반적인 무역 네트워크와 아무리 유사하더라도 전쟁의 승패를 좌우할 핵심적인 무기의 네트워크가 일반적인 무역 네트워크와는 달리 철저히 국가에 의해 규제되는 양상을 보인다면 위와 같은 해석은

그림 11-9 F-35 구입 국가(2018년 6월 현재)

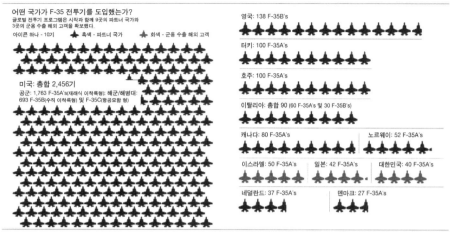

심각한 오류라고 볼 수 있다.

4. 사례연구: F-35

방위산업 전체에 대한 분석이 갖는 한계를 극복하기 위해 이 절에서는 방위산업 제품 중에서 가장 주목을 받고 있는 미국 록히드마틴의 F-35의 수출입 네트워크를 분석할 것이다. F-35는 60년의 수명 주기 동안 유지비가 1조 달러 이상으로 추정되는, 현재 미국 국방부의 가장 값비싼 무기 시스템이다. F-35의 프라임 계약자는 록히드마틴이고 엔진은 프랫앤위트니이다. 8개의 국제 파트너(호주, 캐나다, 덴마크, 이탈리아, 네덜란드, 노르웨이, 터키, 영국) 및 구매 국가, 그리고 미군은 프라임 계약자가 관리하는 글로벌 부품 풀을 공유한다. 최근 싱가포르가 구입 계약을 체결하면서 12번째 구입국가가 되었다(Insinna, 2020.1.9).[2] F-35의 구입 국가는 **그림 11-9**와 같다.

표 11-1 F-35 주문 현황

주문 주체	기종	주문 양 (대수)
USAF(미 공군)	A	1,763
USN(미 해군)	C	247
USMC(미 해병대)	B	353
	C	80
영국	B	138
이탈리아	A	60
	B	30
터키	A	100(모든 주문 취소 예정)
호주	A	72(100기까지 계획됨)
네덜란드	A	37(85기에서 삭감됨)
캐나다	A	65기 주문 계획되었으나 CF-18를 대체할 전투기 구매 여부를 다시 검토 중
노르웨이	A	52
일본	A	105
	B	42
한국	A	40
이스라엘	I	50
덴마크	A	27
벨기에	A	34

주: 기종은 A, B, C형으로 나뉘는데, A형은 공군용, B형은 해병대용, C형은 해군용이다.
자료: Wikipedia, 'F-35' 엔트리.

국제적 파트너 8개국은 다시 세 가지 레벨로 나뉜다. 영국은 유일한 레벨 I 파트너로 개발 초기부터 20억 달러 이상을 투자했다. 레벨 II 파트너는 대략 10억 달러를 투자한 이탈리아와 8억 달러 정도를 투자한 네덜란드이다. 레벨 III 파트너는 터키(1억 9500만 달러), 호주(1억 4400만 달러), 노르웨이(1억 2200만 달러), 덴마크(1억 1000만 달러), 캐나다(1억 6000만 달러)이다. 이 8개의 국제 파트너 국

---

2 캐나다는 제작에 참여하지만 구입 여부에 대해서는 아직 결정을 내리지 못했다.

그림 11-10 F-35 네트워크와 S-400 네트워크

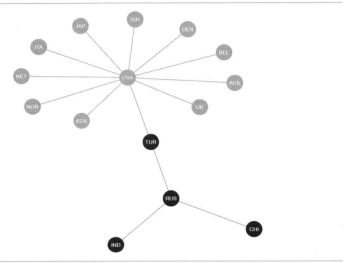

자료: 이 글의 내용을 바탕으로 저자가 직접 작성했다.

가들이 주요 수입국이기도 하다.

표 11-1은 2020년 현재 F-35에 대한 각 국가들의 주문 현황을 정리한 것이다. F-35 주문 현황에서 가장 눈길을 끄는 것은 터키이다. 터키는 F-35의 부품을 공급하는 중요한 파트너로 F-35의 중앙동체와 랜딩기어 등을 생산하고 있다. 또 F-35 정비와 보수도 맡고 있는데, 특히 엔진 관련 부품들을 정비하는 기술을 보유하고 있다. 그러나 터키는 미국의 경고에도 불구하고 러시아의 S-400 미사일 시스템을 2019년 7월 설치했다. 러시아의 S-400은 현존하는 가장 뛰어난 대공방어체제로 간주되고 있으며 미국은 러시아의 S-400 미사일 시스템을 도입한 국가와는 F-35 생산과 판매를 유지할 수 없음을 분명히 밝히고 있다. 그러나 에르도안 터키 대통령은 이와 같은 미국의 경고를 무시했으며 미사일 방어체제의 도입에 대한 미국의 압력을 주권침해라고 비판했다. 결국 2020년 미 국방부는 터키에서의 부품 생산을 중단하고 터키의 주문을 취소할 것이라

그림 11-11 F-35 항공기 유지를 위한 프로그램 이해 관계자

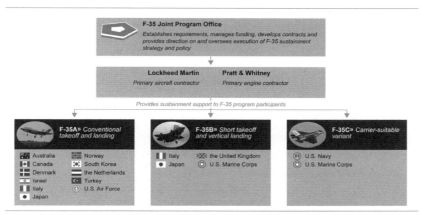

주: 국제 파트너들은 시스템 개발을 위한 기금을 기부했으며 캐나다를 제외한 모든 국가는 항공기 조
　　달 계약을 체결했다. 벨기에, 이스라엘, 일본 및 한국은 판매 고객으로 서명했다.
자료:United States Government Accountability Office(GAO)(2019: 7).

고 발표했다(Caverley, Kapstein and Vucetic, 2019; Macias, 2020.2.28; Wilks,
2019.8.2).

　　그림 11-10은 F-35 수출입 네트워크와 S-400의 수출입 네트워크를 시각화한
것이다. 러시아가 생산하는 S-400을 수입하는 국가 중에서 F-35를 동시에 수입
하고 있는 국가는 터키가 유일하다는 점을 쉽게 확인할 수 있다. 즉 앞서 무기
수출입 네트워크의 중심주변부화에서 관측된 바와는 매우 다른 모습을 확인할
수 있다. F-35 네트워크와 S-400 네트워크의 유일한 다리 역할을 하는 터키에
대해 미국이 F-35 판매와 생산 참여를 중단시켰다는 사실은 미국과 러시아가
첨단무기체계에서는 배타적인 네트워크를 구축하고 있음을 시사한다.

　　터키 F-35 판매 중단 사례는 첨단무기의 국제적인 네트워크는 국제정치의
현실주의가 예상한 바와 같이 철저하게 전략적 판단과 안보적 고려에 따라 진
행되고 있다는 점을 시사한다. 미국이 경제적 이익만을 생각한다면, 그리고
프라임 계약자인 록히드마틴이라는 기업의 입장을 대변한다면 터키에 100기

의 F-35 판매를 중단한 것은 비합리적인 결정일 것이다. 또한 터키를 대신할 제2의 부품 제공처를 찾는 것도 비합리적인 결정이다. 첨단무기의 네트워크는 브룩스가 예상하는 바와 같이 글로벌 방산기업이 주도하거나 국가의 경제적 고려에 따라 진행되기보다는 해당 방산제품의 판매가 가져올 전략적이고 안보적인 결과에 대한 고려가 더 우선한다고 볼 수 있다.

미국이 F-35의 생산과 판매를 안보적인 고려를 중심으로 진행하는 것은 미국의 안보적 이익과 전략적 이익의 추구에는 긍정적일 수 있지만 프라임 계약자인 록히드마틴이라는 기업의 이익에는 정면으로 배치되는 것이며 나아가 F-35의 글로벌 생산네트워크의 비효율성으로 귀결될 수 있다. 실제로 미국 회계감사원Government Accountability Office: GAO의 보고서에 따르면 F-35 항공기의 성능은 필요한 만큼 임무를 수행하거나 비행을 못해서 정부의 요구 수준에 미치지 못하고 있다. 그 가장 중요한 이유는 F-35의 예비 부품이 항상 부족하고 전 세계 부품 관리 및 이동이 매우 어렵기 때문이다(United States Government Accountability Office, 2019).

그림 11-12는 회계감사원 보고서에 등장하는 배송 및 부품 수령 네트워크이다. 현재 F-35 배송 및 부품 네트워크는 바퀴살hub-and-spoke 네트워크의 형태를 띠고 있다. 회계감사원은 이를 지양하고 좀 더 유연한 네트워크로 개선해야 한다고 강조한다(United States Government Accountability Office, 2019: 32). 그러나 터키 사례에서 확인된 바와 같이 미국이 기획한 F-35 네트워크는 처음부터 대단히 위계적이고 일방향적인 바퀴살 네트워크였다. 미국은 개발 참여국가를 세 개의 층위로 나누고 부품의 생산이나 창고의 배치 역시 기술적 혹은 경제적 고려보다는 전략적 고려에 의해 철저하게 진행했다. 이 과정에서 프라임 계약자인 록히드마틴의 기업 이익에 대한 고려, 생산 네트워크의 효율성에 대한 고려, 판매에 대한 고려는 후순위로 밀려났다. 이로 인해 F-35의 가동률은 낮아지고 부품은 항상 부족하고 정비는 3개월에서 6개월이 넘게 소요되는 비효율성이 생겨났다. 회계감사원의 보고서에 따르면 2018년 5월부터 11월까지 F-35

그림 11-12 F-35 부품 이동을 위한 현재 및 미래의 글로벌 네트워크

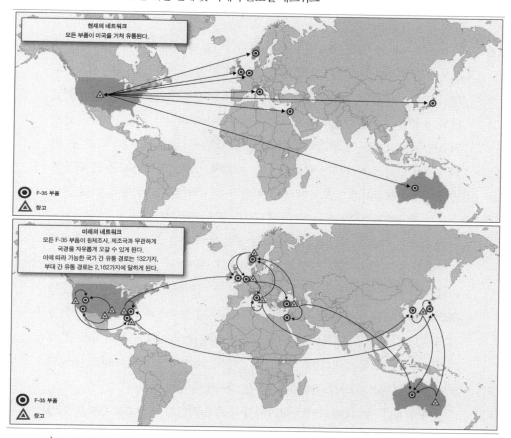

자료: United States Government Accountability Office(2019: 33).

항공기는 예비 부품 부족으로 인해 29.7%의 비행을 할 수 없었다고 한다. 이러한 F-35 네트워크의 비효율성은 안보적 고려를 경제적 고려보다 더 우선시한 대가라고 볼 수 있다.

5. 결론

이 글은 방위산업의 구조적 변화를 방위산업을 둘러싼 국가와 시장의 관계 변화라는 관점에서 설명하고 방위산업의 세계화에 대한 현실주의와 자유주의의 입장을 소개했다. 방위산업의 세계화에 대한 현실주의의 입장은 방위산업에서 다국적 기업이 출현하고 생산이 세계화된다고 하더라도 방위산업은 본질적으로 국가의 안보적 고려에 의해 그 발전 방향이 결정될 것이라고 본다. 반면 자유주의적 입장에서는 방위산업의 세계화는 국가의 복합적 상호 의존을 증가시켜 전략적이고 안보적인 고려에 의한 정치적 결정의 가능성을 대폭 축소시킬 것이라고 본다.

1950년대 이후 방위산업 수출입 네트워크의 총량을 살펴보면 자유주의적 입장에서 보는 바와 같은 복합적 상호 의존이 증가하는 모습을 보인다. 냉전 기간 동안 자본주의 진영과 공산주의 진영으로 나뉘어 있던 무기 수출입 네트워크가 1990년대 이후 중심-주변부 네트워크로 점차 변화해 가고 있음을 확인할 수 있었다. 21세기에 접어들면서 미국 등 자본주의 진영의 무기 수출입 네트워크가 러시아와 중국을 중심으로 한 권위주의 진영의 무기 수출입 네트워크와 점점 긴밀하게 연결되기 시작했음을 확인할 수 있었다.

그러나 첨단무기 네트워크는 이러한 통합적 움직임과 정반대의 모습을 보여주었다. F-35 수출입 네트워크와 S-400 수출입 네트워크를 비교 분석해 본 결과 첨단무기 거래에서 국가들은 경제적 이익에 대한 고려보다 안보적·전략적 이익에 대한 고려를 더 우선시한다는 점을 확인할 수 있었다. 미국은 자국의 최첨단무기인 F-35의 생산에 참여하고 구매 계약을 진행한 터키가 러시아의 첨단 미사일 방어체계인 S-400을 동시에 구매하는 것을 허용하지 않았다. 터키의 F-35 100기에 대한 주문취소와 부품 생산중단 결정은 미국과 프라임 계약자 록히드마틴에는 중요한 경제적 손실이다. 그러나 F-35가 가진 안보적 중요성을 고려하여 미국은 이를 불가피한 결정으로 받아들였다.

한남성·박준수·이호석·양영철. 2003. 『절충교역에 대한 이해와 우리나라의 추진 현황』. 한국국방연구원.

Brooks, Stephen G. 2005. *Producing Security: Multinational Corporations, Globalization, and the Changing Calculus of Conflict*. Princeton: Princeton University Press.

Caverley, Jonathan D. 2007. "United States Hegemony and the New Economics of Defense." *Security Studies*, Vol. 16, No. 4, pp. 598~614.

Caverley, Jonathan D., Ethan B. Kapstein, Srdjan Vucetic. 2019.7.12. "F-35 Sales Are America's Belt and Road: The United States uses the fighter jet program to further its own influence while leaving allies dependent." *Foreign Policy*.

Eisenhower, Dwight D. 1961. "Transcript of President Dwight D. Eisenhower's Farewell Address." https://www.ourdocuments.gov/doc.php?flash=false&doc=90&page=transcript (검색일: 2019.10.2).

Insinna, Valerie. 2020.1.9. "Singapore gets the green light to buy F-35s." https://www.defensenews.com/air/2020/01/09/singapore-gets-the-green-light-to-buy-f-35s/ (검색일: 2020.3.5).

Macias, Amada. 2020.2.28. "It would be incredibly difficult for Turkey to return to the F-35 program, Lockheed Martin VP says." CNBC, https://www.cnbc.com/2020/02/28/challenges-in-bringing-turkey-back-into-lockheed-martin-f-35-program.html (검색일: 2020.3.13).

Seligman, Lara. 2018.6.22. "The Countries Where F-35 Sales Are Taking Off: Tracking the growing global fleet of stealth fighters." *Foreign Policy*.

Sentinel Visualizar. "Hub and Authority" http://sentinelvisualizer.com/SocialNetworkAnalysis/ (검색일: 2020.2.5).

SIPRI. 2020a. "SIPRI Arms Transfers Database." https://www.sipri.org/databases/armstransfers (검색일: 2020.3.13).

SIPRI. 2020b. "SIPRI Military Expenditure Database." https://www.sipri.org/databases/milex (검색일: 2020.3.13).

Tilly, Charles. 1975. *The Formation of Nation States in Western Europe*. Princeton: Princeton University Press.

United States Government Accountability Office(GAO). 2019. "F-35 Aircraft Sustainment: DOD Needs to Address Substantial Supply Chain Challenges." *Report to Congressional Requesters*.

Wekipedia. "Lockheed Martin F-35 Lightning II procurement." https://en.wikipedia.org/wiki/Lockheed_Martin_F-35_Lightning_II_procurement (검색일: 2020.2.2).

Wilks, Andrew. 2019.8.2. "Turkey laments exclusion from US training on F-35 jets Ankara says US reaction to arrival of Russian S-400 missile system in Turkey is unjustified." Al jazeera. https://www.aljazeera.com/news/2019/07/turkey-laments-exclusion-training-35-jets-190731122038860.html (검색일: 2020.2.6).

12 이중 용도 품목 수출통제 정책을 활용한 미중 기술 경쟁
바세나르 협정을 중심으로

한상현 | 서울대학교

1. 서론

일본 경제산업성에서 2019년 7월 1일, 한국에 대해서 반도체의 핵심 소재라 할 수 있는 3개 품목의 수출 규제 조치를 공식적으로 발표한 이후, 일본은 전략 물자가 국제적으로 적절하게 관리되기 때문에 수출에서 일정 특혜를 부여하는 백색국가(화이트리스트)에서 한국을 배제했다. 아베 총리는 기자회견에서 바세나르 협정을 언급하며 국가안보의 목적으로 무역을 통제할 수 있는 회원국의 권리가 있다며 수출 규제 조치의 타당성을 주장했다. 한국은 즉각적으로 수출의 제한을 특정 국가를 대상으로 하지 않고 민간의 거래를 저해하지 않는다는 바세나르 협정의 조항을 일본이 위배하고 있다고 반박했다. 20202년 6월 한국 정부에서 세계무역기구의 분쟁해결기구에 패널 설치를 요청할 것이라는 발표처럼 한국과 일본 사이의 수출 규제를 둘러싼 갈등은 현재 진행형이다. 이처럼 경제를 활용한 안보적 조치라고 평가할 수 있는 수출규제와 같은 맥락인 수출통제export control는 이미 오래전부터 시행된 전략 중 하나이다(Blackwill and

Harris, 2016: 152~166). 수출통제는 일본이 주장하듯이 국가의 안보를 수호하는 목적 혹은 특정한 결과를 달성하기 위한 외교정책의 수단이라는 측면에서 시행된다(Martin, 1992: 172~173). 수출통제를 시행한다는 것은 기존 교역량을 임의로 축소하는 것을 의미하며 이는 교역으로 발생하는 경제적 이익의 축소를 의미한다. 따라서 수출통제는 시행 국가의 경제력에 부정적인 영향을 끼칠 수 있다. 실례로, 많은 국가들이 중국과의 기술 무역을 통한 경제적 이익과 안보 위협의 관점에서 딜레마에 빠져 있다는 점을 통해 확인할 수 있다(Cheung and Gill, 2013). 즉, 수출통제는 경제 이익과 국가안보라는 가치의 딜레마를 내재하고 있다는 점을 알 수 있다. 이러한 딜레마에도 불구하고 국가들이 수출통제를 시행하는 유인에 대해서는 자기 이익self-interest, 미국의 리더십U. S. Leadership, 규범과 정체성norms and identity, 사고, 학습, 그리고 초국적 네트워크ideas, learning, and transnational network, 외부 유인과 설득outside inducements or persuasion, 국내 정치 domestic politics, 능력capabilities이라는 총 7가지의 설명 변수들로 정리할 수 있다 (Knopf, 2016: 13~14).

최근 들어 기술은 점차 군용 혹은 민간용이라는 구분되는 특정 목적을 가지고 개발되기보다는 범용 기술로서 자리매김하고 있다. 상업적 용도와 군사적 용도의 구분이 모호해지는 환경 속에서 대부분의 기술들은 두 가지 용도로 모두 활용될 가능성이 있다. 극단적인 예시로, 과제를 하기 위한 수단으로 컴퓨터가 활용되면 민간 용도이지만 군용 미사일을 개발하는 데 활용된다면 민간용 컴퓨터가 군용으로 활용되는 것이기 때문이다. 바세나르 협정은 이러한 이중 용도 품목·기술들dual-use products/technologies을 대상으로 해당 품목들에 대한 특정 행위자의 취득을 방지하고 국가 간 정보 교환과 같은 투명성을 강화하는 것을 목표로 하고 있다. 이를 통해 국제 안보와 지역 안정에 기여하기 위해 설립되었지만 궁극적으로는 교역을 제한하는 수출통제의 형태를 취하고 있다고 할 수 있다. 따라서 이 글에서는 바세나르 협정과 국가의 수출통제정책이 가지고 있는 국제정치학적 함의를 살펴보고자 한다. 이를 위해 바세나르 협정의 통제 목록을 회원국들이 어떻게 적용하고 있는지 사례를 통해 확인한다. 그동안 수출통제는 국제정치학 분야에서 많은 관심을 받았으나 4차 산업혁명 시대를 맞이하여 전례가 없는 기술의 발전 속에서 어떻게 발전되어 왔는지에 대한 간극이 존재한다고 할 수 있다. 특히 미국과 중국 사이의 첨단기술을 둘러싼 갈등이 점차 고조됨에 따라 미중 기술 경쟁이라는 맥락 속에서 수출통제가 갖는 의미를 확인할 필요가 있다. 이에 따라 바세나르 협정과 첨단기술과의 관련성뿐만 아니라 미국이 추진하는 수출통제정책 자체에 대해서도 살펴볼 필요가 있다.

따라서 제2절에서는 바세나르 협정의 근간이 될 수 있는 이론적 틀인 네트워크 권력과 네트워크 질서를 기반으로 하는 네트워크 세계정치이론을 소개한다. 제3절에서는 바세나르 협정의 전신이라고 할 수 있는 코콤CoCom에 대해 간략히 소개한 후 제4절에서 본격적으로 바세나르 협정을 소개하고자 한다. 특히 협정의 통제 목록을 자국의 수출통제 정책에 반영하는 서로 다른 방식을, 미국과 한국의 사례를 통해 살펴보며 바세나르 협정이 갖는 세 가지의 국제정치학적 함의를 도출한다. 제5절에서는 바세나르 협정이 가지고 있는 한계점에도 불구하고 첨단(혹은 신흥)기술들이 바세나르 협정에 반영되어 회원국들의 정책에 어떻게 활용되고 있는지의 일련의 과정과 미국과 중국의 수출통제정책을 살펴본다. 이는 미중 기술 경쟁이라는 맥락 속에서 바세나르 협정이 활용될 수 있는 이론적 가능성과 수출통제정책을 활용한 갈등의 심화를 제시하며 과거와는 비교할 수 없는 신냉전의 도래를 유의해야 한다는 결론을 내리고자 한다.

2. 이론적 논의

기술혁신으로 대표되는 선도 부문leading sector과 패권국의 부흥과 쇠퇴를 하나의 주기로 바라보고 있는 리더십 장주기이론은 기술과 패권의 관계를 잘 보여주고 있다(Modelski and Thompson, 1996). 물론 이 이론 역시 도전국과 패권국 사이의 전쟁 혹은 새로운 패권국의 등장 과정을 구체적으로 설명하지 못하는 한계가 있으나 패권과 기술혁신과의 연관성, 더 나아가 기술 패권의 개념을 제시하고 있다는 측면에서 중요하다(배영자, 2019: 2~3). 기술은 중립적이지 않고 가치 편향적이라는 인식에 기반해 국제정치를 살펴본다면, 이는 사회제도처럼 역사적이며 성찰적인 특징을 가지고 패권국의 의도를 표현하는 수단이라고 할 수 있다(Feenberg, 1996). 따라서 기술의 변수는 패권의 형성에 있어서 하나의 주요한 요인으로 작동할 수 있다. 기술혁신을 수행할 수 있는 국가일수록 선도 부문에서의 혁신을 성공적으로 수행할 가능성이 높기 때문에 기술이 패권을 형성하는 주요한 요인이 된다고 유추할 수 있다. 기술이 물질 권력 그 자체로서 혁신(혹은 발전)의 중요성과 기술 패권의 형성이라는 두 요인에 영향을 끼치는 것과 더불어 기술이 수단으로서 활용되는 경우도 있다. 이는 기술혁신으로 인한 경제적 부유함이 국가 능력의 향상으로 연결되고, 이 과정에서 탈집중화된 정치 체제를 보유한 국가가 기술혁신을 성공적으로 수행한다는 메커니즘을 통해 확인할 수 있다. 특히 1980년대 탈집중화된 미국이 상대적으로 집중화된 산업정책을 가지고 있던 일본에 비해 기술혁신을 성공적으로 달성했으며, 이는 미국 패권의 하락이 아니라 유지로 귀결되었다는 연구결과도 있다(Drezner, 2001). 이와 더불어 선도 부문의 기술적 혁신을 발판 삼아 신흥기술의 표준을 선점하는 방식으로 기술 패권을 형성할 수도 있다. 이는 현재의 글로벌 표준으로 굳건히 자리매김한 미국의 인터넷 기업인 마이크로소프트나 구글의 사례를 통해 확인할 수 있다.

종합하여 정리하면, 선도 부문의 혁신은 신기술의 선점(기술적 발전), 경제이익 추구의 수단, 표준의 선점이라는 방법을 통해 패권을 형성할 수 있다. 이후 특정 국가의 기술 패권이 형성된다면 적성국과 같은 특정 행위자들에게 선도 부문의 기술이나 제반 품목이 유입되는 것을 방지할 필요성이 제기될 것이다. 특히 국가의 발전은 지속적인 산업투자와 기술의 개선에 달려 있는데 후발 주자는 선발 주자가 시간과 자본을 투자하여 개발한 기술을 손쉽게 획득하여 활용하는, 이른바 기술의 사다리ladder of technology를 통해 격차를 좁힐 수 있기 때문이다. 하지만 최근에는 기술의 복잡성으로 인해 오히려 후발 국가들이 기술 선진국들의 기술을 쉽게 모방할 수 없다는 주장도 제기되고 있다(Gilli and Gilli, 2019: 150~152). 전자의 경우에는 기술 자체가 유입되는 것을 방지할 필요가 있지만, 후자의 경우에는 국가들이 기술적 자립을 위해 박차를 가할 것으로 예상됨에 따라 기술 자체보다는 필요한 부속품이나 품목을 통제하는 것이 중요하다고 할 수 있다. 이에 따라 패권국이 기술의 유출을 방지하거나 후발 주자가 기술을 개발하기 위한 시도를 방지할 유인이 충분한 상황인 두 가지 논의 모두 수출통제를 정책적으로 추진할 개연성이 높다고 할 수 있다. 이러한 관점에서 수출통제 레짐은 기술 경쟁에서의 우위를 유지하기 위한 효율적인 다자주의의 수단으로 활용될 여지가 충분하다.

두 번째 차원의 논의인 네트워크 국가 질서의 형성은 기존 물질적 자원을 기반으로 한 국제 질서를 넘어 지식 질서의 개념을 담고 있는 네트워크 지식 질서와 직결된다(김상배, 2014: 169). 수출통제 레짐의 창설과 유지에 있어서는 특정 국가의 의도가 반영된다고 할 수 있는데 바세나르 협정에서는 미국의 역할이 주요하다. 제2차 세계대전 이후 미국의 패권 형성을 설명하기 위한 요인으로 자본력을 비롯하여 자유무역 경제 질서의 확산처럼 제도화된 미국의 이익을 꼽을 수 있다. 또한 냉전기 동안 미국은 기술 자체를 비롯한 R&D, 생산성과 같은 기술적 지표에서 소련과의 격차를 지속적으로 확대하면서 기술 패권을 공고히 해나갔다(Perry, 1973). 미국의 기술 패권이 공고해지는 과정에서 혁신 기술의 중요성을 소련도 뒤늦게 인지하고 1980년대 외교정책을 수정하기에 이르렀지만 격차는 이미 걷잡을 수 없이 커졌다(Brooks and Wohlforth, 2001: 36~42). 소련과의 격차를 가볍게 뛰어넘는 과정에서 미국은 국가 주도의 수직적인 네트워크와 대학, 연구소, 기업 등의 민간 행위자들이 가지고 있는 수평적인 네트워크를 적절히 활용하여 '네트워크 지식 국가'의 모습을 통해 글로벌 지식 패권을 형성, 유지했다고 평가할 수 있다(김상배, 2007). 즉, 기술 패권을 뒷받침할 수 있는 과학정책의 시행을 바탕으로 기술 지식들을 개발하고 발전시켜 나갔다(배영자, 2007: 133~134).

네트워크 내에서 패권국의 중심성이 높은 경우에는 우방국들의 자원을 적극적으로 활용할 수 있는 가능성이 높아진다. 하지만 그 이전에 중심의 패권국을 제외한 네트워크 내의 다른 행위자들이 패권국과 해당 국가가 주도하는 네트워크의 정당성을 인정해야 한다. 이런 과정을 거쳐서 형성된 위계질서는 비로소 패권국이 주도적으로 네트워크 안에서의 조율을 가능하게 한다(MacDonald, 2017: 140~144). 이를 통해 패권국의 사회적 권력이 형성됨을 확인할 수 있다 (Hafner-Burton and Montgomery, 2009: 24~25). 이는 다시 네트워크 내에서 국제협력을 도모하는 과정 속에서 위계적인 질서가 형성되고, 이에 따라 패권국과 회원국의 역할을 규정하고 있음을 확인할 수 있다. 바세나르 협정의 체결 배경에도 이중 용도 기술을 활용하여 제작한 무기들을 사용한 1991년 걸프전의 충격으로 인해 기술의 유출을 막고자 하는 의도와 소위 4대 부랑국가pariah state를 비롯한 특정 집단에 대한 수출통제를 시행하기 위한 미국의 목적이 반영되어 있다고 볼 수 있다. 하지만 이 과정 속에서 미국이 패권국으로서의 지위를 보유하고는 있었으나, 독단적으로 행동할 수는 없었다는 점은 뒤집어 표현하면, 미국과 다른 국가들 사이에 동등한 관계를 설정하는 무정부적 질서의 속성을 보유하고 있음을 확인할 수 있다. 즉, 위계성과 무정부성이 공존하고 있다고 정리할 수 있다. 따라서 바세나르 협정의 창설 과정은 복합적인 질서 속에서 지식의 중요성이 강조되는 네트워크 지식 질서의 맥락에서 봐야 한다는 점을 알 수 있다.

3. 바세나르 협정의 역사적 배경, 코콤

바세나르 협정의 전신이라고 할 수 있는 코콤은 냉전이 본격적으로 시작되는 1949년 11월 합의되어 1950년 1월 1일부로 미국을 비롯한 6개 국가들과 함께 비밀리에 출범했다. 하지만 이후 공개적으로 전환되면서 1993년 해체될 때까지 17개국이 회원국으로 활동했다.[1] 코콤은 공산권 국가들을 대상으로 하는 교역을 통제하기 위한 다자 간의 조정위원회 역할을 수행하는 데 그 의도를 두고 있었다. 초기에는 회원국들의 실무 대표들로 구성된 자문그룹Consultative Group: CG이 대략적인 수출통제 정책과 세부적인 의제들에 대한 원칙을 결정했으며 코콤이라는 조직은 결정사항들을 수행하는 집행기구로서의 역할을 수행했다. 하지만 CG의 역할이 모두 코콤으로 일원화되어 현재 우리에게 익숙한 코콤이 수출통제 전략을 기획하고 수행하는 역할을 하게 된다.

코콤의 창설 배경에는 당시 대對공산권 견제 전략을 활발히 펼친 미국이 있다. 미국은 여러 외교문서에서 확인할 수 있는 것처럼 본격적인 경제전economic warfare[2] 전략을 시행하기 위해 만반의 준비를 하고 있었으며 이러한 전략이 서구 유럽권 국가들에 미칠 파급효과까지 모두 대비하고 있었다. 이와 함께, 미국은 소련의 경제 활동이 전쟁을 준비하고 있거나 전쟁을 바로 시행하고자 하는 목적으로 대부분의 물자들을 군용으로 전용하는 전시경제war economy에 있다고

---

1 1950년 창설 당시에는 미국을 비롯해 영국, 프랑스, 이탈리아, 네덜란드, 벨기에, 룩셈부르크가 회원국으로 가입했다. 이후 1952년에 노르웨이, 덴마크, 캐나다, 서독, 포르투갈이 가입했으며 1953년에 일본, 그리스, 터키가, 1985년에 스페인, 1989년에 호주가 각각 가입했다.
2 마스탄두노(Mastanduno, 1992)는 적성국(Adversary)을 대상으로 하는 무역 전략을 경제전, 전략적 수출금지(strategic embargo), 전술적 연계(tactical linkage), 구조적 연계(structural linkage)로 나누고 있다. 이 중 경제전 전략은 무역으로 인해 대상국의 경제적 이익이 증진됨에 따라 여유 자원이 군사적으로 활용될 것이라고 전제하여 적성국과의 무역을 전면적으로 통제하는 전략이다. 전략적 수출금지는 군사적으로 직접 활용될 수 있는 품목들에 대해 선별적으로 수출을 금지하는 전략이다. 공산권 국가들을 대상으로 코콤이 수행한 전략이 경제전이라고 할 수 있다(64~106).

분석했으며, 궁극적으로 소련과의 전쟁은 중장기적으로 불가피하다는 자체적인 결론을 내렸다. 그리고 소련이 동유럽의 공산권 국가들과 함께 자급적 경제체제autarky를 구성하고 있다고 평가함에 따라 전면적인 경제전 전략이 가장 효과적이라고 평가했다(Mastanduno, 1992: 68~73). 즉, 미국의 강력한 대소련 위협인식과 봉쇄전략의 추진으로 코콤 초반에는 미국의 강력한 경제전 전략이 반영된다고 볼 수 있다(Martin, 1992: 175). 이는 당시 군수품으로서 군사용 혹은 준군사용으로 활용될 수 있는 품목들이 포함되어 있는 코콤의 통제 목록 1호가 미국이 개별적으로 선정한 통제 목록 1A호를 기반으로 작성되었다는 점, 그리고 산업적으로 매우 중요하거나 간접적으로 군사용으로 활용될 가능성이 높은 품목들로 구성된 통제 목록 2호는 미국의 통제 목록 2호를 기반으로 작성되었다는 점을 통해서도 확인할 수 있다. 당시의 미국의 선호를 대거 반영한 목록 1호는 다시 그룹 A부터 M에 해당하는 품목들로 나뉘어 있었다.[3] 즉, 하나의 목록에 분류만 다르게 했을 뿐 다양한 품목들을 관리하고 있었다. 하지만 몇 번의 수정을 통해 1966년 이후에는 크게는 이중 용도를 가지고 있는 상업적 품목들, 모든 군사적 활용이 가능한 군수 품목, 그리고 원자로, 원자력과 관련된 목록들로 나뉘어 개별적으로 관리되었다(Evans, 2009: 170~173).

　미국의 강력한 선호에도 불구하고 초기 경제전 전략 기조가 지속적으로 유지되지는 않았다. 이를 시기적으로 구분해 보면, 강력한 수출통제 조치가 시행

3　이 목록은 당시의 기술적 변화와 정치적 상황에 따라 지속적으로 변화했다. 예를 들어 1960년 당시 코콤에서 통제하던 통제 품목으로는 군수품(Munitions), 원자력(Atomic Energy), 철강 제조 기계(Metal-Working Machinery), 화학 및 석유제품(Chemical and Petroleum Equipment), 전기 및 발전제품(Electrical and Power-Generating Equipment), 일반 산업제품(General Industrial Equipment), 운송 제품(Transportation Equipment), 통신과 레이더를 포함하는 전자 제품(Electronic Equipment including Communications and Radar), 과학 기구 및 도구, 자동 제어장치와 사진 장비(Scientific Instruments and Apparatus, Servomechanisms and Photographic Equipment), 철, 자원, 그리고 제조품(Metals, Minerals and their Manufactures), 화학, 비금속, 석유 품목(Chemicals, Metalloids and Petroleum Products), 인조 고무와 인조 필름(Synthetic Rubber and Synthetic Film)이 있다.

된 1958년까지의 정착 준비기를 거친 후 1958~1968년의 전략적 수출통제 전략과 정책 조정기, 1968~1981년까지 데탕트에 기반한 전략적 연계전략, 마지막으로 1981~1989년까지의 재강화기로 코콤의 역사적 시기를 나눌 수 있다(Mastanduno, 1992). 1958년 이전까지는 미국의 선호가 나름 강력하게 발현되었지만 1958년부터 1968년까지의 시기는 통제 목록의 개정을 둘러싸고 이를 축소하고자 하는 회원국들과 유지 및 확대하고자 하는 미국과의 갈등으로 인해 코콤의 정책이 조정되는 기간이라 할 수 있다. 특히 코콤이 설립된 1949년부터 1955년까지 서유럽에 대한 미국의 경제, 군사원조가 감소함에 따라 서유럽 국가들은 경제적 이익의 창출을 위해 동유럽 국가들과의 무역량을 급속도로 늘리기 시작했다(Office of Technology Assessment United States, 1979: 155). 이후 데탕트 기간 동안의 휴지기를 통해 대공산권 수출통제가 잠시 완화되지만 다시 코콤 체제를 강화하고자 노력한 레이건 행정부에 들어서면서 코콤 산하에 과학기술 전문가 회의Science and Technology Expert Meeting: STEM 조직이 창설되거나 실무자급 회의체가 준각료급으로 위상이 격상되는 등의 조치들이 시행된다.

정리하면, 코콤은 기본적으로 다자 조직이기 때문에 미국이 모든 것을 독단적으로 결정하기는 쉽지 않았다. 특히 코콤이 본격적으로 활동하기 시작한 1950년대는 미국의 전반적인 패권이 상승 내지는 정착하는 시기라고 평가할 수 있다(Mastanduno, 1992: 10). 이에 따라 미국은 압도적인 기술 패권을 바탕으로 코콤을 설립하는 데 주도적으로 앞장섰다. 당시 코콤 회원국들이 동구권 무역에서 오는 경제적 이익에도 불구하고 전면적인 경제전 전략을 수용한 것은 미국으로부터의 정책적 협조가 필수라는 점을 인지하고 있었기 때문이며, 이러한 인식은 한국전쟁 이후에 더욱 강화되었다고 볼 수 있다(Mastanduno, 1992: 89~90). 그리고 미국은 전후 서구 유럽지역의 과학, 기술사회를 전반적으로 재편하는 과정을 통해 '합의의 패권consensual hegemony'을 바탕으로 동의에 의한 제국화를 추진하고 있었다고 평가되기도 한다(Krige, 2006). 정리하면, 미국은 기술적 우위와 동맹국들로의 경제, 안보적 지원을 매개로 자국의 선호를 강제할 수 있는 위치에 있었다. 물론 이 과정에서 이견을 조율하는 등의 협의 과정이 있었음에도 불구하고 미국은 자국의 선호를 코콤에 적극적으로 반영하고자 했다. 이러한 배경에는 소련과 동구권 국가들에 대한 수출통제를 조직적으로 시행하고자 하는 외교정책과 연관성이 있다. 따라서 공산권에 대한 기술 패권을 유지하고자 하는 미국 외교정책의 연장선에서 코콤의 창설을 이해할 수 있다.

4. 바세나르 협정

1) 구성 및 기능

냉전이 종식되고 1993년 11월과 1994년 3월에 개최된 코콤 회의에서, 러시아를 비롯한 구공산권 국가들의 강력한 요구에 따라 1994년 3월 31일부로 코콤의 해체가 결정되었으며, 이중 용도 품목들과 재래식 무기 통제에 대한 공백을 메우기 위한 새로운 수출통제 레짐의 설립이 합의된다. 당시에는 코콤 체제를 이을 '새로운 장New Forum'을 설립하기 위한 3개의 워킹그룹이 출범되었으며 이후 1995년 12월 네덜란드의 바세나르에 28개 국가들이 모여 바세나르 협정을 설립하기 위한 최종 성명서를 발표하게 된다. 이후 추가로 한국과 루마니아를 창립 회원국으로 포함하여 오스트리아 빈에서 1996년 4월, 이틀에 걸쳐 제1차 총회가 개최되었다. 하지만 회원국들 간에 합의를 도출하는 데 실패하면서 첫 총회는 7월까지 중단된다. 이후 7월 총회가 재개되면서 총 33개의 창립 회원국들이 「기본 설립문서Initial Elements」에 동의함에 따라 1996년 11월 1일부로 통제 목록의 시행과 정보 교환에 대한 바세나르 협정의 효력이 발생한다(The Wassenaar Arrangement, 2019.8.9). 공식적으로는 '이중 용도 품목과 일반적인 전략물자 수출에 대한 바세나르 협정The Wassenaar Arrangement for Conventional Arms and Dual-Use Goods and Technologies'이라고 명명된 바세나르 협정이 출범하게 되었으며 2020년 기준으로 총 42개 국가가 회원국으로 참여하고 있다. 코콤에서 한꺼번에 관리하던 다른 품목들은 핵무기와 관련된 물질들을 통제하는 핵 공급 그룹Nuclear Suppliers Group: NSG, 대량 파괴무기 운반체제를 통제하는 미사일기술 통제체제Missle Technology Control Regime: MTCR, 생물·화학무기의 원료와 제조 설비 및 장비 등을 통제하는 호주 그룹Australia Group: AG으로 분산되어 바세나르 협정과 함께 4대 국제수출통제 체제로 자리매김하고 있다.

「기본 설립문서」에 따르면 바세나르 협정의 설립 목적은, ① 투명성과 기술 및 품목 이전에 대한 책임을 통해 지역적·국제적 안보와 안정에 기여, ② 기존 통제 레짐들을 보완하는 역할을 수행, ③ 회원국들 간 협력을 통해 군사적 용도의 민감 품목과 무기의 획득을 방지, ④ 민간 수준의 거래와 유엔 헌장 제51조에 명시된 자위권을 방해하지 않는 수준을 유지하는 것이라고 밝히고 있다. 특히 2001년에는 9·11 테러 공격으로 인해 테러리스트 집단이나 조직, 테러리스트 개인이 재래식 무기와 이중 용도 기술을 획득하는 것을 방지한다는 목적을 새로이 추가했다. 이에 따라 이전 코콤과는 달리 바세나르 협정은 투명성과 정보의 교환을 강조하여 국가안보에 위협이 되는 이중 용도 기술 및 품목 수출을 방지하고자 하는 특징을 지니고 있다고 할 수 있다.

조직적인 측면을 살펴보면 **그림 12-1**과 같이 총 4개의 조직으로 구성되어 있다. 총회는 회원국에서 파견된 고위급 관료들이 참석하여 일반 워킹 그룹 General Working Group: GWG과 전문가 그룹Export Group: EG에서 작성된 목록이나 보고서를 비롯하여 각종 행정 사안들까지 최종적으로 결정하는 조직이다. 12월에 평균적으로 이틀 정도 총회가 개최되며 이 기간 동안 굉장히 많은 사안들을 처리하는 것으로 알려져 있다. 총회 산하에는 기술 전문가들로 구성되어 통제 품목과 목록을 검토하고 확정하는 EG와 무형 기술invisible technologies 및 바세나르 협정 차원에서 작성되는 최적 관행이나 준수 사항에 대한 보고서를 작성하는 GWG로 구성되어 있다. 특히 GWG는 산하에 허가 및 집행 관리관 회의 Licensing and Enforcement Officers Meeting: LEOM를 두고 있으며 이는 실질적으로 라이

그림 12-1 바세나르 협정 체제 조직도

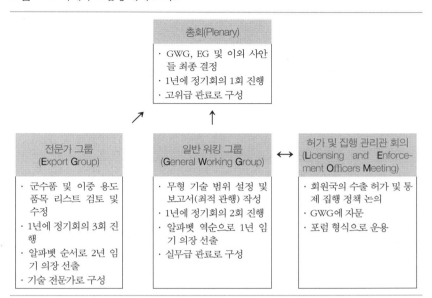

자료: Evans(2009: 146~153)에서 재구성했다.

선스 발급과 통제를 집행하는 실무 수준의 관료들이 정기적으로 모여서 정책을 논의하는 장으로 활용되고 있다. 이외에도 빈 연락사무소Vienna Point of Contact: VPoC는 별도의 사무 공간으로, 바세나르 협정 사무국의 역할을 수행하고 있다. VPoC를 통해 의장이 총회를 소집하거나 통제 및 라이선스 발급 거부 정보를 취합하고 내부적으로 국가들이 제출하는 정보를 담당하는 온라인 시스템인 바세나르 협정 정보 시스템Wassenaar Arrangement Information System: WAIS을 운영하는 등의 역할을 수행하고 있다.

협정의 법적 측면을 보면, 코콤처럼 구속력이 없는 연성법의 성격을 가지고 있다. 특히 코콤에 비해서 국가의 재량권을 더욱 존중함으로써 느슨한 통제체제라는 평가를 받고 있다. 예를 들어 기본 설립문서가 완성된 이후 이를 수용하고 적용하는 부분을 회원국들의 재량으로 남겨둔 것은 강제적으로 시행된 코콤에 비해서 자율성이 높은 것이라고 평가할 수 있다(Grimmett, 2004: 2). 그리고 코콤에서는 특정국이 수출 거부를 표한 물품에 대해서 다른 회원국들도 동일한 결정을 내려야 하는 손상조항undercut clause을 포함하고 있으나, 바세나르 협정에서는 특정국의 거부 통보가 다른 국가의 결정에 영향을 주지 않는다고 명시하고 있다.4 다음으로, 협정은 군수품과 이중 용도 품목을 대상으로 군수품 목록Munition List과 이중 용도 품목에 대한 통제 목록the List of Dual-Use Goods and Technologies을 개별로 보유하고 있다. 이중 용도 품목·기술 목록은 초기에는 티어 1과 티어 2, 티어 2 부속 목록으로 나뉘었으나 2003년 총회 이후에는 순차적으로 이중 용도 품목, 민감 품목 목록Sensitive List와 초민감 품목 목록Very Sensitive List으로 변경되었다. 군수품 목록에는 총 22개의 분류가 포함되어 있으며 이중 용도 통제 목록에는 9가지 분류가 포함되어 있다.5 마지막으로 바세나르 협정에 따르면 통제 품목 결정을 비롯한 협정 내 모든 결정은 회원국들 간의 합의consensus로 이루어진다. 이는 코콤 체제와 동일한 시스템이지만 실질적 거부권이 없다는 큰 차이점이 있다. 코콤에서는 국가들의 합의에 의해서 통제 품목에 대한 수출을 허가할 수 있다고 규정되어 있기 때문에 이 과정에서 특정 국가의 반대로 인해 합의가 도출되지 않는다면 수출을 진행하지 못하는 실질적 거부권을 행사할 수 있었다. 하지만 바세나르 협정에서는 특정 국가에 대한 수출통제가 시행되지 않음에 따라 거부권을 행사할 수 없을 뿐만 아니라 창립

---

4 특정국의 품목 수출 거부는 통보(notify)되며 이후 국가들 사이에 정치적 협의 과정을 거친다. 하지만 협의가 지나치게 정치화되어 갈등이 고착화되거나 심지어 더욱 격화됨에 따라 손상조항 부재에 대한 비판이 미국에서 지속적으로 제기되고 있다(Senate Committee on Governmental Affairs, 2000).

5 이중 용도 통제 품목에 대해서는 특수 원료와 관련 장비(Special Materials and Related Equipment), 소재 가공(Materials Processing), 전자(Electronics), 컴퓨터(Computers), 원격통신장비(Telecommunications)와 정보보안(Information Security), 센서와 레이저(Sensors and Lasers), 항법과 항공전자(Navigation and Avionics), 해양기술(Marine), 항공우주와 추진장치(Aerospace and Propulsion)와 관련된 품목들로 구성되어 있다. 구체적인 통제 목록에 대해서는 바세나르 협정 사무국 온라인 웹사이트인 https://www.wassenaar.org/를 참고.

초기에 미국을 제외한 대부분의 국가에서 거부권 조항을 반대했기 때문에 바세나르 협정에는 거부권 조항이 포함되어 있지 않다(Joyner, 2006: 54~55).

2) 협정의 적용 사례: 미국과 한국

연성법의 가장 중요한 핵심은 구속력이 없다는 점이며 이는 국가들의 재량권을 더욱 인정하고 있는 바세나르 협정에 있어서 큰 약점으로 작동할 수 있다. 특히 권위체authority가 존재하지 않는 국제정치적 관점에서는 국가들이 이를 반드시 이행할 필요성이 없기 때문이다. 하지만 바세나르 협정은 회원국들의 수출통제 제도에 있어서 큰 영향력과 함의를 가지고 있다. 이는 협정에서 결정되는 이중 용도 통제 목록이 해당 국가의 수출통제 목록에 반영되거나 목록 그 자체가 법제화되어 작동되기 때문이다. 목록을 반영하는 과정에 직접 개입하고 필요한 경우 독자적인 기준으로 보완하거나, 국내 정치적으로 협정의 통제 목록을 기준으로 수용하는 행태를 보일 수 있다. 독자적인 수출통제 체제를 가지고 있었던 미국은 전자의 경우이고, 당시 기초적인 수출통제 체제를 가지고 있었던 한국은 후자의 경우이다.

미국은 1949년 '수출통제법Export Control Act', 1979년 '수출관리법Export Administration Act'을 시작으로 독자적인 수출통제를 시행해 왔다. 국방부, 국무부 등 여러 부처에서 당시 소관 범위에 맞는 통제 품목들을 설정했으며, 특히 상무부에서는 수출관리규정Export Administration Regulations: EAR 조치를 통해 통제 대상을 설정했으며, 상업용 통제 목록Commerce Control List: CCL이라는 종합적인 통제 목록을 발간했다. 이는 「미 연방규정집the Code of Federal Regulations: CFR」에 포함되어 지속적으로 갱신되고 있다. 「미 수출관리규정 용어해설집」에 따르면 이중 용도란 상업적 혹은 군사적(혹은 확산 목적으로 적용될 수 있는 경우) 목적으로 동시에 활용될 수 있는 품목을 의미한다. 따라서 바세나르 협정에서 규정하고 있는 이중 용도 품목의 개정 사항을 미국은 상업용 통제 목록의 개정을 통해 반영하고 있다. 예를 들어 2002년 바세나르 총회에서 컴퓨터 항목(Category 4)에서 목록에 포함되는 디지털 컴퓨터에 대한 복합이론성능Composite Theoretical Performance: CTP[6]이 2만 8000Mtops에서 19만 Mtops으로 증가됨에 따라 이를 동일하게 CCL에 반영하고 있다. 이외에도 미국이 바세나르 협정의 개정 사항과 함께 특정 항목에 대해 독자적으로 CCL을 개정하는 경우도 있다. 2003년 목록 개정 사항을 반영하면서 연방 고시에서 디지털 컴퓨터의 CTP를 계산하는 방법 중 하나로 불균일 기억 장치 접근법Non-Uniform Memory Access: NUMA을 명시하고 있다. 이를 도입하는 이유에 대해, 1990년대 당시 컴퓨터의 성능을 점검하는 데 있어서는 기존의 계산 방법들이 유용했으나 기술의 발전으로 인해 새로운 방법의 필요성이 대두되었기 때문이라고 부연하고 있다. 즉, 바세나르 협정의 기준을 반영하는 동시에 독자적인 기준을 함께 적용하고 있다는 점을 확인할 수 있다. 또한 매년 바세나르 협정에서 개정하는 통제 목록을 CCL에 반영하고 있다는 점은 협정이 갖는 중요성을 확인할 수 있는 대목이기도 하다.

국가들이 이중 용도 품목·기술 목록에 대한 의견서를 제출하면 바세나르 협정 내 다양한 조직에서 이를 평가한 후에 총회에서의 합의를 거쳐서 목록이 개정된다. 이후 국가들은 이를 자국의 수출통제 조치에 반영하여 새로운 수출통제 표준을 수립한다고 할 수 있다. 특히 기술 선도국이라고 할 수 있는 미국은 이중 용도 품목의 통제 목록에 대해 검토 과정에서부터 적극적으로 참여하고 있으며, 이러한 움직임은 다른 회원국들의 국내 경제에 큰 영향을 끼친다고 할 수 있다. 예를 들어 앞선 사례처럼 수출이 통제되는 디지털 컴퓨터의 기준이 바뀐다면 이를 수출하고자 하거나 순수한 민간 용도로 수입하고자 하는 국가나 단체의 경우에는 민간 활용의 최종 용도를 보장하고 심사를 통해 허가를 받

---

6 바세나르 협정 사무국에 따르면 CTP는 컴퓨터 프로세서의 성능을 초당 100만 번 이론 연산(Million Theoretical Operations Per Second: Mtops)이라는 수행 속도로 계산하는 방식을 의미한다(Wassenaar Secretariat, 2002:63).

아야만 거래를 진행할 수 있으며, 최악의 경우에는 거래 자체가 성립되지 않는 경우가 발생할 수 있기 때문이다.

두 번째 사례인 한국에는 바세나르 협정이 갖는 함의는 상대적으로 더욱 크다고 할 수 있다. 미국이 독자적인 통제 목록을 시행하는 동시에 바세나르 협정의 목록 개정 과정에 적극적으로 참여했다면 한국은 협정 목록 그 자체가 국내 수출통제 목록으로 자리매김하고 있기 때문이다. 수출통제의 효시라 할 수 있는 '대외무역법'이 1997년 3월 전면 개정되면서 한국에서도 국제 협정을 통한 수출통제가 본격화되기 시작했다. 특히 전면 개정된 '대외무역법'에서는 국제 법규를 기반으로 하여 통제 목록을 통한 수출통제를 명문화하고 있다. 이전 '대외무역법'에서는 국가안보 수호를 목적으로 정부가 자율적으로 판단하여 설정한 전략물자 통제 목록을 사용했다면 개정된 '대외무역법'은 국제 협정들을 반영한 통제 목록을 통해 국제 기준의 수출통제를 시행한다는 의의를 가지고 있다. 특히 관계 법령의 개정은 1995년 NSG 가입, 1996년 바세나르 협정, AG 가입과 같이 한국이 본격적으로 국제 수출통제 네트워크에 가입하기 시작한 추세와 맞닿아 있다. 또한 바세나르 협정의 창립국으로서 가입한 한국은 전략물자 수출입 공고를 통해 바세나르 협정의 통제 목록과 국내 수출통제 목록을 일치시킴으로써 이를 수용하는 행태를 보였다(배영자, 1996.10.16). 즉, 미국의 사례와는 달리 바세나르 협정의 목록 자체가 한국의 이중 용도 품목에 대한 표준으로 작동하고 있음을 확인할 수 있다.

3) 국제정치적 함의

위의 미국과 한국의 사례를 통해 살펴본 바세나르 협정의 국제정치학적인 함의는 크게 세 가지로 나눌 수 있다. 첫째, 수출통제의 국제 협력과 이를 위한 유인의 중요성을 재확인할 수 있다는 점이다. 바세나르 협정에서 이중 용도 품목을 선정하는 기준 중 하나가 품목에 대한 협정체제 밖에서의 가용성으로, 협정에 참여하고 있지 않는 비회원국들을 통해 통제하고 있는 이중 용도 품목이나 기술을 획득할 수 있는지의 여부를 의미한다. 통제의 대상을 우회적으로 획득할 수 있다면 수출통제의 의미가 전무하기 때문이다. 따라서 수출통제에 있어서 다른 회원국들과의 국제적 협력은 대단히 중요하며 바세나르 협정과 같은 국제조약들이, ① 레짐의 통제 목록을 지속적으로 업데이트하고, ② 참여 국가들 간에 다양한 정보를 공유하며, ③ 지침서나 최적 관행에 대한 자료를 개발하고 발간하며, ④ 비회원국이나 이해당사자들을 대상으로 교류하는 등의 활동을 통해 수출통제의 효율성을 높이는 공간으로서 역할을 수행하고 있는 것이다(Brockmann, 2019: 5~9). 하지만 이러한 함의는 오히려 패권국 혹은 선도 국가의 의도를 더욱 쉽게 이행하기 위한 수단으로도 활용될 수 있다. 다른 국가들이 협력에 참여할 수 있을 정도의 유인을 제공하거나 통제에 소요되는 비용을 전부 부담하는 모습을 보여준다면 국가들은 선도국가의 강압coercion으로 협력에 참여할 가능성이 높아진다(Martin, 1992). 예를 들어, 1995년 미국은 2000Mtops가 넘는 컴퓨터를 수출할 때는 반드시 허가를 받도록 하는 정책을 시행했다. 하지만 1996년 바세나르 협정에서 통제하고 있었던 컴퓨터들은 CTP가 710Mtops 이상인 경우였으며, 이는 미국의 정책과 바세나르 협정의 기준 사이에 격차가 발생하는 결과로 나타나게 되었다. 따라서 1997년 바세나르 협정에서 1350Mtops로 증가시키려던 기준점은 미국의 강력한 요구에 따라 2000Mtops로 더욱 상향되어 개정된다(Bureau of Export Administration, 1997: 21). 이처럼 특정 국가의 정치적인 의도가 국제 협정에 반영되어 다른 국가들이 새로운 표준을 수용하는 과정에서 자연스럽게 시행을 강요당하는 경우가 발생할 수 있다. 이는 강제력이 부재한 연성법의 성격과 충돌되는 부분일 수 있으나, 한편으로는 패권국의 의도를 더욱 쉽게 반영할 수 있는 국제정치적 구조라고 평가할 수도 있다.

둘째, 통제 목록이 무역과 경제에 영향력을 끼칠 수 있는 표준으로 작동한다는 점이다. 국가들은 기술 표준, 제도 표준, 관념 표준을 통해 국제적인 표준으로 발돋움하기 위한 3차원 표준 경쟁을 벌여왔으며 미국의 마이크로소프트나 구글은 현재까지 군건한 표준의 역할을 수행하고 있다(김상배, 2014: 423). 이에 따라 표준을 선점한다는 것은 기준을 결정한다는 의미이며 포함과 배제의 권력을 보유하게 된다는 의미를 가지고 있다(김상배, 2014: 408). 이는 국제정치에서 표준을 수립하고 선점하는 것의 중요성을 깨닫게 하는데, 바세나르 협정에서의 통제 목록이 이러한 표준으로 작용할 수 있다. 바세나르 협정에 가입하기 위해서는 국내 수출통제 정책에 협정에서 제시하고 있는 통제 목록을 반영해야 한다. 이는 앞선 한국의 사례처럼 바세나르 협정이 국내 표준으로 자리매김함과 동시에 국내 기업과 같은 경제 행위자들에게 큰 영향을 끼칠 수 있음을 의미한다. 예를 들어, 1994년에 러시아가 이란에 원자력 발전설비를 수출하기로 한 결정은 바세나르 협정 참여를 둘러싼 미국과 러시아 간의 갈등을 더욱 첨예하게 만들기도 했다. 1993년에 캐나다 벤쿠버에서 개최된 미·러 정상회담에서는 새롭게 출범하는 바세나르 협정에 러시아가 가입하는 문제가 논의되었다. 하지만 러시아의 가입 문제를 둘러싼 갈등에는 러시아의 대이란 군수품 수출 문제가 자리 잡고 있었다. 미국의 주요 수출통제 대상국 중 하나가 이란이었기 때문에 이 문제는 러시아가 새로운 수출통제 체제에 참여하는 데 가장 큰 걸림돌이 되었다. 이후 1995년 체르노미르딘 총리와 고어 부통령 사이의 회담에서 기존 계약들이 중동 지역과 이란의 세력 균형을 붕괴시키지 않는다는 미국의 이해와 판단 아래에, 러시아는 1999년까지 이란과 계약이 완료된 사안들에 대해서만 계약을 이행하기로 결정했다. 그리고 더 이상 이란과 신규 계약을 체결하지 않겠다는 합의안이 결정됨에 따라 러시아는 바세나르 협정에 가입할 수 있었다. 즉, 러시아는 바세나르 협정에서 규정하고 있는 군수품과 이중 용도 품목들에 대한 표준을 수용하는 과정에서 당시 전략적 동맹이라고 할 수 있었던 이란과의 경제적 이익을 포기한 것이라 할 수 있다.

구성주의의 측면에서 바세나르 협정의 탄생 과정을 살펴보는 마이클 립슨 Michael Lipson은 수출통제에 참여하는 이유에 대해 협력에 적극적으로 참여함으로써 증진되는 국가의 평판이나 대량살상무기의 비확산과 같이 국가들 사이에 공유되고 있는 가치를 통해 역할과 정체성이 형성되기 때문이라고 주장한다 (Lipson, 1999: 45). 국가들이 바세나르 협정에 참여함에 따라 국제 표준에 걸맞은 수출통제를 시행하고 있다는 명성과 정체성을 확보할 수 있기 때문이다. 특히 수출통제 체제에 참여하는지 여부는 수출통제 조치를 적용받는지의 여부와도 큰 연관성이 있다. 예를 들어, 미국에서는 국가들을 4대 수출통제와 3대 국제조약 가입 여부에 따라 EAR의 대상이 되는 품목들에 대해서 수출 또는 재수출 면허 발급을 면제해 주고 있으며 한국에서도 4대 수출통제 체제에 가입한 28개국에 대해서 심사를 면제하거나 심사 기간을 최대한 단축하는 등의 특혜를 부여하고 있다. 또한 흥미로운 점은 2017년 가장 최근에 바세나르 협정의 회원국이 된 인도는 가입이 승인된 것을 활용하여 핵 안보와 관련된 정체성을 형성하기 위해 노력하고 있다. 2016년 중국은 인도의 NSG 가입을 핵 확산 방지 조약NPT 체제에 가입되지 않았다는 이유로 거절했다. 하지만 바세나르 협정에서 가입 요건으로 명시하고 있는 국제조약 중 하나가 NPT임에도 불구하고 인도의 가입이 승인되었다는 점은 인도의 NSG 가입을 지속적으로 거부하는 중국에 대한 압박으로 작용할 수 있다(Panda, 2017.12.8). 바세나르 협정 가입 자체가 국제적으로 수출통제 및 전략물자를 효율적으로 관리하고 있다는 일종의 인증으로 작용하기 때문이다. 따라서 바세나르 협정에 참여한다는 사실 자체가 특정한 정체성을 부여할 수 있다.

5. 바세나르 협정과 미중 기술 경쟁

1) 바세나르 협정의 한계

「기본 설립문서」를 살펴보면 I조 4항에서 "이 협정은 특정 국가나 국가군을 대상으로 적용되지 않으며 선의의 민간 거래를 방해하지 않는다"라고 명시되어 있다.[7] 조항이 만들어질 당시 미국이 이란, 이라크, 리비아, 북한을 명시하는 수출통제를 강력하게 주장했음에도 불구하고 이러한 조항이 포함된 이유는 당시 러시아의 대이란 무기 수출 때문이었다(Dursht, 1997: 1109). 러시아는 당시 이란과 미사일, 원자로, 과학기술 이전 등을 거래하고 있었기 때문에 조항에서 직접적으로 명시하는 것은 반대했다. 이후 러시아와 미국 간의 양자 협상으로 러시아는 이란 수출 포기를, 미국은 협정 내에서의 특정 국가들의 직접적인 명시를 피하는 상호 간의 합의를 도출하게 된다. 더불어 냉전의 해체로 코콤의 통제 대상이 되었던 구공산권 국가들 중 일부는 바세나르 협정의 회원국으로 참여하면서 수출통제의 대상이 사라지게 되었다. 따라서 미국은 지속적으로 이 점을 보완하고자 했다(U. S. - China Security Review Commission, 2002: 968). 하지만 특정 국가를 대상으로 하여 수출통제를 시행하기에는 바세나르 협정에서 넘어야 될 산이 굉장히 많다. 즉 미국이 새로운 적성국을 협정의 대상으로 명시적으로 설정하는 것은 대단히 어려운 일이라고 볼 수 있다. 따라서 수출통제의 적용 대상에 대한 부재는 협정의 한계를 보여준다고 할 수 있다.

이 밖에도 국가를 초월하는 다국적 기업들의 등장, 국가 간 경제적 상호 교류의 증가 등으로 인해 수출 '통제' 자체가 불가능해지고 있다는 비판이 제기되고 있다. 또한 정보 공유와 커뮤니케이션 기술의 발달로 인해 무형기술 이전 Intangible Technology Transfer이나 불법 환적과 같은 방법을 활용하여 수출통제의 감시망을 피할 수 있는 가능성이 증가했다. 통제 차원뿐만 아니라 품목 차원에서도 기술의 발전 속도가 레짐의 목록에 반영되는 속도보다 빠르게 증가하면서 수출통제 자체에 큰 위험 요인이 되고 있다. 최근 연구 결과들도 수출통제

---

7 해당 조항은 서론에 언급된 일본의 수출 규제에 대한 부당성을 제기하기 위해 한국이 언급한 조항이기도 하다. 원문은 다음과 같다. "This Arrangement will not be directed against any state or group of states and will not impede bona fide civil transactions."

의 효율성에 의문을 제시하기도 한다. 앤드루 레디Andrew Reddie는 기술 및 품목에 대한 수출을 강압적으로 제한하는 수출통제 레짐에 비해 연성법으로 통제를 권유하는 레짐을 국가들이 준수할 확률이 높다는 주장을 제시하고 있다. 국가들 재량으로 미준수에 따른 불이익이 없는 수출통제 조치들에 대해서는 99.8%의 준수율을 보일 것으로 예측하고 있지만, 군용기술에 대해서 수출을 금지하는 강압적인 통제체제에 대해서는 85%의 가장 낮은 준수율을 예측하고 있다(Reddie, 2019: 62~68). 또한 이라크 전쟁에서의 수출통제 레짐 회원국들의 통제와 정보 공유의 관계에 대한 연구를 수행한 카사디 크래프트Cassady Craft와 수제트 그릴럿Suzette Grillot은 높은 투명성이 수출통제를 개선하는 데 있어서 비효율적인 수단으로 나타났으며 이에 따라 국가의 재량으로 투명성 있는 정보를 공유하는 것에 의문을 제기하고 있다(Craft and Grillot, 1999: 292). 이는 높은 투명성을 목표로 추구하고 있는 바세나르 협정이 비효율적인 수출통제 레짐이 될 수 있다는 의미를 제공하고 있다.

무엇보다 중요한 것은 기술의 발전을 반영해야 하는 통제 목록이 적절한 시점에 개정되지 못하고 있다는 점이다. 이중 용도 품목들을 통제하기 어려운 가장 큰 이유 중 하나는 순수한 민간 목적으로 개발 혹은 활용되는 기술들에 대한 군사적 활용성을 미처 파악하기가 어렵기 때문이다. 국가안보의 관점에서는 이러한 기술들이 가지고 있는 불확실성이라는 특징을 예측하기가 대단히 어려워질 수밖에 없다. 따라서 특정한 이중 용도 품목에 대해서 통제할 수 있는 시기를 놓친다면 이미 수출통제라는 목적을 달성할 수 없게 되거나 기술이 활용되기 이전부터 과도하게 통제할 경우에는 민간 부문의 경제활동을 위축시키는 역효과를 야기할 것이다. 따라서 적절한 반영 시점과 기준을 찾는 것이 중요하기 때문에 이중 용도 품목·기술 목록에 대한 개정은 '시의적절'해야 한다. 이러한 한계점을 극복하기 위해 최근 바세나르 협정에서는 새롭게 부상하는 신흥기술들에 대한 적절한 수출통제를 활용하는 행태를 보여주고 있다.

2) 신흥기술의 반영

기술이 발전함에 따라 새로운 안보의 위협도 제기되고 있다. 기존 전통 안보 요인들에서 기술의 발전으로 인해 이전에 존재했던 문제들이 점차 안보의 영역으로 재편되는, 이른바 신흥 안보 위협emerging security threat의 부상은 수출통제 전략이 변화될 필요가 있음을 주장하는 근거가 된다. 예를 들어 지식의 확산과 공학기술의 발달은 갈등을 촉발하는 단위를 강대국들 사이의 경쟁에서 지역 세력들의 경쟁으로, 갈등의 대상을 확대하게 된다. 행위자의 확대는 이들이 획득한 기술을 통해 지역 갈등을 촉발하고 이러한 분쟁이 국제화되는 가능성을 농후하게 만든다. 기술의 확산은 국가 지원이나 극단주의 세력들의 테러 가능성을 더욱 높이고 효율적으로 만드는 측면도 분명히 있다. 이러한 기술, 경제, 안보 환경 변화에 따른 미국의 수출통제 정책은 우선 동맹국들과의 협력과 조정을 기반으로 추진되어야 한다. 즉, 미국이 단독으로 수출통제를 통한 신흥 안보의 위협에 대처하기보다는 다자수출통제 레짐 등을 통한 국제 정책을 펼쳐야 한다는 것이다. 이러한 점은 바세나르 협정이 기존의 안보 개념에서 탈피하여 선도 부문의 기술과 결합된 신흥 안보의 영역으로 포함되고 있음을 의미한다(Wallerstein, 1991: 77). 특히 최근에는 민간용 혹은 군용이라는 이중 용도에 초점을 맞춘 신흥기술을 넘어 어디에나 존재하고 어디에나 적용 가능한omni-present and omni-use 기술들의 등장이 새로운 위협으로 대두되고 있다. 이에는 기존 전통 안보의 기반이 되는 기술들과는 구별되는 무형성invisibility, 민간 행위자 중심, 범용성이라는 차이점이 존재한다. 이러한 기술의 발전을 기반으로 한 안보 위협은 특정 국가 차원에서의 정책뿐만 아니라 전문가 공동체epistemic community를 뛰어넘는 새로운 공동체와의 협력과 어우러져야 극복할 수 있는 수준까지 도달했다(Dekker and Okano-Heijmans, 2020: 55~66).

하지만 앞서 지적한 한계점을 뛰어넘고자, 바세나르 협정에서는 이러한 기술적 발전을 적절하게 반영하려는 노력을 하고 있으며, 최근 들어 이러한 노력은 더욱 활발해지는 추세이다. 이러한 추세를 반영한 대표적인 변화가 양자 암호화 기술Quantum Cryptography 기술이다. 양자 암호화 기술은 양자의 특성을 활용하여 암호화된 물질에 대한 공유키를 형성하는 기술이며, 양자 열쇠 분배 Quantum Key Distribution라고도 불린다. 이 품목은 바세나르 협정에서는 2005년에 처음으로 통제 품목으로 선정되었지만, 당시에는 알고리즘 자체만 통제 품목으로 설정되었다. 이후 2018년 총회에서 양자 암호화를 뛰어넘는 양자 내성 암호Post- Quantum Cryptography: PQC가 처음으로 통제 목록에 등장했다. 이 새로운 기술의 통제는 당시 의장 성명을 통해 바세나르 협정 총회에서 주요한 성과 중 하나로 언급되기도 했다(British Embassy Vienna, 2018.12.10). 즉, 최근 활발히 연구되고 있는 양자기술로부터 보호하기 위한 목적으로 개발된 새로운 기술을 통제하는 모습을 통해 바세나르 협정이 신흥기술을 반영하는 모습을 보여주고 있음을 알 수 있다.

미국도 이러한 신흥기술을 통제하고자 하는 노력을 가장 잘 보여주고 있다. 2018년 트럼프 행정부에서 발표된 '수출통제개혁법Export Control Reform Act of 2018' 의 가장 큰 특징 중 하나는 국가안보를 위협하는 신흥 및 근원 기술을 선정하고 이를 통제하기 위한 메커니즘을 설정했다는 점이다. 이 과정은 국무부, 상무부, 국방부 등 유관 부서들이 함께 참여하는 범부처적인 성격을 띠며, 선정된 기술은 관련 다자 수출통제 레짐의 적절한 절차에 의해서 제안되어야 한다. 또한, 이 법령에는 미국이 가지고 있는 기술적 우위를 유지하는 것을 명시적으로 밝히고 있으며 이를 위해 부정적인 영향을 끼칠 수 있는 것을 피하고자 국가안보 및 해당 목적에 기반한 평가를 수출통제정책 검토에 반영해야 한다고 밝히고 있다. 이러한 과정의 하나로 상무부 산하에서 미국의 전반적인 수출통제를 관리하는 산업안보국Bureau of Industry and Security: BIS에서 선정한 신흥기술 중 하나로 양자기술이 선정되어 검토되고 있다는 점은 국가안보의 측면에서 양자 암호화 관련 기술들이 갖는 중요성을 보여준다고 할 수 있다.[8]

운영체제Operation Software도 이전까지 통제 목록에 존재하지 않다가 2019년부터 새롭게 포함된 품목이다. 바세나르 협정과 CCL에 명시된 바에 따르면 소프트웨어를 "전자기 펄스Electromagnetic Pulse: EMP나 정전기 방전Electrostatic Discharge: ESD 공격에도 1밀리 초 이내에 마이크로컴퓨터를 정상적으로 끊김 없이 작동시키기 위해 설계된 것"이라고 정의하고 있다(Bureau of Industry and Security, 2019.5.23: 74). 하지만 EMP 기술로부터 보호할 수 있는 집적 회로를 가진 전자기기들에 대한 개발이 전 세계에서 진행 중임에 따라 수년 이내에 상업용 시장으로 도입될 것으로 전망하고 있으며 운영체제를 탑재한 전자기기 또한 군용으로 활용될 수 있기 때문에 통제 목록에 포함되었다고 그 근거를 밝히고 있다 (Bureau of Industry and Security, 2019.5.23). 정리하면, 통제 목록에서 정의하고 있는 소프트웨어 품목에 운영체제가 포함되어 있는데, 그 이유가 EMP 공격을 막아서 정상적으로 작동되는 경우 군사적 용도로 활용될 수 있기 때문이다. 이 과정에서 더욱 흥미로운 점은 운영체제가 통제 목록에 포함된 후 약 한 달 뒤 구글에서 화웨이 스마트폰에 한하여 안드로이드 OS 업데이트와 구글의 사용을 차단하겠다고 발표했다는 점이다. 이에 대응하기 위해 중국은 화웨이가 자체 제작한 OS인 홍멍鴻蒙을 배포했으며, 2019년 12월에는 자체 OS를 더욱 내실 있게 만들기 위해 자체 OS를 개발한 두 중국 기업이 합병을 추진하기도 했다. 또한 유니온 테크는 리눅스 기반의 자체 제작 OS를 만들어 배포했으며 이 과정에서 정교한 중국산 반도체 양산을 위해 노력 중이라고 밝혔지만 아직은 크게 성공을 거두지 못하고 있다고 평가받고 있다.

가장 최근에 발표된 바세나르 협정과 미 EAR에서는 양자 암호화 기술과 운영체제뿐만 아니라 마이크로파 트랜지스터, 수중 트랜스듀서, 공중 발사 플랫

---

8 ⑦ 양자기술을 제외한 나머지 기술로는, ① 생명공학, ② 인공지능과 머신러닝, ③ PNT(Position, Navigation, and Timing) 기술, ④ 마이크로프로세서 기술, ⑤ 응용 컴퓨팅 기술, ⑥ 데이터 분석 기술, ⑧ 물류 기술, ⑨ 3D 프린팅 같은 적층가공, ⑩ 로봇공학, ⑪ 뇌-컴퓨터 인터페이스, ⑫ 극초음속학, ⑬ 응용원료, ⑭ 응용 감지기술이 선정되었다(Bureau of Industry and Security, 2018.11.19).

폼을 포함한 총 5개의 신흥기술을 통제 목록에 반영하는 조치를 취했다. 바세나르 협정에서 논의되어 개정된 통제 품목들이 미 수출통제 정책으로 시행되는 일련의 흐름 속에서, 미국이 바세나르 협정 내에서 위와 같은 논의를 주도했는지 아니면 개정에 대해 단순히 동의한 것인지는 확인할 수 없다. 하지만 신흥기술이 갖는 안보적 함의를 파악하여 이를 통제하고자 하는 시도나 통제 목록에 대한 자의적인 해석을 통해 외교정책으로 활용하는 점은 바세나르 협정으로부터 시작되는 기술적 관점에서의 이중 용도 품목과 표준 설정의 관점에서 본 통제 목록의 중요성을 보여준다고 할 수 있다. 더 나아가서는 바세나르 협정이 국가안보와 외교정책의 수단으로 활용되는 행태를 명확히 보여주고 있다. 이러한 추세는 4차 산업혁명 시대를 맞이하여, 범용 기술general purpose technology의 등장 때문으로 요약될 수 있다. 예를 들어, 범용 기술인 인터넷의 등장으로 인해 비국가 행위자를 기반으로 한 새로운 안보 위협 대두, 페이스북과 같은 자연 독점 현상의 증가, 초국가적 안보 협력보다는 독자적인 국가안보 수호 선호, 전통 안보 영역에 비해 상대적으로 부재한 국제 규범으로 인한 혼란과 같은 현상들이 관찰되고 있다(Drezner, 2019a: 293~300). 이는 범용기술(혹은 신흥기술)과 국가의 통제 목록, 그리고 다자수출통제 레짐 간의 끊임없는 동학이 필요하다는 점을 보여준다.

3) 미중 수출통제정책

미국은 트럼프 행정부에 들어서면서 자국의 수출통제 체제를 정비하는 동시에 중국에 대한 견제를 심화하고 있으며, 그와 관련된 사례들이 끊임없이 관찰되고 있다. 최근 코로나19로 인해 재택근무 및 원격 회의가 활성화됨에 따라 관련 프로그램들이 관심을 받고 있는 가운데 줌Zoom이라는 프로그램은 이 중 가장 활용도가 높다고 알려져 있다. 하지만 흥미롭게도 이 프로그램이 중국의 서버를 통해서 서비스되며, 소유 구조나 기술자들이 중국 출신이라는 의혹이 제기됨에 따라 중대한 보안 결함이 의심되고 있다(Walcott, 2020.4.9). 이 때문에 미국의 몇몇 지역에서는 줌의 사용을 금지하는 등의 조치를 취하기도 했다. 또한 미 상원에서는 미국의 국가안보를 저해하는 중국으로의 기술 이전을 방지하기 위한 목적으로 한 '중국 기술 이전 통제법China Technology Transfer Control Act of 2019'이 계류 중에 있다. 미 상무부에서는 2018년 44개의 중국 기업들, 2019년에는 29개의 중국 기업들이 상무부 제재기업 목록entity list에 추가됨에 따라 총 143개의 중국 기업들이 미 안보의 보호를 목적으로 등재되었다. 그리고 '2019년 국제긴급경제법International Emergency Economic Power Act'을 통해 전 세계를 대상으로 미국의 정보와 커뮤니케이션 기술, 서비스의 원활한 공급과 보호를 위한 국제비상사태를 선포했다. 명목적으로 미국의 기술과 자산을 사이버 공격, 산업스파이 행위 등으로부터 보호하기 위함이다(White House, 2019.5.15). 하지만 암묵적으로는 중국을 대상으로 트럼프 대통령은 비상사태를 활용하여 중국 내 미국 회사들의 철수와 투자계획 중단을 위협하고 있는 상황이다(Hillman, 2019.9.5). 이 밖에도, 앞서 언급한 '수출통제개혁법'의 또 다른 중요한 특징 중 하나는 수출통제를 위한 법적 권한을 영구화했다는 점이다. CCL을 포함하고 있는 수출관리규정은 1979년 제정된 '수출행정법'에 의해 관리되었으나 2001년 법의 만료로 인해 다른 법률을 통해 1년마다 권한이 연장되는 임시적인 성격을 가지고 있었다. 하지만 2018년 수출통제개혁법은 이에 대한 권한과 법적 근거를 명시적으로 부여하고 있다(김명아, 2019: 154).

이처럼 범용기술의 등장과 함께 트럼프 행정부에서는 미국의 기술 패권을 유지하고 소위 중국위협론에 기반해 중국의 기술성장을 방지하는 목표를 설정하고 있는 것으로 평가된다(Drezner, 2019b: 13~15). 물론 목록에 등재된다고 해서 무조건 수출이 불가능한 것은 아니지만 국가가 발급하는 수출 면허가 필요하다는 점에서 미국 정부가 이를 어떻게 활용할지를 지켜볼 필요가 있다. 특히 최근 쟁점이 되는 화웨이 사례가 미국 정부의 수출허가 활용을 명확하게 보여주고 있다. 미국은 중국의 첨단기술 기업인 화웨이를 2019년 5월 제재기업 목록에 추가했으나 이 제한 조치는 두 차례 유예되었으며 2019년 11월부터 상무부는 안보상 문제가 없는 품목에 한하여 수출 허가General License에 대해 검토를 완료했다고 밝히고 있다(현혜란, 2019.11.16).[9] 이러한 사례를 통해 첨단기술의 통제가 국가안보의 문제와 외교정책의 영역 그리고 경제와 안보의 영역으로 복합적으로 작동하고 있음을 알 수 있다.

이와 같이 현재 미국과 중국 사이에 기술 패권을 둘러싸고 벌어지고 있는 경쟁은 수출통제정책의 중요성을 다시 상기시키고 있다. 특히 4차 산업혁명 시대를 맞아 인공지능이나 5G, 양자기술과 같은 선도 부문이나 이를 위한 장비 및 설비는 기술 패권 경쟁에서 아주 중요한 요소로 작동한다. 이를 인지한 두 국가 역시 기술굴기技術屈起를 통해 기술 수준을 자체적으로 향상시킴과 동시에 이를 보호하기 위해 노력하고 있다. 특히 이러한 양상은 과거 서로를 적성국으로 설정하고 수출통제를 시행했던 냉전의 시기를 떠올리게 한다. 하지만 냉전 시기와 달리 최근 미국과 중국 사이의 기술 경쟁 과정에서 이중 용도 품목들을 포함하고 있는 바세나르 협정이 미중 간의 기술 패권 경쟁에서 다자 수준의 기술통제 혹은 보호의 수단으로서의 역할을 수행할 수 있다.

중국에서도 1986년 수출통제법이 추진되기 시작한 이래로 최근 들어 중국의 전면 개정된 수출통제 제도에 대해 많은 보도들이 나오고 있으나 아직까지 구체적인 사항에 대해서는 알려진 바가 많지 않다. 현재까지 초안만 공개된 상태이며 통제 목록에 대해서는 총 4개의 범주(이중 용도 품목, 군수품, 핵과 기타 품목, 국가안보와 연관된 기술과 서비스)로 구성되어 있음을 확인할 수 있다. 특히 목록에 포함되지 않은 품목에 대해서는 국가안보에 기초하여 사안별로 검토한 후에 통제할 수 있는 캐치올 조항catch-all provision을 포함시킨 것으로 알려져 있

9 이러한 임시 허가조치는 2020년 5월 15일부로 만료되어야 하지만 8월 13일까지 연장되었다가 8월 20 일부로 임시적으로 발급하던 일반 면허를 철회하는 조치가 시행되었다(Bureau of Industry and Security, 2020.8.20).

다(Hesselink, 2019.8.16). 미국이 중국에 대한 기술 및 수출통제를 더욱 철저히 시행함에 따라 이에 대한 대응책으로 중국 또한 미국에 대한 수출통제를 시행하기 위한 의도가 포함되어 있다고 볼 수 있다. 특히 이중 용도 품목에 대해서는 국무원과 당 중앙군사위원회에서 1997년 10월 발표한 군수통제행정규제the Regulations of the PRC on the Administration of Arms Exports를 시작으로 1998년 11월 183개의 이중 용도 품목들을 통제 목록에 포함시키는 조치를 취했다. 이러한 조치를 통해 중국은 바세나르 협정의 군수품 통제 목록과 굉장히 유사한 자체 통제 목록을 작성했으나, 상무부에서 관리하고 있는 이중 용도 품목에 대한 통제 목록은 바세나르 협정과는 큰 차이점을 보이고 있다. 또한 이 과정에서 중국은 바세나르 협정 가입에 대해서는 미온적인 태도를 보임에 따라 바세나르 협정의 회원국으로서 수출통제정책을 이행할 가능성이 매우 낮다고 할 수 있다 (Huang, 2012: 10~11).

반대로 미국은 지속적으로 바세나르 협정을 통해 이중 용도 품목에 대한 수출통제를 시행하고 있다. 앞서 지적했듯이 통제 목록을 반영하는 것이 의무가 아닌 회원국들의 재량인 만큼 미국의 기술에 대한 완벽한 보호 수단으로는 작동할 수 없다. 하지만 미국을 비롯한 일본, 호주와 같은 우호 국가들like-minded countries은 합의를 통해 통제 목록에 반영된 품목들을 지속적으로 자국의 수출통제 정책에 반영하는 모습을 보이고 있다(Lewis, 2019: 12). 바세나르 협정 내에서 러시아와의 지속적인 갈등을 보면 미국이 중국에 대한 기술 및 설비 수출을 통제하는 것이 어려울 것으로 예상되지만, 이론적으로는 미국의 정책적 기조에 동의하는 국가들과 협력하여 중국을 대상으로 하는 수출통제정책을 시행할 수 있을 것이다.[10] 특히 4대 수출통제 체제 중 바세나르 협정이 더욱 중요한

10 최근 이러한 추세는 더욱 강화되어 미국 주도의 민감 기술에 대한 다자 행동(Multilateral Action on Sensitive Technologies: MAST)이 2019년에 미국 주도로 처음 출범하게 되었으며, 모든 사항은 극비로 현재 15개의 우호국들이 포함되어 있다고 알려져 있다. 이 회의에서는 화웨이와 같은 중국산 민

이유는 통제 품목의 중요성에 있다. NSG, MTCR는 기존 전통 안보의 관점에서 중요한 핵이나 미사일 운반체제와 같은 품목들을 통제하고 AG는 치명적으로 작용할 수 있는 생화학 무기와 관련된 품목들을 통제하고 있다. 하지만 바세나르 협정에서 관리하고 있는 이중 용도 품목은 4차 산업혁명 시대를 맞이하여 민간과 군용 기술의 경계가 모호해지면서 평화적 목적의 민간용 기술이 군용으로 무기화되어 안보를 위협하기 때문에 통제하는 것이다(Fuhrmann, 2008: 636).

트럼프 행정부에 들어와서 첨단기술과 품목들에 대한 엄격한 수출통제를 시행하고 있음에도 불구하고 현재까지 가시적인 효과는 미비하지만 이러한 시도가 서서히 결실을 맺고 있다는 점을 확인할 수 있다. 물론 수출통제의 효과는 단기적으로 평가될 수 없으며 장기적인 관점이 견지되어야 한다. 이를 위해서는 관련 자료가 확보되어야 하지만 수출통제와 관련된 자료들은 매우 제한적이다. 따라서 미국 인구조사국에서 발간한 첨단기술제품Advanced Technology Product 통계는 부가적인 자료로서 참고할 수 있다. 그림 12-2[11]에서 보이는 것처럼 중국과의 첨단기술 무역은 2011년 이후 지속적으로 증가했다. 하지만 트럼프 행정부에서는 증가 추세가 점차 둔화되었음을 알 수 있다. 일부 품목들을 제외하고는 대부분 감소 추세임을 확인할 수 있으며, 이러한 현상이 전반적인 증가 추세의 둔화로 집계되었다고 볼 수 있다. 첨단기술 경쟁 속에서 중국에 대한 기술 수출을 통제하고자 하는 미국의 외교정책을 조심스럽게 평가하면, 미국의 외교정책은 아직까지 선명한 효과를 도출하지 못하고 있다. 하지만 트럼프

감 기술이 제기하는 안보 위협을 논의하는 것으로 알려져 있다(Ford, 2019.9.11).

11 수출통제 연구에는 국가별로 상이한 품목 분류 체계와 자료 가용성 문제가 가장 크게 대두된다. 전자의 경우에는 국가별 혹은 국가 내에서도 모두 상이한 기준으로 이중 용도 품목들을 분류함에 따라 비교를 위한 공동의 기준을 수립하기가 매우 어렵다. 그리고 오직 소수의 국가만이, 제한된 범위의 수출통제 자료를 공개하고 있기 때문에 후자의 어려움에 직면한다(Jones and Karreth, 2010: 14). 이러한 측면에서 이 글에서 활용한 ATP 자료는 첨단기술 품목 교역을 비교적 상세히 보여주고 있다고 평가할 수 있다. 하지만 품목을 분류하는 기준이 CCL과 매우 상이하여 동일한 품목명을 가지고 있다고 하더라도 각 목록에 해당되는 세부 품목이 다르다는 점은 유의해야 한다.

그림 12-2 대중국 첨단기술 무역 현황

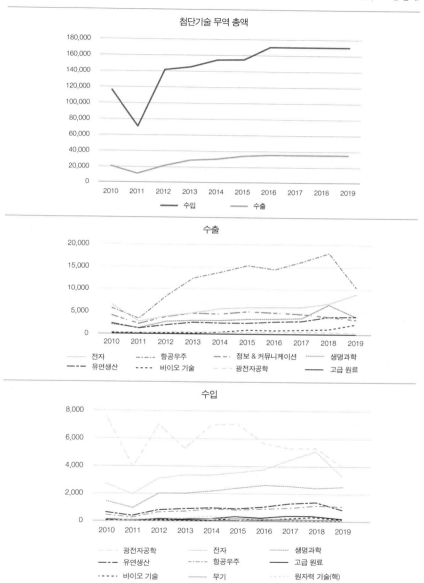

자료: U. S. Census Bureau(2020)에서 재구성했다.

행정부에 들어서면서 중국과의 교역이 점차 축소되는 모습은 확인할 수 있다. 따라서 장기적인 효과를 쉽사리 예측할 수는 없으나 이러한 추세가 장기적으로 지속될 경우에는 독자적인 기술과 협력 국가들을 통한 품목의 조달이 중요해질 것이며, 이 과정에서 바세나르 협정 그 자체와 합의되는 통제 목록들이 전략적인 목적으로 활용될 가능성이 농후하다. 동시에 미국에서 전략적 우위를 가지고 있는 기술에 대해서는 '더 높은 울타리higher fence'를 치는, 독자적인 수출통제정책이 활발해질 것으로 보인다.

6. 결론

이중 용도 품목과 기술이라는 정의가 애매한 만큼 바세나르 협정을 제외한 다른 수출통제 체제에서도 취지에 맞는 품목과 기술을 통제 목록에 포함하고 있다. 하지만 최근 기술이라는 변수가 국제정치에서 가지고 있는 위상을 통해 보면, 다른 통제체제들과는 달리 바세나르 협정은 이중 용도 품목들에 초점을 맞추고 있다는 점에서 상당한 중요성을 가지고 있다고 평가할 수 있다. 또한 이 기술은 4차 산업혁명 시대를 맞이하여 범용기술, 옴니기술과 같이 다양한 이름을 가지고 있다는 점에서 그 중요성이 더해진다.

코콤에서 바세나르 협정으로 이어지는 흐름은 탈냉전이라는 구조적인 변화와 함께 협정의 재편과 확대로 연결된다. 이에 따라 협정에서 합의된 이중 용도 품목·기술 목록의 개정 과정은 미국의 사례처럼 특정 국가가 논의를 주도하여 자국의 외교 이익을 반영하거나 자국의 통제 목록을 개정함과 동시에 새로운 기준을 도입하는 계기로 작동할 수 있다. 또는 한국의 사례처럼 협정 목록을 기반으로 이중 용도 품목에 대한 자국의 수출통제 체제를 새롭게 설립하는 계기이자 표준이 되기도 한다. 이를 통해 바세나르 협정의 통제 목록은 그 자체로 대체품 획득을 방지하기 위한 회원국들 사이의 국제 협력의 중요성과 필요성, 통제 목록을 통해 특정 품목의 수출을 통제하는 권력으로서의 표준의 역할, 그리고 적절한 수출통제를 시행하고 있다는 국제적인 정체성의 형성이라는 이론적 함의가 있다. 그리고 이러한 함의는 현재의 미국과 중국 사이에 첨단기술을 두고 발생하는 기술 경쟁에서 더욱 확연히 관찰된다.

하지만 회원국들의 자체적인 국내 수출통제 정책에 의존하고 있는 연성법이라는 점, 수출통제 체제 자체가 비효과적이라는 주장, 기술 발전의 속도를 수출통제 체제가 따라가지 못하고 있는 현실은 바세나르 협정뿐만 아니라 많은 수출통제 체제들이 가진 한계점이라고도 할 수 있다. 그럼에도 불구하고, 전통적인 안보 위협이라는 개념이 전통적인 개념에서 4차 산업혁명 시대를 맞아 새로운 차원의 위협으로 확장되면서 첨단기술에 대한 관심이 증대되고 있는 것이 현실이다. 따라서 최근 미국과 중국 사이의 기술 경쟁이 본격화됨에 따라 바세나르 협정은 이중 용도로 분류될 수 있는 첨단기술들에 대해 적절한 통제를 시행하고자 노력하고 있다. 이러한 사례에는 양자 암호화 기술을 뛰어넘는 양자내성 암호기술과 운영체제 소프트웨어가 포함된다. 전자의 기술은 양자 암호화 기술을 뛰어넘는 최첨단기술을 반영했다는 점에서, 후자의 기술은 바세나르 협정에서 제시한 정의를 미국이 중국과의 경쟁에서 활용하는 모습을 보여준다는 점에서 바세나르 협정이 가지고 있는 파급효과를 확인할 수 있다. 즉, 미국과 중국 사이의 경쟁에 바세나르 협정이 이중 용도 기술로 분류될 수 있는 현재의 신흥기술들을 통제할 수 있는 수단으로 활용되고 있다. 이와 함께, 독자적인 수출통제정책도 밀접한 연관성을 지니고 있다. 미국과 중국 모두 새로운 수출통제정책을 도입함으로써 상호 경쟁을 점차 준비하고 있는 듯한 태세를 갖추고 있다. 특히 미국은 바세나르 협정과 함께 자국의 수출통제정책을 적극적으로 활용하고 있으며, 이러한 상황은 단기적으로나마 중국이 영향을 받고 있다는 결론을 내리게 한다. 이는 냉전 시대 미국과 소련 사이의 기술 경쟁의 산물이었던 코콤의 시대로 국제정치가 다시 회귀할 가능성을 보여준다. 하지만 누구도 예측할 수 없는 기술적 진보로 인해 차원이 다른 코콤 3.0 시대는 불확실성에 기반한 복합적인 행태를 띠게 될 것이다. 따라서 기술패권을 둘러싼 미국과 중국 사이의 전략 경쟁은 걷잡을 수 없을 것이라는 조심스러운 경고로 이 글을 결론짓고자 한다.

김명아. 2019. 『국제 통상·투자 법제 연구 (I)』. 한국법제연구원.

김상배. 2007. 「글로벌 지식패권의 국내적 기원: 미국형 네트워크 국가론의 모색」. ≪한국정치학회보≫, 제41권, 2호, 245~269쪽.

_____. 2014. 『아라크네의 국제정치학: 네트워크 세계정치이론의 도전』. 한울엠플러스.

배영자. 1996.10.16. "수출통제 전략물자 축소. 통산부, '수출입공고' 개정". ≪한국경제≫. https://www.hankyung.com/news/article/19 96101600221 (검색일: 2020.1.4).

_____. 2007. 「미국 지식패권 형성과 발전: 과학기술정책의 전개를 중심으로」. ≪21세기정치학회보≫, 제17권, 1호, 125~148쪽.

_____. 2019. 「미중 기술패권전쟁: 반도체·5G·인공지능 부문을 중심으로」. ≪EAI 스페셜 이슈브리핑≫.

현혜란. 2019.11.16. "미국, 화웨이 수출규제 유예기간 또 연장 계획". ≪한국경제≫ https://www.hankyung.com/economy/article/201911162130Y (검색일: 2019.12.9).

Blackwill, Robert D. and Jennifer M. Harris. 2016. *War by Other Means: Geoeconomics and Statecraft.* Cambridge: The Belknap Press of Harvard University Press.

British Embassy Vienna. 2018.12.10. "Wassenaar Arrangement Plenary Chair Statement 2018." World news story, December 10. https://www.gov.uk/government/news/wassenaar-arrangement-plenary-chair-statement-2018 (검색일: 2020.1.5).

Brockmann, Kolja. 2019. *Challenges to Multilateral Export Controls: The Case for Inter-regime Dialogue and Coordination.* Solna: Stockholm International Peace Research Institute.

Brooks, Stephen G. and William C. Wohlforth. 2001. "Power, Globalization, and the End of the Cold War: Reevaluating a Landmark Case for Ideas." *International Security*, Vol.25. No.3, pp.5~53.

Bureau of Export Administration. 1997. "BIS Annual Report - FY 1997." *Bureau of Industry and Security.* https://www.bis.doc.gov/index.php/documents/policy-guidance/929-bis-annual-report-fy-1997/file (검색일: 2020.1.4).

Bureau of Industry and Security(BIS). 2018.11.19. "Review of Controls for Certain Emerging

Technologies." Federal Register. https://www.federalregister.gov/documents/2018/11/19/20
18-25221/review-of-controls-for-certain-emerging-technologies(검색일: 2020.1.5).

_____. 2019.5.23. "Implementation of Certain New Controls on Emerging Technologies Agreed
at Wassenaar Arrangement 2018 Plenary." Federal Register. https://www.federalregister.
gov/documents/2019/05/23/2019-10778/implementation-of-certain-new-controls-on-emerging-
technologies-agreed-at-wassenaar-arrangement-2018(검색일: 2020.1.5).

_____. 2020.8.20. "Addition of Huawei Non-U. S. Affiliates to the Entity List, the Removal of
Temporary General License, and Amendments to General Prohibition Three (Foreign-
Produced Direct Product Rule)." Federal Register. https://www.federalregister.gov/document
s/2020/08/20/2020-18213/addition-of-huawei-non-us-affiliates-to-the-entity-list-the-removal-of-
temporary-general-license-and(검색일: 2020.9.21).

Cheung, Tai Ming and Bates Gill. 2013. "Trade Versus Security: How Countries Balance
Technology Transfers with China." *Journal of East Asian Studies*, Vol.13, No.3, pp.443~456.

Craft, Cassady B. and Suzette R. Grillot. 1999. "Transparency and the Effectiveness of Multilateral
Nonproliferation Export Control Regimes: Can Wassenaar Work?" *Southeastern Political
Review*, Vol.27, No.2, pp.281~302.

Dekker, Brigitte and Maaike Okano-Heijmans. 2020. "Emerging Technologies and Competition in
the Fourth Industrial Revolution: The Need for New Approaches to Export Control." *Strategic
Trade Review*, Vol.6, No.9, pp.53~67.

Drezner, Daniel. 2001. "State structure, technological leadership and the maintenance of hegemony."
Review of International Studies, Vol.27, pp.3~25.

_____. 2019a. "Technological change and international relations." *International Relations*,
Vol.33, No.2, pp.286~303.

_____. 2019b. "Economic Statecraft in the Age of Trump." *The Washington Quarterly*, Vol.42,
No.3, pp.7~24.

Dursht, Kenneth A. 1997. "From Containment to Cooperation: Collective Action and the
Wassenaar Arrangement." *Cardozo Law Review*, Vol.19, No.3, pp.1079~1124.

Evans, Samuel A. 2009. "Technological Ambiguity & the Wassenaar Arrangement." *Doctoral
Dissertation*, University of Oxford.

Feenberg, Andrew. 1996. "Marcuse or Habermas: Two critiques of technology." *Inquiry*, Vol.39,
No.1, pp.45~70.

Ford, Ashley. 2019.9.11. "Huawei and Its Siblings, the Chinese Tech Giants: National Security
and Foreign Policy Implications." U. S. Department of State. https://www.state.gov/huawei-
and-its-siblings-the-chinese-tech-giants-national-security-and-foreign-policy-implications/(검색
일: 2020.9.21).

Fuhrmann, Matthew. 2008. "Exporting Mass Destruction? The Determinants of Dual-Use Trade."
Journal of Peace Research, 45(5), pp.633~652.

Gilli, Andrea and Mauro Gilli. 2019. "Why China Has Not Caught Up Yet: Military-Technological Superiority and the Limits of Imitation, Reverse Engineering, and Cyber Espionage." *International Security*, Vol.43, No.3, pp.141~189.

Grimmett, Richrad. F. 2004. "Military Technology and Conventional Weapons Export Controls: The Wassenaar Arrangement." CRS Report for Congress RF20517.

Hafner-Burton, Emilie M. and Alexander H. Montgomery. 2009. "Globalization and the social power politics of international economic networks." in Miles Kahler(ed.). *Networked politics: Agency, power, and governance*. Itaca: Cornell University Press.

Hesselink, Tim. 2019.8.16. "China seems to already implement its new Export Control Law in response to US-led Huawei restriction." Kneppelhout Korthals Lawyers. https://www.kneppel hout.com/news/china-seems-to-already-implement-its-new-export-control-law-in-response-to-us-led-huawei-restriction(검색일: 2019.12.9).

Hillman, Jennifer. 2019.9.5. "Can Presidents Block Investment in China?." Council on Foreign Relations. https://www.cfr.org/in-brief/can-presidents-block-investment-china(검색일: 2020. 4.9).

Huang, Chin-Hao. 2012. "'Bridging the gap': Analysis of China's export controls against international standard." *Project Report to the Foreign and Commonwealth Office*.

Jones, Scott and Johannes Karreth. 2010. "Assessing the Economic Impact of Adopting Strategic Trade Controls." *Department of State Task Order*.

Joyner, Daniel(ed.). 2006. *Non-Proliferation Export Controls: Origins, Challenges, and Proposals for Strengthening*. Hampshire: Ashgate.

Knopf, Jeffery W.(ed.). 2016. *International cooperation on WMD nonproliferation*. Georgia: the University of Georgia Press.

Krige, John. 2006. *American Hegemony and the Postwar Reconstruction of Science in Europe*. Cambridge: The MIT Press.

Lewis, James Andrew. 2019. "Emerging Technologies and Managing the Risk of Tech Transfer to China." *A Report of the CSIS Technology Policy Program*. CSIS.

Lipson, Michael. 1999. "The reincarnation of CoCom: Explaining post-cold war export controls." *The Nonproliferation Review*, Vol.6, No.2, pp.33~51.

MacDonald, Paul. K. 2017. "Embedded authority: a relational network approach to hierarchy in world politics." *Review of International Studies*, Vol.44, No.1, pp.128~150.

Martin, Lisa. 1992. *Coercive Cooperation: Explaining Multilateral Economic Sanctions*. New Jersey: Princeton University Press.

Mastanduno, Michael. 1992. *Economic Containment: CoCom and the Politics of East-West Trade*. Itaca: Cornell University Press.

Modelski, George and William R. Thompson. 1996. *Leading Sectors and World Politics*. South California: University of Southern California.

Office of Technology Assessment United States. 1979. *Technology and East-West Trade*. Washington D. C.: Government Printing Office

Panda, Ankit. 2017.12.8. "Wassenaar Arrangement Admits India as Its 42nd Member." Diplomat. https://thediplomat.com/2017/12/wassenaar-arrangement-admits-india-as-its-42nd-member/ (검색일: 2020.1.4).

Perry, Robert. 1973. "Comparisons of Soviet and U. S. Technology." R-827-PR. Unired States Air Force Project RAND.

Reddie, Andrew W. 2019. "Governing Insecurity: Institutional Design, Compliance, and Arms Control." *Doctoral Dissertation*, University of California, Berkeley.

Senate Committee on Governmental Affairs. 2000. *The Wassenaar Arrangement and the Future of Multilateral Export Controls*. Hearing Before the Committee on Governmental Affairs, 106th Congress 2nd Session. Washington D. C.: U. S. Government Printing Office.

The Wassenaar Arrangement. 2019.8.9. "Genesis of the Wassenaar Arrangement." https://www.wassenaar.org/genesis-of-the-wassenaar-arrangement/ (검색일: 2019.12.2).

U. S. Census Bureau. 2020. "Advanced Technology Product Data." https://www.census.gov/foreign-trade/statistics/product/atp/select-ctryatp.html (검색일: 2020.4.10).

U. S. – China Security Review Commission. 2002. *Hearings Before the U. S. – China Security Review Commission,* 107th Congress 1st and 2nd Sessions. Washington D. C.: U. S. Government Printing Office.

Walcott, John. 2020.4.9. "Foreign Spies Are Targeting Americans on Zoom and Other Video Chat Platforms, U. S. Intel Officials Say." *Time*. https://time.com/5818851/spies-target-americans-zoom-others/ (검색일: 2020.4.9).

Wallerstein, Mitchel B. 1991. "Controlling Dual-Use Technologies in the New World Order." *Issues in Science and Technology*, Vol.7, No.4, pp.70~77.

Wassenaar Secretariat. 2002. "List of Dual-Use Goods and Technologies and Munitions List. the Wassenaar Arrangement." https://www.wassenaar.org/app/uploads/2019/consolidated/WA-LIST%20%2802%29%201.pdf (검색일: 2020.9.20).

White House. 2019.5.15. "Executive Order on Securing the Information and Communications Technology and Services Supply Chain." https://www.whitehouse.gov/presidential-actions/executive-order-securing-information-communications-technology-services-supply-chain/ (검색일: 2020.4.9).

13 첨단 방위산업의 국제 규범

조동준 | 서울대학교

1. 서론

2018년 4월에 있었던 인공지능AI 전문가 집단과 한국과학기술원KAIST(이하 카이스트) 간 상호작용은 첨단 방위산업에서 규범의 잠재적 중요성을 보여준다. 인공지능의 군사적 이용을 우려한 전문가 집단은 2018년 2월 카이스트가 한화시스템과 함께 국방 인공지능AI 융합연구센터를 설립하여 "군사 무기에 적용될 수 있는 인공지능 기술을 개발하여 세계자율무기 개발 경쟁에 참여한다"라는 보도를 지적하면서(Jun, 2018.2.25), 신성철 카이스트 총장이 "사람의 통제가 중요하지 않은lacking meaningful human control 자율무기"를 개발하지 않겠다는 약속을 표명하기 전까지 연구 교류를 중단하겠다고 선언했다(Walsh et al., 2018).[1] 신성

---

1 이 사건은 ≪코리아 타임스(Korea Times)≫의 부정확한 보도 때문에 일어났다. 상기 센터의 개소식 관련 보도 자료에 따르면, 상기 센터는 "인공지능을 기반으로 하는 지능형 항공기 훈련시스템을 비롯해 지능형 물체추적·인식기술, 지휘결심지원체계, 대형급 무인잠수정 복합항법 알고리즘 개발 등을

철 카이스트 총장은 카이스트가 인권과 윤리 기준을 중시하며 "인간의 존엄성에 반하는 연구 활동을 하지 않겠다"라는 원론적 입장을 밝힌 후, "치명적 자율무기체계와 살인로봇lethal autonomous weapons systems and killer robots"을 개발하지 않겠다고 약속했다(Sohn, 2018.4.9). 이 사건을 통해 인공지능 관련 연구활동이 자율무기의 개발 가능성 우려로 인해 제약을 받을 수 있다는 점이 드러났다.

사람이 통제하지 못하는 자율무기를 왜 금지하려고 할까? 자율무기가 전장의 풍경을 획기적으로 바꿀 위험이 크다는 현실적 이유도 있지만(Singer, 2009: 203), 신성철 총장의 성명서에 등장하는 "인간 존엄"이 대안적 답을 제공한다. 자율무기에 의한 살상이 현재 인류가 가진 규범과 충돌하기 때문이다. 즉, 존엄하지 않은 기계가 존엄한 사람의 생명을 취할 수 없다는 믿음이다. 원거리 타격이 가능한 무기가 이미 인류에게 익숙해졌기에 무기를 조작하는 사람이 직접 살상에 관여해야 한다는 규범이 사라졌지만, 전투원이 살상 여부를 결정하는 주체이어야 한다는 규범이 존재한다. 전투 중이라도 존엄한 사람만이 전투원의 생명을 취할 수 있다는 믿음이 강고하다.

이 글은 사람의 통제 밖에 있는 자율무기를 금지하는 규범 창발을 분석한다. 이 글은 세 부분으로 구성된다. 먼저 무기에 대한 사람의 통제 정도를 이해하기 위해 자율무기와 관련된 용어와 실제 도입된 자율무기를 검토한다. 또한, 인공지능 기반 자율무기가 현존하지 않는 상태에서 자율무기와 관련된 다양한 용어가 경쟁하는 양상을 검토한다. 둘째, 사람의 통제를 벗어난 자율무기의 금지를 둘러싼 논쟁을 정리한다. 기존 무기를 금지 또는 규제하는 국제법의 근간이 비

우선 과제로 선정해 산학 협동 연구개발(R&D) 방식으로 공동 연구를 진행"할 계획이었다. 상기 센터의 개소식에서 장시권 한화시스템 대표이사가 "카이스트와 긴밀히 협력해 기존 무기체계에 인공지능 기술을 융합한 혁신적인 솔루션을 제공하는 것은 물론 글로벌 기술 경쟁력을 갖추도록 할 것"이라고 말했다(이승관, 2018.2.20). 상기 보도 자료와 장시권 대표이사의 발언에 '자율무기'가 없었지만, ≪코리아 타임스≫의 보도에는 '기존 무기체계' 대신에 '자율무기'가 들어갔다. ≪코리아 타임스≫의 부정확한 보도가 인공지능의 무기화를 우려하는 전문가의 관심을 불러일으켰다.

례성의 원칙과 차별성의 원칙으로 요약될 수 있는데, 자율무기의 속성으로 인해 기존 국제법 원칙을 적용하기 어렵다. 셋째, 인공지능 기반 자율무기를 금지하려는 규범의 창발 과정을 검토한다. 인공지능 기반 자율무기가 아직 등장하지 않은 상황에서 인공지능 기반 자율무기를 금지하려는 운동은 이례적이다.[2] 이 현상은 객관적 위협을 줄이기 위한 기존 군축 운동과 큰 차이를 보인다.

2. 인공지능 기반 자율무기의 다면성

인공지능 기반 자율무기를 둘러싼 정명正名 논쟁은 인공지능 기반 자율무기의 미래를 결정할 수 있는 중요한 함의를 가진다. 인공지능 기반 자율무기 도입을 반대하는 진영에서는 이를 '살인로봇killer robot' 또는 '살해봇slaughterbot'으로 부르면서 부정적 의미를 투영하려 한다. 반면, 인공지능 기반 자율무기 도입에 찬성하는 쪽에서는 전투원의 부담과 보급의 어려움을 해결하는 데 도움을 주는 '지원로봇support robot'으로 표현하여 긍정적 의미를 투영하려 한다(Ackerman, 2014.1.22). 동일한 현상을 둘러싼 정명 논쟁 가운데 인공지능 기반 자율무기가 놓여 있다.[3] 이 절은 인공지능 자율무기의 유형과 발전 상황을 정리한다.

---

2 미국은 2004년 사실상 완전 자율무기에 해당되는 무기체계(special weapons observation remote reconnaissance direct action system)를 개발하여 M249 자동소총 또는 M240B 기관총을 장착까지 했으나 실전 배치를 하지 않았다(Jones, 2007). 이 사례가 보여주듯이, 인공지능 기반 완전 자율무기는 이미 기술적으로 개발 가능하다. 현재 국제사회는 여섯 가지 무기(대인지뢰, 독가스, 집속탄, 납탄, 실명용 레이저 무기, 팽창 탄환)를 금지하고 있다. 대인지뢰, 독가스, 집속탄, 납탄은 전장에서 이미 사용된 후 금지된 반면 실명용 레이저 무기와 팽창 탄환은 전장에서 사용되기 전 금지되었다.

3 인공지능 자율무기의 군사적 장점으로 전투원 부담 경감, 예산 절감, 인간 전투원이 감당하지 못하는 전투 역량, 인간의 관여로 인한 오류 감소, 윤리적 장점으로 전투 현장에서 인간 감정의 부작용 통제, 인간 인지 능력의 한계 극복, 전투원의 생존 본능에 따른 오발 사고 방지 등이 제기된다. 반면, 윤리적 단점으로 비인간에 의한 살상 대상으로 인간 탐지, 비인간에 의한 인간 살상 결정, 전투 시 잘못에 대한 책임 소재의 불분명 등이 제기된다(Etzioni and Etzioni, 2017: 72~76; Sharkey, 2019: 76~78).

1) 인공지능 기반 자율무기의 분류

인공지능 기반 자율무기에 관한 정명 논쟁이 일어나는 원인은 이 무기체계가 다양한 측면을 가지고 있기 때문이다. 자율성이 탐지과정, 정보 처리과정, 타격 수단 설정, 타격 결정과정, 실행과정에 적용될 수 있기에 인공지능의 자율성을 어느 과정에 어느 정도 구현하는지에 따라 인공지능 무기체계는 달라질수 있다. 즉, 인공지능 기반 자율무기는 사람이 탐지부터 타격까지 과정을 전혀 통제할 수 없는 완전 자율무기fully autonomous weapons부터 기계가 최종 실행만 담당하는 제한적 자율무기까지 포함한다. 인공지능 기반 무기체계를 반대하는 쪽은 탐지에서 실행까지 과정에 인공지능의 자율성을 과도하게 강조하는 반면, 찬성하는 쪽은 사람의 통제를 과도하게 드러내는 경향을 보인다.

인공지능 기반 자율무기를 이해하기 위해서는 자율autonomous 개념에 세 가지 상호 연결된 하위 개념이 내포되어 있다는 점을 주목할 필요가 있다. 첫째, 자동automation 개념으로 사전에 정한 목표가 사전에 특정 상황에서 만들어졌으며 예측 가능한 방식으로 실행됨을 의미한다. 자동이 예측 가능한 상황에서 작동해야 사전에 계획한 결과로 안정적으로 이어지기 때문에, 자동 개념은 단순계에서 유효하다. 둘째, 자율autonomy은 주어진 목표를 자급·자율self-sufficient and self-governing 방식으로 수행하는 능력이다. 목표가 주어진 조건 아래서 목표 실행에 필요한 수단과 방법을 스스로 선택할 수 있어야 한다. 셋째, 독립independence은 목표 설정에서 실행까지 모든 과정에서 스스로 규율하고 결정함을 의미한다. 독립성을 가진 개체는 사람과 동일하게 복잡계에서 활동한다(김민혁·김재오, 2020: 177~181; 김종열, 2018: 102; Group of Governmental Experts of the High Contracting Parties to CCW, 2018.8.24).

인공지능 기반 자율무기는 자율성의 정도와 인간 통제의 정도에 따라 분류된다. 첫째, 인간 통제 아래 자율무기human on the loop는 사람이 탐지에서 실행까지 전체 과정에서 인공지능의 활동을 감시하고 중지시킬 수 있는 무기체계를 의미한다. 즉, 인공지능의 자율성이 활용되지만, 무기체계를 작동하는 사람이 중요한 결정을 내린다. 사람이 탐지할 지역과 대상을 먼저 설정하면 인공지능의 자율성이 뒤따라 나오고, 인공지능의 탐지 활동으로 얻어진 자료를 사람이 평가하고 타격 대상을 설정하고 타격 결심을 내리면, 인공지능의 자율성에 따라 실행된다. 사람이 최종 실행과정을 검토하면서, 사전 입력된 실행계획과 실제 활동의 차이 여부에 따라 실행을 취소할 수 있다.

반半자율무기human in the loop는 인간이 인공지능의 활동을 특정 단계에서 통제하지만, 다른 단계에서는 인공지능의 자율성이 인간의 통제 밖에서 구현되는 무기체계를 의미한다. 사람이 여러 정찰 자료를 종합하여 타격 목표를 사전에 설정하고 타격을 결심하면, 사람이 정한 조건에 부합하는 타격 목표를 인공지능 기반 자율무기가 타격한다. 이 무기체계가 실행된 이후에 사람은 이를 취소할 수 없다. 사전 입력된 타격 목표를 자동적으로 찾아 타격하는 유도무기체계가 이 범주에 든다. 실행 후 취소할 수 없기에 '발사 후 망각fire and forget'이라고 불린다.

셋째, '인간 통제 밖' 자율무기human out of the loop, fully autonomous는 일단 만들어지면 인공지능이 사람의 관여 없이 탐지, 타격 대상 설정, 타격 결정, 실행까지 감당하는 무기이다. 완전 자율무기로 불리기도 하는데, 사람이 이 무기체계를 만드는 시점까지 통제한다. 현재까지는 구상단계이지만, 이 무기가 일단 실행되면, 사전 입력된 프로그램에 따라 작동될 뿐이다. 엄밀한 기준에서 '살인로봇', '살해봇'이 이 범주에 들어간다.

2) 인공지능 기반 자율무기와 로봇의 연결

인공지능 기반 자율무기가 부정적으로 '살인로봇', 긍정적으로 '지원로봇'으로 표현되는 이유는 크게 두 가지로 나눌 수 있다. 첫째, 로봇이 가진 기술적 특성이다. 로봇은 프로그램에 따라 움직이는 자기 통제적 기계로 단순계에서 임무를 자동적으로 수행한다. 로봇이 복잡계에서 자기 규율적 방식으로 목표를 수행할 수 있는 가능성을 가진 기계로 묘사되지만, 로봇은 실상 주어진 상황에서 주어진 임무를 자동적으로 실행한다. 로봇이 가진 자동 속성이 인공지능 기반 자율무기와 일부 부합한다.

둘째, 인공지능이 대중에게 익숙한 로봇에 부합한다. 영화 〈트랜스포머 Transformers〉, 〈터미네이터〉, 〈스타트렉Star Trek〉 등에는 좋은 역할을 수행하는 로봇과 악역을 담당하는 로봇이 등장한다. 영화에서 전투를 수행하는 로봇은 사람보다는 기계에 가까운 모습을 하거나(예: 〈트랜스포머〉에 등장하는 오토봇 autobots과 디셉티콘decepticons), 사람에 가까운 모습을 하거나(예: 〈아이, 로봇 I, robot〉에 등장하는 NS-5 Sonny), 사람과 똑같은 모습을 하고 사람의 행동을 따라 할 수도 있지만(예: 〈스타트렉〉에 등장하는 데이터 소령Lt. Data), 공통적으로 복잡계 상황에서 자기 규율적으로 움직이면서 목표를 수행하며, 심지어 목표까지 설정한다. 대중에게 각인된 로봇이 인공지능의 속성과 일부 부합한다.

인공지능 기반 자율무기와 로봇의 속성이 일부 부합하지만, 양자의 연결이 자연스럽지 않다. 먼저 현재 언급되는 인공지능 기반 자율무기와 로봇이 큰 차이를 보인다. 이론상 인공지능 기반 자율무기가 목표까지 자율적으로 설정할 수 있어 복잡계에서도 작동 가능한 무기인 반면, 실제 세계에서 로봇은 단순계에서 자동으로 반복 임무를 수행한다. 인공지능의 무기화에 반대하는 입장에서는 로봇과 자율무기를 연결시키지만, 실상 로봇과 인공지능은 상이한 개념에 기반한다. 둘째, 미래과학 관련 영화와 소설에서 등장하는 로봇이 긍정적인 모습과 부정적인 모습을 동시에 갖추고 있기 때문이다. 예를 들어, 심지어 영화 〈터미네이터〉에서 동일한 외양을 가진 T-800이 1편에서는 부정적인 모습으로, 2편에는 긍정적인 모습으로 나타난다. 로봇 앞에 '살인', '살행', '지원'과 같은 수식어가 붙을 때, 특정한 의미를 가진다.

인공지능 자율무기와 로봇을 연결시키는 담론은 장점과 단점을 동시에 가지고 있었다(Carpenter, 2016: 58~64). 먼저 단점으로 시간 차이를 꼽을 수 있다. 인공지능 기반 자율무기가 로봇처럼 작동하는 현상은 미래과학 작품에서만 등장한다. 완전 자율적인 인공지능 기반 자율무기는 현존하지 않는다. 이런 상황에서 앞으로 등장할 인공지능 기반 자율무기에 로봇을 덧붙이면 위험이 먼 미래에 구현될 것처럼 보인다. 위험이 가까이 있다는 신호가 전달되어야 사회운동이 성공할 수 있는데, '로봇'이란 단어가 사회운동의 시급성을 약화시키는 효과를 가진다.

반면, 로봇이 대중에게 익숙한 개념이기 때문에 특정 사회운동이 제기하려는 위험을 상대적으로 쉽게 대중에게 전달할 수 있다. 완전히 새로운 현상을 대중에게 전달하기보다는 대중이 이미 익숙한 현상에 사회운동이 전달하려는 의미를 덧붙이는 것이 유리할 수 있다. '로봇'이란 단어의 사용은 인공지능의 무기화를 반대하는 사회운동이 대중에게 쉽게 이해되도록 한다. 또한, '로봇'이 익숙한 개념이기 때문에 인공지능의 무기화에 반대하는 여러 분파의 사회운동 간의 차이점과 이질성을 줄이는 효과를 가진다. 기존 사회운동 세력, 학계, 종교계 등 다양한 배경을 가진 분파가 공통 언어를 공유하게 함으로써 분파 간 갈등을 줄인다.

로봇과 인공지능 자율무기를 연결시키려는 시도가 인공지능 기반 자율무기에 대한 선호에 영향을 미칠까? 영과 카펜터(Young and Carpenter, 2018)는 설문조사기법을 동원하여 미래과학 관련 작품에 노출된 정도가 높을수록, 교육 수준이 높을수록 인공지능 기반 자율무기에 반대하는 경향을 확인했다. 또한, 응답자가 접한 로봇이 주는 공포감이 높을수록 인공지능 기반 자율무기에 반대하는 경향을 확인했다. 반면, 동일한 무기체계를 '살인로봇' 또는 '완전 자율무기'로 부르는 프레임 효과는 유의미한 결과로 이어지지 않았다. 미래과학 관련 영화와 소설이 인공지능 기반 자율무기에 대해 이미 대중에게 부정적인 상을 전파한 상황에서, 용어 선택이 결정적 차이를 만들어내지는 못한다는 함의를 가진다.

3. 새 술 vs. 헌 부대

인공지능 기반 자율무기의 위험은 아직 완전하게 현실화되지 않았다. 인공지능이 인류에게 새로운 현상이기 때문에, 이를 금지할 근거가 아직 정리되지 않았다. 과거 무기를 금지하기 위해 인류가 합의한 원칙을 인공지능 기반 자율무기에 적용하기는 쉽지 않은 상황이다. 최근 발전한 인도법Humanitarian Law도 인공지능 기반 자율무기를 금지하는 데 한계를 보인다. 이 절은 인공지능의 무기화를 둘러싼 법적 논쟁을 정리한다.

1) 전쟁법의 세 원칙과 인공지능 기반 자율무기 간 불일치

사회운동 세력이 인공지능의 잠재적 무기화에 반대하는 근거는 자율무기와 기존 국제법 체계 간 충돌 가능성이다. 인류는 전투 중 동원되는 무기, 전투 방식을 규율하는 과정에서 세 원칙을 발전시켰다.[4] 첫째, 구별 원칙이다. 전투는 전투원 사이에서만 일어나야 하기 때문에 전투 중 민간인과 전투원이 구별되어야 하고, 전투원 중에서도 전투 의지를 가진 전투원과 투항 의지를 가진 전투원이 구별되어야 한다는 당위에 인류가 합의했다. 구별 원칙이 무기에 적용되면, 전투원과 민간인을 구별하지 않는 무기의 금지로 이어진다. 구체적으로 핵무기 금지, 집속탄 금지 등으로 나타난다. 또한, 구별 원칙에 부합할 수 있는 무기체계는 구별 원칙에 부합하게 사용되어야 한다. 예를 들어 군사시설을 파괴하기 위해 소이탄을 사용할 수 있지만, 민간 시설에 대해 소이탄을 사용해서

---

4 전쟁법의 주요 원칙으로 군사적 필요가 추가될 수 있다. 제네바협약 제1추가의정서(1977) 제52조는 군사목표를 "그 성질, 위치, 사용 또는 장래 활용 가능성을 통해 상대방에게 군사적으로 효과적인 기여를 하고 당시 상황에 비춰 그것의 전부 또는 일부를 파괴하거나 포획하는 것이 명백한 군사적 이익을 제공하는 물건"으로 정의함으로써, 군사적 필요에 의해서만 전투행위가 진행되어야 한다는 점을 명확히 한다.

는 안 된다. 구체적으로 구별 원칙이 무기 사용과 연결되면, 문화재 폭격 금지, 민간인 대상 폭격 금지 등으로 나타난다.

둘째, 비례 원칙이다. 전쟁이 정치적 목적을 달성하기 위한 불가피한 과정으로 수용되더라도 전쟁의 목표를 달성하기 위한 수단이 전쟁의 목표에 어울려야 한다는 당위이다. 무기에 비례성의 원칙이 적용되면, 독가스 금지, 납탄 금지, 대인지뢰 금지, 레이저 무기 금지 등으로 나타난다. 또한, 비례 원칙에 부합할 수 있는 무기체계는 전투에 사용될 때도 비례 원칙이 적용되어야 한다. 구체적으로 상대방의 폭력에 대한 비례적 대응, 과도하거나 불필요한 고통을 주는 행위의 금지, 전투 목표와 수단 간 비례성 등으로 이어진다.

셋째, 책임 원칙이다. 전투 중 특정한 행동에 대해 책임이 명확해야 한다는 당위인데, 이는 불법적 전투 행위의 책임 소재를 추적하여 처벌할 수 있도록 함으로써 불법적 전투 행위를 막으려 한다. 책임은 불법적 무기의 제조, 도입, 사용에 대한 책임과 합법적 무기의 불법적 사용에 대한 책임으로 나뉜다.

기존 전쟁의 세 원칙은 인공지능 기반 자율무기를 규제하는 데 있어 약점을 보인다. 첫째, 책임 원칙을 충족할 수 없다. 인공지능 기반 자율무기는 인간의 통제가 제한되기 때문에, 사고와 불법행위에 대한 책임 소재를 파악하기 어렵다. 예를 들어, 현재 사용되고 있는 반자율무기를 사용하는 과정에서 오발사고가 발생할 경우, 탐지부터 실행까지 모든 과정에서 사람과 인공지능이 함께 관여하기 때문에 오류의 소재를 파악하기 어렵다. 만약 인공지능의 잘못으로 오발사고가 났다면, 프로그램을 만들기로 결정한 사람, 프로그램을 만든 사람, 잘못된 프로그램을 실행한 사람 등에게 책임 소재가 분산된다.

둘째, 인공지능 기반 자율무기가 구별 원칙을 어느 정도 수용할 수 있는지 명확하지 않다. 탐지단계에서 타격 대상을 사람보다 더 정확하게 구별할 수 있는지 여부가 기술 발달에 달려 있기 때문이다. 인공지능의 무기화에 반대하는 쪽은 인공지능이 탐지단계에서 타격 대상을 구별할 때 일으킬 수 있는 오류에 초점을 맞춘다. 반면, 인공지능의 무기화에 찬성하는 쪽은 인공지능의 구별 능력이 사람의 인지 능력보다 더 뛰어나다는 점에 초점을 맞춘다. 기술이 더 발달하면서, 구별성 쟁점에서는 인공지능의 무기화를 반대하는 쪽이 수세에 몰리는 경향이 보인다.

셋째, 인공지능 기반 자율무기가 비례 원칙을 어느 정도 수용할 수 있는지 명확하지 않다. 인공지능의 무기화를 반대하는 쪽에서 인공지능의 무기화가 과도한 전투 행위로 이어질 위험성을 경고한다. 인공지능의 무기화를 이룬 전투 세력이 자신의 피해를 상대적으로 걱정하지 않기에 과도한 대응으로 이어질 위험을 지적한다. 반면, 인공지능을 무기체계에 도입하자는 쪽은 인공지능 기반 자율무기가 전투 중 사람의 보복 심리, 생존 본능 등을 막을 수 있다고 한다. 사람의 약점이 전투 현장에서 발현되지 않도록 함으로써 전장에서 오히려 인도적 원칙이 준수되게 할 수 있다는 것이다. 이처럼 비례성 원칙에서는 양측의 입장이 팽팽히 맞선다.

정리하면, 기존 전쟁법은 인공지능 기반 자율무기의 도입에 대해 명확한 답을 제공하지 못한다. 인공지능 기반 자율무기는 다양한 측면을 가지고 있고, 오히려 기존 전쟁법의 원칙에 더 부합하는 영역마저 존재한다.

2) 인도법의 세 원칙과 인공지능 기반 자율무기 간 불일치

전투 행위에 인도적 고려가 필요하다는 입장이 전쟁 과정에 인도성 원칙을 강조하는 인도법의 발전으로 이어지고 있다. 전쟁을 규율하는 국제 인도법 International Humanitarian Law은 1899년 '육전의 법 및 관습에 관한 협약(헤이그 제2협약)Convention with Respect to the Laws and Customs of War on Land(Hague II)'의 전문에 있는 마르텐스 조항Martens Clause으로 거슬러 올라간다. 이 조항은 아래와 같다.

보다 완비된 전쟁법에 관한 법규가 제정되기까지는 당사국이 채택한 규정에 포함되지 않은 사례에서는 주민과 전투원이 인도의 법칙 및 공공 양심의 요구로부터 유래하는 국제법 원칙의 보호 및 지배하에 있음을 선언하는 것이 타당하다고 생각하며 ……..

상기 문안은 현존 전쟁법이 규율하지 못하는 전투 행위 또는 무기가 등장할 경우 관례, 인도의 법칙, 공공 양심이 대안적 법리로 적용될 수 있음을 의미한다. 이 협약 등장 이후 전쟁 자체의 불법화, 대인지뢰 금지, 소년병 금지 등 국제 인도법이 상기 문안에 기반해 등장했다. 즉, 상기 문안은 기존의 엄격한 전쟁법 체계에 새로운 규범이 결합될 수 있는 기회의 창이었다(Mero, 2017; Ticehurt, 1997).

자율무기에 반대하는 쪽은 마르텐스 조항을 활용하여 세 가지 쟁점을 국제 인도법에 투영하려 한다. 첫째, 비인간 주체가 전투원의 목숨을 끊을 수 있는지에 관한 윤리성이다. 인공지능 기반 자율무기의 윤리성 기계가 과연 사람의 목숨을 끊는 행위가 정당할 수 있는가? 인공지능의 무기화를 반대하는 쪽에서는 기계에 의한 살인이 정당하지 않다고 주장한다(International Committee of the Red Cross, 2018.4.3: 11~12; Sharkey, 2010).

둘째, 인과관계를 예상할 수 있는 예측 가능성predictability이다. 인류의 양심과 인도적 원칙은 무기 사용이 예측 가능한 범위 안에서 이루어져야 한다는 당위를 포함한다. 과연 인공지능 기반 자율무기가 초래할 수 있는 결과는 예측 가능한가? 인공지능의 무기화에 반대하는 쪽은 인공지능을 만드는 인간의 능력을 의심스럽게 바라본다. 사람이 인공지능 기반 자율무기를 만들 때는 사람이 예측 가능한 범위 안에서 프로그램을 만들고 감독할 수 있지만, 실제 인공지능이 활동하는 환경이 인간의 예측 범위보다 더 복합적일 수 있다. 인공지능이 인간이 사전에 설계한 방향으로 작동하려 해도 복잡계에서는 제대로 작동하지 않을 위험이 있다.

셋째, 사용하는 수단의 효과가 일관되게 나타나는 신뢰성reliability이다. 인공지능의 무기화에 반대하는 쪽은 인공지능의 학습 능력을 의심스럽게 바라본다. 인공지능이 인간의 감독 아래 학습을 거쳐 실제 작동하기 시작하면, '스스로 학습'할 수 있다. 인공지능 기반 자율무기가 복잡계에서 스스로 제작자의 의도와 다르게 학습하고 부정적인 결과를 초래할 수 있다. 2004년 개봉된 〈아이, 로봇〉에서 NS-5 Sonny가 제작사의 의도와 다르게 움직이듯이, 미래 인공지능 기반 자율무기가 인간의 통제를 벗어날 위험성을 제기한다.

반면, 인공지능의 무기화에 긍정적인 입장은 모든 열병기熱兵器가 일정 정도 사람의 통제 밖에 있음을 강조하며 인간과 무기 간 상호작용을 평가하는 기준이 연속적이라는 현실을 언급한다. 완전 자율무기는 이론상 문제가 될 수 있겠지만, 현존 인공지능 기반 자율무기가 사람과 무기 간 상호작용을 전제하기 때문에 이 쟁점이 크게 부각될 이유가 없다는 입장이다. 또한, 신뢰성과 예측 가능성에서 인간의 한계는 모든 영역에서 나타나기 때문에, 인공지능에만 특별히 적용될 필요가 없다는 입장이다.

정리하면, 국제 인도법이 인공지능 기반 자율무기의 도입에 대해 부정적이지만, 국제 인도법은 기존 전쟁법보다 구속성이 약하다. 따라서 국제 인도법도 인공지능 기반 자율무기의 도입을 막을 만큼 강한 구속성을 가지지 못한다.

4. 인공지능 무기화 반대운동의 성장

2013년 국제인권감시기구Human Rights Watch 연결망 안에서 인공지능 무기화를 반대하는 입장을 가진 일군의 사회운동가들은 지뢰 금지, 인권 옹호 등의 영역에서 오랫동안 공동 보조를 취했던 우호 비정부단체를 모아 '킬러로봇 중단 캠페인International Campaign to Stop Killer Robots'이라는 초연결망을 만들었다. 이 연결망은 매우 짧은 시간 간에 인공지능의 무기화를 국제사회의 의제로 만들었고, 우호 세력을 확보했다. 이 절은 인공지능 무기화 반대운동의 성장을 검토한다.

1) 분절된 두 집단의 만남

인공지능 무기화 반대운동은 2009년 이전 연결되지 않았던 두 이질적 집단의 만남으로 시작되었다. 첫째, 인도적 군축운동을 전개하던 사회운동 세력이다. 1990년대 대인지뢰 금지를 제기했던 국제대인지뢰금지운동International Campaign to Ban Landmines: ICBL[5]이 예상하지 못할 정도로 빠르게 대인지뢰와 집속탄을 금지하는 국제 협약을 이끌어내는 과정에서 인도적 군축운동이 성장했다. 동시에 ICBL의 성공에 자극을 받아 다른 영역에서 군축 또는 무기규제에 관심을 가진 단체가 등장했다. 2007년 당시 군축운동가들은 운동 역량을 집중할 새로운 대상을 찾고 있었고,[6] 다수 우호 세력이 주변에 존재했다.

인공지능 무기화 반대운동은 '국제인권감시기구'와 연계된 군축전문가로부터 시작했다.[7] 2007년부터 2010년 사이 이들은 인공지능 기반 자율무기의 등

---

5 1991년까지 대인지뢰와 관련하여 개별적으로 활동하던 6개 비정부기구가 대인지뢰 금지를 목적으로 결성한 비정부기구 연합체이다. 프랑스에 기반을 '국제장애위원회(Handicap International)'(1982년 창립), 영국에 기반을 둔 '지뢰조언집단(Mines Advisory Group)'(1989년 창립), 독일에 기반을 둔 '국제의료진(Medico International)'(1968년 창립), 미국에 기반을 둔 '인권을 위한 의사협회(Physicians for Human Rights)'(1986년 창립), 국제사회에서 인권감시에 관여하는 '국제인권감시기구(Human Rights Watch)'(1988년 창립), 베트남 전쟁 참전 군인으로 구성된 '미국 베트남 전쟁 퇴역 군인재단(Vietnam Veterans of America Foundation)'(1980년 창립)이 비정부기구연합체에 참여했다. ICBL은 1997년 '오타와 협약(Convention on the Prohibition of the Use, Stockpiling, Production and Transfer of Anti-Personnel Mines and on their Destruction)'(1999년 발효)에서 중요한 역할을 담당했다(조동준, 2011: 29~34). ICBL은 집속탄금지운동도 전개했는데 이는 2008년 '더블린 협약(Convention on Cluster Munitions)'(2010년 발효)으로 이어졌다.

6 인도적 군축운동은 '핵무기폐기국제운동(International Campaign to Abolish Nuclear Weapons)'(2007년 창립), '폭발무기금지 국제연결망(International Network on Explosive Weapons)'(2011년 창립), '킬러로봇 중단 캠페인'(2013년 창립)으로 분화되었다(Goose and Wareham, 2016: 28~29). ICBL 창립에 관여했거나 ICBL과 함께 활동했던 비정부기구가 '폭발무기금지 국제연결망'과 '킬러로봇 중단 캠페인'의 창립에서 핵심 역할을 담당했다. 반핵운동에 관여하던 비정부기구가 '핵무기폐기국제운동'으로 결집했다.

7 '국제인권감시기구'는 인공지능의 무기화 반대 운동을 처음 시작했는데, 이 단체는 소련과 동유럽에서 투옥된 인사를 위한 인권감시와 옹호 활동을 하던 '헬싱키 인권감시기구(Helsinki Watch)'(1978년 창

장 조짐을 바라보면서 인공지능 기반 자율무기를 사회운동의 의제로 삼을지 여부를 타진했다. 의제화는 외부 환경의 변화와 규범창발자의 의도적 행위 간 상호작용의 결과인데, 이들은 1990년대 대인지뢰 금지 규범의 발전과 성문화 과정, 2000년대 집속탄 금지 규범의 발전과 성문화 과정에 참여했다. 집속탄 금지운동이 성공적으로 국제협약으로 만들어질 즈음, 군축전문가들은 새로운 무기를 금지하기 위해 의제를 탐색했다.

둘째, 로봇과 인공지능의 윤리적 측면에 관심을 가졌던 연구진이다. 인공지능과 로봇과 관련된 연구를 진행하던 전문가는 두 현상과 관련된 윤리적 문제를 대처하기 위한 움직임을 조직화했다. 영국에 기반을 둔 '인공지능과 모의행동 학회Society for the Study of Artificial Intelligence and Simulation of Behaviour'(1964년 창립)에는 오래전부터 인공지능의 윤리적 문제를 탐색하는 연구진이 있었는데, 2005~2006년 사이 전문 연구모임이 결성되기 시작했다.[8] 인공지능에 기반한 로봇이 구현될 수 있는 개연성이 높아짐에 따라, 해당 분야에서 전문성을 가진 연구자와 해당 분야의 윤리적 측면에 관심을 가진 과학철학자가 모임으로 결집하기 시작했다.

2009년 설립된 '로봇무기통제 국제위원회International Committee for Robot Arms Control'(이하 ICRAC)가 인공지능과 로봇 관련 연구 집단과 사회운동 세력을 연결했다. ICRAC는 로봇 무기의 등장을 막기 위한 목적으로 결성된 연구자 집단이다. 이 모임은 인공지능 전문가인 노엘 샤키Noel Sharkey(영국 셰필드 대학교 명예

립)를 모체로 '아메리카 인권감시기구(Americas Watch)'(1981년 창립), '아시아 인권감시기구(Asia Watch)'(1985년 창립), '아프리카 인권감시기구(Africa Watch)'(1988 창립), '중동 인권감시기구(Middle East Watch)'(1989년 창립)를 아우르는 연결망이다. 이 단체는 과거 국가와 무장단체의 인권 침해를 감시하는 활동에 집중했지만, 최근 대인지뢰 금지, 소년병 등 전쟁과 인권 간 연계 쟁점을 다룬다. '국제인권감시기구'는 '폭발무기금지 국제연결망'과 '킬러로봇 중단 캠페인'의 창립 회원이다.

8 '인류미래연구소(Future of Humanity Institute)'(2005년 창립), '인공지능과 모의행동 학회 브리스톨 로봇연구실(Society for the Study of Artificial Intelligence and Simulation of Behaviour, Bristol Robotics Lab)'(2006년 창립) 등이 이 시기 조직화되었다.

교수), 물리학자 유르겐 알트만Jürgen Altmann(독일 도르트문트 대학교 교수), 과학철학자 피터 아사로Peter M. Asaro(미국 뉴스쿨 교수), 과학철학자 로버트 스패로Robert Sparrow(호주 모내시 대학교 교수)로 최초 구성되었는데, 이들은 인공지능과 로봇의 무기화를 공통적으로 우려했다. 이들은 과학철학 관련 모임을 통해 모임을 형성했고, 인공지능 기반 로봇의 무기화에 대한 반대 의견을 사회운동으로 발전시킬 의향을 가졌다(Bolton and Mitchell, 2020: 29~40).

ICRAC 창립 회원은 인공지능 기반 로봇의 무기화에 대한 우려를 확산시킬 목적으로 회원 확대에 나섰다. 알트만 교수의 제안에 따라 '독일평화연구재단German Foundation for Peace Research'과 영국에 기반을 둔 '조지프로운트리신탁Joseph Rowntree Charitable Trust'으로부터 재정 지원을 받아, 독일에서 학회를 기획했다. 이 학회에 인공지능과 로봇 관련 연구진은 물론 독일 외무성의 군축담당자를 초청하여, 회원을 확보하고 독일 정부의 지원을 물색하려 했다. 2010년 학회를 거치면서 회원이 14명이 증가해, ICRAC는 연구자 집단으로서 모습을 갖추었다. 이 과정에서 인공지능과 로봇 관련 전문가보다는 과학철학자가 더 많이 참가하는 경향을 보였다(Carpenter, 2014: 94~95).

2011년 군축 관련 비정부기구인 '36조Article 36'의 리처드 모이스 집행이사Managing Director Richard Moyes가 ICRAC 회원으로 가입하면서,[9] ICRAC에 포함된 전문가와 사회운동 세력이 만났다. 모이스 집행이사는 ICBL의 대인지뢰 금지운동과 집속탄 금지운동에 깊이 관여한 인사로 인도적 군축운동 세력과 연결되어 있었다. 그는 ICRAC가 느슨한 연구자 모임이 아니라 정식으로 비정부기구로 전환되어 사회운동에 참여하길 권유했다. 또한, ICRAC 회원을 인도적 군축운동과 연결시켰다. 2011년까지 연결되지 않았던 두 집단이 모이어 집행이

9 '36조'는 제네바 협약 제1 추가의정서 36조(Article 36 of the 1977 Additional Protocol I to the Geneva Conventions)의 이행을 촉구하기 위한 목적으로 만들어진 비정부기구인데, 해당 조항은 새로운 무기의 금지 여부를 당사국이 결정할 수 있다는 내용을 담는다.

사의 중개로 연결되었다(Carpenter, 2014: 114~117).

두 이질적 집단은 인공지능 기반 로봇의 무기화 반대 운동에서 역할을 분담했다. ICRAC는 인공지능과 로봇 관련 전문 지식을 인도적 군축운동에 제공하고, 전문성에 기반한 의견을 대외적으로 제시함으로써 인도적 군축집단의 신뢰성을 높였다.[10] 반면, 인도적 군축운동에 참여했던 활동가 집단은 인공지능과 로봇의 무기화를 규정하는 담론을 만들어 국제사회의 의제로 만들고, 우호 세력을 확대하는 작업을 담당했다. 1990년대 진행되었던 대인지뢰 금지운동과 유사한 과정이 인공지능과 로봇 영역에서 다시 전개되었다.

2) 의제화

인공지능 기반 자율무기가 인도적 군축운동의 의제로 부상한 배경은 '테러와의 전쟁'에서 미군의 무인기 사용과 깊게 관련된다. 이라크와 아프가니스탄에서 전투원이 직접 관여하는 작전이 제약을 받자 미군은 무인기를 활용하기 시작했다.[11] 무인기가 '테러와의 전쟁'에 도움을 준다는 언론의 보도가 대중에게 우호적으로 수용되는 현상이 나타나면서, 인도적 군축운동은 인공지능의 무기화를 우려하기 시작했다. 초기에는 정찰 수단으로 사용되던 무인기의 활

---

10 ICRAC가 사회운동에 참여하면서 역설적으로 내부 동력을 상실했다. ICRAC 회원 중 인공지능과 로봇 관련 전문가는 전문성에 기반한 의견 교환을 중시하고 완전 자율무기의 무기화에만 반대 입장을 밝히는 반면, 과학철학자와 사회운동가는 인도적 군축운동의 대의를 중시하고 인공지능과 로봇의 일반적 윤리에 관심을 가졌다. ICRAC 안에서 두 세부 집단 간 차이가 봉합되지 않자, 2019년 이후 ICRAC의 활동이 거의 정체 상태로 접어들었다(Bolton and Mitchell, 2020: 42~49).

11 2007년 11월 7일 미군은 최초로 MQ-9A 리퍼Reaper 무인기에서 유도폭탄을 발사하여 아프가니스탄 반군을 공격했다. 아프가니스탄에서 활동하던 미군이 반군의 거점 좌표를 무인기 운용 부대에 전했고 무인기를 작동하던 요원이 아프가니스탄 상공에 있던 무인기로부터 유도폭탄을 발사했다(Tiernan, 2007.11.9). MQ-9A 리퍼가 인공지능 기반 자동항법장치에 기반해 작동되기 때문에, 이 사건이 인공지능이 실제 전장에서 살상에 활용된 첫 사례로 기록된다.

용 영역이 넓어지는 동시에 표적의 탐색에 인공지능 기법이 활용되면서, 인공지능 기반 자율무기의 위험이 점차 현실화되기 시작했다.

인도적 군축운동은 인공지능의 무기화를 부정적으로 표현함으로써, 무인기 사용에 대한 언론과 대중의 허용 태도를 바꾸려 했다. 2010년부터 인공지능의 무기화에 관한 연구를 시작했는데, 이들의 내부 작업은 2012년 '인간성 상실 Losing Humanity: The Case against Killer Robot'로 집약되었다(Human Rights Watch, 2012). 인도적 군축운동은 "사람의 개입 없이 타격 목표를 선택하고 공격할 수도 있는 완전 자율무기fully autonomous weapons that could select and engage targets without human intervention"를 '살인로봇'으로 표현했다(Human Rights Watch, 2012: 1). 인공지능 기반 자율무기의 부정적 측면을 드러내는 '의제화framing' 단계가 시작되었다.[12] 이후 인도적 군축운동 안에서 '킬러로봇'이라는 용어를 일관되게 사용했다.

2013년 인도적 군축운동은 '킬러로봇 중단캠페인'으로 결집했다. 창립 회원 단체로 '퍼그워시회의Pugwash Conferences on Science and World Affairs'(1957년 창립), '국제사면위원회Amnesty International'(1961년 창립), '국제장애위원회Handicap International'(1982년 창립), '국제인권감시기구'(1988년 창립), '여성 노벨상 수상자 계획Nobel Women's Initiative'(2006년 창립), '그리스도의 평화국제위원회Pax Christi International'(1945년 창립), '평화와 자유를 위한 여성국제연맹Women's International League for Peace and Freedom'(1915년 창립)이 참여했다. 이 가운데 '국제장애위원회'와 '국제인권감시기구'는 ICBL의 창립 회원이고, '퍼그워시회의'를 제외한 다른 단체가 모두 ICBL의 회원 단체이다. 핵군축에 초점을 맞추던 '퍼그워시회의'를 제외하면, 사실상 ICBL의 연결망이 인공지능과 로봇 영역으로 옮겨온 셈이다.

'킬러로봇 중단캠페인'은 인공지능의 무기화를 국제사회의 의제로 투영하는 데 성공했다. 남아프리카공화국에서 인권운동에 관여하던 크리스토프 헤인즈

---

12 인공지능 무기화에 반대하는 사회운동가 사이에서는 최소한 2011년까지는 인공지능 기반 자율무기에 로봇 단어를 결부하는 수사를 고려하지 않았다(Carpenter, 2016: 57).

교수Christof Heyns(남아프리카공화국 프리토리아 대학교 교수)가 2010년 '초법적, 약식 또는 자의적 처형에 관한 특별 보고관Special Rapporteur on extrajudicial, summary or arbitrary executions'으로 임명되었는데, 그는 인권 연결망을 통해 인공지능의 무기화에 관심을 가지게 되었다. 2013년 그는 인공지능의 무기화에 관한 보고서를 국제연합 인권이사회에 제출했는데, 인공지능에 관한 인도적 군축운동의 용어를 그대로 수용하지 않았지만(Heyns, 2013),[13] 인공지능의 무기화 가능성을 제기했고 인공지능의 무기화를 중단할 것을 촉구했다. 이에 따라 인공지능의 무기화는 국제연합 인권이사회에서 화두가 되었다.

2013년 11월 인공지능의 무기화가 국제사회의 군축의제가 되었다. '특정 재래식무기 금지협약Convention on Prohibitions or Restrictions on the Use of Certain Conventional Weapons Which May Be Deemed to Be Excessively Injurious or to Have Indiscriminate Effects'(CCW 협약)의 당사국 회의에서 인공지능의 무기화가 논의되었다.[14] ICRAC가 해당 회의에 초청되어 의견 발표를 했고, 당사국 대표와 질의응답 시간을 가졌다. CCW 협약 당사국 회의는 2014년 비공식 전문가 회의를 열기로 했다. 이후 매년 비공식 전문가 회의가 열리며, CCW 협약 당사국 회의에서 인공지능의 무기화가 논의된다.

인도적 군축운동은 인공지능의 무기화를 국제사회의 의제로 투영한 이후, 우호 단체를 모으고 유명인, 정치인을 대상으로 지지 세력을 넓혔다. 2018년 말까지 3000명의 유명인과 학자, 200개 과학기술 관련 기업의 지지를 확보했

---

13 이 보고서는 '살인로봇'이 '감정을 자극하는' 용어로 비난받을 수 있다고 하며 이를 직접 사용하지 않았지만, 치명적 자율무기를 배치하는 행위가 사람을 해충으로 대우하는 행위로 묘사될 수 있다고 했다(Heyns, 2013, para.95). 상기 표현은 "치명적 자율무기의 배치가 사람에게 쥐덫을 놓는 것과 같으며, 그런 행위는 적을 해충으로 대우하는 것"이라는 문구에서 나왔다(Sparrow, 2011: 125).

14 CCW 협약은 전쟁 목적에 비해 과도한 상해를 초래하거나 민간인에게도 피해를 끼치는 무기를 금지하거나 규제하기 위한 국가 합의로 1983년 발효되었다. 현재 국제사회에서 CCW 당사국 회의는 가장 큰 군축회의이다.

다. 동시에 인공지능의 무기화에 반대하는 입장을 가진 국가의 공개적 성명을 이끌었다.[15]

2018년 과학기술계 지도자의 모임인 웹 서밋Web Summit에 참석한 안토니우 구테흐스António Guterres 유엔 사무총장은 아래와 같이 인공지능 무기화 운동에 힘을 보탰다.

> 인공지능의 무기화는 중대한 위험이다. 자율적으로 타격 대상을 선정하고 타격할 수 있는 능력을 갖춘 기계로 인해 확전 방지, 전장에서 국제 인도법과 인권법의 준수가 어려워졌거나 미래에 어려워질 것이다. (이 쟁점이) 나에게는 매우 명확하다. 사람의 목숨을 거둘 수 있는 능력과 재량을 가진 무기는 정치적으로 수용 불가능하며, 도덕적으로 역겹다. 이런 무기는 국제법을 통해 금지되어야 한다(Guterres, 2018.11.5).

인공지능 무기화에 반대하는 담론은 현재 어디에 있는가? 국제 규범의 생애주기 개념에 비추어보면,[16] 증폭단계의 초입에 있다. 인공지능의 무기화를 실제 구현하는 기술적 능력을 갖추지 못하며 강대국과 동맹관계를 맺지 않는 중소국이 이미 인공지능의 무기화에 반대하는 입장을 밝혔다. 즉, 인공지능 무기화 반대 담론이 국제사회의 일부에서 수용된 셈이다. 이 담론이 더 많은 국가의 지지를 얻어 확산되거나 무산될 갈림길에 있다.

---

15 현재까지 총 28개국(파키스탄, 에콰도르, 이집트, 로마 교황청, 쿠바, 가나, 볼리비아, 팔레스타인, 짐바브웨, 알제리, 코스타리카, 멕시코, 칠레, 니카라과, 파나마, 페루, 아르헨티나, 베네수엘라, 과테말라, 브라질, 이라크, 우간다, 오스트리아, 중국, 지부티, 콜롬비아, 엘살바도르, 모로코)이 지지 의사를 밝혔다.

16 국제 규범은 출현(emergence), 증폭(cascade), 내화(internationalization)라는 세 단계의 생애주기를 갖는다. 출현단계는 특정 담론이 사회적 동의를 얻어 규범으로 바뀌는 과정, 증폭단계는 특정 담론이 규범으로 인정을 받아 급속하게 확산되는 과정, 내화단계는 특정 담론이 당연한 행동 기준으로 인정을 받는 단계이다(Finnmore and Sikkink, 1998: 894~905).

5. 결론

인공지능 기반 자율무기를 금지하려는 사회운동은 1990년대 대인지뢰 금지운동과 2000년대 집속탄 금지운동의 경험을 인공지능 영역에 투영하고 있다. 두 무기체계의 금지를 이끌어낸 인도적 군축운동은 2007~2009년 새로운 군축운동의 대상을 탐색하는 과정에서 핵무기, 인구 밀집지역을 공격하는 무기, 인공지능 기반 자율무기를 후보로 선정하면서 분화되었다. 앞서 두 무기체계의 금지운동이 성공을 거두는 사이 고양된 에너지가 세 분야로 분화된 것이다. 비정부기구 '36조'가 세 영역에 모두 관여하는 현상에서 보이듯이 인도적 군축운동 사이에 연결점이 있지만, 세 영역 간 분화도 기정사실이 되었다.

인공지능 무기화에 반대하는 군축운동 세력은 비정부기구 '36조'의 중개로 인공지능과 로봇 전문가 집단과 만나게 되었다. 군축운동 세력은 인공지능과 로봇 전문가 집단이 비정부기구로 변모하는 데 도움을 주고, ICRAC의 도움을 얻어 군축운동의 신빙성을 높이는 데 성공했다. 반면, ICRAC가 느슨한 전문가 모임에서 비정부기구로 변모하는 과정에서 내적 통일성이 높아졌지만, 연구에 초점을 맞추는 집단과 사회운동에 초점을 맞추는 집단 사이의 차이로 인해 무력해졌다. 전문가 집단이 사회운동 세력과 만나면서 전문가 집단의 장점이 사라졌다.

인도적 군축운동 세력은 인공지능의 무기화와 로봇을 엮어 '살인로봇'이라는 용어를 고안함으로써 대중의 관심을 얻는 데 성공했다. 아직 구현되지 않은 '살인로봇'이라는 용어를 사용함으로써 긴박성을 다소 떨어뜨리는 효과를 피할 수 없었지만, 대중에게 익숙하지 않은 인공지능 기반 자율무기를 대중에게 익숙한 로봇으로 소개함으로써 대중에게 다가갈 수 있었다. 인공지능의 무기화를 '살인로봇'으로 의제화하는 데 성공한 것이다.

더 나아가 인도적 군축운동 세력은 인공지능의 무기화 반대 운동에 국가를 끌어들이고 있다. 기술적 능력의 한계로 인해 인공지능의 무기화를 할 수 없으며 강대국으로부터 거리를 두는 중소국이 인도적 군축운동 세력에 동조한다. 이념적 동조라기보다는 강대국과의 군사적 격차를 더 이상 확대하지 않으려는 현실적 고려가 더 강하게 보인다. 반면, 기술적 능력을 가졌거나 강대국과 밀접한 관계를 유지하고 있는 국가는 조심스러운 행보를 보인다. 자국이 직접 인공지능의 무기화를 구현할 수 있는 가능성, 인공지능 무기화 금지가 과도한 규제로 이어질 수 있는 가능성, 강대국의 반발을 초래할 수 있는 가능성 등을 동시에 고려하는 듯 보인다.

인공지능 무기화 반대운동의 향방은 어떻게 될까? 현재 인도적 군축운동은 대인지뢰 금지운동과 집속탄 금지운동의 경험을 인공지능 무기화에 적용하려 한다. CCW 협약의 당사국 회의를 활용하고 있지만, 자율무기를 구현할 수 있는 기술적 능력을 갖춘 국가가 인공지능 무기화 반대운동에 쉽게 동의하지 않는다. 인공지능에 대한 과도한 규제로 이어질 수 있는 위험이 있기 때문이다. 따라서 국가 차원의 협의체에서 다수 국가의 동의를 얻어 인공지능의 무기화 금지로 이어질 가능성이 낮다.

CCW 협약 당사국 회의가 인도적 군축세력에 우호적인 장소가 되지 않는다면, 인도적 군축운동이 CCW 당사국 회의를 우회하고 직접 국제사회의 구성원과 함께 인공지능의 무기화를 금지하는 협약 초안을 만들고 국가를 압박하는 현상을 보게 될 수도 있다.[17] 인도적 군축운동이 저개발 비동맹 중소국과 연합하여 집속탄 금지규범을 성문화시키는 현상이 다시 나타날 수 있다. 일부 강대국이 인공지능의 무기화에 반대하는 금기를 넘어 인공지능 기반 자율무기를 개발하고 활용하는 결과가 나올 수도 있다. 인공지능의 무기화로 인한 윤리적

---

17 엑스워시 장관은 대인지뢰금지규범을 확산시키기 위한 공간을 CCW 평가회의가 아니라 오타와 프로세스로 바꾼 일을 "우리는 미뉴에트(minuet)를 추지 않기로 했습니다. 사람들을 모아 회합을 열겠습니다"라고 표현했다. CCW 평가회의를 보폭이 좁고 우아한 몸짓을 특징으로 하는 궁정 춤곡인 미뉴에트에 비유한 반면, 오타와 프로세스는 사람의 회합에 비유한 것이다(Noma, 2005: 23).

비난보다 안보적 고려를 더 중시할 수도 있기 때문이다. 이 경우 핵무기확산 금지조약처럼 일부 강대국만 인공지능 기반 자율무기를 가진 후 진입장벽을 세울 수 있다.

인도적 군축운동에 최악의 시나리오는 인공지능의 무기화가 허용되는 현상이다. 이렇게 되면, 공격하는 쪽에서 전쟁으로 인한 전투원의 피해를 피하면서 은밀하게 무력행위를 진행할 수 있다고 믿게 될 수 있다. 당연히 전쟁의 임계점이 낮아질 위험이 커진다. 더 나아가 모든 국가가 인공지능 무기로 무장하려는 군비 경쟁이 일어날 수 있다.

김민혁·김재오. 2020. 「자율살상무기체계에 대한 국제적 쟁점과 선제적 대응방향」. ≪국방연구≫, 제63권, 1호, 171~203쪽.
김종열. 2018. 「자율 무기체계의 자율성에 대한 연구」. ≪융합보안 논문지≫, 제18권, 2호, 101~111쪽.
이승관. 2018.2.20. "한화시스템·KAIST, AI 기술 탑재 첨단무기 공동연구". ≪연합뉴스≫.
조동준. 2011. 「정치 환경의 변화와 대인지뢰금지규범의 확산: 대인지뢰에 대한 의제화(framing)와 한국대인지뢰대책회의의 활동을 중심으로」. ≪평화학연구≫, 제12권, 1호, 27~57쪽.

Ackerman, Evan. 2014.1.22. "U. S. Army Considers Replacing Thousands of Soldiers With Robots." IEEE Spectrum. https://spectrum.ieee.org/automaton/robotics/military-robots/army-considers-replacing-thousands-of-soldiers-with-robots (검색일: 2019.10.8).
Bolton, Matthew Breay and Cayman C. Mitchell. 2020. "When Scientists Become Activists: The International Committee for Robot Arms Control and Politics of Killer Robots." in Matthew Breay Bolton, Sarah Njeri and Taylor Benjamin-Britton(eds.). *Global Activism and Humanitarian Disarmament.* Gewerbestrasse, Switzerland: Palgrave Macmillian,.
Carpenter, Charli. 2014. *Lost Causes: Agenda Vetting in Global Issue Networks and the Shaping of Human Security.* Ithaca, NY: Cornell University Press.
_____. 2016. "Rethinking the Political/-Science-/Fiction Nexus: Global Policy Making and the Campaign to Stop Killer Robots." *Perspectives on Politics*, Vol.14, No.1, pp.53~69.
Etzioni, Amitai and Oren Etzioni. 2017. "Pros and Cons of Autonomous Weapons Systems."

Military Review, May-June 2017.

Finnmore, Martha and Cathryn Sikkink. 1998. "International Norm Dynamics and Political Change." International Organization, Vol.52, No.4, pp.887~917.

Goose, Stephen D. and Mary Wareham. 2016. "The Growing International Movement Against Killer Robots." *Harvard International Review*, Vol.37, No.4, pp.28~33.

Group of Governmental Experts of the High Contracting Parties to CCW. 2018.8.24. "Categorizing Lethal Autonomous Weapons Systems - A technical and Legal Perspective to Understanding LAWS." Convention on Prohibitions or Restrictions on the Use of Certain Conventional Weapons Which May Be Deemed to Be Excessively Injurious or to Have Indiscriminate Effects(CCW/GGE.2/2018/WP.2).

Guterres, Antonio. 2018.11.5. "Remarks at Web Summit." Paris Peace Forum.

Heyns, Christof. 2013. "Report of the Special Rapporteur on Extrajudicial, Summary or Arbitrary executions, Christof Heyns." United Nations General Assembly(A/HRC/23/47, 2013.4.9).

Human Rights Watch. 2012. "Losing Humanity, The Case against Killer Robots." Human Rights Watch(November 2012).

International Committee of the Red Cross. 2018.4.3. "Ethics and Autonomous Weapon Systems: An Ethical Basis for Human Control?"

Jones, Kim. 2007. "Special Weapons Observation Remote recon Direct Action System (SWORDS)." North Atlantic Treaty Organization Science and Technology Organization(NATO STO)MP-AVT-146-36.

Jun, Ji-hye. 2018.2.25. "Hanwha, KAIST to Develop AI Weapons." *Korea Times*.

Mero, Theodor. 2017. "The Martens Clause, Principles of Humanity, and Dictates of Public Conscience." *American Journal of International Law*, Vol.94, No.1, pp.78~89.

Noma, Emiko(ed.). 2005. "Distinguished Lecture Series, The Honorable Lloyd Axworthy." Joan B. Kroc Institute for Peace & Justice.

Sharkey, Amanda. 2019. "Autonomous Weapons Systems, Killer Robots and Human Dignity." *Informational Technology*, Vol.21, pp.75~87.

Sharkey, Noel. 2010. "Saying 'No!' to Lethal Autonomous Targeting." *Journal of Military Ethics*, Vol.9, No.4, pp.369~383.

Singer, Peter. 2009. *Wired for War*. London, UK: Penguin Group.

Sohn, Ji-young. 2018.4.9. "AI experts call off boycott of KAIST over alleged development of 'killer robots'." *Korea Herald*.

Sparrow, Robert. 2011. "Robotic Weapons and the Future of War." in Jessica Wolfendale and Paolo Tripodi(eds.). *New Wars and New Soldiers: Military Ethics in the Contemporary World*. Burlington. VA: Ashgate.

Ticehurt, Rupert. 1997. "The Martens Clause and the Laws of Armed Conflict." *International Review of the Red Cross*, Vol.317(1997.4.30).

Tiernan, Trevor. 2007.11.9. "Reaper drops first precision-guided bomb, protects ground forces." U. S. Air Forces Central Command.

Walsh, Toby et al. 2018. "Open Letter to Professor Sung-Chul Shin, President of KAIST from some leading AI researchers in 30 different countries." https://www.cse.unsw.edu.au/~tw/ciair/kaist.html (검색일: 2019.10.8).

Young, Kevin L. and Charli Carpenter. 2018. "Does Science Fiction Affect Political Fact? Yes and No: A Survey Experiment on Killer Robots." *International Studies Quarterly*, Vol.62, No.3, pp.562~576.

찾아보기

서울대학교 미래전연구센터

서울대학교 미래전연구센터는 동 대학교 국제문제연구소 산하에 서울대학교와 육군본부가 공동으로 설립한 연구기관으로, 4차 산업혁명 시대 미래전과 군사안보의 변화에 대하여 국제정치학적 관점에서 접근하는 데 중점을 두고 있다.

김상배

서울대학교 정치외교학부 교수이며, 서울대학교 국제문제연구소장과 미래전연구센터장을 겸하고 있다. 미국 인디애나 대학교에서 정치학 박사학위를 취득했다. 정보통신정책연구원(KISDI)에서 책임연구원으로 재직한 이력이 있다. 주요 관심 분야는 '정보혁명과 네트워크의 세계정치학'의 시각에서 본 권력 변환과 국가 변환 및 중견국 외교의 이론적 이슈와 사이버 안보와 디지털 경제 및 공공외교의 경험적 이슈 등이다.

박종희

서울대학교 정치외교학부 교수이다. 서강대학교 정치외교학과를 졸업한 후 서울대학교 외교학과에서 석사학위를 받았다. 2007년부터 2012년까지 시카고 대학교 정치학과에서 조교수를 지내며 국제정치경제와 정치학 방법론을 가르쳤다. 현재 서울대학교 국제문제연구소 산하 국제정치데이터센터장을 맡고 있다. 주요 논문으로 "Detecting Structural Changes in Longitudinal Network Data"(2020), "Bayesian Approach to Multilayer Stochastic Block Model and Network Changepoint Detection"(2017), "A Unified Method for Dynamic and Cross-Sectional Heterogeneity: Introducing Hidden Markov Panel Models"(2012) 등이 있다.

성기은

육군사관학교 정치학 부교수이며, 정치사회학과장으로 재직 중이다. 미국 아이오와 주립대학교에서 내전에서의 반군 집단 간의 동학 및 제삼자 개입에 대한 주제로 정치학 박사학위를 취득했다. 주요 관심 분야는 국제분쟁과 내전, 정치학 방법론, 동아시아 국제관계, 외교정책 등이다.

양종민

서울대학교 국제문제연구소 선임연구원 및 미래전연구센터 전임연구원이다. 서울대학교 외교학과에서 석사학위를 받고, 2018년 플로리다 주립대학교에서 한국의 게임산업 거버넌스에 대한 연구로 박사학위를 받았다. 주요 관심 분야는 문화산업의 정치경제, 문화정치학, 미래전 등이며, 주요 논저로는 『중견국 외교의 세계정치』(공저, 2020), 「문화산업의 신흥권력경쟁: 게임산업의 미·중 경쟁」(2020) 등이 있다.

엄정식

공군사관학교 군사전략학과 교수이다. 서울대학교에서 박사학위를 취득했으며, 국방부 현대군사명저 번역출간 위원을 역임했다. 주요 연구 분야는 한미외교사, 안보전략, 국방 우주정책 등이다.

이동민

단국대학교 정치외교학과 부교수로 재직하고 있다. 미국 콜로라도 대학교(볼더)에서 중국의 군통제 방식에 대한 주제로 박사학위를 취득했고, 싱가포르 난양 공대 라자라트남 국제대학원(RSIS)에서 조교수를 역임했다. 중국 베이징 대학교 국제전략연구원(IISS), 대만 국립정치대학 국제관계연구소(IIR), 미국 동서문제연구소(East-West Center) 등에서 방문연구원으로 활동했다. 주요 연구 관심 분야는 국제안보와 중국의 안보정책이다.

이승주

중앙대학교 정치국제학과 교수이다. 미국 캘리포니아 버클리 대학교에서 정치학박사를 취득하고, 싱가포르 국립대학교 정치학과 교수와 연세대학교 국제관계학과 교수를 역임했다. 현재 한국정치학회 이사, 한국국제정치학회 이사, 외교부 정책자문위원으로 활동하고 있다. 주요 논저로『사이버 공간의 국제정치경제』(공저, 2018),『일대일로의 국제정치』(공저, 2018),『미중 경쟁과 디지털 글로벌 거버넌스』(공저, 2020),「디지털 무역 질서의 국제정치경제」(2020) 등이 있다.

이정환

서울대학교 정치외교학부 부교수이다. 서울대학교 외교학과에서 정치학 학사와 석사, 캘리포니아 주립대학교(UC Berkeley)에서 정치학 박사를 취득한 후, 국민대학교에서 일본학연구소 전임연구원과 국제학부 조교수를 역임했다. 주 연구 분야는 일본의 정치경제와 외교안보이다.

전재성

서울대학교 정치외교학부 교수이다. 서울대학교 국제문제연구소장을 역임했으며, 일본 게이오 대학교 방문교수로 재직한 바 있다. 전공 분야는 국제정치이론과 안보연구 등이다. 주요 저서로는『동북아 국제정치이론: 불완전주권국가들의 국제정치』(2020),『주권과 국제정치: 근대주권국가체제의 제국적 성격』(2019),『정치는 도덕적인가?: 라인홀드 니버의 초월적 현실주의』(2012),『동아시아 국제정치: 역사에서 이론으로』(2011) 등이 있다.

조동준

서울대학교 정치외교학부 교수로, 한반도평화연구원(사) 부원장, 국방부 지뢰피해자심의위원회 위원, 한국정치학회(사) 대외협력이사를 겸하고 있다. 서울대학교 외교학과에서 국제정치학 석사를 받았으며, 이후 2003년 펜실베이니아 주립대학교에서 정치학 박사학위를 취득했다. 이후 서울대학교 통일평화연구원 부원장(2016~2018), 서울시립대학교 국제관계학과 조/부교수(2005~2010)를 역임했다.

조한승

단국대학교 정치외교학과 교수이다. 고려대학교 정치외교학과에서 석사학위를 받았으며, 이후 미국 미주리 대학교에서 정치학 박사학위를 취득했다. 주요 관심 분야는 보건안보, 신흥안보, 전쟁 양상의 변화 등이며, 해당 분야에서의 주요 저술로는『멀티플 팬데믹』(공저, 2020),『신흥무대의 중견국 외교』(공저, 2020),「동아시아 보건안보의 쟁점과 협력」(2018) 등이 있다.

최정훈

서울대학교 정치외교학부 외교학 전공 석사과정을 졸업했다. 주 관심 분야는 과학기술의 발전에 따른 국제정치의 변화다. 특히 우주·사이버 분야와 같은 신흥 영역의 이슈들이 기존 국제정치와 결합하여 발생하는 변화의 양상과 그러한 변화에 대한 대응책 등에 관심을 가지고 있다.

한상현

가톨릭대학교 국제학과를 졸업하고, 서울대학교 외교학 전공 석사학위를 받았다. 현재 조지아 공과대학교 국제관계와 과학기술 전공 박사과정을 밟고 있으며, 국제전략, 기술, 정책연구센터에서 연구보조원으로 활동하고 있다. 신흥기술이 국제정치에 끼치는 영향과 경제-안보-기술 넥서스의 결합을 연구하고 있으며, Atlantic Council, National Bureau of Asian Research, 서울대학교 국제문제연구소 등에서 근무했다.

한울아카데미 2286
서울대학교 미래전연구센터 총서 2

4차 산업혁명과 첨단 방위산업
신흥권력 경쟁의 세계정치

ⓒ 서울대학교 미래전연구센터, 2021

엮은이 김상배 ⏐ **지은이** 김상배·박종희·성기은·양종민·엄정식·이동민·이승주·이정환·전재성·조동준·
조한승·최정훈·한상현 ⏐ **펴낸이** 김종수 ⏐ **펴낸곳** 한울엠플러스 (주) ⏐ **편집책임** 이동규·정은선·최진희
초판 1쇄 발행 2021년 3월 10일 ⏐ **초판 2쇄 발행** 2022년 11월 7일
주소 10881 경기도 파주시 광인사길 153 한울시소빌딩 3층
전화 031-955-0655 ⏐ **팩스** 031-955-0656 ⏐ **홈페이지** www.hanulmplus.kr
등록번호 제406-2015-000143호

Printed in Korea.
ISBN 978-89-460-7286-2 93390(양장)
     978-89-460-8032-4 93390(무선)

※ 책값은 겉표지에 표시되어 있습니다.
※ 무선 제본 책을 교재로 사용하시려면 본사로 연락해 주시기 바랍니다.